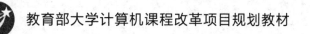教育部大学计算机课程改革项目规划教材

高等学校大学计算机课程系列教材

大学计算机基础

（第3版）

主　编　郭　晔　张天宇　田西壮
编　者　冯居易　常言说　刘　通
主　审　王命宇

U0181404

高等教育出版社·北京

内容提要

本书以教育部高等学校大学计算机课程教学指导委员会编制的《大学计算机基础课程教学基本要求》为指导,从当前高等学校计算机基础教育的实际出发,结合财经类院校的特点,充分考虑计算机技术自身发展状况,以计算思维和信息素养为主线,从符号化、自动化分析计算机的本质出发,总结多年教学实践经验提炼本书内容,建构新版教材的体例。

本书突出对问题求解基本原理和应用方法的介绍,以及以计算机为工具分析问题、解决问题的训练,尤其是引入了算法与 Python 语言的内容,其目的是加强对问题求解算法的实现,并通过一系列实验案例,使学生能在实践中理解和巩固所学知识,达到理论与实践的结合,不断提升计算思维能力和数据处理的综合能力。

本书主要介绍计算思维与计算机文化、计算机系统、操作系统、办公应用软件、数据处理与管理、算法与程序设计、计算机网络、信息安全,计算机应用新热点的介绍在各个章节中均有体现。全书共分 8 章,各章均配有微视频、实践任务和习题等,以方便教师教学和学生自学。

本书结构清晰、删繁就简、循序渐进、案例实用得当,既适合作为高等学校第一门计算机基础课程教材,也可作为对计算机感兴趣的学习者的自学参考书。

图书在版编目(C I P)数据

大学计算机基础 / 郭晔,张天宇,田西壮主编;冯居易,常言说,刘通编著. --3 版. -- 北京:高等教育出版社,2020.9

ISBN 978-7-04-054728-3

Ⅰ.①大… Ⅱ.①郭… ②张… ③田… ④冯… ⑤常… ⑥刘… Ⅲ.①电子计算机 –高等学校-教材 Ⅳ.①TP3

中国版本图书馆 CIP 数据核字(2020)第 136912 号

Daxue Jisuanji Jichu

| 策划编辑 | 耿 芳 | 责任编辑 | 耿 芳 | 封面设计 | 王 鹏 | 版式设计 | 童 丹 |
| 插图绘制 | 于 博 | 责任校对 | 胡美萍 | 责任印制 | 赵义民 | | |

出版发行	高等教育出版社	网　　址	http://www.hep.edu.cn
社　　址	北京市西城区德外大街 4 号		http://www.hep.com.cn
邮政编码	100120	网上订购	http://www.hepmall.com.cn
印　　刷	大厂益利印刷有限公司		http://www.hepmall.com
开　　本	787mm×1092mm　1/16		http://www.hepmall.cn
印　　张	23	版　　次	2009 年 8 月第 1 版
字　　数	570 千字		2020 年 9 月第 3 版
购书热线	010-58581118	印　　次	2020 年 9 月第 1 次印刷
咨询电话	400-810-0598	定　　价	43.00 元

前　言

　　信息技术的快速发展,日新月异地影响着全球经济、科技、生活等方面,尤其是涌现出的5G通信技术、人工智能、大数据、云计算、物联网等正在引领科技、应用和社会进入智能时代。人要成功融入社会所必备的思维能力,是由其所处的时代能够获得的工具决定的。计算机是信息社会的必备工具之一,有效利用计算机分析和解决问题,将与阅读、写作和算术一样,成为21世纪每个人的基本技能。

　　"大学计算机基础"是大学本科教育的第一门计算机课程,它的改革越来越受到高校的关注。本课程的主要目的是从使用计算机,理解计算机系统和计算思维三个方面培养学生的计算机应用能力。从2008年开始,以"计算思维"的培养为主线开展计算科学通识教育,逐渐成为国内外计算机基础教育界的共识。

　　经过多年教学经验的积累,综合各方面的反馈,本书对第2版进行改版,改进第2版以技能培养和训练的教学目标,结合财经类院校特点及计算机发展和应用的需求等,拟在计算思维培养方面做出突破性尝试。体现计算机的核心是求解问题,学习计算机的目的就是学会利用计算机解决实际问题,因此需要学会如何对问题进行抽象和建模,如何设计求解问题的算法,如何通过编写计算机程序来实现自动的问题求解。计算思维认为,计算是人需要掌握的基本能力之一,在发展计算机科学的过程中形成的一系列的新颖思维方式,对于学生未来在信息社会的自我发展具有特别重要的意义。为了实现上述目标,在内容的选取上提出了重要性原则,对于计算机系统最重要的一些概念,摈弃一些细节,淡化版本,注重方法,并据此选取书中知识模块;思想性原则是指能够体现计算思维的一些内容,增加数据库基础、算法与程序设计等,解决对计算机"抽象"问题和"自动化"处理的关联关系,体现计算思维的特点;结合财经类院校的原则,是指对经济管理专业的学生必须掌握的一些内容要在深度和广度上加强,案例安排上以财经类应用为主。近几年,计算机技术在人工智能、云计算、大数据、物联网、移动计算等方面发展迅速,使得计算机科学与技术再度成为人们关注的热点,本书在强化计算机普适技术应用的基础上,适时引入计算机前沿新技术,通过新一代信息技术应用案例,阐述大学第一门计算机课程是以生机勃勃的学科作为载体的,从而增强课程的带入感。

　　本书共分8章,考虑到在有限学时内使学生理解这些内容,尤其是面向不同基础的学生,本书采用"弹性教材"的特质,每个章节安排熟练掌握、掌握、基本掌握的知识体系,在主体内容的基础上加入相辅相成的微视频,学生通过扫码看课程的重点和难点的知识分解,从而方便学生自学。

　　本书第1、2章由郭晔编写,第3章由常言说编写,第4、8章由田西壮编写,第5章由刘通编写,第6章由冯居易编写,第7章由张天宇编写。微视频录制由冯居易负责,冯居易、常言说、刘通担任主讲。全书由郭晔教授统稿。中国(西安)丝绸之路研究院常务副院长王命宇博士对书中内容提出了许多建设性的宝贵意见,并对全书进行了审阅,西安财经大学信息学院、教务处、实践教学中心及高等教育出版社对本书的出版工作给予了大力支持。在本书编写过程中很多一线的教师提出了很好的建议,在此一并表示衷心感谢。

　　本书的写作团队根据多年的教学实践,在内容的甄选、全书组织形式等方面多次讨论、反复推敲,做了大量扎实有效的工作。受水平和时间精力所限,难免存在一些不足和缺陷,诚请各位专家和各位读者不吝赐教！作者 E-mail: guoyexinxi@126.com。

作　者

2020 年 4 月 20 日

目　录

第1章　计算思维与计算机文化

本章要点：

1. 熟悉信息时代的计算机文化的内涵。
2. 掌握计算思维的相关概念。
3. 了解计算机文化教育对能力和思维的影响。
4. 了解信息技术的特点、功能及应用。
5. 认知信息技术时代彰显思维力量的必要性。

信息技术迅猛发展，例如 5G 通信技术、大数据、云计算、云共享等，影响着全球经济、科技、生活等方面，如何适应信息技术的快速发展，思维的觉醒至关重要。在信息化发展并且能造福社会的发展历程中，需要以计算机为主的智能化工具为代表。计算机科学技术对社会的影响已经是人类共识的事实，应用计算机进行数据处理已经遍布工作、学习和生活的方方面面。无论做什么，都会强烈感觉到计算机的存在，感受到计算机的发展对人类行为方式的影响以及对自身能力的挑战。计算机是问题求解与数据处理的必备工具，可以有效地构建与提升人类的计算思维模式。学习计算机基础知识，了解计算机发展历程及应用特点，掌握信息技术时代给计算机文化赋予的新内涵。

1.1　信息时代的计算机文化

1.1.1　信息化概述

1. 全球信息化发展的基本趋势

信息化是充分利用信息技术，开发利用信息资源，促进信息交流和知识共享，提高经济增长，推动经济社会发展转型的历史进程。信息化不是关于物质和能量的转换过程，而是关于时间和空间的转换过程。在这个新阶段，人类生存的一切领域，政治、经济、工作、学习，甚至在个人生活中，都是以信息的获取、加工、传递和分配为基础的。

20 世纪 90 年代以来，信息技术不断创新，信息产业持续发展，信息网络广泛普及，信息化成为全球经济社会发展的显著特征，并逐步向全方位的社会变革演进。进入 21 世纪，信息化对经济社会发展的影响更加深刻。广泛应用、高度渗透的信息技术正孕育着新的重大突破。信息资源日益成为重要生产要素、无形资产和社会财富，信息网络更加普及并日趋融合。信息化与经济全球化相互交织，推动着全球产业分工细化和经济结构的调整。互联网加剧了各种思想文化的相互激荡，成为信息传播和知识扩散的新载体。电子政务在提高行政效率、改善政府效能、扩大民主参与等方面的作用日益显著。信息安全的重要性与日俱增，成为各国面临的共同挑战。信息化使现代战争形态发生重大变化，是世界新军事变革的核心内容。全球数字鸿沟呈现扩大趋势，发展失衡现象日趋严重。发达国家信息化发展目标更加清晰，已经全面出现向信息社会转型的趋向。越来越多的发展中国家主动迎接信息化发展带来的新机遇,力争跟上时代潮流。全球信息化正在引发当今世界的深刻变革,重塑世界政治、经济、社会、文化和军事发展的新格局。加快信息化发展,已经成为世界各国的共同选择。

2. 我国信息化发展的基本形势

信息化是当今世界发展的大趋势,是推动经济社会变革的重要力量。我国在 1997 年召开的信息化工作会议上,对信息化和国家信息化定义为"信息化是指培育、发展以智能化工具为代表的新的生产力,并使之造福于社会的历史过程。国家信息化就是在国家统一规划和组织下,在农业、工业、科学技术、国防及社会生活各个方面应用现代信息技术,深入开发广泛利用信息资源,加速实现国家现代化进程。"。同时要求实现信息化就要构筑和完善 6 个要素,即开发利用信息资源、建设国家信息网络、推进信息技术应用、发展信息技术和产业、培育信息化人才、制定和完善信息化政策的国家信息化体系。

《2006—2020 年国家信息化发展战略》公布,到 2020 年,我国信息化发展的战略目标是:综合信息基础设施基本普及,信息技术自主创新能力显著增强,信息产业结构全面优化,国家信息安全保障水平大幅提高,国民经济和社会信息化取得明显成效,新型工业化发展模式初步确立,国家信息化发展的制度环境和政策体系基本完善,国民信息技术应用能力显著提高,为迈向信息社会奠定坚实基础。2016 年 7 月 27 日国务院印发了《国家信息化发展战略纲要》,指出"当今世界,信息技术创新日新月异,以数字化、网络化、智能化为特征的信息化浪潮蓬勃兴起。没有信息化就没有现代化。适应和引领经济发展新常态,增强发展新动力,需要将信息化贯穿我国现代化进程始终,加快释放信息化发展的巨大潜能。以信息化驱动现代化,建设网络强国,是落实'四个全面'战略布局的重要举措,是实现'两个一百年'奋斗目标和中华民族伟大复兴中国梦的必然选择。",同时强调核心技术方面,做强信息产业方面要以体系化思维弥补单点弱势,打造国际先进、安全可控的核心技术体系,带动集成电路、基础软件、核心元器件等薄弱环节实现根本性突破。积极争取并巩固新一代移动通信、下一代互联网等领域全球领先地位,着力构筑移动互联网、云计算、大数据、物联网等领域比较优势。到 2025 年,新一代信息通信技术得到及时应用,固定宽带家庭普及率接近国际先进水平,建成国际领先的移动通信网络,实现宽带网络无缝覆盖。到本世纪中叶,信息化全面支撑富强民主文明和谐的社会主义现代化国家建设,网络强国地位日益巩固,在引领全球信息化发展方面有更大作为。

3. 信息化的生产工具

信息化的生产工具也叫智能化工具,在信息化发展并且能造福于社会的快速发展历程中,需要以计算机为主的智能化工具为代表,它必须具备信息获取、信息传递、信息处理、信息再生、信息利用的功能。与智能化工具相适应的生产力,称为信息化生产力。智能化生产工具与过去生产力中的生产工具不一样的是,它不是一件孤立分散的东西,而是一个具有庞大规模的、自上而下的、有组织的信息网络体系。这种网络性生产工具将改变人们的生产方式、工作方式、学习方式、交往方式、生活方式、思维方式等,将使人类社会发生极其深刻的变化。

信息化就是计算机、通信和网络技术的现代化,信息化代表了一种信息技术被高度应用,信息资源被高度共享,从而使得人的智能潜力以及社会物质资源潜力被充分发挥,个人行为、组织决策和社会运行趋于合理化的理想状态。信息资源已成为世界范围内的重要战略资源,信息产业已成为世界各国新的经济增长点,信息技术正以其渗透性与传统产业广泛地结合起来,成为推动经济发展的加速器,大力推进信息化是经济和社会发展的大趋势。信息化的高速发展离不开信息化有效建设,计算机在信息建设中起着举足轻重的作用,它是处理信息的主要工具。

1.1.2　信息化社会

信息化社会是脱离工业化社会以后,信息将起主要作用的社会。是以电子信息技术为基础,以信息资源为基本发展资源,以信息服务性产业为基本社会产业,以数字化和网络化为基本社会交往方式的新型社会。人类社会在经历了农业社会、工业社会后,已迈入信息化社会,信息化已成为当今世界一股不可抗拒的潮流,推动着人类社会的进步。信息技术和信息网络的相互结合一方面产生了一大批新兴的产业,另一方面也带动了传统产业的优化升级,日益成为当今最活跃、最先进的生产力,对社会和经济生活的各个领域产生广泛而深远的影响。

1. 信息化对社会发展的影响

① 信息产业。随着信息化在全球的快速发展,世界对信息的需求快速增长,信息产品和信息服务对各个国家、地区、企业、单位、家庭、个人都不可缺少。信息技术已成为支撑当今经济活动和社会生活的基石。在这种情况下,信息产业成为世界各国,特别是发达国家竞相投资、重点发展的战略性产业部门。

② 信息技术。信息技术代表着当今先进生产力的发展方向,信息技术的广泛应用使信息的重要生产要素和战略资源的作用得以发挥,使人们能更高效地进行资源优化配置,从而推动传统产业不断升级,提高社会劳动生产率和社会运行效率。

③ 劳动力。随着信息资源的开发利用,人们的就业结构正从农业、工业为主向从事信息相关工作为主转变。

④ 社会影响。信息化不仅是一个地区发展的引擎、实现跨越式发展的支柱,更是新型工业化、信息化、城镇化、农业现代化"四化"同步发展的加速器、催化剂。它不仅是经济发展须臾不可离的"血液",更是提升国家治理现代化水平的重要工具。党的十九大报告提出建设数字中国,目的正是要充分发挥信息化对经济社会发展的引领作用。

2. 信息化对经济发展的作用

信息化加速当今世界经济转型。信息技术在各个产业的广泛应用,不仅创造了巨大的产业规模和市场规模,还对世界各国经济及产业结构的调整带来革命性的改变,成为社会生产力发展的重要驱动力。

全球信息产业在过去10年中,以年增长率10%以上的速度高速发展,其中世界各国信息设备制造业和服务业的增长率一般都达到各自国内生产总值(GDP)增长率的两倍以上,我国则是三倍以上。以电子商务为代表的信息网络新经济,加速了世界经济从工业社会向信息化社会的转型。2019年,我国网络购物用户规模达6.39亿,较2018年底增长2 871万,占网民整体的74.8%。

目前,随着5G正式商用,使车联网、大数据、云计算、智能家居、无人机等典型的物联网行业中的网络问题迎刃而解,并促进相关产业迎来快速发展期。据我国无线电监测中心相关资料显示,我国移动通信依次经历了"2G跟踪、3G追赶、4G同步"的阶段,并在5G时代积极推进,预计5G带动直接经济产出0.5万亿元,间接经济产出达1.2万亿元。到2025年,新一代信息通信技术得到及时应用,固定宽带家庭普及率接近国际先进水平,建成国际领先的移动通信网络,实现宽带网络无缝覆盖。信息消费总额达到 12 万亿元,电子商务交易规模达到 67 万亿元。预计 5G 带动直接经济产出 3.3 万亿元,间接经济产出达 6.3 万亿元。到 2030 年,预计 5G 带动直接经济产出 6.3 万亿元,间接经济产出达 10.6 万亿元。在就业机会方面,预计 2020、2025、2030 年 5G 商用将分别直接贡献 0.5、3.5、8.0 百万个就业机会。

3. 信息化推动经济全球化进程

信息化推动了经济全球化的迅猛发展,“互联网 +”时代的到来,使各国和各地区在时间和空间的距离大大缩短,地球已经变成了“地球村”,现代运输和通信网络的应用,大大降低了产品和资源的交易成本,促进了商品和资本的国际流动,使生产国际化、贸易和资本全球化,使国家之间的经济越来越相互渗透和融合,从而推进经济全球化的发展。以信息为主导,以互联网等先进传媒为载体,以技术创新为核心的信息网络经济在世界范畴内快速崛起。

4. 信息化改变着人们的工作和生活方式

信息化能够有效地提高劳动生产率,改变人们工作和生活方式。据测算,企业每增加 1 个单位的信息通信成本,可获得 14 个单位的收入增长。我国 20 世纪 80 年代每投入一元的电话建设费用,给社会带来宏观经济效益为 6.78 元。美国农业劳动者所占比例只有 2%,却提供全国需要的 120% 的农业产品,除了得天独厚的气候、土地条件之外,主要是因为美国农业所拥有的惊人的集约化生产能力,而这在很大程度上是依赖于农业的信息化,其中包括通信、网络以及机器人作业等。据资料显示,信息产业对美国的 GDP 增长的贡献占 1/3 以上,其信息产业在国民经济中所占的比重已超过 50%。同时,信息化在推进全球智能移动办公方面也功不可没,2018 年全球移动办公的人数接近 7 亿,2019 年全球移动办公人数达到 7.2 亿。随着信息技术的广泛应用,根据 2001—2016 年移动办公人数复合增速,结合当前全球移动办公人数规模,前瞻预测,2025 年全球移动办公人数将近 9 亿。

1.1.3 社会信息化

社会信息化,是指以计算机信息处理技术和传输手段的广泛应用为基础和标志的新技术革命,影响和改造社会生活方式与管理方式的过程。社会信息化指在经济生活全面信息化的进程中,人类社会生活的其他领域也逐步利用先进的信息技术,建立起各种信息网络;同时,大力开发人们日常生活内容,不断丰富人们的精神文化生活,提升生活质量的过程。

社会信息化是信息化的高级阶段,它是指一切社会活动领域里实现全面的信息化,是以信息产业化和产业信息化为基础,以经济信息化为核心向人类社会活动的各个领域逐步扩展的过程,其最终结果是人类社会生活的全面信息化,主要表现为:信息成为社会活动的战略资源和重要财富,信息技术成为推动社会进步的主导技术,信息人员成为领导社会变革的中坚力量。

社会信息化发展阶段是建立并普及信息工业阶段;建立与发展先进的通信系统阶段;企业信息化阶段;社会生活的全面信息化。信息化是从有形的物质产品创造价值的社会,向无形的信息创造价值的新阶段的转换。社会信息化具有“三个层次”及“四化”和“四性”的特点。

1. 社会信息化的三个层次

① 一是通过自动控制、知识密集而实现的生产工具信息化。

② 二是通过对生产行业、部门以至整个国民经济的自动化控制而实现的社会生产力系统信息化。

③ 三是通过通信系统、咨询产业以及其他设施而实现的社会生活信息化。

2. 社会信息化的"四化"

① 智能化。知识的生产成为主要的生产形式,知识成了创造财富的主要资源。这种资源可以共享、可以倍增、可以"无限制"创造。在这一过程中,知识取代资本,人力资源比货币资本更为重要。

② 电子化。光电和网络代替工业时代的机械化生产,人类创造财富的方式不再是工厂化的机器作业。有人称之为"柔性生产"。

③ 全球化。信息技术正在改变时间和距离的概念,信息技术及发展大大加速了全球化的进程。随着因特网的发展和全球通信卫星网的建立,"国家"概念将受到冲击,各网络之间可以不考虑地理上的联系而重新组合在一起。

④ 非群体化。在信息时代,信息和信息交换遍及各个地方,人们的活动更加个性化。信息交换除了在社会之间、群体之间进行外,个人之间的信息交换日益增加,以至将成为主流。

3. 社会信息化的"四性"

① 综合性。信息化在技术层面上指的是多种技术综合的产物。它整合了半导体技术、信息传输技术、多媒体技术、数据库技术和数据压缩技术等;在更高的层次上,它是政治、经济、社会、文化等诸多领域的整合。人们普遍用 synergy(协同)一词来表达信息时代的这种综合性。

② 竞争性。信息化与工业化的进程不同,信息化的一个突出特点是,信息化是通过市场和竞争推动的。政府引导、企业投资、市场竞争是信息化发展的基本路径。

③ 渗透性。信息化使社会各个领域发生全面而深刻的变革,它同时深刻影响物质发展和人类进步,已成为经济发展的主要牵引力。信息化使经济和文化的相互交流与渗透日益广泛和加强。

④ 开放性。信息的开放应用为人类工作、创新、竞争、发展均带来了前所未有的便利。

4. 社会信息化的新发展和新趋势

数字化、网络化、智能化是新一轮科技革命的突出特征,也是新一代信息技术的核心。数字化为社会信息化奠定基础,其发展趋势是社会的全面数据化。数据化强调对数据的收集、聚合、分析与应用。网络化为信息传播提供物理载体,其发展趋势是信息物理系统的广泛采用。信息物理系统不仅会催生出新的工业,甚至会重塑现有产业布局。智能化体现信息应用的层次与水平,其发展趋势是新一代人工智能。目前,新一代人工智能的热潮已经来临。习近平同志在2018 年两院院士大会上的重要讲话指出:"世界正在进入以信息产业为主导的经济发展时期。我们要把握数字化、网络化、智能化融合发展的契机,以信息化、智能化为杠杆培育新动能。",这一重要论述是对当今世界信息技术的主导作用、发展态势的准确把握,是对利用信息技术推动国家创新发展的重要部署。

（1）计算机化向数据化发展

数字化是指将信息载体(文字、图片、图像、信号等)以数字编码形式(通常是二进制)进行储存、传输、加工、处理和应用的技术途径。数字化本身指的是信息表示方式与处理方式,但本质上强调的是信息应用的计算机化和自动化。数据化(数据是以编码形式存在的信息载体,所有数据都是数字化的)除包括数字化外,更强调对数据的收集、聚合、分析与应用,强化数据的生产要素与生产力功能。数字化正从计算机化向数据化发展,这是当前社会信息化最重要的趋势之一。

（2）网络化发展趋势

互联网是社会信息化的关键,其核心技术是互联网体系结构。2016 年 11 月,国际互联网架构理事会（IAB）发布公告,声明国际互联网工程任务组（IETF）正式放弃 IPv4,未来所有信息要全部建立在 IPv6 的基础上。这是互联网发展过程中一个非常重要的信号——IPv6 将成为全球互联网技术无可争议的发展方向。2017 年 11 月,中共中央办公厅、国务院办公厅印发《推进互联网协议第六版（IPv6）规模部署行动计划》,强调抓住全球网络信息技术加速创新变革、信息基础设施快速演进升级的历史机遇,加强统筹谋划,加快推进 IPv6 规模部署,构建高速率、广普及、全覆盖、智能化的下一代互联网。我国是世界上最早开展 IPv6 试验和应用的国家之一,经过长期探索和积累,已经在下一代互联网技术研发、网络建设、网络安全、应用创新等方面取得大量重要的阶段性成果。

（3）智能化是信息技术永恒的追求

智能化反映信息产品的质量属性。一个信息产品是智能的,通常是指这个产品能完成有智慧的人才能完成的事情,或者已经达到人类才能达到的水平。智能一般包括感知能力、记忆与思维能力、学习与自适应能力、行为决策能力等。所以,智能化通常也可定义为:使对象具备灵敏准确的感知功能、正确的思维与判断功能、自适应的学习功能、行之有效的执行功能等。智能化是信息技术发展的永恒追求,实现这一追求的主要途径是发展人工智能技术。

近年来,我国社会信息化发展取得长足进展,经济社会信息化水平全面提升。农村信息服务体系基本建成;信息化和工业化融合迈出坚实步伐,主要行业大中型企业数字化设计工具普及率超过 60%,关键工序数（自）控化率超过 50%;中小企业信息化服务体系逐步建立,电子商务蓬勃发展;各级政府业务信息化覆盖率大幅提高,信息基础设施不断完善;网络与信息安全保障体系不断健全。社会信息化是当今时代的重要特征。在社会信息化浪潮中,要想紧紧抓住信息技术进步带来的重大机遇,必须努力执技术之牛耳,做创新之先锋,把关键核心技术掌握在自己手中。

1.1.4　信息化时代的数据处理

1. 数据与信息

（1）数据

在计算机科学中,数据（data）是指所有能输入到计算机并被计算机程序处理的符号总称,是用于输入计算机进行处理,具有一定意义的数字、字母、符号和模拟量等的通称。可以是狭义上的数字,如 245.23、–890、¥417、$525.29 等;可以是具有一定意义的文字、字母、数字符号的组合,图形、图像、视频、音频等;也可以是客观事物的属性、数量、位置及其相互关系的抽象表示。例如,"0,1,2,…""阴、雨、下降、气温""学生的档案记录、货物的运输情况"等都是数据。单纯的数据形式是不能完全表达其内容的,需要经过解释,因此,数据和关于数据的解释是不可分割的,数据的解释是关于数据含义的说明。数据的含义称为语义,如数据"85"可以解释为某同学"大学计算机基础"考试成绩为 85 分,也可以解释为某同学在年级数学考试中成绩排名为第 85 名等,由于其解释和产生数据的背景密不可分,因此,"数据"要经过加工处理,变为有用的信息。

（2）信息

信息（information）是一种已经加工为特定形式的数据，这种数据形式对接收者来说是具有确定意义的，它不但会对人们当前和未来活动产生影响，而且会对接收者的决策具有实际价值。数据与信息有着不可分割的联系，信息是由处理系统加工过的数据，数据与信息是一种原料和成品之间的关系。

现在计算机存储和处理的对象十分广泛，表示这些对象的数据（信息）也随之变得越来越复杂。其区别是，数据并不是指可以存储和传输的信息，信源的数据是信息和数据冗余之和，即数据＝信息＋数据冗余。数据是数据采集时提供的，信息是从采集的数据中获取的有用信息。由此可见，信息可以简单地理解为数据中包含的有用的内容，也可以理解为"不知道的东西，你知道了，就获得了一个信息"。信息是已被处理成某种形式的数据，这种形式对接受信息具有意义，并在当前或未来的行动和决策中具有实际的和可觉察到的价值。数据即信息的原始材料，其定义是许多非随机的符号组，它们代表数量、行动和客体等。数据只有经过数据处理，即加工和解释，才能具有意义，深化为信息，如图 1-1 所示。

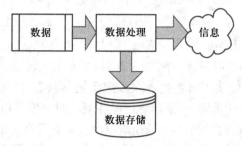

图 1-1　数据与信息的关系示意图

（3）信息的特性

信息是一种资源，而且是不同于物质和能量的特殊资源。信息的主要特性有以下 8 种。

① 客观性（事实性）。信息反映了客观事物的特征和变化，以及客观事物之间的相互作用和关系，因此具有客观性。信息本身也是客观存在的事实，是可以被感知和传播的。目前，迅速发展的网络传播是人类历史上最新一次信息革命的产物。信息无时不在，无处不在，人们时刻都在自觉或者不自觉地接收并传递着各种各样的信息，比如读书、看报、上课、听报告等可以获取信息，与朋友和同学交谈、家庭聚会可以获取信息，看电视、听广播、运动或散步也可以获取信息。在接收大量信息的同时，人们自身也在不断地传递信息，比如给别人打电话、写信、发电子邮件，甚至自己的表情或一言一行都是在向别人传递信息。虽然有些信息看不见摸不着，但它却不停地在人们身边流动着，人们需要信息、研究信息，人类生存一刻都离不开信息。

② 信息可处理性。信息是可以被加工处理的。为使信息便于检索，可以对信息进行分类、组织等有序化处理，经过处理的信息可以用语言、文字、声音、图像等不同形式再生成，从而保证信息完整性。信息在加工处理的过程中，既可以被编辑、压缩、存储及有序化，也可以由一种状态转化为另外一种状态。比如，高考试卷经过阅卷后给出成绩，统计为一个数据表供同学们查阅，也可转换成一张图表供管理部门分析总结，或一幅图形用来宣传等。另外，在信息使用过程中，经过计算、处理、综合分析等使原有信息可以实现增值利用。因此，在信息的海洋里如何有效地

过滤、加工、处理信息,让信息为我所用,就需要了解信息的性质,系统掌握信息获取及处理方法。

③ 信息可识别性。人们可以通过感官对信息进行直接识别,也可以通过各种技术手段对信息进行间接识别。比如,可识别性是公民个人信息的根本特性,公民个人信息包括直接识别的公民个人信息、间接识别的公民个人信息和反映特定自然人活动情况的各种信息。其中,个人身份认证信息和可能影响人身、财产安全的个人信息是具有广义的可识别性,涉及公民个人隐私的信息、数据资料必须能够与特定个人关联,在数据处理时必须结合有关法律法规考虑个人隐私的保护。

④ 信息可存储性。人类最早通过大脑记忆对信息进行储存,随着技术的进步,储存信息的载体大大增加。通过储存,人们可以对信息进行加工,并在不同的时间、地点加以利用。信息在存储过程中表现出很强的复制性,一条信息复制成 100 万条信息,费用十分低廉。尽管信息的创造可能需要很大的投入,但复制只需要载体的成本,可以大量地复制,广泛地传播。面对大容量的信息还可采用压缩技术进行存储。

⑤ 信息可传输性。信息可以通过一定的载体和信道进行传输,有效扩散和及时应用。随着现代通信技术的发展,信息传输形态多样,可以是多媒体、文字、声音、影像、图片等。信息传递方式可以通过电话、电报、广播、通信卫星、计算机网络等多种手段实现。在信息传递过程中,对于信息出现的频度、信息吸引强度、信息位置、信息大小、信息与认知、地域与时间的关联强度、逻辑与事实充分性、体验与行为的可识别、利益相关方的体现性和行业的一致性均应有效考虑和处理。

⑥ 信息时效性。信息反映了事物的存在方式和运动状态,因而某些反映事物最新变化的信息具有很强的时效性。也就是说,一条信息可能在某一时刻价值很高,而过了这一时刻则可能一文不值。例如,现在的金融信息,在需要知道的时候,会非常有价值,但过了这一时刻,这一信息就会毫无价值。又如战争时的信息,敌方的信息在某一时刻有非常重要的价值,可以决定战争或战役的胜负,但过了这一时刻,这一信息就变得毫无用处。目前,快速发展的网络技术,迅速及时传播信息的时效性进一步提高,受众对于信息传播速度的心理期待进一步提高,人们要求更快速、更准确地获得所需要的信息。所以说,相当部分信息有非常强的时效性。

⑦ 信息共享性。信息不同于一般资源,它是可以通过扩散的方式进行共享的。交换信息的双方不但不会失去原来的信息,反而有可能增加新的信息。信息的共享性使信息资源可以发挥最大的效用。信息传递过程中,其自身信息量并不减少,而且同一信息可供多个接收者使用。这也是信息区别于物质的另一个重要特性,即信息的共享性,例如教师授课、专家报告、新闻广播、音乐会、影视和网站等都是典型的信息传递与共享的实例。

⑧ 信息必须依附于载体。信息是事物运动状态和方式,而不是事物本身,因此,它不能独立存在,必须借助某种符号才能表现出来,而这些符号又必须依附于某种载体。如果没有载体,信息是不能存储和传播的。信息在变换载体时的不变性,使得信息可以方便地从一种形态转换为另一种形态,同一信息的载体是可以变换的。如一本书,其载体可以是纸介质的书,也可以是电子版,但信息本身并没有改变。

（4）信息与数据的联系和区别

信息与数据既有联系又有区别,其联系是数据是反映客观事物属性的记录,是信息的具体表现形式和载体。数据经过加工处理之后,就成为信息;而信息是数据的内涵,信息是加载于数据之上的,是数据具有含义的解释,信息需要经过数字化转变成数据才能存储和传输。

总结如下：

① 数据是信息的符号表示，或称载体；

② 信息是数据的内涵，是数据的语义解释；

③ 数据是符号化的信息；

④ 信息是语义化的数据。

例如，图 1-2 是一幅黑白图像，从数据角度看是黑白点阵；从信息角度看是脸谱。

2. 数据处理及其应用

（1）数据处理

对数据的采集、存储、检索、加工、变换和传输的过程称为数据处理（data processing）。数据可由人工或自动化装置进行处理，经过解释并赋予一定的意义之后，便成为信息。数据处理的基本目的是从大量的、可能是杂乱无章的、难以理解的数据中抽取，并推导出对于某些特定的人群来说是有价值、有意义的数据。数据处理是系统工程和自动控制的基本环节。

图 1-2　一幅黑白图像

数据处理贯穿社会生产和社会生活的各个领域。数据处理技术的发展及其应用的广度和深度，极大地影响着人类社会发展的进程。数据处理离不开软件的支持，数据处理软件包括用以书写处理程序的各种程序设计语言及其编译程序，管理数据的文件系统和数据库系统，以及各种数据处理方法的应用软件包。为保证数据安全可靠，还有一整套数据安全保密的技术。

（2）数据处理的应用

随着计算机的日益普及，在计算机应用领域中，不仅有数值计算，而且有信息管理，如测绘制图管理、仓库管理、财会管理、交通运输管理、技术情报管理、办公室自动化等。例如，在地理数据方面，既有大量自然环境数据（土地、水、气候、生物等各类资源数据），也有大量社会经济数字（人口、交通、工农业等）经常要求进行综合性处理。地理数据处理需要建立地理数据库，系统地整理和存储地理数据以减少冗余。

（3）数据处理方式

根据处理设备的结构方式、工作方式，以及数据的时间、空间分布方式的不同，数据处理有不同的方式。不同的处理方式要求不同的硬件和软件支持。每种处理方式都有自己的特点，应当根据应用问题的实际环境选择合适的处理方式。数据处理主要有以下 4 种分类方式：

① 根据处理设备的结构方式区分，有联机处理方式和脱机处理方式。

② 根据数据处理时间的分配方式区分，有批处理方式、分时处理方式和实时处理方式。

③ 根据数据处理空间的分布方式区分，有集中式处理方式和分布式处理方式。

④ 根据计算机中央处理器的工作方式区分，有单道作业处理方式、多道作业处理方式和交互式处理方式。

1.1.5　信息时代计算机文化概述

1. 文化概述

文化是指天地万物（包括人）的信息的产生、融汇渗透的过程。文化是一个非常广泛的概念，不少哲学家、社会学家、人类学家、历史学家和语言学家一直努力，试图从各自学科的角度来界定文化的概念。然而，迄今为止仍没有获得一个公认的、令人满意的、严格和精确的定义。

笼统地说,文化是一种社会现象,是人们长期创造形成的产物,同时又是一种历史现象,是社会历史的积淀物。普遍认为,只要能对人类的生活方式产生广泛影响的事物就属于文化,如饮食文化、茶文化、酒文化等。确切地说,文化是凝结在物质之中又游离于物质之外的,应具有信息传递和知识传递的功能,并对人类社会从生产方式、工作方式、学习方式到生活方式都能够产生广泛而深刻影响的事物才称得上是文化。如语言文字的应用、计算机的日益普及和因信息技术的广泛使用,即属于这一类。

也就是说,严格意义上的文化应具有广泛性、传递性、教育性及深刻性等属性。所谓广泛性主要体现在涉及全社会的每一个人、每一个家庭,以及每一个行业、每一个应用领域;传递性是指这种事物应当具有传递信息和交流信息的功能;教育性是指这种事物能存储知识和获取知识的手段;深刻性是指事物的普遍应用会给社会带来深刻的影响,既不是只带来社会某一方面、某个部门或某个领域的改变,而是带来整个社会方方面面的根本性变革。

2. 计算机文化

计算机文化,最早是指普及计算机教育(扫机盲)。与文盲在工业社会的情形一样,机盲在信息社会也不能适应和有效地发挥作用。20 世纪 70 年代刚提出此概念时,人们理解为要掌握计算机和信息社会所需要的知识、技能和价值观。80 年代初期,程序设计被视为主要内容,1981 年在瑞士洛桑召开的第三次世界计算机教育大会上,苏联学者伊尔肖夫首次提出"计算机程序设计语言是第二文化"(印刷文化是第一文化)。这个观点如同一声春雷在会上引起了巨大的反响,得到几乎所有与会专家的支持。从那时开始,计算机文化的说法,就在世界各国流传开来,人们都应学会读程序和写程序。80 年代中期,随着微型计算机的普及和深入家庭,丰富的应用软件可供各行各业使用,对大多数人来说,主要任务是学会使用计算机。80 年代后期,计算机教育专家逐渐认识到计算机文化的内涵,并不等同于学会使用计算机,因此,以此为基础的计算机文化的提法曾一度低落。后来随着多媒体技术、计算机网络和 Internet 的日益普及,计算机如虎添翼,计算机文化的说法又重新提了出来。显然,计算机文化在不同时期尽管提法相同,但其社会背景和内在含义已经发生了根本性的变化。

当前,世界正在快速经历由 A 到 B 的转变,即从原子(atom)时代向比特(bit)时代的变革,计算机科学与技术已经融入各个学科中,出现了云计算、物联网、人工智能等新型交叉学科,再度把计算机作为一种"文化",其意义更加深远。它不仅指信息化社会中一个人的科技水平与能力,还代表着一个群体,甚至是一个国家整体的科技水平与能力。计算机技术的应用领域几乎无所不在,成为人们工作、生活、学习不可缺失的重要组成部分,并由此形成了独特的计算机文化。所以说,计算机文化是人类社会的生存方式,因使用计算机而发生了根本性变化所产生的一种崭新的文化形态。这种崭新的文化形态可以体现为

① 计算机理论及其技术对自然科学、社会科学的广泛渗透表现的丰富文化内涵。

② 计算机的软硬件设备,作为人类所创造的物质设备丰富了人类文化的物质设备品种。

③ 计算机应用介入人类社会的方方面面,从而创造和形成的科学思想、科学方法、科学精神、价值标准等成为一种崭新的文化观念。

计算机文化作为当今最具活力的一种独特文化形态,其作用不但加快了人类社会前进的步伐,其所产生的思想观念、所带来的物质基础条件,以及计算机文化教育的普及有利于人类社会的进步、发展。同时,计算机文化也带来了人类崭新的学习观念,它已经将一个人经过文化教育

后所具有的能力由传统的读、写、算上升到了一个新高度,即除了能读、写、算以外,还要具有计算机运用能力(信息能力)。

当人类跨入 21 世纪时,又迎来了以网络为中心的信息时代。作为计算机文化的一个重要组成部分,网络文化已成为人们生活的一部分,深刻地影响着人们的生活,同样,也给人们带来了前所未有的挑战。信息时代是互联网的时代,娴熟地驾驭互联网将成为人们工作生活的重要手段。

计算机文化来源于计算机技术,正是后者的发展,孕育并推动了计算机文化的产生和成长;而计算机文化的普及,又反过来促进了计算机技术的进步与计算机应用的扩展。正确地理解运用计算机科学技术,驾驭其对社会的影响,已成为当代大学生必备的基本文化素养。

1.2 计算机文化教育与计算思维

社会信息化进程以人们无法预测的速度突飞猛进,用计算机处理各学科领域问题不能仅限于软件工具的使用,而应掌握相对稳定的、体现计算机学科的思想和方法的核心内容,培养计算思维能力,以期解决专业领域复杂问题。下面对计算、思维与计算思维的概念逐一介绍,其目的是让读者在学习过程中更好地理解计算机和人的关系,有意识培养计算思维的能力。

1.2.1 计算思维的概念

1. 计算的含义及应用

(1)计算的含义

简单地说,计算是一种将单一或复数之输入值转换为单一或复数之结果的一种思考过程。计算被赋予了多种含义,例如 6 乘以 8(6×8)是使用各种算法进行的简单计算;利用布莱克－舒尔斯定价模型(Black-Scholes model)来算出财务评估中的公平价格(fair price)就是一种复杂的计算;在一场竞争中"策略的计算"或是计算两人之间关系的成功概率可以理解为抽象计算;从投票意向计算评估出的选举结果(民意调查)也包含了某种计算,但是提供的结果是各种可能性的范围而不是单一的正确答案。

决定如何在人与人之间建立关系的方式也是一种计算的结果,但是这种计算难以精确、不可预测,甚至无法清楚定义。这种可能性无限的计算,和以上提到的大不相同。

总之,无论是加、减、乘、除等算术计算,或者是策略的计算,计算都是一种思考过程。抽象地讲,计算就是从一个符号串 A(输入)得到另一个符号串 B(输出)的过程,如图 1-3 所示。站在计算机为工具的角度而言,计算可以从计数、逻辑、算法等方面理解。计算就是按照一定的、有限的规则和步骤(算法),将输入的转换为输出的过程。计算可以被分解成为一系列非常简单的动作。

图 1-3　计算的本质

(2)计算应用概述

计算不仅是数学的基础技能,而且是整个自然科学的工具。在学校学习时,必须掌握计算这种基本方法；在科研中，必须运用计算攻关完成课题研究；在计算机及电子等行业取得突破发展时，必须依赖计算才能完成。因此，在基础教育的各学科的广泛应用中，都离不开高性能计算等先进技术。

广义的计算包括数学计算、逻辑推理、文法的产生式、集合论的函数、组合数学的置换、变量代换、图形图像的变换、数理统计等，人工智能解空间的遍历、问题求解、图论的路径问题、网络安全、代数系统理论、上下文表示感知与推理、智能空间等，甚至包括数字系统设计（例如逻辑代数）、软件程序设计、机器人设计、建筑设计等问题。

当今学科繁多，涉及面广，分类又细，都需要进行大量的计算。比如，天文学研究组织需要计算机来分析太空脉冲、星位移动等，生物学家需要计算机来模拟蛋白质的折叠过程、发现基因组的奥秘等，药物学家想要研制治愈癌症或各类细菌与病毒的药物，数学家想计算最大的质数和圆周率的更精确值，经济学家用计算机分析计算在几万种因素考虑下某个企业、城市、国家的发展方向，工业界需要准确计算生产过程中的材料、能源、加工与时间配置的最佳方案，等等。由此可见，人类未来的科学，时时刻刻离不开计算。目前，广泛应用的网络计算、云计算等将改变人们的学习、生活等方面。

随着计算机日益广泛的运用，计算这个原本专门的数学概念已经泛化到人类的整个知识领域，并上升为一种极为普适的科学概念和哲学概念，成为人们认识事物、研究问题的一种新视角、

微视频：

计算的前生今世

新观念和新方法。计算不仅是数学的基础技能，而且是整个自然科学的工具。因此，计算在基础教育与各学科领域都有广泛的应用。计算的概念正渗透到宇宙学、物理学、生物学乃至社会科学等诸多领域。要想解决复杂计算，离不开计算机这个工具，又因计算机工作的特点，必须要有系统的思维理念。

2. 思维的概念

思维是人脑对客观事物的一种概括的、间接的反映，它反映客观事物的本质和规律。

（1）思维的组成

思维的组成包括思维原料、思维主体、思维工具。

自然界提供思维的原料，人脑成为思维的主体，认识的反映形式形成了思维的工具，三者具备才有思维活动。

（2）思维的特征

① 概括性。思维是在人的感性基础上，将一类事物共同本质的特征和规律抽取出来，加以概括。

② 间接性。间接性是指非直接的，以其他事物作为媒介来反映客观事物。

③ 能动性。能动性是指不仅能认识和反映世界，而且还能对客观世界进行改造。

（3）思维的类型

① 按照思维的进程方向划分，可分为横向思维、纵向思维、发散思维、收敛思维。

② 按照思维的抽象程度划分，可分为直观行动思维、具体形象思维、抽象逻辑思维。

③ 按照思维的形成和应用领域划分，可分为科学思维、日常思维。

3. 科学思维

科学思维是指理性认识及其过程，即经过感性阶段获得的大量材料，通过整理和改造，形成概

念、判断和推理,以便反映事物本质和规律。简而言之,科学思维是大脑对科学信息的加工活动。

科学思维主要表现在科学的理性思维;科学的逻辑思维;科学的系统思维;科学的创造性思维。

一般而论,科学思维是由"理论思维、实验思维与计算思维"三大支柱构成的,是科技创新必须具备的思维方式。三种科学对应着三种思维:理论科学←→理论思维,理论思维又称逻辑思维,它以推理和演绎为特征,以数学学科为代表。实验科学←→实验思维,实验思维又称实证思维,它以观察和总结自然规律为特征,以物理学科为代表。计算科学←→计算思维,计算思维又称构造思维,它以设计和构造为特征,以计算机学科为代表。

4. 计算思维

计算思维(computing thinking, CT)是指符号化、计算化与自动化。就计算机而言,计算是利用计算机解决问题的过程,怎么有效保质地处理问题需要一种思维。正如数学家在证明数学定理时具有独特的数学思维(理论思维或称逻辑思维),工程师在设计产品时具有独特的工程思维,艺术家在创作时具有独特的艺术思维,美食家在处理食物时也会基于色、香、味及文化的思维等。计算机科学家在用计算机解决问题时,也有自己独特的思维方式和解决方法,人们把它统称为计算思维,从问题的分析、数学建模到算法设计,再到计算机编程直至运行实现,计算思维贯穿计算的全过程,具备计算思维,就能够像计算机科学家一样,具有思考和解决问题的能力。

(1)计算思维的概念

2006年3月,周以真(Jeannette M. Wing)教授在"*Communications of the ACM*"杂志上给出计算思维的定义。周教授认为:计算思维是运用计算机科学的基础概念进行问题求解、系统设计,以及人类行为理解等涵盖计算机科学之广度的一系列思维活动。

针对上述定义解释如下:

① 求解问题中的计算思维。利用计算手段求解问题的过程是:首先要把实际的应用问题转换为数学问题,可能是一组偏微分方程(partial different equation, PDE),其次将 PDE 离散为一组代数方程组,然后建立模型、设计算法和编程实现,最后在实际的计算机中运行并求解。前两步是计算思维中的抽象,后两步是计算思维中的自动化。

② 设计系统中的计算思维。R.Karp 认为,任何自然系统和社会系统都可视为一个动态演化系统,演化伴随着物质、能量和信息的交换,这种交换可以映射为符号变换,使之能用计算机进行离散的符号处理。

当动态演化系统抽象为离散符号系统后,就可以采用形式化的规范描述,建立模型、设计算法和开发软件来揭示演化的规律,实时控制系统的演化并自动执行。

③ 理解人类行为中的计算思维。中科院自动化所复杂系统与智能科学重点实验室主任王飞跃教授认为,计算思维是基于可计算的手段,以定量化的方式进行的思维过程。计算思维就是应对信息时代新的社会动力学和人类动力学所要求的思维。在人类的物理世界、精神世界和人工世界三个世界中,计算思维是建设人工世界需要的主要思维方式。

利用计算手段来研究人类的行为,可视为社会计算,即通过各种信息技术手段,设计、实施和评估人与环境之间的交互。

(2)计算思维的特征

① 概念化,不是程序化。计算机科学不是计算机编程。像计算机科学家那样思维意味着

远远不仅限于计算机编程,还要求能够在抽象的多个层次上思维。计算机科学不只是关注计算机,就像音乐产业不只是关注话筒一样。

② 根本的,不是刻板的技能。计算思维是一种根本技能,是每一个人为了在现代社会中发挥职能所必须掌握的。刻板的技能意味着简单的机械重复。

③ 是人的,不是计算机的思维。计算思维是人类求解问题的一条途径,但决非要使人类像计算机那样思考。计算机枯燥且沉闷,人类聪颖且富有想象力。人类赋予计算机激情,计算机赋予人类强大的计算能力,人类应该好好利用这种力量去解决各种需要大量计算的问题。

④ 是思想,不是人造物。计算思维不只是将生产的软硬件等人造物呈现给人们,更重要的是普及计算概念,它被人们用来进行问题求解、日常生活的管理,以及与他人进行交流和互动。

⑤ 数学和工程思维的互补与融合。计算机科学在本质上源自数学思维,它的形式化基础建筑于数学之上。计算机科学又从本质上源自工程思维,因为人们建造的是能够与实际世界互动的系统。所以计算思维是数学和工程思维的互补与融合。

⑥ 面向所有的人,所有地方。当计算思维真正融入人类活动的整体时,它作为一个问题解决的有效工具,人人都应当掌握,处处都会被使用。

（3）计算思维的本质

计算思维的本质是两个 A,即抽象（abstract）和自动化（automation）。它反映了计算的根本问题,即什么能被有效地自动进行。计算是抽象的自动执行,自动化需要计算机去解释抽象。从操作层面上讲,计算就是如何寻找一台计算机去求解问题。概括地说,就是要确定合适的抽象,选择合适的计算机去解释执行该抽象,后者就是自动化。抽象对应着建模,自动化对应着模拟,抽象就是忽略一个主题中与当前问题或者目标无关的那些方面,以便更充分地注意与当前问题

微视频:
问题求解中的计算思维

或目标有关的方面。在计算机科学中,抽象是一种广泛使用的思维方式,计算思维中的抽象完全超越物理的时空观,并完全用符号来表示,其中,数学抽象只是一个特例,最终目的是能够机械地一步一步自动执行抽象出来的模型,以求解问题、设计系统和理解人们的行为。计算思维中的两个 A,反映了计算的根本问题,即什么能被有效地自动执行。

总之,计算思维是用计算科学的基本概念、原理和技术,考虑问题和解决问题的思想方法。其实每门学科都包含了特定的方法学,它们对描述和解决专业问题具有高效性,这些方法实现了学科的基础概念和原理,同时也蕴含了特定的思维规律。教学的一个主要目的是思想方法的培养,因此,计算思维的培养是计算学科教育的一个重要目标,同时计算思维也是信息素养的重要组成部分,并且随着计算机科学的发展而同步发展。

1.2.2　计算思维与计算机的关系

计算思维虽然具有计算机的许多特征,但是计算思维本身并不是计算机的专属。实际上,即使没有计算机,计算思维也会逐步发展,甚至有些内容与计算机没有关系。但是,正是由于计算机的出现,给计算思维的发展带来了根本性的变化。计算思维的许多特征和内容在计算机科学里都得到充分体现,并且随着计算机科学的发展而同步发展。

计算思维起步于符号化、计算化与自动化,计算机软件研究的终极目标是解决社会或自然

问题,将社会或自然问题用符号表达,基于符号进行计算,将计算用软件来实现,是解决社会或自然问题的基本思维方式,也是计算思维与计算机密不可分的关系。从图1-4可以看出,以计算机解决问题需要抽象为符号化,然后自动化完成。自然、社会问题的符号化结果用字母、符号及其组合表达,所有的计算都是针对字母、符号的计算,即基于字母、符号进行。计算的结果经过还原到现实世界,用自然语言、表格、图形、图片、视频等人们熟悉的形式呈现出结果。符号化是一种抽象过程,是有层次的,而且可能是多层次的。

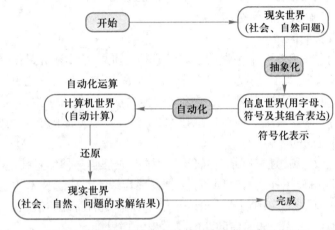

图1-4 符号化的抽象和计算的自动化层次示意图

通过数据库应用实例来说明其工作过程。比如,高考成绩数据库实现成绩录入的准确性、高效性和安全性,并对成绩进行客观的统计分析。管理人员、工作人员、招生人员及考生均可根据权限按需所取。要完成此数据库的建立,需要对高考过程、高考阅卷、高考成绩汇总、高考录取、过程管理等一系列工作进行抽象化处理,然后对此问题确定符号化表达方式。因数据库管理是综合性的,涉及面广、理论性强等特点,本书在第5章将系统讲解。在此,只讨论学生成绩的表示,高考主体对象之一是学生,对学生来说,呈现的信息很多,比如姓名、性别、是否独生子女、家庭状况、外貌、喜欢什么食物、喜欢什么运动等,要将其多维表现出来,其信息量很大且杂乱。现在的任务是统计参加高考学生的成绩,用数据表达时在抽象过程中必须忽略与高考无关的信息,以便更充分地注意与高考有关的方面。可以取准考证号、姓名、身份证号、考试科目、总分、位次等来表达高考成绩的相关信息,抽象后的学生信息如表1-1。计算机根据表格中的数据自动计算总成绩及位次。然后将运算结果转换成考生熟悉的成绩单,供考生查询等。需要说明的是,在此过程中要考虑特征数据、结果、运算等相对独立部分,获取稳定数据源和数据集,从而得到可靠的运算结果。

表1-1 学生信息表

准考证号	姓名	身份证号	数学	语文	外语	理综	总分	位次
1941070412	王一凡	6101022001040092356	132	120	110	270	632	1 003
1921040614	刘信息	6103022001040092321	128	110	129	256	623	1 120
1935030418	张认知	6103042002010012924	123	118	126	246	613	2 130
…	…	…	…	…	…	…	…	…

1.2.3　计算机文化教育对能力和思维的影响

计算机文化作为当今最具活力的一种崭新文化形态,已经将一个人经过文化教育后所应具有的能力由传统的读、写、算上升到了一个新高度,加快了人类社会前进的步伐,其所产生的思想观念、所带来的物质基础条件以及计算机文化教育的普及,有力地推动了人类社会的进步与发展,同时,也带来了崭新的学习观念。计算机文化教育是指通过对计算机的学习实现人类计算思维能力的构建,包括基本的信息素养与学习能力,即能够自觉地学习计算机的相关技术和知识,有兴趣和会用计算机来解决实际问题。

1. 信息技术需具备的能力

计算机文化,其中"文化"两个字强调了非计算机专业学习计算机课程内容,是定位在文化层面的计算机基础知识,强调了计算机给人类社会带来深刻影响和变化之后,人们应该需要了解掌握的知识和能力。在大学里这门课程主要面向的是大学一年级的学生,在信息技术面前,绝大部分学生都是站在同一起跑线上。面对信息技术,需要具备三方面的能力:技术鉴别的能力、技术应用的能力和创新应用的能力。

① 技术鉴别的能力。就是能够结合自己的学科专业理解某种信息技术的优点和不足。目前,大部分学生的计算机应用能力存在障碍,主要表现为缺乏对信息技术的全局观念,普遍缺失对信息技术的鉴别力,不能从应用创新的角度了解不断涌现的新兴的信息技术,遇到问题,不知道如何利用技术去解决,或者是如何借助新的技术来开拓思维。

② 技术应用的能力。就是能够了解问题的哪些方面适合用信息技术来解决,并且具备对所采用的工具和技术的解决力有一个评判。在技术应用或者说在工具使用层面上,文科大类专业学生主要体现在基本信息处理方面,他们的能力明显不足。理工类的学生则主要集中反映在计算机编程方面,他们的能力不足。

③ 创新应用的能力。这是一个更高层面的能力。具体来讲,就是能够将信息技术应用到新的地方,或者通过一种新的方式应用信息技术,在专业学习层面,信息技术的专业人才主要做的是技术和学科的深度研究;非计算机专业人才做的是信息技术应用广度的工作。但是正因为后者具备专业交叉的优势,所以更擅长将信息技术应用到新的领域,更擅长用新的方式应用信息技术。

2. 对学生思维方式的影响

计算机文化教育针对学生思维方式的影响主要体现在以下几个方面。

① 有助于培养学生的创造性思维。创造性思维是人类在解决问题的活动中所表现出的独特、新颖并具有价值的思维成果。学生在解题、编程、写作等学习活动中会得到创造性思维的训练,而计算机教育的特殊性无疑对学生创造性思维的培养更有优势。由于在计算机程序设计的教学中,算法描述即不同于自然语言,也不同于数学语言,其描述的方法也不同于人们通常对事物的描述方法。因此,在设计程序解决实际问题时,摒弃了大量其他学科教学中所形成的常规思维模式,例如在累加运算中试用了源于数学但又有别于数学的语句:"X=X+1",其含义是将 X+1 得到的值赋给 X,这里的"="不再是数学的等号,而是在计算机中用的赋值语句。在编程解决问题中所使用的各种方法和策略,如穷举法、递推法、递归法、排序法、查找法等算法均打破了以往常规的思维方式,既有新鲜感,又能激发学生的创新欲望。

② 有助于发展学生的抽象思维。用概念、判断、推理的形式进行的思维就是抽象思维。计

算机教学中的程序设计是以抽象思维为基础的,要通过学习程序设计解决实际问题。首先,要对问题进行分析,选择适当的算法,通过对实际问题的分析研究,归纳出一般性的规律,构建数学模型。然后通过计算机语言编写计算机程序。再经过对源程序的调试与运行,验证算法,并通过试算得到问题的最终正确结果。在程序设计中大量使用判断、归纳、推理等思维方式,将一般规律经过高度抽象的思维过程后描述出来,形成计算机程序。例如,用筛选迭代法找出 $1\sim N$ 的所有素数。这就要求学生了解素数的概念和判断素数的方法,具有自动生成 $1\sim N$ 自然数的方法等数学基础知识。再从简单情况入手,归纳出搜索素数的方法和途径,总结抽象出规律,构建数学模型,最后编程并运行程序,解决问题。这些过程有助于锻炼和发展学生的抽象思维。

③ 有助于培养学生的逻辑思维。生活中处处体现着逻辑。逻辑是指事物因果之间所遵循的规律,是现实中普适的思维方式。逻辑的基本表现形式是命题与推理,命题由语句表述,命题即语句的含义,即由同一条语句表达的内容为"真"或为"假"的一个判断。

例如,命题 1"A 不是一位大学本科生",命题 2"A 是一位硕士研究生",命题 3"A 不是一位大学本科生"并且"A 是一位硕士研究生"。推理即依据由简单命题的判断推导得出复杂命题的判断结论的过程。

在计算机处理命题与推理时可以是符号化和可计算的,例如如果命题 1 用符号 X 表示,命题 2 用符号 Y 表示,X 和 Y 为两个基本命题,则命题 3 便是一个复杂的命题,用 Z 表示,则 $Z=X$ AND Y。其中 AND 为一种逻辑与运算。因此,复杂命题的推理可以认为是关于命题的一组逻辑运算的过程。基本的逻辑运算包括"或"运算、"与"运算、"非"运算等。

④ 有助于强化学生思维训练,促进学生思维品质优化。计算机是一门操作性很强的学科,学生通过上机操作,使手、眼、心、脑并用而形成强烈的专注,使大脑皮层高度兴奋,从而将所学的知识高效内化。在计算机语言学习中,学生通过上机调试程序,体会各种指令的功能,分析程序运行过程,及时验证与反馈运行结果,都容易使学生产生成就感,激发学生的求知欲望,逐步形成一个感知心智活动的良性循环,从而培养出勇于进取的精神和独立探索的能力。通过程序模块化培养设计思维的训练,学生逐步学会将一个复杂问题分解为若干个简单问题来解决,从而形成良好的结构思维品质。另外,由于计算机运行的高度自动化,精确的按程序执行,因此,在程序设计或操作中需要严谨的科学态度,稍有疏忽便会出错,即使是一个小小的符号都不能忽视,只有检查更正后才能正确运行。这些反复调试程序的过程,实际上是一个锻炼思维、磨练意志的过程,其中即含心智因素又含技能因素。因此,计算机的学习过程也是一个培养坚韧不拔的意志、强化计算思维、增强信心的自我修养过程。

1.3　信息技术概述

信息技术(information technology, IT)是一切以数字形式处理信息的相关技术,包括信息的处理、传递、采集、应用及存储、检索、显示等有关的一切技术。信息技术主要包括计算机技术、微电子技术、通信技术、控制技术以及感测技术等,其中,计算机技术是信息技术的核心。

信息技术按工作流程中基本环节的不同可分为信息获取技术、信息传递技术、信息存储技术、信息加工技术及信息标准化技术。信息获取技术包括信息的搜索、感知、接收、过滤等。如显微镜、望远镜、气象卫星、温度计、钟表、Internet 搜索器中的技术等。信息传递技术指跨越空间共享信息的技术,又可分为不同类型。如单向传递与双向传递技术,单通道传递、多通道传递与广播传递技术。信息存储技术指跨越时间保存信息的技术,如印刷、照相、录音、录像技术等。信息加工技术是对信息进行描述、分类、排序、转换、浓缩、扩充、创新等的技术。信息加工技术的发展已有两次突破:从人脑的信息加工到使用机械设备(如算盘、标尺等)进行信息加工,再发展为使用电子计算机与网络进行信息加工。信息标准化技术是指将信息的获取、传递、存储、加工各环节有机衔接,并提高信息交换共享能力的技术。如信息管理标准、字符编码标准、语言文字的规范化等。

1.3.1　信息技术的特点

1. 高速化

计算机和通信技术的发展追求的均是高速度、大容量。例如,每秒能运算千万次的计算机已经进入普通家庭。速度和容量是紧密联系的,目前信息海量增长,高速处理、传输和存储要求大容量就成为必然趋势。同时电子元器件、集成电路、存储器件的高速化、微型化、廉价化的快速发展,又使信息的种类、规模以更高的速度膨胀,其空间分布也表现为"无处不在"。

2. 网络化

信息网络分为电信网、广电网和计算机网。三网有各自的形成过程,其服务对象、发展模式和功能等有所交叉,又互为补充。信息网络发展迅猛,从局域网到广域网,再到国际互联网及有"信息高速公路"之称的高速信息传输网络,计算机网络在现代信息社会中扮演着重要的角色。

3. 数字化

数字化就是将信息用电磁介质或半导体存储器按二进制编码的方法加以处理和传输。在信息处理和传输领域中,广泛采用的是只用"0"和"1"两个基本符号组成的二进制编码,二进制数字信号是现实世界中最容易被表达、物理状态最稳定的信号。

4. 个人化

信息技术实现以个人为目标的通信方式,充分体现可移动性和全球性。实现个人通信需要全球性的、大规模的网络容量和智能化的网络功能。信息技术不再是专家和工程师才能掌握和操纵的高科技,而开始真正地面向普通公众,为人所用。信息表达形式和信息系统与人的交互超越了传统的文字、图像和声音,机器或者设备感知视觉、听觉、触觉、语言、姿态,甚至思维等技术或者手段已经在各种信息系统中大量出现,人在使用各类信息设备时可以完全模仿人与真实世界的交互方式,获得非常完美的用户个性化体验。

5. 智能化

在面向信息技术的应用中,信息技术的发展方向之一是智能化。智能化的应用体现在利用计算机模拟人的智能,例如智能机器人、人工智能的医疗诊断专家系统及推理证明等方面。例如,智能化的计算机辅助教学软件、自动考核与评价系统、视听教学媒体以及仿真实验等。随着工业和信息化的深度融合,成为我国目前乃至今后相当长的一段时期的产业政策和资金投入的主导方向,"智能制造"的各种软硬件应用将为各行各业的各类产品带来换代式的飞跃,甚至是革命,成为拉动行业产值的主要动力。

1.3.2　信息技术的功能

信息技术的功能是多方面的,从宏观上看,主要体现在以下几个方面。

1. 辅助功能

信息技术能够提高或增强人们的信息获取、存储、处理、传输与控制能力,使人们的工作、生产技能管理水平与决策能力等得到提高。

2. 开发功能

利用信息技术能够充分开发信息资源,它的应用不仅推动了社会大规模的生产,而且大大加快了信息的传递速度。

3. 协同功能

人们通过信息技术的应用,可以共享资源、协同工作。例如,电子政务、电子商务、智能交通、全球卫星导航、办公自动化、多媒体网络教学和远程医疗等。

4. 增效功能

信息技术的应用使得工作效率大大提高。例如,通过卫星照相、遥感遥测,人们可以更多、更快地获得地理信息。

5. 先导功能

信息技术是现代文明的技术基础,是高技术群体发展的核心,也是信息化、信息社会、信息产业的关键技术,它推动了世界性的新技术革命。大力普及与应用新技术可实现对整个国民经济技术基础的改造,优先发展信息产业可带动各行各业的发展。

1.3.3　信息技术的影响

信息技术对人类社会产生巨大影响,主要表现在以下几个方面。

1. 对经济的影响

人类在认识和开发物质和能量两大战略资源之外,又开发和利用了信息这一战略资源。信息是知识经济社会的主要资源,信息技术是知识经济的主要生产力,它日益渗透到所有的知识经济领域。信息技术作为一种知识产品,投入少、产出多、效益高。信息技术有助于个人和社会更好地利用资源,使其充分发挥潜力,缩小国际社会中的信息与知识差距;有助于减少物质资源和能源的消耗;有助于提高劳动生产率,增加产品知识含量,降低生产成本,提高竞争力;有助于提高国民经济宏观调控管理水平、经济运行质量和经济效益。

2. 对教育的影响

随着科学技术的飞速发展、素质教育的全面实施和教育信息化的快速推进,信息技术已逐渐成为服务于教育事业的一项重要技术。信息技术转变了教育改革环境,信息技术的广泛应用,促成了一个网络化、多媒体化和智能化的教育环境,在这个环境中,所有的教育资源得到了沟通,构架了一个全新的、无限开放的平台,实现了真正的资源共享,打破时间、空间的限制,转变了教师的教学观和学生的学习观,大大提高了学习者的积极性、主动性和创造性。

3. 对管理的影响

信息技术有助于更新管理理念,改变管理组织形式,使管理结构由金字塔形变为矩阵形;有助于完善管理方法,以适应虚拟办公、电子商务等新的运作方式。例如,政府通过网络互联逐渐建立网络政府,开启了政府管理的全新时代,树立了各级政府的高效率办公、透明管理的新时代形象,同时为广大人民群众提供了极大的便利。进入20世纪90年代后,美、日、欧盟等纷纷制定了自己的信息基础设施发展计划,即信息高速公路计划,并投入了巨额资金。新兴工业化国家和地区也不甘落后,投入大量资金发展网络技术和通信技术。

4. 对科研的影响

应用信息技术有助于交叉学科的发展,能使科学研究前期工作顺利开展;有助于提高科研工作效率;有助于科学研究成果的及时发表。

5. 对文化的影响

信息技术首先将人与人之间的距离拉近了,使时间和距离对人们来说不是一种障碍,且带来了无穷的便利。信息技术促进了不同国家、不同民族之间的文化交流与学习,使文化更加开放化和大众化。从超越时空局限意义上看,现代信息技术对文化传播和发展的影响是非常深刻的。

6. 对生活的影响

信息技术给人们的生活带来了巨大的变化,计算机、因特网、信息高速公路、纳米技术等在生产生活中的广泛应用,使人类社会向着个性化、休闲化方向发展。在信息社会里,人们的行为方式、思维方式甚至社会形态都发生了显著的变化。例如,"虚拟社会""虚拟演播室""第六感科技"等诸多社会现象给思想家、哲学家提出新的理论挑战,并将不断促进人类在思想方面产生新的见解和新的突破。

1.3.4　信息技术的应用

随着我国国民经济快速持续的发展和信息化进程的不断加快,各行各业对信息基础设施、信息产品与软件产品、信息技术和信息服务越来越重视,信息产业市场巨大、发展迅速。我国在"十三五"规划纲要中,将培育人工智能、移动智能终端、第五代移动通信(5G)、先进传感器等作为新一代信息技术产业创新重点发展,拓展新兴产业发展空间。

当前,随着信息技术高速度、大容量、集成化和平台化、智能化、虚拟计算、通信技术、遥感和传感技术、移动智能终端的广泛使用,以行业应用为基础,依托移动互联技术在云计算、智能卡技术、远程医疗、物联网等方面得到广泛应用。如图 1-5。

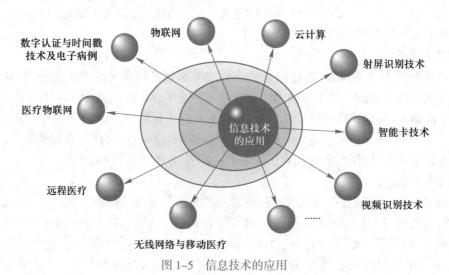

图 1-5　信息技术的应用

1.4　信息技术时代彰显思维的力量

信息技术如火山喷发式地发展,日新月异地影响着全球的经济、科技、生活,尤其是现如今涌现出的 5G 通信技术、大数据、云计算、云共享等,如何适应 IT 的快速发展,思维的觉醒至关重要。

1.4.1　发现信息技术的魅力

1. 信息技术中数字生活之日常

在日常生活中,当人们拥有一部最新型号 iPhone 或华为手机时,起初它能够满足人们的一切需求,而且还能给人们带来许多惊喜,聊天、上网、看视频、听音乐等无所不能。随着时间的推移,逐渐发现它有许多不足之处,比如应用功能不稳定、不完善,速度慢,导航能力差,电池待机时间短等,于是人们开始抱怨,最后决定放弃这个产品而购买更新型号的手机,这个行为在日常生活中已司空见惯,是数字生活的写照。人们通过高频率更换电子产品的方式,追赶着数字生活变化的脚步,感受着信息技术给生活带来的全新体验。如果人们仅仅以消费者的角色浸润在数字生活中,这些变化都是简单的,而且是快乐的。但不少人却要面对信息技术冷酷的一面,那就是新技术带来的失业风潮。对于大部分人来说,其人生会在信息技术的裹挟中不得不去思考和定位,这时候就会看到只有善行者才会发现信息技术最有魅力的一面。

2. 信息技术浪潮中发现新的机遇

2014 年阿里巴巴在美国上市时,阿里巴巴选择了全球最独特的敲钟方式,敲钟人共有 8 位,其中有当年的奥运冠军、今日的淘宝店主,还有那些由电商平台培养出来的淘宝达人、网络模特、快递员、用户代表、电商服务商、云客服,还有一位来自美国的农场主,如图 1-6 所示。新兴的从业者和消费者,正是他们浓缩成一个由信息技术打造的电商生态系统,他们在电商大潮中发现机遇,重新规划自己的人生和事业,当年参加敲钟的美国农场主,带着自己的车厘子,一举打开了中国的市场。当然还有更高层面上的,比如说上市的主角阿里巴巴,在上市敲钟以后,阿里巴巴跃升成为全球最大互联网公司之一,创始人马云因此也问鼎了大陆新首富。除此之外,我们还不能忘记阿里巴巴上市的最大赢家风险投资者软银集团行政总裁孙正义,他于 2020 年 2 月 12 日

图 1-6　阿里敲钟人

表示,阿里巴巴还有很大成长空间,不急于出售其股票,截至 2020 年 2 月 12 日收市,阿里市值为 6 018 亿美元,软银所持有的阿里巴巴股票价值约为 1 500 亿美元,超过了软银本身的市值 1 100 亿美元,软银看好阿里巴巴的未来发展前景,投资阿里让软银获得了巨大的回报,对于软银这家风险投资公司来说,阿里巴巴是其最为成功的投资案例之一,投资让软银获利约 2 500 倍。看到以上内容的读者,一定希望借自己一双慧眼,在信息技术引发的挑战浪潮中发现新的机遇。

1.4.2　摩尔定律——动力强劲的引擎

半个多世纪的信息技术,它无疑是生机勃勃、日新月异、强劲动力的引擎,推动着全球经济高速发展。在此借鉴浪潮之巅的视角,通过梳理几个能够很好反映计算机产业发展规律的著名定律,从宏观的角度认识信息技术的大脉络。其中最著名的当属摩尔定律。

1. 摩尔定律概述

儿童游戏里有一个摩尔庄园,IT 产业中有一个摩尔定律,前者是游戏者在游戏中的化身,后者是定律的发现者,Intel 公司的创始人之一戈登·摩尔,早在 1965 年,就在《电子学》杂志发表了标题为《让集成电路填满更多的组建》的文章,它就是至今影响科技业的摩尔定律,有以下 3 种理解。

① 集成电路芯片上所集成的电路的数目,每隔 18 个月就翻一番。

② 微处理器的性能每隔 18 个月提高一倍,而价格下降一半。

③ 用一美元所能买到的计算机性能,每隔 18 个月翻两番。这就意味着同等价位的微处理器,它的速度会变得越来越快,而同等速度的微处理器的价格也会变得越来越便宜。

摩尔定律并非严格的物理定律,而是基于一种不可思议的技术进步现象所做出的总结。晶体管越做越小,同等面积上的集成电路就能越来越复杂,功能也就越来越强大,于是芯片性能也就越来越高,计算机能力也就能够呈现指数增长,同时生产成本和使用费用在不断降低,最终使计算机资源变得无处不在,而且越来越便宜。

2. 摩尔定律现象

为什么能便宜呢? 性能和价格为什么能成反比呢? IT 行业的硬件制造,就是一个从沙子里淘金的过程,处理器的制造成本,主要由制造设备的成本和研发成本两部分构成,一条半导体制造生产线,其设备的投资高达几十亿美元,芯片组研发所对应的研发费用也高达几十亿美元。因此,最新的处理器在上市的时候其价格总是非常昂贵的,但在收回了生产线和研发这两项主要成本后,制造所需原材料硅的用量是非常少的,而且成本很低,因此处理器的制造成本就变得非常低。硬件厂商就有了大幅度降价的空间,使用者这时就会感受到微处理器的性能每隔 18 个月提高一倍,而价格下降了一半。这类摩尔定律现象,使得原本只有举国之力才能制造出来的电子数字计算机,变成了普通人都能够拥有的计算设备,显然这个发展速度令人难以置信。

3. 摩尔定律的作用

几十年来信息技术行业的发展,始终遵循着摩尔定律预测的速度。比如 1946 年,世界上第 1 台投入运行的 ENIAC 计算机,它的运算速度 5 000 次 /s 完成定点的加法运算。2015 年,世界上最快的计算机,中国的天河二号计算机,它的计算速度达到 33.86 千万亿次 /s 浮点运算。两者相差近 10 万亿倍,接近每 20 个月翻一番的速度,这个现象与摩尔定律的预测大致相同。存储容量的增长速度更快,大约每 15 个月就翻一番。比如 1976 年,苹果计算机配置的软盘驱动器,它的容量是 160 KB。2007 年,同样价钱的机械式硬盘的容量达到 500 GB,是当时苹果机的 300 万倍。2009 年,大容量固态硬盘刚上市的时候,每吉字节(GB)的单位价格高达 10 多美元,而 5 年后每个 "GB" 只需要两人民币,下降速度和摩尔定律的预测大致相同。网络带宽增速更快,接近于每 6 个月翻一番的速度。1994 年,我国国际互联网专线只是一根电话线,它的出口带宽是 2.4 kbps,也就是电话调制解调器的速度。如今通过 ADSL 技术,同样一根电话线就可以做到 10 Mbps 的传输速率。对于光纤入户的用户来说,能够获得的是 Gbps 的带宽,带宽的增速几乎是不到一年就翻了一番。

总之,通过对运算速度、存储容量和网络宽带的变化的对比,可以看出时至今日,IT 行业依然遵循着摩尔定律预测发展规律,虽然它给行业竞争带来了巨大的压力,但同时也是 IT 发展的加速器,能够跑赢摩尔定理的企业,都成了大赢家。

1.4.3 反摩尔定律成就了 IT 行业

1. IT 行业与传统行业

科技行业流传着很多关于比尔·盖茨的故事,其中一个是他和通用汽车老板之间的 "对话"。其部分内容是盖茨说:"如果汽车工业能够像计算机领域一样发展,那么今天,买一辆汽车只需要 25 美元,1 L 汽油就能够跑 400 km"。通用汽车老板反击盖茨的话我们暂且不论,这个故事至少用数据客观地说明了计算机和整个 IT 行业的发展比传统工业要快得多。摩尔定律给所有的计算机消费者都带来了一个希望,那就是如果今天嫌计算机太贵买不起,那么就可以等 18 个月后用一半的价钱来购买。如果真的这么简单,计算机的销售量就上不去了,需要买计算机的人会多等几个月,已经有计算机的人也没有动力更新计算机了,其他的 IT 产业链也是如此,IT 行业也就成了传统行业,没什么发展了。事实上,一直以来,世界上的个人微型计算机销量在持续增长,是什么动力促使人们不断地主动地更新自己的硬件呢? IT 界把它总结为安迪—比尔定律。

2. 安迪—比尔定律概述

安迪—比尔定律源于这句话:"What Andy gives, Bill takes away(安迪提供什么,比尔拿走什么)"。Andy 指的是 Intel 原 CEO 安迪·格罗夫;Bill 则是微软的比尔·盖茨。这句话的意思是,安迪·格罗夫一旦向市场推广一种新型芯片产品,比尔·盖茨就会及时升级自己的软件产品,吸收新型芯片的高性能,这样硬件提高的性能,很快被软件消耗掉了。在强大的硬件和软件的配合下,以前无法想象的应用,在颠覆传统生活的这个过程中,让数字生活变得越来越精彩。这个现象不仅强调软硬联盟,更是一语道破了安迪—比尔定律。就这样,安迪—比尔定律把原本属于耐用消费品的计算机、手机等这类数字商品变成了消耗性的商品,刺激着整个 IT 行业的发展。也正因为如此,硬件产品制造商效仿着苹果公司的 App Store 这个模式,推出了自己的应用软件商店模式,建立一个从看得见、摸得着的硬件到看得见、摸不着的软件,这样一个完整的生态系统,最大化地获取 IT 每个产业链环节上的利润。

3. 反摩尔定律作用

从上面内容可以看出,无论是 IT 行业还是使用电子产品的人们都需要掌握 IT 技术,特别是年轻人。摩尔定律强劲的加速器,使其变成了迷人却可怕的红舞鞋,穿上它的 IT 企业,都不能停下来,都必须按照摩尔定律的速度不停地旋转、更新,一旦停下来,就意味着被淘汰。比如一个 IT 公司,今天卖出的产品如果和 18 个月前卖掉的一样多,那么根据摩尔定律可知它的营业额就要减少一半。公司花了同样的劳动,却只能得到 18 个月前的一半的收入,这个衰减速度是很可怕的。必须要让销售量翻番才能维持住。很显然销售量翻番,这样的一个指数增长是维持不了多长时间的。每一种技术过不了几年,量变的潜力就会被挖掘光。这也就意味着在 IT 行业中,每个企业都不可能像石油、天然气这类传统行业,在有意识追求量变后就有可能做大、做强。在 IT 行业中,每个企业都要不断寻找能够引发质变的技术创新,来保持旺盛的生命力,这正是反摩尔定律积极的一面。在量变过程中,新的小公司是无法和老的公司竞争,例如很难从能源巨头壳牌公司出来,然后另起炉灶与之抗衡。但是借助信息技术就有了可能,反摩尔定律使得新兴的小的 IT 公司,有可能在发展新技术方面和大的 IT 公司站在同一条起跑线上,这就是为什么信息技术如此让年轻人着迷的地方。

IT 产业链给社会带来深刻影响后,在"科学的力量取决于大众对它的了解"认识的基础上,感知"计算机的力量取决于大众对它的应用"。进入大学学习的第一门计算机基础类课程以生机勃勃的学科作为载体,其主要学习任务如下:

① 揭示计算机领域的特色及其历史。

② 充分展示计算机领域能做些什么,但不必去深究其原理。

③ 使读者了解计算机应用领域,产生学习计算机的兴趣。

④ 培养读者学科全局观,以及随学科发展不断更新知识的意识。

⑤ 通过使用计算机工具影响思维方式和思维习惯,从而提高思维能力。

⑥ 能让读者了解本专业毕业生应具有的计算机基本知识和技能,用计算机解决本专业领域的问题。

在学习时应注意以下几个方面:

① 计算机基础需要体现基础课教学的特征,对于一些相对稳定的、基础性的、能够长期受益的内容,要认真学习,做到举一反三。

② 注重了解计算机知识的内在统一性与外在差异性,了解计算机独特的思维方式。

③ 计算机基础学习不能脱离应用,要有意识培养自己更好地利用计算机去解决专业领域中的问题及日常事务问题。

④ 借鉴该课程的特殊性,通过学习认识到信息技术发展迅速、知识更新快的特点,培养自己终生学习的能力。

实　践

要求通过第 1 章学习,以信息化对社会发展为切入点,针对计算机基础的学习,就如何"觉悟其思想"谈谈自己的想法。可参考网上资料,要求字数在 1 000 字左右。

本 章 小 结

　　本章主要介绍数据、信息、数据与信息的关系、信息时代、计算思维、计算机文化等相关概念，强调随着计算机技术的发展，促进了信息技术、信息社会的快速发展，计算思维、计算机文化成为人们必备的技能。通过摩尔定律现象，讲述发现信息技术的魅力、彰显思维的力量及信息技术时代对人们掌握计算机技术的新要求。本章在内容安排上没有深入其原理、方法，拟作为"讲在前面的话"来阐述进入大学学习的第一门计算机基础类课程是以生机勃勃的学科作为载体的，从而增强课程的带入感，抛砖引玉。其目的让每一位读者"觉悟其思想，了解其本质，培养其思维，重视其内容，掌握其技术，融会其方法"，为后续内容的学习打下坚实的基础。

习　　题

一、填空题

1. 信息化对社会发展的影响有_____、_____、_____和_____4 个方面。

2. 社会信息化的"四性"是指_____、_____、_____和_____。

3. 社会信息化的"四化"是指_____、_____、_____和_____。

4. 数据是信息的_____表示，或称载体；信息是数据的内涵，是数据的_____解释；数据是符号化的_____；信息是语义化的_____。

5. 信息的特性主要表现在客观性、可处理性、可识别性、可存储性、_____、_____、_____和_____8 个方面。

6. 严格意义上的文化应具有_____、_____、_____及深刻性等属性。

7. 计算机文化来源于_____，正是后者的发展，孕育并推动了计算机文化的产生和成长；而_____的普及，又反过来促进了计算机技术的进步与计算机应用的扩展。

8. 科学思维主要表现在_____、_____、_____和_____4 个方面。

9. 信息时代造就了微电子、_____、_____和_____四大产业。

10. 计算思维的特征主要有概念化、根本的、_____、_____、_____和_____6 个方面。

11. 信息技术的特点主要表现在_____、_____、_____、_____和_____5 个方面。

12. 信息技术的功能主要表现在_____、_____、_____、_____和_____5 个方面。

13. 信息技术的影响主要表现在_____、_____、_____、_____、_____和_____6 个方面。

二、选择题

1. 计算思维是运用计算机科学的_____进行问题求解、系统设计以及人类行为理解等涵盖计算机科学之广度的一系列思维活动。

A. 实验方式　　　　　　　　　　B. 思维方式

C. 程序设计原理　　　　　　　　D. 基本概念

2. _____是运用计算机科学的基本概念进行问题求解、系统设计以及人类行为理解等涵盖计算机科学之广度的一系列思维活动。

A. 理论思维　　　　　　　　　　B. 逻辑思维

C. 科学思维　　　　　　　　　　D. 计算思维

3. 计算思维最基本的内容为_____。

A. 抽象　　　　B. 递归　　　　C. 自动化　　　　D. A 和 C

4. 关于摩尔定律,下面描述不正确的是_____。

A. 集成电路芯片上所集成的电路的数目,每隔 18 个月就翻一番

B. 微处理器的性能每隔 18 个月提高一倍,而价格下降一半

C. 用一美元所能买到的计算机性能,每隔 18 个月翻两番

D. 这是一个关于智能化的描述过程

5. 计算机文化这种崭新的文化形态体现在_____。

A. 计算机理论及其技术对自然科学、社会科学的广泛渗透表现的丰富文化内涵

B. 计算机的软硬件设备,作为人类所创造的物质设备丰富了人类文化的物质设备品种

C. 计算机应用介入人类社会的方方面面,从而创造和形成的科学思想、科学方法、科学精神、价值标准等成为一种崭新的文化观念

D. 以上均是

6. 当交通灯随着车流的密集程度自动调整,而不是按固定的时间间隔放行时,可以理解这是计算思维_____的表现。

A. 人性化　　　　　　　　　　　B. 智能化

C. 网络化　　　　　　　　　　　D. 工程化

7. 安迪—比尔定律源于 What Andy gives,Bill takes away(安迪提供什么,比尔拿走什么)。Andy 指的是_____。

A. 安迪·格罗夫　　　　　　　　B. Intel 公司

C. 比尔·盖茨　　　　　　　　　D. 计算机软件和计算机硬件

8. 面对信息技术,应用计算机能力的培养应该是指_____。

A. 技术鉴别的能力　　　　　　　B. 技术应用的能力

C. 创新应用的能力　　　　　　　D. 以上均是

9. 思维的特征不包括_____。

A. 概括性　　　　　　　　　　　B. 间接性

C. 能动性　　　　　　　　　　　D. 逻辑性

三、简答题

1. 简述什么是计算机文化,信息时代其内涵发生了什么变化。

2. 简述数据、信息、数据与信息的关系。

3. 简述计算、思维、计算思维的概念。

4. 计算思维的两个"A"的内涵是什么?

5. 思维能计算吗? 如果能,又该怎样计算?

6. 计算机文化教育对能力和思维的影响主要表现在哪几个方面?

7. 从计算思维与计算机的关系谈起,说说培养计算思维的重要性?

8. 面对信息技术,需要具备哪三个方面的能力?

9. 为什么说摩尔定律是动力强劲的引擎?

10. 为什么说反摩尔定律成就了 IT 行业?

第 2 章　计算机系统概述

本章要点:

1. 了解计算机的基本概念、发展及未来计算机的发展趋势。
2. 了解数据与信息的基本关系及数据处理过程、计算机的应用范围。
3. 掌握计算机系统的基本概念和组成、计算机数制与编码的表示方法。
4. 掌握微型计算机系统的组成、分类和应用。

计算机是一个设备,也是一个系统,还是一个产生数据、存储数据、处理数据的载体,因此,计算机系统是基于计算机和数据的一个系统,计算机所计算的对象是数据。

随着计算机技术的快速发展和应用的不断扩展,计算机系统越来越复杂,功能越来越强大,但计算机的基本组成和工作原理大致相同,均遵循冯·诺依曼体系结构。

本章从计算机的产生和发展出发,详细介绍计算机的基本概念、类型、特点及计算机的发展历程,较为系统阐述计算机的应用领域及新热点、计算机中的数制与编码、计算机系统的基本组成、计算机的工作原理、微型计算机体系结构、计算机软件系统及计算机基本功能等内容。学习和掌握计算机基础知识、计算机硬件平台,更利于读者理解和使用计算机设备。

2.1　计算机的产生与发展

2.1.1　计算机的基本概念、类型、特点及性能指标

1. 计算机的基本概念

"计算机"顾名思义是一种计算的机器,它由一系列电子器件组成,英文名称为 Computer。计算机有两个突出的特点:数字化和通用性。数字化是指计算机在处理信息时完全采用数字方式,其他非数字形式的信息,如文字、图形、图像等,要设法转换成数字形式才能由计算机来处理。通用性则反映了计算机的另一个重要本质,其含义是采用内存程序控制原理的计算机能够解决一切具有"可解算法"的问题。

当使用计算机进行数据处理时,首先把需要解决的实际问题用计算机可以识别的语言编写成计算机程序,然后将处理的数据和程序输入计算机中,计算机按程序的要求,一步一步地进行各种运算,直到存入的整个程序执行完毕为止。因此,计算机必须是能存储程序和数据的装置。

● 微视频:
计算机奠基人(阿兰·图灵和冯·诺依曼介绍)

计算机在数据处理过程中,不仅能进行加、减、乘、除等算术运算,而且还能进行逻辑运算并对运算结果进行判断,从而决定以后执行什么操作。因此,计算机具有各种计算的能力。

计算机在进行信息处理时,能对各行各业随时随地产生的大量信息,进行获取、传送、检索并从信息中产生各种报表数据,对信息进

行有效组织和管理等。所以说,计算机也是信息处理的重要工具。

由此可见,计算机是一种能按照事先存储的程序,自动、高速地进行大量数值计算和各种信息处理的现代化智能电子设备,它具有运算速度快、计算精确度高、记忆能力强、自动控制、逻辑判断等特点。

2. 计算机的类型

计算机种类繁多,从不同角度对计算机有不同的分类方法。

（1）按计算机的用途分类

按计算机的用途分为专用计算机和通用计算机两大类。

专用计算机大多是针对某种特殊的要求和应用而设计的计算机,有专用的硬件和专用的软件。它具有运行效率高、速度快、精度高等特点,一般应用于特殊应用领域,如智能仪表、飞机的自动控制、导弹的导航系统等。

通用计算机则是为满足大多数应用场合而推出的计算机,可灵活应用于多种领域,一般应用于科学计算、信息处理、学术研究、工程设计等。

（2）按计算机处理数据的方式分类

计算机可分为数字计算机、模拟计算机和数字模拟混合计算机三大类。

数字计算机处理的是非连续变化的数据。输入、处理、输出和存储的数据都是数字量的,这些数据在时间上是离散的,非数字量的数据（如字符、声音、图形、图像等）都必须经过编码后方可处理。其基本运算部件是数字逻辑电路,因此,运算精度高、通用性强。

模拟计算机处理的数据在时间上是连续的。输入、处理、输出和存储的数据都是模拟量（如电压、电流、温度等）,其基本运算部件是由运算放大器构成的各类运算电路。一般来说,模拟计算机由于受元器件质量影响,其计算精度较低,应用范围较窄,但解决问题速度快,主要用于过程控制和模拟仿真。

数字模拟混合计算机将数字技术和模拟技术相结合,兼有数字计算机和模拟计算机的功能及优点,既能接收、输出和处理模拟量,又能接收、输出和处理数字量。

（3）按计算机的规模和处理能力分类

规模和处理能力主要是指计算机的体积、字长、运算速度、存储容量、外设的配置、输入输出能力等主要技术指标,按其分类大体可分为巨型机（超级计算机）、大/中型机、小型机、微型计算机等。

① 巨型机（超级计算机）。巨型机又称超级计算机,它是目前运算速度最高、存储容量最大、处理能力最强、工艺技术性能最先进的通用超级计算机。主要用于复杂的科学计算和军事等专用领域。2019年11月公布的最新全球超级计算机榜单中,中国超算数量第一。在上榜数量上,中国有228台超算上榜,蝉联上榜数量第一,美国以117台位列第二。从总算力上看,美国超算占比为37.1%,中国超算占比为32.3%。目前巨型机的处理速度已达到每秒亿亿次,美国超级计算机"顶点"浮点运算速度是每秒14.86亿亿次,中国超算"神威·太湖之光"和"天河二号"的浮点运算速度分别为每秒9.3亿亿次和每秒3.39亿亿次。

② 大/中型机。大/中型机又称大/中型计算机。大/中型机的内存大、速度快,且广泛地应用于军事技术科研领域。这类计算机具有极强的综合处理能力和极广泛的性能覆盖面,通用性强。在一台大/中型机中可以使用几十台微型计算机或微型计算机芯片,可同时支持上万个

用户,支持几十个大型数据库,用以完成特定的操作。

③ 小型机。小型机规模较小,与以上两种机型相比,结构简单、造价低、性能价格比突出,维修使用方便,易于操作维护,设计试制周期短,软件开发成本低,便于及时采用先进工艺技术。它们已广泛应用于工业自动控制、大型分析仪器、测量设备、企业管理、高等院校和科研机构等,同时也可以作为大型与巨型计算机系统的辅助计算机。

④ 微型计算机。微型计算机简称微机,是当今最为普及的机型。它体积小、重量轻、功耗低、价格低、功能强、可靠性高、结构灵活,对使用环境要求低,性能价格比明显地优于其他类型的计算机。微机的问世和飞速发展,使计算机真正走出了科学的殿堂,进入到人类社会生产和生活的各个方面。计算机从过去只限于少数专业人员使用普及到广大民众,成为人们工作和生活不可缺少的工具,从而将人类社会推入了信息时代。

总之,计算机的分类方法很多,除以上常用的几种外,还有按一次能够传输和处理的二进制位数的多少,计算机可分为 8 位机、16 位机、32 位机和 64 位机等;按物理结构可分为单片机(IC卡,由一片集成电路制成,其体积小、质量轻,结构十分简单)、单板机(IC 卡机、公用电话计费器)和芯片机(手机、掌上电脑)等。无论按哪一种方法分类,各类计算机之间的主要区别是运算速度、存储容量及机器体积等。

3. 计算机的主要特点

现代数字计算机与以往的计算工具有着本质的区别。它不仅高速地进行数字计算与信息处理,而且具有超强的记忆功能和高可靠性的逻辑判断能力。现代数字计算机主要特点可概括如下。

(1)由基本电子元器件构成,采用二进制计数方式。能进行算术逻辑运算,配上相应的程序,可进行各种复杂的数字计算、工程设计、图像信息处理以及人工智能的开发与研究。若配以适当的执行机构,可实现复杂过程的自动控制。因此,计算机是一种既包括硬件,又包括软件的联合体,常称为计算机系统。

(2)除了数值计算和逻辑运算之外,计算机还能处理包括数字、文字、符号、图形、图像以及声音在内的所有可转换成数字信号的信息。

(3)采用"存储程序"的方式进行工作。它将待处理的数据和处理该数据的程序事先送入存储器,然后自动执行。因此,计算机的全部工作过程是执行程序的过程。

(4)具有高速的运算和超强的信息存储与处理能力。现代计算机都配有大容量的内存储器和外存储器。例如,一个 32 GB 的 U 盘可存储多部像《红楼梦》这样的长篇小说或数十年《人民日报》的文字内容。计算机的运算速度可达每秒亿亿次以上,数秒内可完成数百人需要几十甚至几百年才能完成的工作。

(5)与通信网络互联,构成跨地区、跨国界乃至全球的计算机通信网,实现资源共享。为充分发挥计算机的工效,就需要联网,因此可以说,网络就是计算机。

总而言之,按照计算思维的观点,人们所进行的任何复杂的脑力工作,只要能分解成计算机可执行的基本操作,并以计算机所能识别的形式表示出来,存入计算机,计算机就能模仿人脑,按照人们的意愿自动工作,所以有人把计算机称为"电脑"。作为电脑,它不能完全代替人脑,但有许多超越人脑的能力。它被人类制造,为人类服务,以完成各种复杂又系统的工作。

4. 计算机的主要性能指标

（1）字长

字长是计算机一次直接处理二进制数的位数，一般与运算器的位数一致。字长越长，精度越高，常见的字长有 8 位、16 位、32 位和 64 位等。

（2）运算速度

运算速度是指计算机每秒执行基本指令的条数。它反映计算机运算和对数据信息处理的速度，其单位为次 / 秒、百万次 / 秒、万亿次 / 秒、千万亿次 / 秒、亿亿次 / 秒等。

（3）主频

主频是指计算机的主时钟频率，它在很大程度上反映了计算机的运算速度，因此人们也常以主频来衡量计算机的速度。其单位是赫兹（Hz），常以 MHz、GHz 表示，比如 Intel Pentium Ⅲ / 866 表示该 CPU 主时钟频率为 866 MHz，Intel 酷睿 i7 8 代 CPU 的工作主频为 3.7 GHz。以 3.0 GHz 的主频为例，意味着该 CPU 每秒钟会产生 30 亿个时钟脉冲信号，每个时钟信号周期为 0.33 ns。

（4）存储器容量

存储器以字节为单位，其容量表示存储二进制数据的能力。计算机存储单位一般用位（bit）、字节（B）、千字节（KB）、兆字节（MB）、吉字节（GB）、太字节（TB）、拍字节（PB）、艾字节（EB）、泽字节（ZB）、尧字节（YB）等表示存储器容量的单位。Byte（字节，简写为 B）是最基础的计算机容量单位，8 位二进制位为一个字节（B）。各种字节之间的换算关系是：1 KB= 1 024 B=2^{10} B，1 MB=1 024 KB=2^{20} B，1 GB=1 024 MB=2^{30} B，依此类推，即后面一级为前一级的 1 024 倍。

除此之外，还有功耗、无故障率、电源电压以及软件兼容性等性能指标。

2.1.2　计算机的产生与发展

1. 计算机的发展历程

世界上第一台计算机是 1946 年问世的。从它诞生至今，计算机突飞猛进地发展着。在人类科技史上还没有一种学科可以与计算机的发展相提并论。人们根据计算机的性能和硬件技术状况，将计算机的发展分成四个阶段，每一阶段在技术上都是一次新的突破，在性能上都是一次质的飞跃。

（1）第一阶段：电子管计算机（1946—1957 年）

1946 年 2 月 14 日在美国宾夕法尼亚大学莫尔学院正式通过验收的名为埃尼阿克（electronic numerical integrator and computer，ENIAC）的电子数字积分计算机，宣告了人类第一台电子计算机的诞生。如图 2-1 所示为冯·诺依曼与 ENIAC，图 2-2 所示为工作人员与 ENIAC。ENIAC 犹如一个庞然大物，它重达 30 t，占地 170 m²，内装 18 000 多个电子管，6 000 多个开关和配线盘，1 500 多个继电器，耗电 150 kW，每秒完成 5 000 次定点加减法运算。由于当时冯·诺依曼正参与原子弹的研制工作，他是带着原子弹研制过程中将会遇到的大量计算问题加入到计算机的研制工作中来的。因此可以说，ENIAC 为原子弹的诞生立下了汗马功劳，它的诞生开创了第一代电子计算机的新纪元。

图 2-1 冯·诺依曼与 ENIAC   图 2-2 工作人员与 ENIAC

电子管计算机主要特点是：采用电子管作为基本逻辑部件，体积大、用电量大、寿命短、可靠性差、成本高；采用电子射线管作为存储部件，容量很小，后来外存储器使用了磁鼓存储信息，扩充了容量；输入输出装置落后，主要使用穿孔卡片，速度慢，容易出错；没有系统软件，只能用机器语言和汇编语言编程。

（2）第二阶段：晶体管计算机（1958—1964 年）

1947 年，美国物理学家巴丁、布拉顿和肖克利合作发明了晶体管装置并于 1956 年获奖。晶体管比电子管功耗少、体积小、重量轻、工作电压低且工作可靠性好。这一发明引发了电子技术的根本性变革，对科学技术的发展具有划时代意义，给人类社会生活带来了不可估量的影响。1954 年，贝尔实验室制成了第一台晶体管计算机——TRADIC，使计算机体积大大缩小。1958 年，美国研制成功了全部使用晶体管的计算机，从而诞生了第二代计算机。

晶体管计算机主要特点是：采用晶体管作为基本逻辑元器件，体积减小、质量轻、能耗低、成本下降，计算机的可靠性和运算速度均得到提高；普遍采用磁芯作为存储器，采用磁盘/磁鼓作为外存储器；开始有了系统软件（监控程序），提出了操作系统概念，出现了高级语言。例如，FORTRAN、COBOL、ALGOL 等。

（3）第三阶段：集成电路计算机（1965—1969 年）

20 世纪 60 年代初期，美国的基尔比和诺伊斯发明了集成电路（integrated circuit, IC）。集成电路是把多个电子元器件集中在几平方毫米的基片上形成的逻辑电路上。此后，集成电路的集成度以每 3~4 年提高一个数量级的速度增长。IBM 公司 1964 年研制出的 IBM S/360，CDC 公司的 CDC 6600 及 Cray 公司的超级电脑 Cray-1 等，其特征是用集成电路代替分立元件，被称为第三代计算机。

集成电路计算机主要特点是：采用中、小规模集成电路制作各种逻辑元器件，从而使计算机体积小、重量更轻、耗电更省、寿命更长、成本更低，运算速度有了更大的提高；采用半导体存储器作为主存，取代了原来的磁芯存储器，使存储器的存取速度有了大幅度的提高，增加了系统的处理能力；系统软件有了很大发展，出现了分时操作系统，多用户可以共享计算机软硬件资源；在程序设计方面采用了结构化程序设计，为研制更加复杂的软件提供技术上的保证。

（4）第四阶段：大规模、超大规模集成电路计算机（1970 年至今）

从 1970 年以后，计算机的逻辑元器件采用大规模集成电路（large scale integration, LSI）。在一个 4 mm² 的硅片上,至少可以容纳相当于 2 000 个晶体管的电子元器件。金属氧化物半导体电路(metal oxide silicon, MOS)也在这一时期出现。这两种电路的出现,进一步降低了计算机的成本,体积也进一步缩小,存储装置进一步改善,功能和可靠性进一步得到提高。同时,计算机内部的结构也有很大的改进,采取了"模块化"的设计思想,即将执行的功能划分成比较小的处理部件,更加便于维护。从 20 世纪 70 年代末期开始出现超大规模集成电路(very large scale integration, VLSI),在一个小硅片上容纳相当于几万个到几十万个晶体管的电子元器件。这些以超大规模集成电路构成的计算机日益小型化和微型化,应用、发展及更新速度更加迅猛,产品覆盖巨型机、大 / 中型机、小型机、工作站和微型计算机等各种类型。

大规模、超大规模集成电路计算机主要特点是:基本逻辑部件采用大规模、超大规模集成电路,使计算机体积、重量、成本均大幅度降低,出现了微型机;作为主存的半导体存储器,其集成度越来越高,容量越来越大;外存储器除广泛使用软、硬磁盘外,还引进了光盘;各种使用方便的输入输出设备相继出现;软件产业高度发达,各种实用软件层出不穷,极大地方便了用户;计算机技术与通信技术相结合,计算机网络把世界紧密地联系在一起;多媒体技术崛起,计算机集图像、图形、声音、文字处理于一体,在信息处理领域掀起了一场革命。

从第一代到第四代,计算机的体系结构都是相同的,即都由控制器、存储器、运算器和输入输出设备组成,称为冯·诺依曼体系结构。

需要说明的是,在第四代计算机产生数年后,人们就期待第五代计算机的诞生。但是到了这一时期,人们认为不能再单纯用电子元器件来衡量计算机的发展,而在性能上应有大的突破,即模拟人的大脑,具有逻辑思维、逻辑推理、自学习和知识重构的能力,也就是智能化的计算机。1965 年美国著名学者 L.A.Zadeh 创立了模糊理论,为智能化计算机的研究奠定了理论基础,随后出现了专家系统和人工智能的研究。到了 20 世纪 80 年代,相继研制成模糊控制器、模糊存储器和模糊计算机。这些计算机能模拟人脑进行逻辑思维和推理,具有初步自学和知识重构的能力。在另一方面,神经网络技术也成为智能化计算机研究的一个方面。到了 20 世纪 90 年代初,日本学者又在研究智能化计算机的基础上开始了真实(现实)世界计算(real world computing)的研究。

2. 微机的发展

微机也称为 PC(personal computer),世界上第一台微机是由美国 Intel 公司于 1971 年研制成功的。它把计算机的全部电路做在 4 个芯片上,即一片 4 位微处理器 Intel 4004、一片 320 位(40 字节)的随机存取存储器、一片 256 字节的只读存储器和一片 10 位的寄存器。它们通过总线连接起来,于是就组成了世界上第一台 4 位微型电子计算机(MCS-4)。其 4004 微处理器包含 2 300 个晶体管,尺寸规格为 3 mm×4 mm,计算性能远远超过 ENIAC,从此拉开了微机发展的序幕。微机的一个突出特点是将运算器和控制器做在一块集成电路芯片上,一般称为微处理器(micro processor unit, MPU)。根据微处理器的集成规模和功能,形成了如下微机的不同发展阶段。

(1)第一代微机。1972 年由 Intel 公司研制的 8 位微处理器 Intel 8008,主要采用工艺简单、速度较低的 P 沟道 MOS 电路,Intel 8008 代表了第一代微处理器,由它装备起来的计算机称为第一代微型计算机。

(2)第二代微机。第二代微处理器是在 1973 年研制的,主要采用速度较快的 N 沟道 MOS

技术的 8 位微处理器。具有代表性的产品有 Intel 公司的 Intel 8085、Motorola 公司的 M6800、Zilog 公司的 Z80 等。第二代微处理器的功能比第一代显著增强，以它为核心的微型计算机及其外部设备都得到相应的发展，由它装备起来的计算机称为第二代微型计算机。

（3）第三代微机。第三代微处理器是在 1978 年研制的，主要采用 H-MOS（high-performance MOS）新工艺的 16 位微处理器。其典型产品是 Intel 公司的 Intel 8086。Intel 8086 比 Intel 8085 在性能上提高了十倍。类似的 16 位微处理器还有 Z8000、M6800 等。由第三代微处理器装备起来的计算机称为第三代微型计算机。

（4）第四代微机。从 1985 年起采用超大规模集成电路的 32 位微处理器，标志着第四代微处理器的诞生。典型产品有 Intel 公司的 Intel 80386、Zilog 公司的 Z80000、惠普公司的 HP-32 等。由第四代微处理器装备起来的计算机称为第四代微型计算机。

1993 年 Intel 公司推出第五代 32 位微处理器芯片 Pentium（奔腾），它的外部数据总线为 64 位，工作频率为 66~200 MHz。1998 年 Intel 公司推出 Pentium Ⅱ，后来又推出 Pentium Ⅲ、Pentium 4。

第六代是 64 位高档微处理器，工作频率为 450 MHz~2 GHz，主要用于高档微机或服务器。

微型计算机是第四阶段计算机向微型化方向发展的一个非常重要的分支，它的发展是以微处理器的发展为标志的。由于其自身的特点，它一出现就显示出强大的生命力。

3. 计算机的发展趋势

现代计算机的发展表现在两个方面：一是向着巨型化、微型化、多媒体化、网络化和智能化 5 种趋向发展；二是朝着非冯·诺依曼结构模式发展。

（1）计算机发展的 5 种趋向

① 巨型化。巨型化是指计算机的运算速度更高、存储容量更大、功能更强。目前的巨型计算机，其运算速度可达每秒亿亿次。巨型化并不是指计算机的体积大，而是指运算速度高、存储容量大且功能更完善的计算机系统。其运算速度通常在每秒亿亿次以上，存储容量超过千万兆字节。巨型机的应用范围已日渐广泛，在航空航天、军事工业、气象、电子及人工智能等多个学科领域发挥着巨大的作用，特别是在复杂的大型科学计算领域，其他的机种难以与之抗衡。

② 微型化。微型化就是指进一步提高集成度。利用高性能的超大规模集成电路研制质量更加可靠、性能更加优良、价格更加低廉、整机更加小巧的微型计算机。微型计算机现在已进入仪器、仪表、家用电器等小型仪器设备中，同时也作为工业控制过程的心脏，使仪器设备实现"智能化"。随着微电子技术的进一步发展，笔记本型、掌上型等微型计算机必将以更优良的性能价格比受到人们的欢迎。也许有一天，计算机植入人体也不只是梦想。

③ 多媒体化。多媒体是指以数字技术为核心的图像、声音与计算机、通信等融为一体的信息环境。多媒体技术的目标是无论在何地，只需要简单的设备就能自由自在地以交互和对话方式收发所需要的信息，其实质就是使人们利用计算机以更接近自然的方式交换信息。目前多媒体计算机技术的应用领域正在不断拓宽，除了知识学习、电子图书、商业及家庭应用外，在远程医疗、视频会议中都得到极大的推广。

④ 网络化。网络化就是用通信线路把各自独立的计算机连接起来，形成各计算机用户之间可以相互通信并使用公共资源的网络系统。网络化一方面使众多用户能共享信息资源，另一方面使各计算机之间能互相传递信息进行通信，把国家、地区、单位和个人连成一体，提供方便、及时、可靠、广泛、灵活的信息服务。

⑤ 智能化。计算机的智能化就是指使计算机具有人的智能。能够像人一样思维,让计算机能够进行图像识别、定理证明、研究学习、探索、联想、启发和理解人的语言等,它是新一代计算机要实现的目标。随着计算机的计算能力的增强,民用化的计算机也开始具备某种程度的智能化,以帮助处理日常生活中的琐事,甚至出现专门做家务的机器人,让人们可以腾出更多的时间来学习、娱乐等。智能化使计算机突破了"计算"这一初级的含义,从本质上扩充了计算机的能力,可以越来越多地代替人类的脑力劳动。

（2）发展非冯·诺依曼结构模式

随着计算机技术的发展,计算机应用领域的开拓更新,冯·诺依曼型的工作方式已不能满足需要,所以提出了制造非冯·诺依曼式计算机的想法。自 20 世纪 60 年代开始向两个方向努力,一是创造新的程序设计语言,即所谓的非冯·诺依曼语言;二是从计算机元器件方面,比如提出发明与人脑神经网络类似的新型超大规模集成电路的设想,即分子芯片。

① 生物计算机。20 世纪 80 年代初,人们提出了生物芯片制造方法的构思,着手研究由蛋白质分子或传导化合物元器件组成的生物计算机。由于半导体硅晶片的电路密集,散热问题难以彻底解决,大大影响了计算机性能的进一步提高。研究人员发现,遗传基因——脱氧核糖核酸(DNA)的双螺旋结构能容纳大量信息,其存储量相当于半导体芯片的数百万倍。一个蛋白质分子就是一个存储体,而且阻抗低、能耗少、发热量极小。因此,利用蛋白质分子制造出基因芯片,研制生物计算机(也称分子计算机、基因计算机)已成为当今计算机技术的最前沿。生物计算机比硅晶片计算机在速度和性能上有质的飞跃,研制中的生物计算机的存储能力巨大、处理速度极快、能量消耗极小,并且具有模拟部分人脑的能力。

② 光子计算机。光子计算机是用光子代替电子来传递信息的。1984 年 5 月,欧洲研制出世界上第一台光计算机。光计算机有三大优势:首先,光子的传播速度无与伦比,电子在导线中的运行速度与其无法相比。采用硅—光混合技术后,其传送速度就可达到每秒万亿字节。其次,光子不像带电的电子那样相互作用,因此经过同样窄小的空间通道可以传送更多数据。第三,光无须物理连接。如果能将普通的透镜和激光器做得很小,足以装在微芯片的背面,那么明天的计算机就可以通过稀薄的空气传送信号了。

③ 量子计算机。量子计算机目前尚处于理论与现实之间。大多数专家认为量子计算机会在今后的几十年间出现。量子计算机是一种采用基于量子力学原理,利用质子、电子等亚原子微粒的某些特性,采用深层次计算模式的计算机。这一模式只由物质世界中一个原子的行为所决定,而不是像传统的二进制计算机那样将信息分为 0 和 1(对应晶体管的开和关)来进行处理。在量子计算机中最小的信息单元是一个量子比特(q-bit)。量子比特不只有开和关两种状态,而且能以多种状态同时出现。这种数据结构对使用并行结构计算机来处理信息是非常有利的。量子计算机具有一些近乎神奇的性质,例如,信息传输可以不需要时间(超距作用),信息处理所需能量可以近乎零。

第一代至第四代计算机代表了它的过去和现在,从新一代计算机身上则可以展望到计算机的未来。虽然目前光子计算机和量子计算机都还远没有达到实用阶段,到目前为止,人们也还只是搭建出以人脑神经系统处理信息的原理为基础设计的非冯·诺依曼计算机模型,但有理由相信,就像查尔斯·巴贝奇的分析机模型和图灵的图灵机都先后变成现实一样,今天还在研制中的非冯·诺依曼式计算机,将来也必将成为现实。

2.2   计算机的应用领域及新热点

最初发明计算机是为了进行军事方面的数值计算,但随着人类进入信息社会,计算机的功能已经远远超出了计算的机器这样狭义的概念。计算机的应用深入到社会实践的各个领域,在传统应用的基础上出现了交叉学科应用的新热点。

2.2.1   计算机的应用领域

1. 计算机在科学研究中的应用

(1)科学与工程计算(数值计算)

科学与工程计算是指计算机应用于解决科学研究和工程技术中所提出的数学问题(数值计算),通过计算机可以解决人工无法解决的复杂计算问题。从计算机诞生后,许多现代尖端科学技术的发展,都是建立在计算机应用基础上的,如高能物理、工程设计、地震预测、气象预报及航天技术等,出现了计算力学、计算物理、计算化学和生物控制论等新的学科,这些都需要大量的数值计算。

(2)数据存储和检索

传统的文献、材料都是纸质的,随着微电子技术和光电技术的发展,出现了大量的非纸质材料,如光盘、软件、数据库等电子出版物。电子出版物的出现为使用计算机进行存储和检索创造了良好的条件。目前,人们可以通过网络在电子图书馆中查阅图书信息,也可以通过专门的科技文献检索系统查询论文、专利等科技文献。难以想象,在信息爆炸时代,如果不使用计算机来存储和检索信息,这些海量的数据资源将如何进行处理。

(3)计算机仿真

在科学研究和工程技术中需要做大量的实验,要完成这些实验需要花费大量的人力、物力、财力以及时间。使用计算机仿真系统来进行科学实验是切实可行的捷径。

计算机仿真主要应用于需要利用其他方法进行反复的实际实验,或者无法进行实际实验的场合。国防、交通、制造业等领域的科学研究是仿真技术的主要应用领域。

2. 计算机辅助系统的应用

计算机辅助系统主要包括计算机辅助设计、计算机辅助制造、计算机辅助教学等。

(1)计算机辅助设计(computer aided design,CAD)

CAD 技术是利用计算机强有力的计算功能和高效率的图形处理能力,进行工程和产品的设计与分析,以达到预期的目的或取得创新成果的一种技术。CAD 使得人与计算机均能发挥各自的特长,它利用计算机的信息存储、检索、分析计算、逻辑判断、数据处理以及绘图等功能,并与人的设计策略、经验、判断力和创造力相结合,共同完成产品或者工程项目的设计工作,实现设计过程的自动化或者半自动化。目前,建筑、机械、汽车、飞机、船舶、服装设计等领域都广泛地使用了计算机辅助设计系统,大大提高了设计质量和生产效率。

(2)计算机辅助制造(computer aided manufacturing,CAM)

CAM 是指在机械制造业中,利用计算机通过各种数值控制机床和设备,自动完成离散产品的加工、装配、检测和包装等制造过程。CAM 是应用计算机来辅助人们进行产品制造的统称,通常可以定义为能直接或间接地与生产资源接口的计算机来完成制造系统的计划、操作工序控制和管理工作的计算机应用系统。也就是说,利用 CAM 从对设计文档、工艺流程、生产设备等的管理,到对加工和生产装置的控制和操作,都可以在计算机的辅助下完成。其目标是开发一个集成的信息网络来监测一个广阔的相互关联的制造作业范围,并依据一个总体管理策略控制每项作业。目前,机械产品零件的加工、电子器件的制作、汽车制造流水线的运行、3D 打印以及不同类机器人的智能制造等领域都广泛地使用了计算机辅助制造系统,极大地提高了制造质量和制造速度。

（3）计算机辅助教学（computer assisted instruction, CAI）

CAI 是在计算机辅助下进行的各种教学活动,以对话方式与学生讨论教学内容、安排教学进程、进行教学训练的方法与技术。CAI 是把计算机作为一种新型教学媒体,将计算机技术运用于课堂教学、实验课教学、学生个别化教学（人机对话式）及教学管理等各教学环节,以提高教学质量和教学效率的教学模式。目前,多媒体课堂教学、多媒体网络教学、计算机模拟仿真训练、计算机仿真实验、在线课堂等均为以计算机技术为核心的现代教育方式在教育领域中的应用,已成为衡量教育现代化的一个重要标志。

3. 计算机在电子商务和电子政务中的应用

计算机网络是计算机技术与通信技术结合的产物,现在计算机网络是集文本、声音、图像及视频等多媒体信息于一身的全球信息资源系统。

（1）电子商务

电子商务（electronic commerce, EC）是指通过计算机和网络进行商务活动,主要为电子商户提供服务、实现消费者的网上购物、商户之间的网上交易和在线电子支付的一种新型的商业运营模式。电子商务是通过计算机和网络技术建立起来的一种新的经济秩序,它不仅涉及电子技术和商业交易本身,而且还涉及金融、税务、教育等其他领域,它包括了从销售、市场到商业信息管理的全过程,任何能利用计算机网络加速商务处理过程、减少商业成本、创造商业价值、开拓商业机会的商务活动都可以纳入电子商务的范畴。

电子商务的广泛应用将彻底改变传统的商务活动方式,是企业的生产和管理、人们的生活和就业、政府的职能与法律法规,以及文化教育等社会诸多方面产生深刻的变化。电子商务除具有传统商务的基本特点外,还具有以下 6 个特点:

① 对计算机网络的依赖性。无论是网上广告、网上销售、网上洽谈、网上订货、网上付款、网上服务等商务活动都依赖计算机网络。

② 地域的高度广泛性。Internet 是一个规模庞大遍布全球的国际互联网,基于 Internet 的电子商务可以跨越地域的限制,成为全球性的商务活动。

③ 商务通信的快捷性。电子商务采用计算机网络来传递商务信息,使得商务通信具有交互性、快捷性和实用性,大大提高了商务活动的效率。

④ 成本的低廉性。电子商务可以实现无店铺销售,消费者可以从网上的虚拟商务中选购商品,通过网上支付实现交易。

⑤ 电子商务的安全性。网上交易的安全性是影响电子商务普及的关键因素,目前,从技术到法律都在不断完善,以保证电子商务安全可靠的运行。

⑥ 系统的集成性。电子商务涉及计算机技术、通信技术、网络技术、多媒体技术以及商业、银行业、金融业、物流业、法律、税务、海关等诸多领域,各种技术、部门、功能的综合与集成是电子

商务的又一个重要的特点。

（2）电子政务

电子政务（electronic government）是运用计算机、网络和通信等现代信息技术手段，实现政府组织结构和工作流程的优化重组，超越时间、空间和部门分隔的制约，建立一个精简、高效、廉洁、公平的政府运作模式，以便全方位地向社会提供优质、规范、透明以及符合国际水准的管理与服务，是政府管理手段的变革。电子政务促使了国家各级政府部门综合运用现代信息、网络与现代数字技术，彻底转变传统工作模式，实现公务、政务、商务、事务的一体化管理与运行，提高了在经济管理、市场监管、社会管理和公共服务等政府部门依法行政的水平。在电子政务中，政府机关的各种数据、文件、档案、社会经济数据都以数字形式存储于网络服务器中，可通过计算机检索机制快速查询，即用即调，使其突出以下四方面的特点：

① 电子政务将政务工作更有效和更精简。

② 电子政务将政府工作更公开和更透明。

③ 电子政务将为企业和居民提供更好的服务。

④ 电子政务将重新构造政府、企业、居民之间的关系，使之比以前更加协调，使企业和居民能够更好地参与政府的管理。

总之，计算机的应用无处不在，以上列举出了几个典型应用领域。计算机还可应用在交通运输中的交通监管系统、座席预订与售票系统、智能交通系统、地理信息系统、全球卫星导航系统中；银行与证券业中的电子货币、网上银行、移动支付、证券市场信息化中；教育中的多媒体课堂教学、多媒体网络教学、计算机模拟教学、在线课程中；医学中的医学专家系统、远程医疗系统、数字化医疗系统、电子健康档案中；艺术与娱乐中的美术与摄影、电影与电视、多媒体娱乐与游戏、电子乐器与音乐中……

2.2.2 计算机应用研究的新热点

1. 大数据

（1）大数据概述

"互联网 +" 时代的电子商务、物联网、社交网络、移动通信等每时每刻都产生海量的数据，这些数据规模巨大，通常以 PB、EB、ZB 甚至 YB 为单位，故称为大数据（big data）。面对大数据，传统的计算机技术无法存储和处理，因此大数据技术应运而生。2009 年，联合国就启动了 "全球脉动计划"，拟通过大数据推动落后地区的发展。2012 年 1 月的世界经济论坛年会也把 "大数据，大影响" 作为重要议题之一。2014 年 7 月，欧盟委员会也呼吁各成员国积极发展大数据，迎接 "大数据" 时代，将采取具体措施发展大数据业务。与大数据相关的大数据分析、大数据挖掘等行业开始快速发展，引起了国内外政府、学术界和产业界的高度关注。

（2）大数据特征

大数据因其隐藏在表面之下，无法在一定时间范围内用常规软件工具进行捕捉、管理和处理的数据集合，是需要使用新处理模式才能使其具有更强的决策力，洞察发现力和流程优化能力的海量、高增长率和多样化的信息资产。具有海量的数据规模（volume）、快速的数据流转（velocity）、多样的数据类型（variety）、价值密度低（value）和真实性高（veracity）五大特征。

大数据技术的战略意义不在于掌握庞大的数据信息,而在于对这些海量数据进行专业化处理。目前,多采用分布式架构,依托云运算的分布式处理、分布式数据库和云存储、虚拟化技术等,对海量数据进行分布式数据挖掘。对大数据加工能力越强,通过加工实现数据的增值越大,而对大数据加工能力需要特殊而复杂的技术,从而有效地处理大量的数据。大数据技术的应用领域包括大规模并行处理(MPP)数据库、数据挖掘、分布式文件系统、分布式数据库、云计算平台、物联网、移动互联网、互联网和可扩展的存储系统等。

（3）大数据应用

随着大数据经过加工产生的价值不断增值,大数据的应用越来越受到关注,社会大数据、互联网大数据、军事大数据、科研大数据、政府大数据、产业与行业大数据、个人大数据等应用无处不在。通过社会各行各业的信息共享与不断创新,大数据极大地提高了社会生产力,促进经济发展,便利百姓生活。因此,大数据技术已经成为国家科技实力的象征、国家经济发展转换动力,对经济发展起着不可忽视的作用,已经为人们创造了更多的新价值。

习近平总书记在 2020 年 2 月 23 日的统筹推进新冠肺炎疫情防控和经济社会发展工作部署会议上指出:"要充分运用大数据分析等方法支撑疫情防控工作",从而促成社会应急管理能力和社会治理能力的升级发展。2020 年 2 月 28 日中国电网江苏省电力有限公司开发的全国首个电力大数据公共查询平台正式亮相。今后,政府、企业可以自助查询复工复产、农业复耕等信息,按照行政区域(省、市、县)、行业等维度整合分析,可全面直观地掌握全省、各市县、各行业的用工趋势,为决策提供相关政策依据。

2. 云计算

（1）云计算概述

云计算(cloud computing)是计算机网络技术的新变革,更是一种新的思想方法。它是一种基于互联网的相关服务的增加、使用和交付模式,通常涉及通过互联网来提供动态易扩展且经常是虚拟化的资源,构成一个计算资源池。用户通过计算机、智能手机等方式接入数据中心,在系统管理和调度下按自己的需求随时随地获取计算能力、存储空间和信息服务。

云计算中的"云"是网络,是互联网一种形象的比喻,人们以云可大可小、可以飘来飘去的这些特点来形容云计算中服务能力和信息资源的伸缩性,后台服务设施位置的透明性。用户与云的关系类似于企业与电力系统的关系。过去企业为了生产需要购买发电设备、自建电厂等,不仅投资大而且安全和可靠性不能得到保证。现在国家投资建成综合电力系统,向"云"一样,企业按需付费就可以使用电,而不必知道是哪个电厂发的电,也不必担心扩容的问题,不仅投资少而且安全可靠。在云计算诞生之前,用户总是购买计算机,存储设备等自建服务群,而有了"云"以后,可以按照需要租用服务器和各种服务。"云"其实就是一种公共设施,同国家电力系统、自来水公司、天然气公司类似,好比是从古老的单台发电机模式转向了电厂集中供电的模式,云计算意味着计算能力也可以作为一种商品进行流通,就像煤气、水、电一样,取用方便、费用低廉。最大的不同在于,云计算是通过互联网进行传输的。

对云计算的定义有多种说法,现阶段广为人们所接受的是美国国家标准与技术研究院(NIST)的定义:云计算是一种按使用量付费的模式,这种模式提供可用的、便捷的、按需的网络访问,进入可置换的计算资源共享池(资源包括网络、服务器、存储、应用软件和服务),这些资源能够被快速提供,只需投入很少的管理工作,或与服务供应商进行很少的交互。

（2）云计算的主要特点

① 超大规模。"云"具有相当大的规模，Google 云计算已经拥有 100 多万台服务器，Amazon、IBM、微软、Yahoo 等的"云"均拥有几十万台服务器。企业私有"云"一般拥有数百上千台服务器，"云"能赋予用户前所未有的计算能力。

② 虚拟化。云计算支持用户在任意位置、使用各种终端获取应用服务，所请求的资源来自"云"，而不是固定的、有形的实体。应用在"云"中某处运行，但实际上用户无需了解，也不用担心应用运行的具体位置，只需要有一台笔记本计算机或者一部手机，就可以通过网络服务来实现需要的功能，甚至包括超级计算这样的任务。

③ 高可靠性。"云"使用了数据多副本容错、计算节点同构可互换等措施来保障服务的高可靠性，使用云计算比使用本地计算机可靠。

④ 通用性。云计算不针对特定的应用，在"云"的支撑下可以构造出千变万化的应用，同一个"云"可以同时支撑不同的应用运行。

⑤ 高可扩展性。"云"的规模可以动态伸缩，满足应用和用户规模增长的需要。

⑥ 按需服务。"云"是一个庞大的资源池，在资源池中可以按需购买。

需要说明的是，云计算除上述主要特点便于人们使用外，还有一个致命的潜在危险性，即云计算中的数据对于数据所有者以外的其他用户是保密的，但是对于提供云计算的商业机构而言，却毫无秘密可言。当组织选择在公共云上存储数据和主动应用程序时，它将失去对承载其信息的服务器进行物理访问的能力，因此，敏感和机密数据面临外部和内部人员的攻击风险。所有这些潜在的危险是商业机构和政府机构选择云计算服务，特别是使用国外机构提供的云计算服务时，不得不考虑的一个重要前提。因此，云计算机技术的发展，应强化安全技术体系的构建，在访问权限的合理设置中，提高信息防护水平。

（3）云计算应用

对个人用户而言，云计算提供了最可靠、最安全的数据存储中心，不用担心数据丢失病毒入侵等问题；对用户端的终端设备要求低，可以轻松实现不同设备间数据与应用共享。另外，它为人们使用网络提供了近乎无限多的可能。例如，几个人创业想要建立一个网站，而做网站就需要有一台可 24 小时不间断，并可对外提供访问服务的高性能服务器，这台服务器可能很昂贵（需要数万甚至十几万投资），不买，网站建不起来，购买，就需要投资。买一台性能低的计算机，则可能满足不了性能需求，买一台性能高的计算机，投资太大，万一创业不成功，则可能收不回投资，怎么办？此时可考虑由购买转为租用，租用一台虚拟计算机，"云"公司提供配套的联网 IP 地址和域名，将所开发的网站相关文档通过互联网上传到这台虚拟计算机，则可很快建立起网站并对外开放。对于中小企业来说，"云"为它们送来了大企业级的技术，并且升级方便，使商业成本大大降低。简单地说，当今最强大、最具革新意义的技术已不再为大型企业所独有。"云"让每个普通人都能以极低的成本接触到顶尖的计算机技术。

对计算机及相关资源开发者角度而言，由销售转为出租是一种互联网新思维；对计算机及相关资源使用者角度而言，由购买转为租用也是一种互联网新思维。目前，很多的计算机及软件公司都转型为"云"公司，例如，亚马逊公司提供 AWS 云计算平台，微软公司提供的 Azure 云计算平台，IBM 公司提供 IBM Cloud 云计算平台，谷歌公司提供 Google Cloud 云计算平台，华为公司提供"华为云"云计算平台，等等。

　　云计算的应用已十分广泛并在不断地深入扩大到更多领域,目前,最为常见的就是网络搜索引擎和网络邮箱。另外,还有使用云计算创建医疗健康服务云平台,实现医疗资源的共享和医疗范围的扩大;为银行、保险和基金等金融机构提供互联网处理和运行服务,实现普及快捷支付;向教育机构、学生和老师提供方便快捷的课程平台——MOOC(大规模在线开放课程)。

　　3. 物联网

　　(1)物联网概念

　　顾名思义,物联网(Internet of things,IOT)就是物物相连的互联网。这里有两层含义:一是物联网的核心和基础仍然是互联网,它是在互联网基础上的延伸和扩展的网络;二是其用户端延伸和扩展到任何物品,与物品之间进行信息交换和通信。概括地讲,物联网就是利用局域网和互联网等通信技术把传感器、控制器、机器、人和物等通过相关技术连在一起,实现信息化、远程管理控制和智能化的网络。

　　(2)物联网优势

　　一是经济价值,在已经拥有的网络设施上实现融合产物的实际应用,通过保留原有设施不增新件的方式可以大幅降低成本;二是信息交换价值,使用与互联网同样的 IP 技术,让信息之间的交互和访问不会造成额外的损耗,也不需要建立新的融合协议或新技术将两者连接;三是应用价值,物联网可以投入工业生产流水线,监测物流、零售业等领域,并且它的技术特点可以反馈即时信息,从而减少因灾难造成的损失;四是移动访问更加轻松,智能手机的普及直接影响着物联网的普及。移动连接、传感器、导航芯片等成本的下降,以及零部件的快速小型化,将推动智能手机的功能越来越强大,越来越集成化。

　　物联网不仅解决了人们生活中平常但重要的问题,更有人开发出各种融合大数据与物联网的解决方案与技术,面对社会中不同的产业实现数据的可视化并创造新的价值。随着 5G 的到来,移动设备对物联网网络的访问将大幅增加,越来越多的物联网数据将掌握在更多人的手中。物联网不再是未来的技术,已经成为当今数据驱动经济的基础和支柱。

　　(3)物联网特征

　　物联网是一个基于互联网、传统电信网等的信息承载体,让所有能够被独立寻址的普通物理对象实现互联互通的网络,可实现对物品的智能化识别、定位、跟踪、监控和管理。它具有普通对象设备化、自治终端互联化和普适服务智能化的重要特征。其特征在实施中常用的有传感器技术,到目前为止,绝大多数计算机处理的都是数据信号,需要计算机处理就需要传感器把模拟信号转换成数字信号。射频识别(radio frequency identification,RFID)技术是融合了无线射频技术和嵌入式技术为一体的综合技术,RFID 技术在自动识别、物品物流管理等方面应用较为广泛。嵌入式技术,是综合了计算机硬件、传感器技术、集成电路技术、电子应用技术为一体的复杂技术。经过多年研究与演变,以嵌入式系统为特征的智能终端产品随处可见,小到人们身边的MP4,大到航空航天的卫星系统。如果把物联网用人体做一个简单的比喻,那么传感器相当于人的眼睛、鼻子、皮肤等感官,RFID 技术用来对传感器监测感应到的各种信息进行识别,即眼睛、鼻子、皮肤的实时感觉,网络就是神经系统用来传递信息的,嵌入式系统则是人的大脑在接收到信息后进行分类处理的。这个例子很形象地描述了传感器、RFID 技术、网络以及嵌入式系统在物联网中的位置与作用。正是由于这些技术的综合应用,从而使物联网所表现的特征不同于其他的应用。

（4）物联网应用

微视频：

物联网示例

应用创新是物联网发展的核心，以用户体验为核心的创新是物联网发展的灵魂，现在的物联网应用领域已经扩展到了智能交通、仓储物流、环境保护、平安家居、个人健康、公共安全、工业监测、智能消防、照明管控、食品溯源、机器与设备运维、敌情侦查与情报搜集等多个领域。在信息爆炸的时代，物联网对经济发展产生了又一次信息推动，以实现人与物的实时信息传递，改变社会活动中各种功能的运作方式，对社会经济价值产生推动，持续提高经济活动在各个方面的效率，对人们的生活、工作等方式产生深刻影响。

4. 虚拟现实

（1）虚拟现实概述

虚拟现实（virtual reality, VR）技术又称灵境技术，是一种可以创建和体验虚拟世界的计算机仿真系统，它利用计算机、电子信息、仿真技术等生成一种模拟环境，该环境是一种多源信息融合的、交互式的三维动态视景，提供使用者关于视觉、听觉、触觉等感官的模拟，让使用者如同身历其境，可以及时、没有限制地观察三维空间内的事物，实体行为的系统仿真可以使用户沉浸到该环境中。因为这些现象并不是真实存在的，而是通过计算机技术模拟出来的现实中的世界，故称为虚拟现实。

虚拟现实是人们通过计算机对复杂数据进行可视化操作与交互的一种全新方式，与传统的人机界面以及流行的视窗操作相比，虚拟现实在技术思想上有了质的飞跃。虚拟现实中的"现实"是泛指在物理意义上或功能意义上存在于世界上的任何事物或环境，它可以是实际上可实现的，也可以是实际上难以实现的或根本无法实现的。而"虚拟"是指用计算机生成的意思。因此，虚拟现实就是用计算机生成的一种特殊环境，人们可以通过使用各种特殊装置将自己"投射"到这个环境中，可操作、控制该环境，从而实现特殊的目的。如果人们能够完全自主控制这个虚拟的环境，那么人类正处于一场从物理世界向虚拟世界迁徙的历史性运动之中。

（2）虚拟现实特征

虚拟现实是多种技术的综合，包括实时三维计算机图形技术，广角（宽视野）立体显示技术，对观察者头、眼和手的跟踪技术，以及触觉和力觉反馈、立体声、网络传输、语音输入和输出技术等。虚拟现实技术受到了越来越多人的认可，用户可以在虚拟现实世界体验到最真实的感受，其模拟环境的真实性与现实世界难辨真假，让人有种身临其境的感觉。同时，虚拟现实具有一切人类所拥有的感知功能，比如听觉、视觉、触觉、味觉、嗅觉等感知系统；还具有超强的仿真系统，真正实现人机交互，使人在操作过程中，可以随意操作并且得到环境最真实的反馈。正是虚拟现实技术的存在性、多感知性、交互性等特征使它受到了许多人的喜爱。

（3）虚拟现实应用

目前，虚拟现实主要应用于临床医学、影视娱乐、教学实验、军事训练、建筑设计、城市规划、水文地质、文物古迹、工业仿真、虚拟仿真、道路桥梁、轨道交通、航空航天、船舶制造等领域。

应用实例 1：医学专家们利用计算机，在虚拟空间中模拟出人体组织和器官，让学生在其中进行模拟操作，并且能让学生感受到手术刀切入人体肌肉组织、触碰到骨头的感觉，使学生能够更快地掌握手术要领。而且，主刀医生们在手术前，可虚拟的环境包括虚拟的手术台与手术灯，虚拟的外科工具（如手术刀、注射器、手术钳等），同时，虚拟建立一个病人身体的虚拟模型与器官等,在虚拟空间中先进行一次手术预演,这样能够大大提高手术的成功率,让更多的病人得以痊愈。

应用实例 2:由于虚拟现实的立体感和真实感,在军事训练方面,人们将地图上的山川地貌、海洋湖泊等数据通过计算机进行编写,利用虚拟现实技术,能将原本平面的地图变成一幅三维战场环境图形图像库,包括作战背景、战地场景、各种武器装备和作战人员等立体的地形图,再通过全息技术将其投影出来,创造一种险象环生、几近真实的立体战场环境,使演练者"真正"进入形象逼真的战场。从而可以增强受训者的临场感觉,大大提高训练质量。

除此之外,现在的战争是信息化战争,战争机器都朝着自动化方向发展,无人机便是信息化战争的最典型产物。无人机由于自动化以及便利性深受各国喜爱,在战士训练期间,可以利用虚拟现实技术模拟无人机的飞行、射击等工作模式。战争期间,军人也可以通过眼镜、头盔等机器操控无人机进行侦察和暗杀任务,减小战争中军人的伤亡率。由于虚拟现实技术能将无人机拍摄到的场景立体化,降低操作难度,提高侦查效率,所以无人机和虚拟现实技术的发展刻不容缓。

5. 区块链

(1)区块链概述

区块链(block chain)起源于比特币(bitcoin,BTC),比特币是一种通缩型(供应持续减少的货币称为通缩型货币)虚拟货币,是一种点对点、去中心化的数字资产,也是一种点对点的电子现金系统,没有实物形态,可以存储在比特币钱包里。比特币钱包里存储着比特币信息,包括比特币地址(类似于银行卡账号)、私钥(类似于银行卡的密码)。

区块链是一种分布式数字化账本,其表现形式是由多个节点共同参与维护的、由统一共识机制保障的、不可篡改时间有序密码学账本的数据库,利用去中心化和去信任方式集体维护数据库的可靠性技术方案。

2008 年 11 月 1 日,中本聪(比特币的开发者兼创始人,是一位 1949 年出生的日裔美国人,但也有学者认为中本聪是网上的一个化名)在网络上发表了《比特币:一种点对点的电子现金系统》,阐述了基于 P2P(peer to peer,对等连接或对等网络)网络技术、加密技术、时间戳技术、区块链技术等的电子现金系统的构架理念,标志着比特币的诞生。两个月后理论步入实践,2009 年 1 月 3 日第一个序号为 0 的创世区块(比特币的第一个区块称为创世区块)诞生,2009 年 1 月 9 日出现序号为 1 的区块,并与序号为 0 的创世区块相连接形成了链。2011 年,"区块链"这个名词逐步出现在人们的视野中。换句话说,比特币是区块链的第一个应用。区块链并不是新发明的一种技术,是由一系列技术集成而产生的一个超级平台,涉及数学、密码学、网络等,区块链是一种去中心化的"价值"传输体系,互联网是一种去中心化的"信息"传输体系,区块链有望带领人类从"信息"互联网过渡到"价值"互联网的伟大时代。

区块链兴起之前,矿工专指挖煤矿的工人。区块链诞生之后,矿工不再只是煤矿工人的简称,有了一种全新的含义:从事虚拟货币挖矿的人即矿工。所谓区块链中的挖矿,与日常生活中所说的挖矿不同,它指的是区块链网络中,获取数字货币的勘探方式的昵称。因为比特币的数量有限,这种行为又与淘金矿的举动类似,所以,就把通过这种规则获得比特币的方式称为挖矿。如果把区块链类比成一个实物账本,那么每个区块就相当于这个账本中的一页,每 10 分钟生成一页新的账本,每一页账本上记载着比特币网络这 10 分钟的交易信息。每个区块之间依据密码学原理,按照时间顺序依次相连,形成链状结构,也因此形象称为区块链。挖矿就是记账,即每个矿工都有记账的权利,成功抢到记账权的矿工,会获得系统新生的比特币奖励。可以说,比特币是通过挖矿产生,矿工就是记账员,区块链就是账本。由于系统每增加 2 016 个区块(大概是两周)会自动调整难度。同时,每 4 年数量减半,到 2140 年左右基本为零,届时比特币总量约为 2 100 万个,比特币和黄金一样因其总量有限,在业界许多人热衷挖矿暴富。事实上,在比特币刚诞生的时候,通过普通计算机的 CPU 便可以挖矿。随着挖矿的矿工越来越多,复杂度越来越高,目前用 CPU 已经很难挖出比特币,概率几乎为零,大家开始用矿机(一台专用的计算设备)挖矿。比特币矿机就是用于赚取比特币的计算机,这类计算机一般有专业的挖矿芯片,多采用烧显卡的方式工作,耗电量较大。需要说明的是,显卡"挖矿"要让显卡长时间满载,功耗可能会相当高,电费开支不会低。挖矿机越来越先进,但烧显卡挖矿是最划算的。一些矿工表示,照顾机器比照顾人还累,据报道有矿工一台挖矿机 3 个月就用 1 000 kW·h 以上的电,为了挖掘比特币,挖矿机散热厉害,需要在高温环境下工作。目前比特币网络算力太大,个人购置少量矿机也很难挖出区块。很多矿工加入矿池一起挖矿,矿场只负责计算,矿池负责信息打包。矿池挖到比特币之后根据矿场的算力占比分配收益,以此保证更加稳定的投入产出。

区块链从技术发展分为 3 个阶段:1.0 时期,可编程货币,是专为去中心化的电子现金设计的。2.0 时期,可编程金融,代表是以太坊。以太坊(ethereum)是一个开源的有智能合约功能的公共区块链平台,通过其专用加密货币以太币(ether,简称 ETH)提供去中心化的以太虚拟机(ethereum virtual machine)来处理点对点合约。以太坊的概念首次在 2013—2014 年间由程序员 Vitalik Buterin 受比特币启发后提出,大意为"下一代加密货币与去中心化应用平台",在 2014 年通过 ICO 众筹开始得以发展。截至 2018 年 2 月,以太币是市值第二高的加密货币,仅次于比特币。3.0 时期,可编程社会。区块链用于价值传输,在区块链上传递比特币,本质上是传递所有权,每一次价值传输都被明确记录,且可以溯源。目前,国内的互联网巨头,比如阿里、腾讯、百度,还有一些金融银行,比如工商银行、招商银行等,都已经在尝试将区块链技术引用到自己的业务场景中,这是区块链发展至今有较大意义的对现实世界的贡献。目前,各行各业均在借助其思想理念、技术手段、应用特点、结合实际研发可编程社会,以期使区块链技术得到更加广泛应用。

(2)区块链特点

区块链具有四大特点:全球流通、匿名性、去中心化、不可复制。

① 全球流通。区块链资产首先是基于互联网的,只要有互联网的地方,区块链资产就可以进行流通。这里的互联网可以是互联网,也可以是各种局域网,因此,区块链资产是全球流通的。

② 匿名性。就是别人无法知道某人的区块链资产有多少,以及和谁进行了转账。

③ 去中心化。记账是全网共同进行的,这个账本是全网共同维护的,每个全节点都有备份。

④ 不可复制。区块链资产之所以能够成为资产,很重要的因素就是因为它的不可复制性,传递是通过加密技术而不是简单的复制。

(3)区块链应用

区块链从资产流动所表现出的特点看,适合价值传递本质要求,目前,在金融界、社会管理及公共领域已得到广泛应用。

① 金融方面。P2P、借款全球支付、V 金融电子支付汇款等。

② 社会管理方面。知识产权、档案管理、选举等,也可以用在物品溯源、防伪等。

③ 公共领域方面。物联网领域、保险理赔、公共服务、社会公益等。

我国在 2019 年新型冠状病毒疫情防控期间,浙江省捐赠票据开具需求剧增,但传统方式开票速度慢、流程烦琐、管理低效,且无法做到即捐即监督。浙江省财政厅联合阿里巴巴旗下蚂蚁金服率先上线区块链捐赠电子票据。首批五家省内公益机构积极响应,完成相关项目的善款上链、流转过程存证、信息溯源的生态闭环。社会爱心人士通过微信、支付宝、银行转账等线上方式完成捐赠后,直接可生成实名捐赠电子票据,并在"浙里办"APP 中随时进行查收验证。通过票据上链,浙江省实现每笔捐赠做到每张票必开,票据和公益机构的收入一一对应;资金流与票据流合二为一,打通捐献善款流向的全流程,大大提升效率的同时,保障每一笔善款支出真实可信,增强捐赠人的信任感。浙江省财政厅协同税务部门,基于区块链捐赠电子票据,创新税收抵扣机制,实现善款捐赠后企业和个人所得税的快速抵扣业务。

目前,区块链共享价值体系得到快速应用,在各行各业开发去中心化计算机程序(decentralized application,DApp),在全球各地构建去中心化自主组织和去中心化自主社区(decentralized autonomous society,DAS)等。区块链引发了世界性的关注,包括美国、英国、日本、德国等都认识到区块链技术巨大的应用前景,开始从国家层面设计区块链的发展道路。2019 年 10 月 24 日,在中央政治局第十八次集体学习时,习近平总书记强调"把区块链作为核心技术自主创新的重要突破口""加快推动区块链技术和产业创新发展"。中国首个"区块链工程"本科专业落户成都信息工程大学,将于 2020 年开始招生。湖南省已经建立了区块链三大产业园区,区块链企业已达 788 家。

需要说明的是,区块链不等于比特币,它只是实现比特币这种数字货币发明的一种底层技术,目前,根据我国对数字货币相关文件规定,在中国交易平台不得从事法定货币与"虚拟货币"之间的兑换业务。

6. 人工智能

（1）人工智能概述

顾名思义,人工智能(artifical intelligence,AI)是通过用计算机模拟人脑的智能行为,使机器具有类似于人的行为。人工智能的研究领域包括知识工程、机器学习、模式识别、自然语言处理、智能机器人和神经计算等多个方面。近年来,图像识别、深度学习、神经网络等关键技术的突破带来了人工智能技术新一轮的发展,大大推动了以数据密集、知识密集、脑力劳动密集为特征的医疗产业与人工智能的深度融合。目前,人工智能技术在医疗领域的应用主要集中在 5 个领域:医疗机器人、智能药物研发、智能诊疗、智能影像识别、智能健康管理。另外,在智能交通、智能机器人、航空卫星等方面的应用也是如火如荼。

人工智能应用中具有里程碑纪念意义的案例是"深蓝"。"深蓝"是 IBM 公司研制的一台超级计算机,在 1997 年 5 月 11 日,它仅用了一个小时便轻松战胜了俄罗斯国际象棋世界冠军卡斯帕罗夫,并以 3.5∶2.5 的总比分赢得人与计算机之间的挑战赛,这是在国际象棋上人类智能第一次败给计算机。如果说"深蓝"取胜的本质在于传统的规则,那么在 2016 年 3 月战胜人类顶尖棋手李世石的谷歌围棋人工智能程序 AlphaGO 的关键技术就是机器学习。实现人工智能的根本途径是机器学习(machine learning,ML),即通过让计算机模拟人类的学习活动从而自主获取新知识,如解题、猜谜语、进行讨论、编制计划和编写计算机程序,甚至驾驶汽车和骑自行车等,都需要"智能"。如果机器能够执行这种任务,就认为机器已具有某种性质的人工智能。目前很多人工智能系统已经能够代替人的部分脑力劳动,并以多种形态走进人们的生活,小到手机里的语音助手、人脸识别、购物网站推荐等,大到智能家具、无人机、无人驾驶汽车、各种行业机器人等。机器学习在人工智能发展中一次又一次地挑动着人们的神经,机器学习的应用已遍布人工智能的各个分支,宣告着一个新的人工智能时代的到来。

（2）人智能的研究价值

目前,计算机的能力在许多方面远远超过了人类,如计算速度、准确性等,但是与人的大脑这个通用的智能系统相比,目前人工智能的功能相对单一,并且始终无法获得人脑丰富的联想能力、创造能力以及情感交流能力。因此。当代人已不再把这种计算看作是"需要人类智能才能完成的复杂任务"。可见复杂工作的定义是随着时代的发展和技术的进步而变化的,人工智能这门科学的具体目标自然随着时代的变化而发展。它一方面不断获取新的进展,另一方面又转向更有意义、更加复杂的目标,集多人智慧于一体,带有人类情感、人类联想、人类自主学习等能力的人工智能的机器人存在巨大的研究价值和实用价值。

（3）人工智能研究范畴

人工智能是研究使计算机来模拟人的某些思维过程和智能行为（如学习、推理、思考、规划等）的学科,主要包括计算机实现智能的原理、制造类似于人脑智能的计算机,使计算机能实现更高层次的应用。人工智能的研究涉及计算机科学、数学、哲学、认知科学、心理学、仿生学等。由于它所创造出的是要模拟人的智能,因此,人工智能是自然科学和社会科学的交叉,其研究范畴包括自然语言处理、知识表现、智能搜索、推理、规划、机器学习、知识获取、组合调度、感知问题等。

不少学者倾力遗传编程和专家系统方面的研究工作。

① 遗传编程。利用基因编程进化算法的机器学习技术,它开始于一群由随机生成的千百万个计算机程序组成的"人群",然后根据一个程序完成给定的任务的能力来确定某个程序的适合度,应用达尔文的自然选择学的核心"物竞天择,适者生存"确定胜出的程序,计算机程序间也模拟两性组合、变异、基因复制、基因删除等代代进化,直到达到预先确定的某个中止条件。这种人工智能可以在一定程度上代替人类的创造,能够自动化产生算法。从理论上讲,人类用遗传编程只需要告诉计算机"需要完成什么",而不用告诉它"如何去完成",最终可能实现真正意义上的人工智能。

② 专家系统。专家系统是一个智能计算机程序系统,其内部含有大量某个领域专家水平的知识与经验,能够利用人类专家的知识和解决问题的方法处理该领域的问题,也就是说,专家系统是一个具有大量的、专门的知识与经验的程序系统。它应用人工智能技术和计算机技术,根据某个领域一个或者多个专家提供的知识和经验进行推理和判断,模拟人类专家的决策过程,以便解决那些需要人类专家处理的复杂问题。简而言之,专家系统是一种模拟人类专家解决领域问题的计算机程序系统,专家系统需要庞大的知识库,并且计算机能运用专家领域知识,必须要考虑其可靠性、风险性、经济等问题。

毫无疑问,人工智能的前途是光明的,其发展前景巨大,让我们期待有更多的专家系统,在不同行业以战无不胜的状态为人类服务。如果有一天真的制造出具有人脑结构机制的"类人脑"机器人,希望这场人工智能的革命是为人类打造美好的未来。

总之,在新技术、新思想、新应用的驱动下,大数据、云计算、区块链、虚拟现实、物联网、人工智能等产业呈现出蓬勃发展的态势。随着对可穿戴设备、第六感科技等深入的探索,人类的数字化生活将会变得更加丰富多彩。计算机研究的新技术、新热点使全球 IT 产业正经历着一场深刻的变革,将来计算机将会发展到一个更高、更先进的水平,计算机技术将会再次给世界带来巨大的变化。

2.3 计算机系统概述

2.3.1 计算机系统的基本概念

计算机系统从广义上讲是由人、数据、设备、程序和规程5个部分组成,只有把它们有机地结合在一起才能完成各种任务。计算机是人类发明的,用来帮助人类解决问题。由于计算机在解决问题前必须获取人类解决该问题的思想和方法才能正确操作,也正是因为有了人才能把其他4个部分有机地结合在一起,所以,人在计算机系统中起着主导作用。数据是指计算机解决问题所需的各种信息。人将这些数据收集起来,以计算机可以识别的形式输入计算机,经过计算机处理后再以人可以识别的形式输出,这就是信息处理。规程就是人完成某项工作所要遵守的事项或规定,通常又可将其解释为过程。设备和程序就是后面所介绍的计算机硬件系统和软件系统的相关内容。

从狭义上讲,一个完整的计算机系统包含计算机硬件系统和计算机软件系统两大部分。组成一台计算机的物理设备的全体称为计算机硬件系统,硬件是计算机系统的物质基础。指挥计算机工作的各种程序的集合称为计算机软件系统,软件是控制和操作计算机工作的核心。硬件是软件工作的基础,离开硬件,软件无法工作;软件又是硬件功能的扩充和完善,有了软件的支持,硬件功能才能得到充分发挥。两者相互渗透、相互促进,可以说硬件是基础,软件是灵魂,只有将硬件和软件结合成统一的整体,才能称为一个完整的计算机系统。

2.3.2 计算机系统的组成

1. 计算机系统的组成

计算机系统由硬件系统和软件系统两大部分组成。硬件系统包括主机和外部设备;软件系统包括系统软件和应用软件,如图2-3所示。

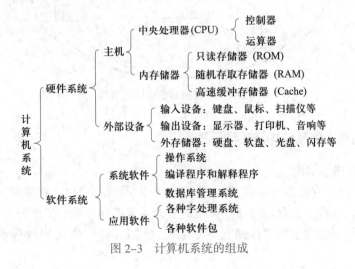

图2-3 计算机系统的组成

2. 硬件系统

硬件系统主要由中央处理器、存储器、输入输出控制系统和各种输入输出设备等功能部件组成。每个功能部件各尽其责,协调工作。中央处理器是对数据进行运算和处理的部件;存储器用于存放各种程序和数据;输入输出控制系统管理外围设备与存储器之间的数据传送;输入设备负责将程序和数据输入到计算机中,输出设备则将程序、数据、处理结果和各种文档从计算机中输出。

3. 软件系统

软件系统是相对于硬件系统而言的,它包括计算机运行所需的各种程序、数据及相关文档资料。硬件是软件赖以运行的物质基础,软件是人与硬件之间的界面。计算机软件不仅为人们使用计算机提供方便,而且在计算机系统中起着指挥管理的作用。因此,一台性能优良的计算机硬件系统能否发挥其应有的功能,很大程度上取决于所配置的软件是否完善和丰富。软件不仅提高了机器的效率、扩展了硬件功能,也为用户提供了方便。

4. 计算机系统的层次结构

作为一个完整的计算机系统,硬件和软件是按一定的层次关系组织起来的。最内层是硬件(也被称为裸机),然后是系统软件中的操作系统,而操作系统的外层是其他软件,最外层是用户程序或文档。所以说,操作系统是直接管理和控制硬件的系统软件,其自身又是系统软件的核心,同时也是用户与计算机打交道的接口软件。

操作系统向下控制硬件,向上支持软件,即所有其他软件都必须在操作系统的支持下才能运行。也就是说,操作系统最终把用户和物理机器隔开了,凡是对计算机的操作一律转化为对操作系统的使用,所以用户使用计算机就变成使用操作系统了。这种层次关系为软件开发、扩充和使用提供了强有力的手段。计算机系统的层次结构如图 2-4 所示。

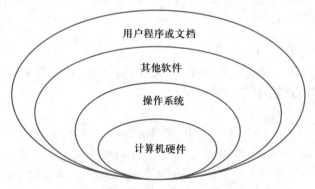

图 2-4 计算机系统的层次结构

2.3.3 计算机的基本体系结构及工作原理

1. 冯·诺依曼体系结构

冯·诺依曼提出的存储程序原理,即把程序本身作为数据来对待,程序和该程序处理的数据用同样的方式存储,并确定了存储程序计算机的五大组成部分和基本工作方法。

冯·诺依曼理论的要点是"存储程序"与"二进制",计算机按照程序顺序执行,人们把冯·诺依曼的这个理论称为冯·诺依曼体系结构,该结构奠定了现代计算机的结构理念。计算机的基本结构如图 2-5 所示。

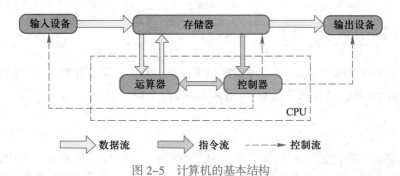

图 2-5　计算机的基本结构

冯·诺依曼体系结构的计算机必须具有的功能是,把需要的程序和数据送至计算机中;必须具有长期记忆程序、数据、中间结果及最终运算结果的能力;能够完成各种算术运算、逻辑运算和数据传送等数据加工处理的能力;能够根据需要控制程序走向,并能根据指令控制机器的部件协调操作;能够按照要求将处理结果输出给用户。

2. 工作原理

自第一台计算机诞生以来,计算机的硬件结构和软件系统已发生了巨大的变化,性能指标也有了惊人的提高。但就其组成原理来说,仍然是以"存储程序"原理为基础的冯·诺依曼型计算机。

冯·诺依曼提出的设计思想概括起来有如下 3 个要点:

(1)采用二进制形式表示数据和指令。数据和指令在外形上并没有什么区别,只是各自代表的含义不同。

(2)采用存储程序方式。这是冯·诺依曼型计算机思想的核心内容。将程序和数据事先存放在存储器中,使计算机在工作时能够自动高速地从存储器中取出指令并加以执行,这就是存储程序的工作原理。

(3)由运算器、控制器、存储器、输入设备和输出设备五大基本部件组成计算机,并且规定了这五大部件的基本功能。

3. 指令的执行过程

指令是能够被计算机识别并执行的命令,是程序设计的最小单位。指令是计算机硬件和软件之间的桥梁,是计算机工作的基础。

通常,一条指令的执行分为取指令、分析指令和执行指令 3 个阶段。取指令阶段将现行指令从内存中取出来并送到指令寄存器中,然后为取下一条指令做好准备。取出指令后,机器立即进入分析指令阶段,指令译码器可识别和区分不同的指令类型及各种获取操作数的方法。由于各条指令功能不同,所以分析指令阶段的操作是不同的。执行指令阶段完成指令规定的各种操作,产生运算结果,并将结果存储起来。

综上所述,从计算机程序员的角度看,对计算机的工作原理可概括为,计算机自动工作过程是执行预先编写好的程序的过程,而执行程序的过程就是周而复始地完成取指令、分析指令和执行指令的过程。

需要指出的是,现代计算机系统已提供强有力的系统软件,计算机的使用者已无须再用指令的二进制代码(称为机器语言)编写程序,程序在存储器中的存放也由计算机的操作系统自动安排。

2.4　计算机中数制与编码

计算机中的数据和指令都是用二进制代码表示的,这就要求所有参与运算的数据和操作都要采用二进制表示,这样计算机才能识别、理解和运行。

2.4.1　进位计数制

进位计数制是取有序数符中的任意个,按位置排列。当低位计数到某一“定值”时,向高位进位。其相邻两位之比等于“定值”,称为基数。取不同的基数,可得到不同的进位计数制。若用 R 表示基数,则称为 R 进制,即逢 R 进一。

在进位计数制中,一个数符所表示数的大小不仅与其值有关,而且与所在的位置也有关。数符相同,所在的位置不同时表示数值的大小也就不同。例如,十进制数 65 536 中的两个 5,其中左面一个表示 5 000,右面一个表示 500。这是由于从右向左依次是人们常说的个位、十位、百位和千位……在数学上称为“权”。用这种方式表示的数称为“加权数”或“权码”。基数不同时,各位的“权”也就不同。对于 R 进制的数,各位的权依次为

$\cdots, R^4, R^3, R^2, R^1, R^0, R^{-1}, R^{-2}, R^{-3}, R^{-4}, \cdots$

对于任意数 $N_2N_1N_0 . N_{-1}N_{-2}$ 都可以表示为

$$N = \sum_{i=-m}^{n-1} N_i R^i$$

该式称为按权展开式。在微型计算机中,常用的进位计数制有二进制、八进制、十进制和十六进制。各进制的权如表 2-1 所示。

表 2-1　各进制的权

进位制	权
二进制	$\cdots, 2^3, 2^2, 2^1, 2^0, 2^{-1}, 2^{-2}, \cdots$
八进制	$\cdots, 8^3, 8^2, 8^1, 8^0, 8^{-1}, 8^{-2}, \cdots$
十进制	$\cdots, 10^3, 10^2, 10^1, 10^0, 10^{-1}, 10^{-2}, \cdots$
十六进制	$\cdots, 16^3, 16^2, 16^1, 16^0, 16^{-1}, 16^{-2}, \cdots$

2.4.2　十进制与二进制相互转换

1. 十进制整数转换为二进制整数

将十进制整数转换为二进制整数采用除 2 取余法,即将十进制整数及此期间产生的商逐次除以基数 2,直到商为 0,并按从后向前的次序,依次记下每一次相除所得到的余数,从后向前读,即为转换后的二进制整数。

例 2-1　将十进制整数 123 转换为二进制整数。

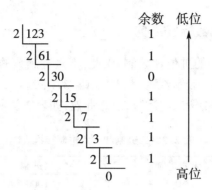

则得:(123)$_{10}$=(1111011)$_2$

2. 十进制小数转换为二进制小数

将十进制小数转换为二进制数采用乘 2 取整法,即用 2 连续乘要转换的十进制数及各次所得积的小数部分,直到乘积的小数部分为 0 时止,则各次所得乘积的整数部分由高位到低位排列即为二进制数的值。

例 2-2　将十进制小数 0.734 375 转换为二进制小数。

```
        0.734 375    取整数   高位
      ×         2
        1.468 750      1       ↑
        0.46 875
      ×        2
        0.93 750       0
        0.9 375
      ×        2
        1.8 750        1
        0.875
      ×      2
        1.750          1
        0.75
      ×      2
        1.50           1
        0.5
      ×      2
        1.0            1      低位
```

则得:(0.734 375)$_{10}$=(0.101111)$_2$

说明:如此不断重复时,直到小数部分为 0 或达到精度要求为止。第一次所得到为最高位,最后一次得到为最低位。

当十进制数包含有整数和小数两部分时,可按上面介绍的两种方法将整数和小数分别转换,然后相加。

3. 二进制数转换为十进制数

二进制数转换为十进制数的基本方法是将二进制数的各位按位权展开相加。

例 2-3　将二进制数 1111011.101 转换为十进制数。

$$(1111011.101)_2 = 1 \times 2^6 + 1 \times 2^5 + 1 \times 2^4 + 1 \times 2^3 + 0 \times 2^2 + 1 \times 2^1 + 1 \times 2^0 + 1 \times 2^{-1} + 0 \times 2^{-2} + 1 \times 2^{-3}$$

$$= 64 + 32 + 16 + 8 + 2 + 1 + 0.5 + 0.125$$

$$= (123.625)_{10}$$

2.4.3 二进制数与十六进制数相互转换

十六进制采用逢十六进一的进位计数制,因此,十六进制数的基数为 16,用数字 0、1、2、3、4、5、6、7、8、9、A、B、C、D、E、F 表示数码。例如,A5、37DF9。

1 位十六进制数可转换为 4 位二进制数,反之亦然,如表 2-2 所示。

表 2-2 二进制和十六进制转换表

二进制	十六进制	二进制	十六进制
0000	0	1000	8
0001	1	1001	9
0010	2	1010	A
0011	3	1011	B
0100	4	1100	C
0101	5	1101	D
0110	6	1110	E
0111	7	1111	F

例 2-4 将十六进制数 A5 转换为二进制数。

$(A5)_{16} = (10100101)_2$

例 2-5 将二进制数 1000111101 转换为十六进制数。

从右向左每 4 位分为一段,不足 4 位时给左边补零,按表 2-2 对应关系进行转换。

$(1000111101)_2 = (001000111101)_2 = (23D)_{16}$

2.4.4 二进制的逻辑运算

常用的逻辑运算有 3 种:逻辑与、逻辑或、逻辑非。逻辑值只有两个,逻辑"真"(用 1 表示)和逻辑"假"(用 0 表示)。

1. 逻辑与运算

逻辑与运算也称逻辑乘运算,其运算规则如下:

$1 \wedge 1=1$ $1 \wedge 0=0$ $0 \wedge 1=0$ $0 \wedge 0=0$

式中"$\wedge$"是逻辑与的运算符。例 $11001010 \wedge 11000101=11000000$。

2. 逻辑或运算

逻辑或运算也称逻辑加运算,其运算规则如下:

$1 \vee 1=1$ $1 \vee 0=1$ $0 \vee 1=1$ $0 \vee 0=0$

式中"$\vee$"是逻辑或的运算符。例 $11001010 \vee 11000101=11001111$。

3. 逻辑非运算

逻辑非运算的运算规则如下:

$\overline{1}=0$ $\overline{0}=1$

式中"-"是逻辑非的运算符。例 $\overline{11001010}=00110101$。

注意:逻辑运算的操作数和结果都是单个数位上的操作,没有进位和借位的联系。

至于八进制数、十六进制数与十进制数之间的转换,其方法和二进制数与十进制数之间的转换方法类似。这里不再一一介绍,请读者自己学习。

2.4.5　ASCII 码

ASCII 码(American Standard Code for Information Interchange,美国信息交换标准码)是由美国国家标准局提出的一种信息交换标准代码。这种编码应用非常普遍,它使用 7 个二进制位来表示字符,在计算机存储中占一个字节(8 个二进制位),共有 128 个编码,可以表示 128 个不同字符的编码。ASCII 字符编码表如表 2-3 所示。

表 2-3　ASCII 字符编码表

ASCII 码	字符	ASCII 码	字符	ASCII 码	字符	ASCII 码	字符
0000000	NUL	0100000	SP	1000000	@	1100000	'
0000001	SOH	0100001	!	1000001	A	1100001	a
0000010	STX	0100010	"	1000010	B	1100010	b
0000011	ETX	0100011	#	1000011	C	1100011	c
0000100	EOT	0100100	$	1000100	D	1100100	d
0000101	ENQ	0100101	%	1000101	E	1100101	e
0000110	ACK	0100110	&	1000110	F	1100110	f
0000111	BEL	0100111	'	1000111	G	1100111	g
0001000	BS	0101000	(	1001000	H	1101000	h
0001001	HT	0101001	)	1001001	I	1101001	I
0001010	LF	0101010	*	1001010	J	1101010	j
0001011	VT	0101011	+	1001011	K	1101011	k
0001100	FF	0101100	,	1001100	L	1101100	l
0001101	CR	0101101	–	1001101	M	1101101	m
0001110	SO	0101110	.	1001110	N	1101110	n
0001111	SI	0101111	/	1001111	O	1101111	o
0010000	DLE	0110000	0	1010000	P	1110000	p
0010001	DC1	0110001	1	1010001	Q	1110001	q
0010010	DC2	0110010	2	1010010	R	1110010	r
0010011	DC3	0110011	3	1010011	S	1110011	s
0010100	DC4	0110100	4	1010100	T	1110100	t
0010101	NAK	0110101	5	1010101	U	1110101	u
0010110	SYN	0110110	6	1010110	V	1110110	v
0010111	ETB	0110111	7	1010111	W	1110111	w
0011000	CAN	0111000	8	1011000	X	1111000	x
0011001	EM	0111001	9	1011001	Y	1111001	y
0011010	SUB	0111010	:	1011010	Z	1111010	z
0011011	ESC	0111011	;	1011011	[	1111011	{
0011100	FS	0111100	<	1011100	\	1111100		
0011101	GS	0111101	=	1011101	]	1111101	}
0011110	RS	0111110	>	1011110	^	1111110	~
0011111	US	0111111	?	1011111	_	1111111	DEL

2.4.6　汉字编码

计算机在处理汉字信息时要将其转化为二进制代码,因此也需要对汉字进行编码。汉字与西文字符比较起来,数量大、字形复杂、同音字多,因此汉字编码就不能像字符编码一样,在计算机系统中的输入、内部处理、存储和输出过程中使用同一代码。为了在计算机系统的各个环节中方便、确切地表示汉字,需要对汉字进行多种编码,如汉字输入码、汉字机内码、交换码、汉字字形码和汉字地址码等。计算机的汉字信息处理系统在处理汉字时,不同环节使用不同的编码,并根据不同的处理层次和不同的处理要求,进行代码转换。汉字信息处理过程如图 2-6 所示。

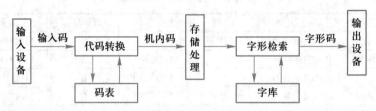

图 2-6　汉字信息处理过程

1. 国标码

计算机处理汉字所用标准是我国于 1981 年颁布的国家标准,即《信息交换用汉字编码字符集—基本集》(GB 2312—1980),简称国标码。共收录汉字和图形符号 7 445 个,包括:

① 一般符号 202 个。

② 序号 60 个,数字字符 22 个。

③ 英文字母 52 个,日文假名 169 个,希腊字母 48 个,俄文字母 66 个。

④ 汉语拼音 26 个,汉语注音字母 37 个。

⑤ 一级汉字 3 755 个,按拼音字母顺序排列。

⑥ 二级汉字 3 008 个,按部首顺序排列。

为了满足信息处理的需要,在国标码的基础上又推出了新国家标准 GB 18030—2000,即《信息技术和信息交换用汉字编码字符集、基本集的扩充》。共收录了 27 000 多个汉字,还包括主要少数民族文字,采用单、双、四字节混合编码,基本上解决了计算机汉字和少数民族文字的使用标准问题。

2. 输入码

为输入汉字而设计的代码,简称外码。由于汉字的输入设备、编码的方法不尽相同,所以输入法也不一样。按输入设备的不同,可分为键盘输入、手写输入和语音输入三大类。目前应用最广泛的是键盘输入法。根据编码原理的不同,键盘输入码还可分为音码、形码、形音(音形)码和对应码四类。

音码是用汉语拼音作为输入依据,如大家所熟知的全拼、双拼及智能 ABC 等。这种输入法的优点是简单易学,几乎不需要专门训练就可以掌握。缺点是重码多、输入速度慢、对于不认识的字无法输入。

形码以汉字的字形作为输入依据,如应用广泛的五笔字型输入法等。它的优点是输入速度快、见字识码、对不认识的字也能输入。缺点是比较难掌握、需专门学习、无法输入不会写的字。

形音（音形）码是以汉字的基本形（音）为主，以读音（形）为辅的一种编码法。集中了音、形两种码的特点，取形简单、容易掌握，大大简化了形码的拆字难度。具有音码的易学优点，同时又具有形码的速度。自然码就是以音为主，音形并存的输入法。

对应码是以各种编码表为依据，用"对号入座"的方法输入汉字，如区位码、电报码等。其优点是无须学习，只要一张码表就能输入码表内的所有汉字和符号，且没有重码。缺点是输入慢，可用于特殊符号输入。

3. 汉字机内码

汉字机内码是供计算机系统内部进行汉字存储、加工处理和传输统一使用的二进制代码，简称内码。正是由于内码的存在，输入汉字时就可以使用不同的汉字输入码，汉字进入计算机系统后再统一转换成机内码存储。不同的系统使用不同的汉字机内码，应用较广泛的一种为两字节机内码，它是将 GB 2312—1980 交换码的两个字节的最高位分别置 1 得到的，即机内码 = 国标码 +8080H。其优点是机内码表示简单，与交换码之间有明显的对应关系，同时解决了中西文机内码存在二义性问题。

4. 汉字字形码

汉字字形码是指汉字字库中存储的汉字字形的数字化信息码。它主要用于汉字输出时产生汉字字形。目前，计算机系统中表示字形的输出形式一般为点阵字形码和矢量字形码两种。

点阵字形码是以点阵方式表示汉字，即不论一个字的笔画多少，都可以用一组点阵表示。每个点用二进制的一位"0"或"1"表示不同的状态，如白、黑特征，从而表现字的形和体，如图 2-7 所示。所有字形码的集合构成的字符集称为字库。根据输出字符的要求不同，字符点的多少也不同。点阵越大、点数越多，分辨率就越高，输出的字形就越清晰美观。汉字字形有 16×16、24×24、32×32、48×48 及 128×128 等，不同字体的汉字需要不同字体的字库。

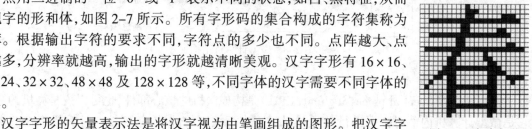

图 2-7 点阵字形

汉字字形的矢量表示法是将汉字视为由笔画组成的图形。把汉字字形分布在精密点阵上，如 128×128 点阵，抽取这个汉字每个笔画的特征坐标值，组合起来得到这个汉字字形的矢量信息。由于组成每个汉字的笔画数不一样，不同汉字抽取的特征点差别很大，所以每个汉字字形在矢量字库中所占的长度也是不相等的，从矢量汉字字库读取汉字字形信息要比点阵汉字库更复杂。矢量法表示的汉字字形通过坐标变换能够方便地进行平移、缩放、旋转等变换，且能获得美观、清晰的字形效果。

5. 汉字地址码

汉字地址码是指汉字字形码在汉字字库中存放位置的代码，即字形信息的地址。需要向输出设备输出汉字时，必须通过地址码，才能在汉字库中取到所需的字形码，最终在输出设备上形成可见的汉字字形。因为汉字地址码一般是连续有序的，并且与汉字机内码之间有着简单的换算关系，所以容易实现两者之间的转换。

2.5 硬件系统

硬件系统是指组成计算机的各种物理设备，也就是由电子、机械和光电元器件等组成的各种计算机部件和设备。它包括计算机的主机和外部设备。计算机硬件的基本功能是接受计算机程序的控制来实现数据输入、运算及数据输出等一系列根本性的操作。虽然计算机的制造技术已经发生了极大的变化,但在基本的硬件结构方面,一直沿袭着冯·诺依曼的传统框架,具体由五大功能部件组成,即运算器、控制器、存储器、输入设备和输出设备。这五大部分相互配合,协同工作。下面以微型计算机为例,介绍其硬件组成及功能。

2.5.1　主机系统

微型计算机硬件是以中央处理器为核心,加上存储设备、输入输出接口和系统总线组成。再配以相应的外部设备和软件,构成完整的微型计算机系统,其基本结构如图 2-8 所示。

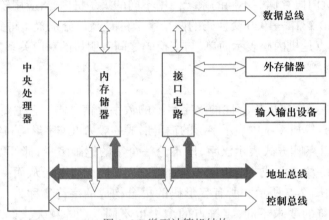

图 2-8　微型计算机结构

1. 中央处理器

中央处理器(central processing unit, CPU)是构成微机的核心部件,也可以说是微机的心脏。它是微型计算机内部对数据进行处理并对过程进行控制的部件,起到控制计算机工作的作用。主要由运算器和控制器等组成。中央处理器的主要功能如下:

① 实现数据的算术运算和逻辑运算。

② 实现取指令、分析指令和执行指令操作的控制。

③ 实现异常处理、中断处理等操作。

(1)运算器

运算器是计算机的数据处理核心部件。由算术逻辑单元(arithmetic logic unit, ALU)、寄存器及内部总线组成。其主要功能就是进行算术运算和逻辑运算。ALU 的内部包括负责加、减、乘、除的加法器,以及实现与、或、非等逻辑运算的功能部件。寄存器用来存放操作数、中间数据和结果数据。内部总线用于传送数据和指令。

(2)控制器

控制器是计算机的控制中心。其功能是生成指令地址、取出指令及分析指令和向各个部件发出一系列有序的操作控制命令。在计算机发生意外故障或者有随机的输入输出请求时,采用中断方式暂停先行程序的执行,把断点与寄存器的内容入栈保护,然后转入中断处理程序,执行中断服务,处理完随机请求后,再自动返回原来的程序。

  控制器把运算器、存储器和输入输出设备组织成一个有机的系统,根据程序中的指令序列有条不紊地指挥计算机工作,实现程序预定的任务。计算机的基本工作过程可以概括为,在控制器的指挥下,取出指令、分析指令、执行指令,再取下一条指令,然后依次周而复始地执行指令序列。

  一条指令通常包含下列信息:

  ① 操作码。说明指令所执行的操作。

  ② 操作数。指出操作数的地址,然后根据地址取得操作数。

  ③ 目的地址。运算结果保存在目的地址。

  ④ 下一条指令地址。该地址由程序计数器提供。

  (3)CPU 性能

  CPU 性能的高低直接决定了一个微机系统的档次,而 CPU 的主要技术特性可以反映出 CPU 的基本性能。

  ① 时钟频率。CPU 执行指令的速度与系统时钟有直接的关系。频率越快,CPU 速度越快。

  ② 字长。CPU 一次所能同时处理的二进制数据的位数。可同时处理的数据位数越多,CPU 的档次就越高,从而它的功能就越强,工作速度也越快,其内部结构也就越复杂。

  ③ 高速缓冲存储器(Cache)的容量和速率。Cache 容量大、速率高,则 CPU 的效率也就越高。

  ④ 地址总线和数据总线的宽度。CPU 能够送出的地址的宽度决定了它能直接访问的内存单元的个数。数据总线的宽度决定了 CPU 和内存之间数据交换的效率。显然,数据总线越宽则每次传递的二进制位数就越多。

  ⑤ 设计制造。一个 CPU 的性能表现取决于 CPU 内核的设计。

  2. 内存储器

  计算机的重要特点之一就是具有存储能力,这是它能自动连续执行程序、进行庞大的信息处理的重要基础。存储器是计算机的记忆核心,是程序和数据的收发集散地。在传统的以 CPU 为中心的计算机系统中,为数不多的寄存器只能暂时存放少量的信息,绝大部分的信息与数据需要存放在专门的存储器中。有多种物理方法可以用来存放信息,有各种各样的信息需要存放,而计算机的系统发展要求具有多层次的存储能力,这就构成有机联系的存储系统,如图 2-9 所示。以下介绍内存储器。

  (1)内存储器的特点

  内存储器是由 CPU 直接编址访问的存储器,其特点是可以和 CPU 直接交换信息。它存放需要执行的程序和需要处理的数据。内存储器的容量较小,成本和价格较高,存取速度快,计算机掉电或重新启动后,RAM 中的信息将全部丢失。

  内存储器由许多存储单元组成,采用顺序的线性方式组织。存储器的容量就是指存储器中存储单元的总和。每个存储单元(一个字节)都有一个唯一的编号(地址),排在最前面的为 0 号单元,即其地址为 0,其余单元的地址按顺序排列。由于地址具有唯一性,因此它可以作为存储单元的标识,对内存储器的存储单元的使用都通过地址进行,如图 2-10 所示。

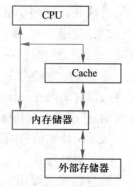

图 2-9   存储体系结构示意图

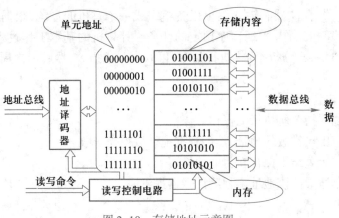

图 2-10 存储地址示意图

（2）内存储器的分类

目前使用的内存储器主要分为随机存取存储器、只读存储器、互补金属氧化物半导体和高速缓冲存储器 4 类。

① 随机存取存储器（random access memory，RAM），是一种可读写存储器。其特点是存储器的任何一个存储单元的内容都可以随机存取，而且存取时间与存储单元的物理位置无关，关机后其存储的信息丢失，计算机系统中的大部分内存都采用这种存储器。

② 只读存储器（read only memory，ROM），只能对其存储的内容读出，而不能对其重新写入的存储器。通常用它存放固定不变的程序、常数以及字库等。它与 RAM 可共同作为内存的一部分，统一构成内存的地址域。

③ 互补金属氧化物半导体（complementary metal oxide semiconductor，CMOS），用来存储计算机系统每次开机时所需的重要信息。它与 RAM 的区别在于，CMOS 通过电池供电，即当关机时其存储的信息不会丢失。它与 ROM 的区别在于，CMOS 的内容随着计算机系统的配置的改变或用户设置的改变而改变。

④ 高速缓冲存储器（Cache），是指设置在 CPU 和内存之间的高速小容量存储器。在计算机工作时，系统先将数据由外存读入 RAM，再由 RAM 读入 Cache 中，然后 CPU 直接从 Cache 中取数据进行操作。设置高速缓存器就是为了解决 CPU 速度与 RAM 速度不匹配的问题。

3. 系统总线

总线是连接多个部件的信息传输线，是各部件共享的传输介质。当多个部件与总线相连时，如果出现两个或两个以上的部件同时向总线发送信息，势必导致信号冲突，传输无效。因此，在某一时刻，只允许有一个部件向总线发送信息，而多个部件可以同时从总线上接收相同的信息。总线实际上是由许多传输线或通路组成的，每条线可传输一位二进制代码，一串二进制代码可在一段时间内逐一传输完成。若干条传输线可以同时传输若干位二进制代码，如 32 条传输线组成的总线，可同时传输 32 位二进制代码。

按系统传输信息的不同，系统总线可分为三类：地址总线、数据总线和控制总线。

（1）地址总线

地址总线主要用来指出数据总线上的源数据或目的数据在内存中的地址。欲将某数据经输出设备输出，则 CPU 除了将数据送到数据总线外，同时还需将该输出设备的地址（I/O 接口）

送到地址总线上。可见,地址总线上的代码用来指明 CPU 欲访问的存储单元或 I/O 端口地址,它是单向传输的。地址线的位数与存储单元的个数有关。

（2）数据总线

数据总线用来传输各功能部件之间的数据信息,它是双向传输总线。其位数与机器字长、存储字长有关。数据总线的条数称为数据总线的宽度,它是衡量主机系统性能的一个重要参数。

（3）控制总线

控制总线是用来发出各种控制信号的传输线。由于数据总线、地址总线都是由总线上的各部件共享的,如何使各部件能在不同时刻占有总线使用权,需依靠控制总线来完成。

由于计算机的各个部件都连在总线上,都需要传递信息,总线需要解决非常复杂的管理问题,因而总线实际上也是复杂的器件。

2.5.2 辅助存储设备

辅助存储设备作为主存的后援设备,又称外存储器。它与内存相比,具有容量大、速度慢、价格低、可脱机断电保存信息等特点,属"非易失性"存储器。外存储器一般不直接与中央处理器打交道,外存中的数据应先调入内存,再由 CPU 进行处理。为了增加内存容量,方便读写操作,有时将硬盘的一部分当作内存使用,这就是虚拟内存。目前最常用的外存储器有硬盘、光盘和移动存储器等。

1. 硬盘存储器

硬盘存储器是由盘片组、主轴驱动机构、磁头、磁头驱动定位机构、读写电路、接口及控制电路等组成,一般置于主机箱内。硬盘是涂有磁性材料的磁盘组件,用于存储数据,如图 2-11 所示。磁盘片被固定在电机的转轴上由电动机带动它们一起转动。每个磁盘片的上下两面各有一个磁头,它们与磁盘片不接触。如果磁头碰到了高速旋转的盘片,则会破坏表面的涂层和存储在

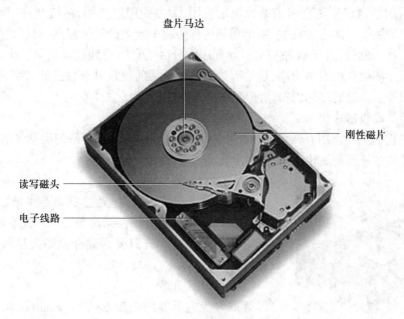

图 2-11　硬盘结构

盘片上的数据,磁头也会损坏。硬盘是一个非常精密的设备,所要求的密封性能很高。任何微粒都会导致硬盘读写的失败,所以盘片被密封在一个容器之中。

一个硬盘可以有多张盘片,所有的盘片按同心轴方式固定在同一轴上,两个盘片之间仅留有读写磁头的位置。每张盘片按磁道、扇区来组织硬盘数据的存取。硬盘的容量取决于硬盘的磁头数、柱面数及每个磁道扇区数,由于硬盘一般都有多个盘片,所以用柱面这个参数代替磁道。柱面是指使磁盘的所有盘片具有相同编号的磁道,显然,这些磁道的组成就像一个柱面。若一个扇区的容量为 512 B,那么硬盘容量为:512 × 磁头数 × 柱面数 × 扇区数。磁盘上的数据以簇(块)作为存取单位,一个数据簇(块)可以是一个扇区或是多个扇区。硬盘与内存交换信息时,应给出访问磁盘的"地址"。该地址由柱面号、扇区号及簇(块)数 3 个参数确定。

新磁盘在使用前必须进行格式化,然后才能被系统识别和使用。格式化的目的是对磁盘进行磁道和扇区的划分,同时还将磁盘分成 4 个区域:引导扇区、文件分配表、文件目录表和数据区。其中,引导扇区用于存储系统的自引导程序,主要为启动系统和存储磁盘参数而设置;文件分配表用于描述文件在磁盘上的存储位置以及整个扇区的使用情况;文件目录表即根目录区,用于存储根目录下所有文件名和子目录名、文件属性、文件在磁盘上的起始位置、文件的长度及文件建立和修改的日期与时间等;数据区即用户区,用于存储程序或数据,也就是文件。硬盘格式化需要分 3 个步骤进行,即硬盘的低级格式化、分区和高级格式化。

（1）硬盘的低级格式化

硬盘的低级格式化即硬盘的初始化,其主要目的是对一个新硬盘划分磁道和扇区,并在每个扇区的地址域上记录地址信息。初始化工作一般由硬盘生产厂家在硬盘出厂前完成,当硬盘受到破坏或更改系统时,也需要进行硬盘的初始化。初始化工作是由专门的程序来完成的,需参阅具体的使用说明书。

（2）硬盘分区

初始化后的硬盘仍不能直接被系统识别使用,为方便用户使用,系统允许把硬盘划分成若干个相对独立的逻辑存储区,每一个逻辑存储区称为一个硬盘分区。显然,对硬盘分区的主要目的是建立系统使用的硬盘区域,并将主引导程序和分区信息表写到硬盘的第一个扇区上。只有分区后的硬盘才能被系统识别使用,这是因为经过分区后的硬盘具有自己的名字,也就是通常所说的硬盘标识符。系统通过标识符访问硬盘。

（3）硬盘的高级格式化

高级格式化的主要作用有两点:一是建立操作系统,使硬盘兼有系统启动盘的作用;二是针对指定的硬盘分区进行初始化,建立文件分配表。

图 2-12   光盘驱动器

2. 光盘存储器

光盘存储器主要由光盘、光盘驱动器和光盘控制器组成,目前已成为计算机的重要存储设备之一。光盘的主要特点是存储容量大、可靠性高,只要存储介质不发生故障,光盘上的数据就可长期保存。

（1）光盘驱动器

读取光盘数据需用光盘驱动器(compact disk, CD),通常称为光驱,如图 2-12 所示。光驱的核心部分由激光头、光反射透镜、电机系统和处理信号的集成电路组成。影响光驱性能的关键部位就是激光头。通常所说的 48 倍速、52 倍速就是指光驱的读取速度。在制定光驱标准时,把 150 Kbps 的传输率定为标准。后来光驱的传输率越来越快,就出现了各倍速光驱。除了传输率外,平均查找时间是衡量光驱的另一指标。光盘有 3 种基本类型。

① 只读光盘(compact disk-read only memory, CD-ROM),只读指只能从光盘中读取数据,不能写入或擦掉数据。

② CD-R(CD recordable),用户只能写一次,此后就只能读取。

③ 可擦写光盘(CD rewrite, CD-RW),可反复擦写和读取数据。

(2) DVD

最早出现的 DVD(digital video disk)称作数字视频光盘。随着技术的发展,现已成为数字通用光盘 DVD(digital versatile disk),是以 MPEG-2 为标准的压缩技术来储存数据,是数字多用途的光盘。DVD 集计算机技术、光学记录技术和影视技术等为一体,其目的是满足人们对大存储容量、高性能的存储媒体的需求。DVD 也有多种类型。

3. 移动存储器

便携式移动存储器作为新一代的存储设备被广泛使用。移动存储器的存储介质是快闪存储器(Flash memory),它和一些外围数字电路连接在电路板上,并封装在塑料壳内。目前,有 U 盘和移动硬盘两类。如图 2-13 和图 2-14 所示。

图 2-13 U 盘存储器   图 2-14 移动硬盘

移动存储器之所以被广泛应用是因为它具有如下优点:

① 不使用驱动器,方便文件共享与交流,节省支出。

② 接口是 USB,无须外接电源,支持即插即用和热插拔。

③ 具有高速度、大容量,适用存储大容量文件。

④ 便于携带,它的体积小、重量轻、安全易用。

2.5.3 输入输出设备

输入输出设备是实现计算机系统与人(或其他系统)之间进行数据交换的设备。通过输入设备,可以把程序、数据、图像和语音输入到计算机中。通过输出设备,可以将计算机的处理结果显示或打印出来。输入输出设备是通过接口实现与主机交换数据的。

1. 接口的基本作用

由于输入输出设备在结构和工作原理上与主机有很大差异，因此，在主机与外围设备进行数据交换时，必须有相应的逻辑部件，这个逻辑部件就称为接口。其基本作用如下：

① 实现数据缓冲，使主机与外围设备在工作速度上达到匹配。接口部件中一般设有一个或几个数据缓冲寄存器，从而利用数据缓冲技术解决高速处理器与低速外围设备之间的速度协调问题。

② 实现数据格式转换，接口线路在完成数据传送的同时，实现处理器与外围设备之间数据格式的转换。

③ 提供外围设备和接口的状态，为处理器更好地控制和调整各种外围设备提供有效的帮助。

④ 实现主机与外围设备之间的通信联络控制，包括设备的选择、操作时序的控制、协调主机命令与外围设备状态的交换与传递等。

2. 输入设备

常用的输入设备有键盘、鼠标、图形扫描仪、条形码阅读器、磁卡阅读器、光笔、触摸屏等。

（1）键盘

由一组开关矩阵组成，包括数字键、字母键、符号键、功能键和控制键等，共有一百零几个。每个键在计算机中都有对应的唯一代码。键的排列分布在键盘的不同区域。

（2）鼠标

一种手持式屏幕坐标定位设备，常用在菜单选择操作或辅助设计系统中。鼠标是一种相对定位设备，不受平面上移动范围的限制。它的具体位置也和屏幕上光标的绝对位置没有对应关系。常用的鼠标有机械式和光电式两种。机械式鼠标的底座有一个可以滚动的圆球，当鼠标在平面上移动时，圆球与平面发生摩擦使球转动，圆球与 4 个方向的电位器接触，可测得上、下、左、右 4 个方向的相对位移量，用以控制屏幕上光标的移动。光电式鼠标的底部装有红外线发射和接收装置，当鼠标在特定的反射板上移动时，发出的光经反射板反射后被接收，并转换成移位信号，该移位信号送入主机，使屏幕上的光标随之移动。

（3）图形扫描仪

一种输入图形和图像的设备，可快速地输入图形、图像、照片以及文本等文件资料。按其工作原理可分为线阵列和面阵列两种，按其扫描方式可分为平面式和手持式两种。按其灰度和色彩又分为二值化扫描仪、灰度扫描仪和彩色扫描仪。

平面扫描仪多采用并行口与主机连接，手持式扫描仪多采用串行口与主机连接，由专门的程序支持其工作。其主要技术指标有分辨率、灰度层次、扫描速度和扫描幅面尺寸等。

（4）其他

除了上述输入设备之外，常用的输入设备还有条形码阅读器、磁卡阅读器、光笔、触摸屏等。其中条形码阅读器是通过光电传感器把条形码信息转换成数字代码，输入给计算机。按其结构分为手持式和卡槽式两种；按其工作原理目前主要分为 CCD 和激光枪两种。

磁卡阅读器是通过磁头阅读磁表面中存储的二进制信息，输入给计算机。按其结构分为卡槽式和台式两种，其最大优点是磁表面中存储的信息可以重新写入，便于修改。

光笔是由手写板和光笔组成，通过光电传感器把写入的信息输入给计算机，用来在屏幕上画图或写入字符,并实现图形修改、放大、移动、旋转等功能。

触摸屏是一种快速人机对话输入设备,主要有电容式、电阻式和红外式 3 种。当人手接触屏幕时引起内部电容、电阻或者红外线发生变化,阅读程序将这一变化转换成坐标信息,输入给计算机。目前电容式和电阻式触摸屏的分辨率较高,安装较为方便,但灵敏度有限;红外式触摸屏灵敏度较高,但分辨率较低,安装不便。

随着多媒体技术的发展,近年来出现了许多语音、手写输入装置,比如汉王等。在其软件的支持下,可直接使用口语和手写体输入。

3. 输出设备

输出设备是把计算机的处理结果用人所能识别的形式(例如,字符、图形、图像及语音等)表示出来的设备。常用的有显示器、打印机、绘图仪等。

(1)显示器

常用的显示器有 CRT 显示器和液晶显示器(LCD)。

① CRT 显示器。显示器主要用来显示运算结果、程序清单或其他用户需要的信息,是人与计算机之间的交互界面。输入时,显示用户由键盘输入的内容,与键盘结合,实现编辑功能。其工作原理是一种阴极射线管,简称为 CRT,通过显示适配器与主板连接。

显示器的类型按显示内容可分为字符显示器、图形显示器和图像显示器;按颜色可分为单色和彩色显示器;按分辨率可分为高、中、低 3 档。

a. 分辨率反映的是显示器的清晰度。字符和图像是由一个个像素组成,像素越密,清晰度越高。各种显示器的分辨率由像素的数目表示如下。

● 低分辨率:300×200 左右像素。

● 中分辨率:640×350 左右像素。

● 高分辨率:640×480、1 024×768、1 280×1 024 像素等。

b. 显示适配器也称为显卡,是显示器与主板连接的接口电路板,可直接插入主板上的插槽中。常用类型有 VGA、Super VGA、TVGA、AGP 等,可支持各种高分辨率的彩色显示,显示色彩256/1 024 种以上。当显示色彩在 1 024 种以上时,称为真彩显示。目前的多媒体微机多配有AGP 图形加速卡,分辨率为 800×600、1 024×768 和 1 280×1 024,可实现真彩显示。

② 液晶显示器。液晶显示器(LCD)是利用液晶的物理特性,在通电时导通,内部晶体有序排列,使光线容易通过;不通电时排列紊乱,阻止光线通过。所以有明亮之分,这样,可用来显示字符和图形。

液晶显示器的特点是体积小,体型薄,重量轻,工作电压低,功耗小,无污染,无辐射,无静电感应,视域宽,无闪烁,能直接与 CMOS 集成电路匹配,目前得到广泛使用。

近年来,较流行的液晶显示器主要有双扫描无源阵列彩色显示器(俗称伪彩显)和薄膜晶体管有源阵列彩色显示器(俗称真彩显)。其中双扫描无源阵列彩色显示器只能显示一定的颜色深度,对比度和亮度较低,视角范围较小,色彩不够丰富,因此俗称为伪彩显。而在薄膜晶体管有源阵列彩色显示器中,每一个液晶像素都是由集成在像素后面的薄膜晶体管(thin film transistor,TFT)来驱动,因此能做到高速、高亮度、高对比度显示信息。

液晶显示器主要参数如下:

a. 可视角度。可视角度是指从上、下、左、右观看屏幕的角度,也就是视线与中垂线之间的夹角,一般在最大可视角度所观察或测量到的对比度越好,比如 45°,表示视角为 0°~45°。

b. 亮度和对比度。亮度大,感觉明亮,目前常见的 TFT 液晶显示器的亮度在 200 cd/m^2,对比度一般为(150~300):1。

c. 响应时间。响应时间是指液晶显示器各像素点对输入信号的反应速度,也就是像素由暗转亮,或由亮转暗的速度。目前一般为 25~30 ms。

d. 显示颜色数。显示颜色数一般为 256 K 种。

e. 分辨率。一般在 800×600 像素以上。

（2）打印机

打印机是计算机最常用的输出设备之一。打印机种类繁多,工作原理和性能各异,一般分为针式打印机、喷墨打印机和激光打印机。

针式打印机打印的字符或图形是以点阵的形式构成的,是由打印机上打印头中的钢针通过色带打印在纸上。目前使用的一般是 24 针。针式打印机在打印过程中噪声较大,分辨率低,打印图形效果差。但适用于打印压感纸。

喷墨打印机是将墨水通过技术手段从很细的喷嘴中喷出,印在纸上,从而实现打印。喷墨技术可分为气泡式、液体压电式和热感式 3 种。其特点是噪音小,打印效果比针式打印机好。但喷头容易堵塞,使用成本比针式打印机高。

激光打印机是激光技术和照相技术的复合产物。它利用电子照相原理,类似于复印机。在控制电路的控制下,输出的字符或图形变换成数字信号来驱动激光器的打开和关闭,对充电的感光鼓进行有选择的曝光。被曝光部分产生放电现象,而未曝光部分仍带有电荷,随着鼓的圆周运动,感光鼓充电部分通过碳粉盒时,让字符或图形的部分吸附碳粉。当鼓和纸接触时,在纸反面加以反向静电电荷,将鼓上的碳粉附到纸上,这称为转印。最后经高压区定影,使碳粉永久黏附在纸上,实现打印。其特点是分辨率高,打印效果佳,打印速度高。缺点是成本高。

（3）绘图仪

绘图仪是一种用于绘制图形的输出设备,在绘图软件的支持下可绘制出复杂、精确、漂亮的图形,主要用于工程设计、轻印刷和广告制作。目前比较流行的绘图仪有笔式和喷墨式两种,按其色彩可分为单色和彩色两大类型。

除了上述几种常用输入输出设备外,对于多媒体计算机还可配置摄像机、录像机、录音机、电视机、音响设备等。在计算机控制与数据采集系统中可使用 A/D 与 D/A 转换器,以进行模/数与数/模转换。在计算机通信中,可使用调制解调器、数传机作为输入输出设备。另外,相对于主机,外存储器的磁盘、光盘也可以视为输入输出设备。

2.6　软件系统

软件是指运算、维护、管理及应用计算机所编制的所有程序,以及说明这些程序的有关资料和文档的总和。它的主要作用是扩充计算机功能,提高计算机工作效率和方便用户使用。一般来说,装入计算机的任何程序和文档都是软件。对于计算机来说,软件和硬件都很重要,缺一不可。如果没有硬件,软件将失去运行的物质基础;如果没有软件,计算机就是一堆废铁。随着计算机硬件技术的不断发展,软件技术也日趋完善和丰富,而软件的发展又大大促进了硬件技术的合理利用。完整的计算机系统是由计算机硬件和软件组成的统一体。

软件系统一般分为系统软件和应用软件两大类。

2.6.1 系统软件

系统软件是指为方便用户使用计算机、管理计算机系统的各种资源,控制计算机系统协调、高效工作而设置的各种程序。一般来说,系统软件包括操作系统、各种语言处理系统和数据库管理系统等。如果没有这些软件,计算机将难以发挥其功能,甚至无法工作。

1. 操作系统

一个计算机系统是非常复杂的系统,包括处理器、存储器、外围设备、各种数据、文件及信息,这些统称为计算机的软硬件资源。如果用户直接控制、管理和使用这些资源,将是非常麻烦的。用户不仅需要熟记机器语言(指令系统),而且要了解各种外围设备的物理特性,这不仅不方便而且容易出错。那么如何才能有效地管理计算机中软硬件资源,让它们相互协调、高效地工作,并给用户提供方便的操作呢? 操作系统就是承担此重任的系统软件。

操作系统是一种系统软件,它统一地管理和控制计算机系统中的软硬件资源,合理地组织计算机工作流程,并为用户提供一个良好的、易于操作的工作环境,使得用户能够灵活、方便、有效地使用计算机。

操作系统是计算机系统的核心。对于计算机使用者来说,操作系统是一个用户环境、一个工作平台、一个人与机器进行交互操作的界面;对系统设计者而言,操作系统是一种功能强大的系统资源管理程序,用以控制、管理计算机中软硬件资源和程序执行的集成软件系统。

（1）操作系统的功能

从资源管理角度来看,操作系统对计算机资源进行控制和管理的功能主要分为以下五部分:

① 处理器管理。如何对使用处理器的请求做出适当的分配,就是操作系统处理器管理功能模块要解决的问题。在实际工作中,操作系统将以进程和作业的方式进行管理。因此,处理器管理的主要工作是进行处理器的分配调度。尤其是在多道程序或多用户的情况下,使用户合理地分配处理器的时间,提高处理器的工作效率。

② 内存管理。由于硬件的限制,内存储器的容量是有限的。此外,如果有多个用户程序共享内存,它们彼此之间不能相互冲突和干扰。内存管理就是按一定的策略使用户存放在内存中的程序和数据不被破坏,必要时提供虚拟存储技术,逻辑扩充内存空间,并进行存储空间的优化管理。

③ 设备管理。随着计算机外部设备的迅速发展,如何有效地分配和使用设备,如何协调处理器与设备操作之间的时间差异,提高系统总体性能,就是操作系统设备管理的主要任务。由于输入输出设备的工作速度远远低于 CPU 的速度,操作系统应按设备的输入输出性能分类,并根据不同种类设备的特点采用不同的分配策略,以及控制外部设备按用户的要求进行操作。

④ 文件管理。在计算机系统中,把逻辑上具有完整意义的信息集合称为文件。操作系统的文件管理功能是对存放在计算机中的文件进行逻辑组织和物理组织,面向用户实现按名存取,实现从逻辑文件到物理文件之间的转换;有效地分配文件的存储空间;建立文件目录;提供合适的存取方法;实现文件的共享、保护和加密;提供一组文件操作。

⑤ 作业管理。作业管理为用户提供一个良好的人机交互界面,实现作业调度和控制作业的执行。作业调度从等待处理的作业中选择可以装入内存的作业,对已经装入内存的作业按用户的意图控制其运行。

（2）操作系统的层次结构

操作系统分为系统层、管理层和应用层。内层为系统层,具有中断处理、外部设备驱动、处理器调度以及实时进程控制和通信的功能。系统层外是管理层,包括存储管理、输入输出处理、文件存取和作业调度等。最外层是应用层,是接收并解释用户命令的接口,这个接口允许用户与操作系统进行交互。

（3）常用的操作系统

一个好的操作系统不但能使计算机系统中的软件和硬件资源得以最充分利用,还要为用户提供一个清晰、简洁、易用的工作界面。常用的操作系统有以下 4 种:

① MS DOS 操作系统,是 Microsoft 公司为微机开发的一个单用户、单任务磁盘操作系统,曾是微机的主流操作系统。虽然现在 DOS 的辉煌时期已经过去,但处于 Windows 下,仍然举足轻重。

② Windows 操作系统,是 Microsoft 公司推出的一种采用图形界面的操作系统。目前在微机中占主导地位。Windows 操作系统是基于图形界面、多任务的操作系统。用户可以通过窗口直接使用、控制和管理计算机。

③ UNIX 操作系统,是一个交互式的多用户、多任务的操作系统。自 20 世纪 70 年代初问世以来,广泛地应用在小型机、超级小型机甚至大型机上。UNIX 操作系统性能完善,可移植性好。

④ Linux 操作系统,是目前最大的一款自由软件,具有完备的网络功能,且具有稳定性、灵活性和易用性等特点。Linux 操作系统源代码在网上公开,世界各地的编程爱好者自发组织起来对其进行改进和编写,再发回到网上,Linux 操作系统也因此被雕琢成为一个最稳定、最有发展前景的操作系统。

2. 程序设计语言和语言处理系统

计算机作为一种重要的工具,它也需要用自己的语言和人类打交道、交换信息,这就是计算机语言,又称为程序设计语言。

语言处理系统是对各种语言源程序进行翻译,生成计算机可识别的二进制可执行程序,即目标程序。常见的语言处理系统有汇编系统、编译系统和解释系统。

（1）程序设计语言的分类及特点

程序设计语言一般可分为机器语言、汇编语言和高级语言三大类。

① 机器语言。由二进制代码组成的语言,也是机器能惟一识别的语言。在机器语言中每条语句都是由 0 或 1 组成的,计算机可直接识别并执行。机器语言的主要特点如下:

● 计算机可直接识别并执行,因此速度快、效率高。

● 指令的二进制代码难以记住,编写程序烦琐,容易出错。

● 不同的计算机有不同的机器语言,因而通用性很差。

② 汇编语言。为了克服机器语言难以记忆和调试的缺点,人们设计出汇编语言,它采用助记符代替机器语言的操作码,并用符号代替操作数的地址。汇编语言主要特点如下:

- 汇编语言不能被计算机直接识别和执行,必须经汇编系统将其翻译成机器语言。
- 汇编语言的指令与机器语言的指令一一对应,它们都是面向机器编程的语言,也称低级语言。
- 不同的计算机具有不同的汇编语言,彼此不能通用。
- 助记符较二进制代码容易,但编程仍然很烦琐。

③ 高级语言。独立于机器、便于人们理解和使用的程序设计语言。它使用人们容易理解的符号、单词构成语句,编程时不必了解计算机内部逻辑,只要选择正确的算法与合适的数据结构,就可以设计出程序。高级语言特点如下:

- 高级语言的源程序必须通过编译系统或解释系统的翻译生成目标程序,才能被计算机执行。
- 不受具体机器的限制,通用性强。
- 接近自然语言(英语),易学、易编程。

(2)程序设计语言的发展阶段

程序设计语言经历了由低到高、由简到繁的发展阶段,通常分为如下五代:

① 机器语言。

② 汇编语言。

③ 算法语言(高级语言,如 BASIC、Pascal、C 等)。

④ 非过程语言:第四代语言是在高级语言基础上集成的模块化语言,实质上是一些可以快速开发应用软件的高生产率的软件工具的统称。

⑤ 智能化语言:到目前为止,还没有公认的第五代语言。

3. 数据库管理系统

能够对数据库进行有效管理的一组计算机程序称为数据库管理系统(database management system, DBMS),它是位于用户与操作系统之间的一层数据管理软件,是一个通用的软件系统。数据库管理系统通常由语言处理、系统运行控制和系统维护三大部分组成,给用户提供了一个软件环境,允许用户快速方便地建立、维护、检索、存取和处理数据库中的信息。目前,常用的数据库管理系统有 Access、SQL Server 及 Oracle 等。

2.6.2 应用软件

应用软件是为解决特定应用领域问题而编制的应用程序。应用软件种类繁多,用途广泛。不同的应用软件对运行环境的要求不同,为用户提供的服务也不同。

1. 文字处理应用软件

文字处理主要是对文字进行输入、整理、排版及打印等处理的应用软件。如 Microsoft 的 Office 是目前较流行的办公套件,包括文字处理软件、电子表格处理软件及演示文稿软件等。

2. 图形处理软件

进入图形用户界面以来,图形处理逐渐成为计算机的重要功能之一。这类应用软件可进行复杂工程的设计、动画制作及平面图设计等。常见的有 Auto CAD、Flash 和 Photoshop 等。

3. 声音处理软件

声音处理软件主要包括用于播放各种声音文件的软件、用于录音的软件和用于进行声音编辑的软件。常见的有 Cool Edit、Sound Forge 和 Wave Edit 等。

4. 影像处理软件

影像处理对于计算机的配置要求较高,主要用于影像的播放和转换。常见的处理软件有超级解霸、Windows Media Player 等。

5. 工具软件

随着计算机技术的高速发展,工具软件已成为应用的一个重要组成部分。它可以帮助用户更好地利用计算机以及帮助用户开发新的应用程序。例如,在 Windows 环境下,常用的应用程序开发环境有 VS(Microsoft Visual Studio)开发套件,VS 系列产品中包括 C 类语言——Visual C++ 2019 与 Visual C# 2019、BASIC 类语言——Visual Basic 2019、Java 类语言——Visual J# 2.0 及其他语言类——Visual FoxPro 6.0 与 Visual F# 2019 等。

除上述几类软件外,应用软件还有反病毒软件、实用工具软件、游戏软件等。

实   践

实践目的:认识微型计算机的组成。

实践要求:认识微型计算机的内部结构,熟悉各部件的连接及整机装配原理,掌握各部件功能。

实践项目:

1. 微型计算机的基本配件

(1)主机部件:主板、CPU、内存条。

(2)外围设备:软驱、硬盘、光驱、显卡、声卡、网卡、键盘、鼠标、显示器、音箱、机箱、电源和数据线等,机箱内主要部件如图 2-15 所示。

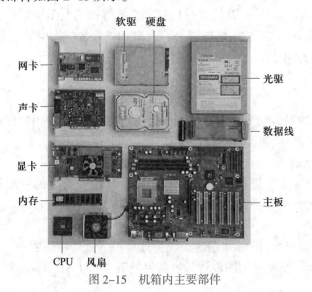

图 2-15   机箱内主要部件

(3)检查配件,注意以下问题

① 硬件是否齐全,是否有明显的损坏。

② 机箱所附送的配件,如螺钉、螺纹帽、紧固件和垫圈、机箱后挡板等是否足够。

③ 各类硬件是否都带有驱动程序(显卡、声卡、光驱、显示器、主板等)。

(4)阅读说明书,注意以下内容

① 认真阅读配件说明书并对照实物熟悉部件。仔细阅读主板和各板卡说明书

② 熟悉 CPU 插座、电源插座、内存插槽、PCI 插槽、AGP 插槽、EIDE(硬盘、光驱)接口、软盘驱动器接口、串行口、并行口、PS/2 接口、USB 接口、各类外设接口的位置及方位、主板设置跳线的位置、机箱面板的按钮和指示灯等。

(5)准备常用的工具和安排好工作环境

如准备十字螺钉旋具、镊子、尖嘴钳、电工刀、试电笔和一个放小零件用的器皿、一只万用表等。此外,装机场地应有较宽阔的工作台、稳定的供电电源和足够的照明光源。

(6)准备好软件

准备好系统软件,应用软件可根据实际需要选用,至少准备一些基本的工具软件。

在开始连接各部件之前,需要注意如下事项:

① 无论安装什么,一定要确保系统没有接通电源。

② 按照接口严格的规范插接连线,避免发生接口方向接反。

2. 操作指导

(1)主板结构

在将主板装进机箱前最好先将 CPU 和内存安装好,以免将主板安装好后机箱内狭窄的空间影响 CPU 的顺利安装。主板的主要功能是为 CPU、内存、显卡、声卡、硬盘、驱动器等设备提供一个可以正常稳定运作的平台,主板结构如图 2-16 所示。

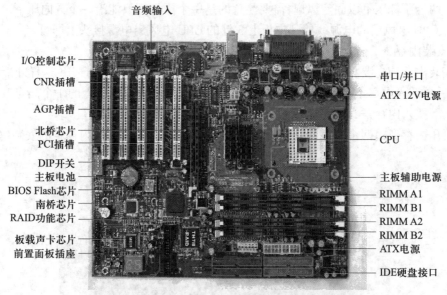

图 2-16　主板结构图

(2)安装 CPU

① 稍向外 / 向上用力拉开 CPU 插座上的锁杆,使它与插座呈 90°,以便让 CPU 能够插入处

理器插座。

　　② 将 CPU 上针脚有缺针的部位对准插座上的缺口。

　　③ CPU 只能在与 CPU 插座方向正确时才能够被插入插座中,如图 2-17 所示,然后按下锁杆。

　　④ 在 CPU 的核心上均匀涂上足够的散热膏(硅酯)。但要注意不要涂得太多,只要均匀地涂上薄薄一层即可。

　　(3)安装 CPU 电风扇

　　① 将散热片妥善定位在支撑机构上。

　　② 将散热电风扇安装在散热片的顶部——向下压风扇直到它的 4 个卡子嵌入支撑机构对应的孔中,如图 2-18 所示。

图 2-17　CPU 插座

图 2-18　CPU 电风扇

　　③ 将两个压杆压下以固定风扇,需要注意的是每个压杆都只能沿一个方向压下。

　　④ 将 CPU 电风扇的电源线接到主板上 3 针的 CPU 电风扇电源接头上即可。

　　(4)安装内存

　　① 安装内存前先要将内存插槽两端的白色卡子向两边扳动,将其打开(这样才能将内存条插入),然后再插入内存条。内存条的 1 个凹槽必须直线对准内存插槽上的 1 个凸点。

　　② 向下按入内存条,在按的时候需要稍稍用力。

　　③ 紧压内存旁边两个白色的固定杆确保内存条被固定住,即完成内存条的安装,如图 2-19 所示。

图 2-19　安装内存条

（5）安装主板

在安装主板前先介绍机箱,机箱有 5 英寸固定架,可以安装多个设备,比如光驱等；软驱、硬盘固定架,用来固定软驱、硬盘等；电源固定架,用来固定电源等。机箱下部大的钢板用来固定主板,称之为底板,上面的固定孔用来固定铜柱或塑料钉以备固定主板,目前的机箱在出厂时一般都已将固定柱安装好。机箱背部的槽口用来固定板卡、打印口和鼠标口。要求主板与底板平行,决不能碰在一起,否则会造成短路。机箱内结构和实物如图 2-20 和图 2-21 所示。

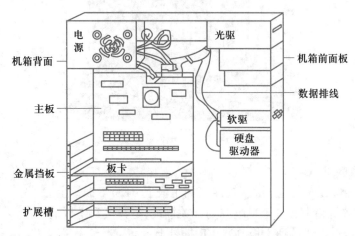

图 2-20　机箱内结构示意图

图 2-21　机箱实物

① 将机箱或主板附带的固定主板用的螺钉柱和塑料钉拧入主板和机箱的对应位置。注意检查主板底部是否与机箱有接触,避免短路情况发生。

② 将机箱上的 I/O 接口的挡板撬掉。提示：可根据主板接口情况,将机箱后相应位置的挡板去掉。这些挡板与机箱是直接连接在一起的,需要先用螺钉旋具将其撬开,然后用尖嘴钳将其扳下。外加插卡位置的挡板可根据需要决定,而不需将所有的挡板都取下。

③ 将主板对准 I/O 接口后放入机箱。

④ 将主板固定孔对准螺钉柱和塑料钉，然后用螺钉将主板固定好，如图 2-22 所示。

⑤ 将电源插头插入主板上的相应插口中。这是 ATX 主板上普遍具备的 ATX 电源接口，只需将电源上同样外观的插头插入该接口即可完成对 ATX 电源的连接。

图 2-22　主板安装

（6）连接机箱接线

① 将机箱的 RESET（复位）键接线连接到主板上 RESET 插针上。

② ATX 结构的机箱上有一个总电源的开关接线，将其接到主板上。

③ 将电源指示灯接线接到主板 POWER 插针上。

④ 硬盘指示灯接线是两芯接头，一线为红色，接在主板上的 IDE LED 插针上。

主板的电源开关、RESET 这几种设备是不分方向的，一定要仔细查看说明书，如图 2-23 所示。

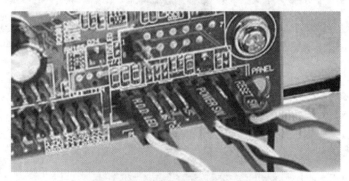

图 2-23　主板部分端的连线

（7）安装硬盘

① 把硬盘放到固定架中。单手捏住硬盘（注意手指不要接触硬盘底部的电路板，以防身上的静电损坏硬盘），将一端放入固定架后，轻轻地将硬盘往里推，直到硬盘的 4 个螺钉孔与机箱上的螺钉孔对齐为止。

② 硬盘到位后，就可以拧螺钉了。硬盘的两边各有两个螺钉孔，因此能上 4 个螺钉，并且 4 个螺钉的位置要对称，如图 2-24 所示。

③ 先将 IDE 线接在硬盘的 IDE 口上插好，然后再将其另一端插紧在主板 IDE 接口中，最后再将 ATX 电源上的扁平电源线接头插在硬盘的电源插头上，插好即可。需要注意的是，如果

IDE 线无防插反凸块,在安装 IDE 线时需本着以 IDE 接线"红线一端对电源接口"的原则来进行安装,如图 2-25 所示。

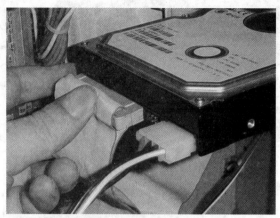

图 2-24　硬盘安装　　　　　　　　　　　图 2-25　硬盘连线

（8）安装光驱

① 将光驱装入机箱。先拆掉机箱前方的一个 5 英寸固定架面板,然后把光驱滑入。把光驱从机箱前方滑入机箱时要注意光驱的方向,现在的机箱大多数只需要将光驱平推入机箱就行了。但是有些机箱内有轨道,那么在安装光驱的时候就需要安装滑轨。安装滑轨时应注意开孔的位置,并且螺钉要拧紧。滑轨上有前后两组共 8 个孔位,大多数情况下,靠近弹簧片的一对与光驱的前两个孔对齐,当滑轨的弹簧片卡到机箱里,听到"咔"的一声响,光驱就安装完毕,如图 2-26 所示。

② 固定光驱。在固定光驱时,要用细纹螺钉固定,每个螺钉不要一次拧紧,要留一定的活动空间。正确的方法是把 4 颗螺钉都旋入固定位置后,调整一下,最后再拧紧螺钉。

③ 安装连接线,依次安装好 IDE 数据线和电源线,接法与硬盘接线相同。

（9）安装显卡

① 从机箱后壳上移除对应 AGP 插槽上的扩充挡板及螺钉。

② 将显卡小心地对准 AGP 插槽并且将其插入 AGP 插槽中。注意:务必确认将卡上的金手指的金属触点确实与 AGP 插槽接触在一起。

③ 将螺钉拧上使显卡固定在机箱壳上,如图 2-27 所示。

（10）安装声卡

① 找到一个空余的 PCI 插槽,并从机箱后壳上移除对应 PCI 插槽上的挡板及螺钉。

② 将声卡小心地对准 PCI 插槽并且插入 PCI 插槽中。注意:务必确认将卡上的金手指的金属触点与 PCI 插槽接触在一起。

③ 将螺钉拧上使声卡固定在机箱壳上。

（11）网卡的安装与声卡相同。

（12）外部设备接口

机箱背后有电源插座、键盘接口、鼠标接口、串行接口、并行接口、显示器接口、USB 接口、网络接口等。将设备的接线连接到对应接口上,如图 2-28 和图 2-29 所示。

图 2-26 光驱安装

图 2-27 显卡安装

图 2-28 机箱背后接口内结构

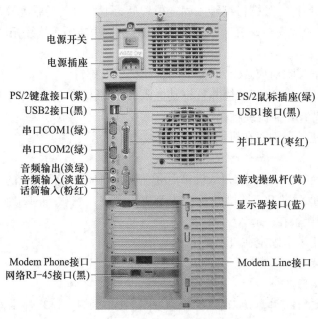

电源开关

电源插座

PS/2键盘接口(紫)　　　　　　　　　　　　PS/2鼠标插座(绿)

USB2接口(黑)　　　　　　　　　　　　　　USB1接口(黑)

串口COM1(绿)

串口COM2(绿)　　　　　　　　　　　　　　并口LPT1(枣红)

音频输出(淡绿)

音频输入(淡蓝)

话筒输入(粉红)　　　　　　　　　　　　　　游戏操纵杆(黄)

　　　　　　　　　　　　　　　　　　　　　显示器接口(蓝)

Modem Phone接口　　　　　　　　　　　　Modem Line接口

网络RJ-45接口(黑)

图 2-29 机箱背面连线说明

（13）安装显示器

① 连接显示器的电源。取出电源连接线,将显示器电源连接线的另外一端连接到电源插座上。

② 连接显示器的信号线。把显示器后部的信号线与机箱后面的显卡视频接口相连接,显卡的输出端是一个 15 孔的三排插座,只要将显示器信号线的插头插到上面就行了。插的时候要注意方向,厂商在设计插头的时候为了防止插反,将插头的外框设计为梯形,因此一般情况下是不容易插反的。

（14）连接鼠标、键盘

键盘和鼠标是微型计算机中最重要的输入设备,必须安装。键盘和鼠标的安装很简单,只需将其插头对准缺口方向,插入主板的键盘 / 鼠标接口即可。现在较常见的有 PS/2 和 USB 接口的键盘和鼠标,PS/2 接口的键盘和鼠标插头是一样的,很容易混淆,所以在连接的时候要看清楚。

（15）检查并测试

组装完成后,仔细检查各部分是否正确连接,并接电开机测试。

（16）计算机启动故障分析

若开机测试时存在启动故障,则需按下列顺序进行检查分析:

① 检查机箱电源接口和电源线是否完好。

② 检查主板电源插口。

③ 检查电源供电情况是否正常。

④ 检查电源开关是否损坏。

⑤ 加电后仍黑屏,表示有器件损坏或各板卡之间接触不良。

（17）软件安装

微型计算机组装完毕后,还需安装软件。

① 引导系统设置。开机后,一般可按 Delete 键进入 BIOS 设置,调整引导系统的顺序。

② 分区、格式化硬盘。引导系统后,执行 fdisk 命令进行硬盘分区。再次引导系统,执行 format 命令将 C 盘格式化为可引导盘,然后依次格式化剩下的逻辑盘。

③ 安装光驱的驱动程序。

④ 安装 Windows 操作系统。

⑤ 安装主板驱动程序。如果不安装主板驱动程序,主板的有些功能可能不能使用。

⑥ 安装声卡、显卡、网卡等外设驱动程序。

⑦ 安装应用程序。

本 章 小 结

本章主要介绍计算机的产生与发展、计算机的应用领域及新热点,计算机系统的基本概念,以及计算机硬件系统和软件系统的基本知识。一个完整的计算机系统是由硬件系统和软件系统组成的。目前,计算机的功能已非常强大,但其体系结构仍是冯·诺依曼体系结构。其主要特点是采用二进制和存储程序。硬件系统包括运算器、控制器、存储器、输入设备和输出设备五大部分,同时介绍了各硬件的功能和作用。

人们常用十进制表示数值,而计算机采用二进制,所以两者之间必须经过数制转换。对于非数值数据的表示,一般采用编码的方式解决,常用的有 ASCII 码、汉字编码等。不同的编码适用于不同的应用场合。

软件系统由系统软件和应用软件组成,而操作系统是系统软件的核心。为了能更好地使用计算机,就需要进一步了解操作系统,掌握操作系统的用户界面。

习　题

一、填空题

1. 计算机是由_____、_____、_____、_____和_____5 种部件组成的。

2. 字长是计算机一次直接处理_____的位数,一般与_____的位数一致。

3. 计算机中,为完成某一任务的若干条指令的有序集合称为_____,也是由_____数表示的。

4. 第一代计算机的基本元器件是_____,第二代是_____,第三代是_____,第四代是_____。

5. 计算机的主要技术指标有_____、_____、_____、_____和_____。

6. 计算机的发展方向可概括为_____、_____、_____、_____和_____。

7. 十进制数 125.975 转换为二进制数是_____,软换为十六进制数是_____。

8. 将二进制数 101011.101 转换为十进制数是_____。

9. 一个完整的计算机系统是由_____和_____组成的,软件分为_____和_____两类。

10. 计算机应用研究的 5 个新热点是_____、_____、_____、_____和_____。

二、选择题

1. 第一台电子计算机是_____年在_____国诞生。

A.1822 年　　　　　　B.1945 年　　　　　　C.1946 年　　　　　　D.1951 年

E. 美国　　　　　　　F. 英国　　　　　　　G. 德国　　　　　　　H. 中国

2. 冯·诺依曼思想是指_____。

A. 有存储器　　　　　　　　　　　　B. 存储数据

C. 存储程序　　　　　　　　　　　　D. 存储程序和数据

3. 微型计算机中运算器的主要功能是_____。

A. 算术运算　　　　　　　　　　　　B. 逻辑运算

C. 算术逻辑运算　　　　　　　　　　D. 科学计算

4. 个人计算机属于_____。

A. 小型计算机　　　　　　　　　　　B. 小巨型计算机

C. 微型计算机　　　　　　　　　　　D. 中型计算机

5. 在计算机中,存储器的基本单位是_____。

A. 字长   B. 位

C. 存储数据的个数   D. 字节

6. CAD 表示_____。

A. 计算机辅助设计   B. 计算机辅助制造

C. 计算机辅助教学   D. 计算机辅助测试

7. 一般来说,CPU 的_____越高,运算速度也就越快。

A. 主频   B. 位数   C. 带宽   D. 字长

8. 二进制数 110001 转换成十进制数是_____。

A. 46   B. 49   C. 51   D. 61

9. 小写字母 a 的 ASCII 编码是_____。

A. 1000001   B. 1010001

C. 1100001   D. 1100011

10. 下面关于操作系统的叙述中,_____是正确的。

A. 操作系统是计算机的操作规范

B. 操作系统是使计算机便于操作的硬件

C. 操作系统是便于操作的计算机系统

D. 操作系统是管理计算机资源的软件

11. 完整的计算机系统是由_____组成的。

A. 主机和外设   B. 硬件和软件

C. 处理器和存储器   D. 系统软件和应用软件

12. 存取周期最短的存储器是_____。

A. 硬盘   B. 内存   C. U 盘   D. 光盘

13. 下面属于计算机硬件系统的是_____。

A. 显示器、鼠标、键盘和硬盘   B. 操作系统、打印机、显示器和光盘

C. 网卡、显示器、驱动和软驱   D. 主机、外设、操作系统和存储器

14. 机器语言是面向_____的。

A. 用户   B. 指令   C. 机器   D. 操作

15. 操作系统是管理和控制计算机_____资源的系统软件。

A. 处理器和内存   B. 主机和外设

C. 硬件和软件   D. 系统软件和应用软件

16. 下面对操作系统功能的描述中,_____的说法是不正确的。

A. 对 CPU 的控制和管理   B. 对内存的分配和管理

C. 对文件的控制和管理   D. 对计算机病毒的防治

三、简答题

1. 什么是电子计算机? 它与以往的计算工具有什么区别?

2. 计算机按规模和处理能力可分为几类? 各自的特点是什么?

3. 试说明计算机的基本部件组成和各部件的作用。

4. 简述冯·诺依曼计算机的基本工作原理。

5. 现代计算机有哪些主要特点和性能指标?

6. 简述计算机的主要应用与发展趋势。

7. 试说明计算机在当代社会中的地位与作用。

8. 计算机硬件由哪五大部分组成?

9. CPU 的功能是什么?它由哪几部分组成?

10. 目前常用的外存储器有哪几种?

11. 简述操作系统的五大管理功能。

12. 常用软件有哪些?举例说明各自的作用。

第 3 章 操 作 系 统

本章要点：

1. 掌握操作系统的概念与作用。
2. 熟练掌握 Windows 的安装、启动和退出方法。
3. 熟练掌握 Windows 10 的基本操作方法。
4. 掌握 Windows 10 的系统管理方法。

当用户购买一台没有安装任何软件的计算机后，需要安装的第一层系统软件就是操作系统。操作系统是控制其他程序运行，管理系统资源并为用户提供操作界面的软件集合。它是一个庞大的管理控制程序，其功能包括处理器管理、内存管理、设备管理、文件管理、作业管理 5 个方面。目前个人计算机上常用的操作系统有 Windows、Linux、Mac OS X 等。

本章从操作系统的作用出发，介绍操作系统的概念、基本功能，以及 Windows 操作系统的安装、基本操作、使用方法、系统管理等方面的内容。

3.1　操作系统概述

3.1.1　操作系统的概念和功能

操作系统（operating system，OS）是最基本的系统软件，是管理和控制计算机中所有软硬件资源的一组程序。正如人不能没有大脑一样，计算机系统不能缺少操作系统。而且操作系统的性能很大程度上影响了整个计算机系统的性能。作为计算机系统资源的管理者，它的主要功能是对系统所有的软硬件资源进行合理而有效地管理和调度，具体地说，操作系统具有处理器管理、内存管理、设备管理、文件管理、作业管理等功能。此处从用户角度介绍处理器管理和内存管理的功能，具体操作如果用户不太熟悉（例如如何按 3 个键的组合键），可以先学习完本章的后续内容再回头来看，文件管理和用户相关的操作可以参照 3.3 节的内容，设备管理参见 3.4 节的内容，作业管理对用户来说只是提交作业，具体调度用户并不参与，此处不做详解，感兴趣的读者可以参考操作系统的相关教程。

1. 处理器管理

处理器管理也就是对计算机 CPU 的管理，主要是管理进程，用户有时会遇到 Windows 系统图形用户界面进程崩溃的情况，这时可以手动启动相关进程。手动启动 Windows 图形用户界面的方法是先按 Ctrl+Alt+Delete 组合键，再单击"启动任务管理器"按钮，弹出"任务管理器"窗口，如图 3-1 所示，单击"文件"→"运行新任务"选项，在弹出的新建任务对话框中输入"explorer.exe"后单击"确定"按钮，即可启动 Windows 的图形用户界面进程。

在"任务管理器"窗口的"进程"选项卡上，也可以选择某个进程，单击右键（以下简称右击），在弹出的快捷菜单中关闭进程或进行进程的资源调节等处理。

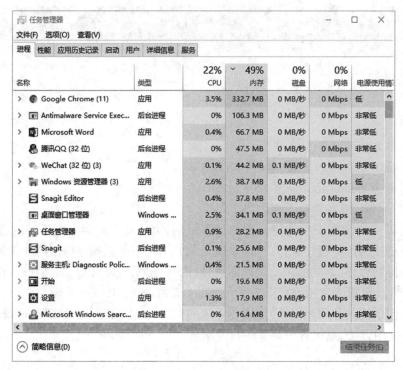

图 3-1　"任务管理器"窗口

2. 内存管理

要查看内存的使用情况,进行简单的内存管理,可以先按 Ctrl+Alt+Delete 组合键,单击"启动任务管理器"按钮,单击"任务管理器"窗口→"性能"选项卡→"打开资源监视器"超链接,启动"资源监视器"窗口→"内存"选项卡,在此窗口可以查看相关内存信息,并通过管理进程来调节内存使用,如图 3-2 所示。

可以根据占用的内存来分析是否有异常程序,例如抢占了所有内存或者占用过多内存的进程可能是运行的病毒程序。在此界面也可以选择某个进程,右击,在弹出的快捷菜单中关闭进程或进程树来释放它所占用的内存资源。

3.1.2　操作系统的分类

操作系统发展至今,相继有各种不同类型出现,按与用户对话的界面分类,可分为命令行界面操作系统(如 MS DOS、Novell)和图形用户界面操作系统(如 Windows);按照能够支持的用户数为标准分类,可分为单用户操作系统(如 MS DOS)和多用户操作系统(如 UNIX);按照是否能够运行多个任务为标准分类,可分为单任务操作系统(如 MS DOS)和多任务操作系统(如 Windows NT、Windows XP、UNIX);按照系统功能为标准分类,可以分为批处理操作系统、分时操作系统、实时操作系统、网络操作系统。

（1）批处理操作系统

将用户作业按照一定的顺序排列,统一交给计算机系统,由计算机自动、顺序地完成作业的系统。批处理操作系统采用尽量避免人机交互的方式来提高 CPU 的运行效率,常用的有 MVX 等。

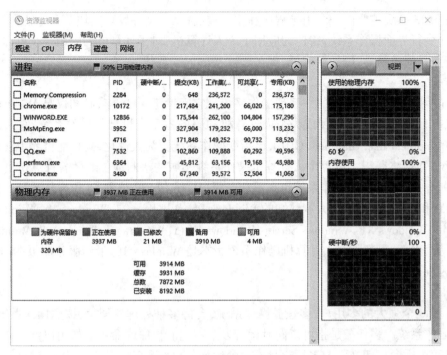

图 3-2 "资源监视器"窗口

（2）分时操作系统

对一台 CPU 连接多个终端，CPU 按照优先级给各个终端分配时间片，轮流为各个终端服务。由于计算机高速的运行，使每个用户感觉到自己独占这台计算机。常用的分时操作系统有 UNIX、XENIX、Linux 等。

（3）实时操作系统

实时操作系统是对来自外界的作用和信息在规定的时间内及时响应，并进行处理的系统。常用的有 RDOS、VRTX 等。

（4）网络操作系统

网络操作系统是对计算机网络中的软件、硬件资源进行管理和控制的操作系统，适合多用户、多任务环境，支持网间通信和网络计算，具有很强的文件管理、数据保护、系统容错和系统安全保护功能。常用的网络操作系统有 NetWare 和 Windows NT。

3.1.3 典型操作系统简介

典型的操作系统有 MS DOS、Windows、UNIX、Mac OS X、Linux 以及专为手机开发的 Android、iOS 等。值得一提的是，随着国际经济政治局势的变化，操作系统的自主可控显得尤为重要，当前我国已是手机制造大国，但手机操作系统主要用的是谷歌的 Android，随时有被卡脖子的风险，华为公司正在开发的鸿蒙操作系统为打破这种国外垄断提供了可能性。下边分别对各个操作系统进行介绍。

1. MS DOS

Microsoft 在 1981 年 7 月向西雅图公司买下了 86-DOS，将其改名为 MS DOS 向市场发布，最基本的 MS DOS 系统主要由一个引导程序和输入输出模块、文件管理模块及命令解释模块组成，是单用户命令行界面操作系统，曾广为应用于个人计算机，对于计算机的应用普及可以说是功不可没的，特点是简单易学，硬件要求低，现在已被 Windows 替代。

2. Windows

Windows 是微软公司推出的一系列操作系统。它问世于 1985 年，起初仅是 MS DOS 之下的桌面环境，其后续版本逐渐发展成为个人计算机和服务器用户设计的操作系统，它采用了图形用户界面（graphical user interface，GUI），比指令操作系统更为人性化，是目前世界上使用最广泛的操作系统，并最终获得了世界个人计算机操作系统领域的垄断地位。随着计算机硬件和软件系统的不断升级，Windows 操作系统也在不断升级，从 16 位、32 位到 64 位操作系统。从最初的 Windows 1.0 和 Windows 3.2 到大家熟知的 Windows 95、Windows 97、Windows 98、Windows 2000、Windows Me、Windows XP、Windows Server、Windows Vista、Windows 7、Windows 8、Windows 10 各种版本的持续更新，最新的个人计算机操作系统版本是 Windows 10，最新服务器版本的 Windows 是 Windows Server 2019。

3. UNIX

UNIX 是一个强大的多用户、多任务操作系统，支持多种处理器架构，按照操作系统的分类，属于分时操作系统。多任务是指可以同时运行多个不同的程序或命令。如用户可以在编辑文本的同时，打印机后台打印文件。多用户是指一台运行 UNIX 系统的机器，可以同时具有多个不同的输入输出设备，供多个用户同时使用。

UNIX 最早由 Ken Thompson、Dennis Ritchie 和 Douglas Mcllroy 于 1969 年在 AT&T 的贝尔实验室开发。经过长期的发展和完善，目前已成长为一种操作系统技术和基于这种技术的主流产品。由于 UNIX 具有技术成熟、可靠性高、网络和数据库功能强、伸缩性突出和开放性好等特色，可满足各行各业的实际需要，特别能满足企业重要业务的需要，已经成为主要的工作站平台和重要的企业操作平台。

4. Mac OS X

Mac OS X 是苹果公司为 Mac 系列产品开发的专用操作系统，一般情况下在普通个人计算机上无法安装。Mac OS X 基于 UNIX，非常简单易用，处处体现着简洁的宗旨，它还是世界上第一个面向对象操作系统。Mac OS X 的界面非常独特，突出了形象的图标和人机交互。2011 年 7 月 20 日 Mac OS X 已经正式被苹果改名为 OS X，最新的版本是 OS X 10。

5. Linux

Linux 是一种源代码开放的操作系统。用户可以通过 Internet 免费获取 Linux 及其生成工具的源代码，然后进行修改，建立一个自己的 Linux 开发平台，开发 Linux 软件。

就 Linux 的本质而言，它只是操作系统的核心，负责控制硬件，管理文件系统、程序进程等。Linux Kernel（内核）并不负责提供用户强大的应用程序，没有编译器、系统管理工具、网络工具、Office 套件、多媒体、绘图软件等，这样的系统也就无法发挥其强大功能，用户也无法利用这个系统工作，因此有人便提出以 Linux Kernel 为核心再集成搭配各式各样的系统程序或应用工具程序组成一套完整的操作系统，经过如此组合的 Linux 套件被称为 Linux 发行版。

国内 Linux 相对比较成功的是红旗和中软两个版本，界面做得非常美观，安装也比较容易，新版本逐渐屏蔽了一些底层的操作，适合新手使用。两个版本都是源于中国科学院软件研究所承担的国家 863 计划的 Linux 项目。

Linux 和 UNIX 的主要区别如下：

（1）Linux 是开放源代码的自由软件，而 UNIX 是对源代码实行知识产权保护的传统商业软件。而这可能是它们最大的不同，体现了开发环境对用户是否完全开放，能否接触到产品的原型，从而决定用户对操作系统的自主权是主动还是被动的。

（2）UNIX 系统大多是与硬件配套的，而 Linux 则可运行在多种硬件平台上。

（3）UNIX 是商业软件，而 Linux 是自由软件，是免费、公开源代码的。

6. Android

Android 操作系统最初由 Andy Rubin 开发，2005 年 8 月由 Google 收购注资，作为一种基于 Linux 的自由及开放源代码的操作系统，由 Google 公司和开放手机联盟领导及开发，主要使用于智能手机和平板计算机等移动设备，并长期稳居全球市场份额第一。值得一提的是，Android 用甜点名称作为版本代号，并按照从 C 大写字母开始的顺序来进行命名：纸杯蛋糕（Cupcake）、甜甜圈（Donut）、闪电泡芙（Eclair）、冻酸奶（Froyo）、姜饼（Gingerbread）、蜂巢（Honeycomb）、冰淇淋三明治（Ice Cream Sandwich）、果冻豆（Jelly Bean）、奇巧（KitKat）、棒棒糖（Lollipop）、棉花糖（Marshmallow）、牛轧糖（Nougat）、奥利奥（Oreo）、馅饼（Pie），不过这种有趣的命名方式随着当前最新版本 Android 10 的发布而终结。

7. iOS

iOS 是由苹果公司开发的移动操作系统。苹果公司最早于 2007 年 1 月 9 日的 Mac-World 大会上公布这个系统，最初是设计给 iPhone 使用的，后来陆续套用到 iPod Touch、iPad 以及 Apple TV 等产品上。iOS 与苹果的 Mac OS X 操作系统一样，属于类 UNIX 的商业操作系统，它在市场上一直以其易用性著称。

8. 鸿蒙操作系统

鸿蒙操作系统是一款基于微内核、面向全场景的分布式操作系统，它将适配手机、平板电脑、电视、智能汽车、可穿戴设备等多终端设备，于 2019 年 8 月 9 日在东莞举行的华为开发者大会上正式发布，目前尚未正式商用，作为备选方案，可以让华为必要时刻有系统可用，真正实现自主安全可控。

目前流行的操作系统很多，在使用时功能稍有差异，可以根据用户的需求有选择地安装。

3.2　Windows 的基本操作

本节如不加特别说明，均以中文 Windows 10 为例，介绍操作系统的基本功能与应用，下面首先介绍 Windows 10 的特点。

3.2.1　Windows 10 的特点

与之前的 Windows 版本相比，Windows 10 具有以下特点：

（1）响应速度更快。Windows 10 启动、关闭以及从睡眠状态恢复等操作比之前版本的响应速度更快。

（2）增加了跳转列表（jump list）功能菜单。跳转列表菜单显示了最近使用的项目，能帮助用户快速地访问历史记录,用户也可以将经常使用的文件锁定到跳转列表中。

（3）改进了任务栏和全屏预览。可以使用屏幕底部的任务栏在打开的程序之间切换。

（4）改进了搜索功能,用户可以更快地查找更多的内容。

（5）更易于使用的桌面图标管理方式。Windows 10 简化了在桌面上管理应用图标的方式,可以用更直观的方式将其打开、关闭、重设其大小,以及排列它们。

（6）Windows 家庭组。Windows 家庭组使一台计算机与其他计算机连接变得更为容易,使用户之间更易于共享文件、照片、音乐和打印机。

（7）硬件兼容性更好。Windows 10 中的程序兼容性故障检修工具,轻松实现应用程序和设备驱动更新,提升系统整体兼容性。

Windows 10 还具有其他一些特点,如更好的安全性、更好的触摸体验等。

3.2.2　安装、启动与退出

1. Windows 的运行环境

为了让更多的用户使用 Windows 10 操作系统,微软降低了 Windows 10 系统对硬件的要求。安装 Windows 10 的硬件配置要求如下:

① 32 位或 64 位 CPU,主频大于等于 1 GHz。

② 内存大于等于 1 GB（32 位 CPU）或大于等于 2 GB（64 位 CPU）。

③ 硬盘最小有 16 GB（32 位 CPU）或 20 GB（64 位 CPU）的可用空间。

④ 显卡要求 DirectX 9 图形支持 WDDM 1.0 或更高版本,否则有些特效显示不出来。

2. Windows 的安装

Windows 的安装有两种方式:全新安装和升级安装。

（1）全新安装

全新安装指不保留原有设置、数据文件和应用程序,重新安装 Windows 的安装方式。这种安装方式将删除以前安装的所有系统文件和系统所在分区的全部程序,是一种覆盖式的安装方式。对于一台新的、系统损坏不能启动的计算机,或者是原来运行的不支持升级的操作系统,只能全新安装。它的安装步骤如下:

① 将 Windows 的安装光盘插入光盘驱动器中或将可引导的 U 盘插入 USB 接口。

② 开机,计算机的 BIOS 或 UEFI 设置中打开引导菜单或更改引导顺序,以便计算机可从介质进行引导。若要打开引导菜单或更改引导顺序,打开计算机后立即按快捷键（具体依计算机型号而定,可以查看随附文档或者主板制造商的网站）,进入 BIOS 或 UEFI 进行设置。设置好引导顺序后保存退出,然后再次开机。

③ 在安装 Windows 页面上,选择语言和其他首选项,可以采取默认设置,然后单击"下一步"按钮。

④ 按照安装向导单击"下一步"按钮即可完成安装。

微视频:
Windows 10 的安装

（2）升级安装

升级选项可以保留当前版本 Windows 的文件、设置和程序。若要执行升级,则不能从 Windows 10 安装介质启动或引导计算机。在 Windows 启动之后,执行下列操作:

① 运行 Windows 10 系统安装光盘,在打开的"安装 Windows"对话框中选择"现在安装"选项,启动安装程序,进入"获取安装的重要更新"界面,选择"联机以获取最新安装更新"选项。

② 进入"请阅读许可条款"界面,选中"我接受许可条款"复选框,然后单击"下一步"按钮。

③ 进入"你想进行何种类型的安装?"界面,选择"升级"选项,系统开始安装 Windows 10,其安装步骤与全新安装相同。

3. Windows 的启动

成功安装 Windows 操作系统后,开机即可自动启动。Windows 10 启动后,根据操作系统的设置,直接显示 Windows 10 桌面或者启动用户登录界面,后者要求用户选择使用的用户名并输入密码,进行用户身份验证,验证成功后显示 Windows 10 桌面。

Windows 启动之后,将运行较多的程序,占用大量的内存空间。为使系统退出前保存必要的信息,保证能够再次正常启动,应该按要求在退出之前,保存应用程序的设置,关闭所有正在执行的程序。

4. Windows 的退出

计算机不再使用时,应将其关闭。关闭计算机时,应该使用 Windows 10 提供的方法进行,而不是直接关闭电源。如果直接关闭电源,有可能会造成数据丢失,甚至会造成操作系统或计算机的损坏,导致不可挽回的后果。正确关闭 Windows 10 的操作步骤如下:

(1)单击任务栏左侧的"开始"按钮,打开"开始"菜单。

(2)在"开始"菜单中,选择"电源"按钮,即可关闭计算机。

系统还给用户提供了"重启""睡眠"等其他关机选项,它们各自的含义如下:

① 关机:计算机将自动保存设置文件,关闭所有应用程序,切断主机电源。

② 重启:保存对系统的设置和修改以及立即启动相关服务。

③ 睡眠:计算机把当前的内容写入硬盘,然后完全关闭电源,电池不须供电。下次正常开机时,写入硬盘的数据将会自动加载到内存中继续执行。

注意:重启是将计算机中的一部分部件停止工作,而有一些部件则没有停止工作,然后进行启动。关机是将计算机所有的部件全部停止工作。

如果用户不是希望直接关闭计算机,而想使用其他关机选项,可以单击"关机"按钮(如图 3-3 所示),打开电源按钮操作列表,选择"重启"或"睡眠"选项即可。

3.2.3 桌面

桌面是用户使用计算机的主平台,通过桌面用户可以有效地管理自己的计算机。

Windows 的桌面就是启动 Windows 后所显示的整个屏幕界面,由图标、桌面背景、任务栏、开始按钮、语言栏、通知区域组成,如图 3-4 所示。桌面上除了存放用户经常使用的应用程序图标,如"此电脑""网络""回收站""控制面板"和用户文档外,用户还可以根据自己的需要在桌面上添加各种应用程序的快捷方式。

1. 图标

在桌面以及窗口内会看到许多对象,是 Windows 中各种项目的图形标识。Windows 对图标的显示和组织提供了一种统一的方法,在 Windows 中,图标形象地代表了资源对象,便于用户识别。

"关机"按钮 ——

图 3-3   Windows 的退出

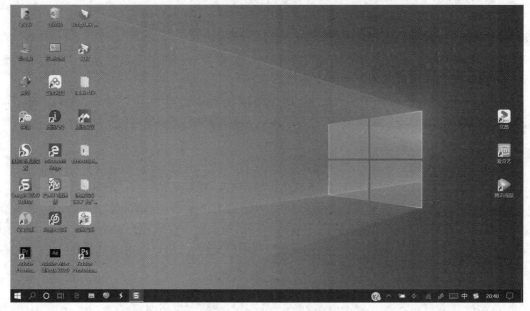

图 3-4   Windows 10 桌面

（1）常见的图标

常见的图标可分为以下 5 种类型：

① 驱动器图标。驱动器是指计算机的存储介质，如磁盘驱动器图标  、网络磁盘驱动器图标  。

② 文件夹图标。文件夹是存放文档、应用程序、快捷方式和其他文件夹的容器。所有的文件夹图标都显示为 。

③ 文档图标。文档是由应用程序所创建的文件。同一应用程序创建的文件图标是一样的，不同程序创建的文件图标是不一样的。如 Word 文档的图标为 、Excel 文档的图标为 。

④ 应用程序图标。应用程序是能够完成特定操作的可执行文件。应用程序的图标不能相同。如 Word 的图标为 、Excel 的图标为 。

⑤ 快捷方式图标。快捷方式是可以快速打开所指对象的特殊文件。尽管对象不同，快捷方式图标不一样，但都是采用图标左下角带有弯曲的箭头方式标识的。如 Word 程序的快捷图标为 、Excel 程序的快捷图标为 。

下面将简单介绍桌面上出现的"此电脑"用户文档，"网络""回收站""Microsoft Edge"等常见软件的基本功能如表 3-1 所示。

表 3-1　桌面常见软件的基本功能

常见软件	基本功能	软件图标
此电脑	可以查看和操作计算机上的所有驱动器及其中的文件夹和文件，也可以访问连接到计算机的照相机、扫描仪和其他硬件	 此电脑
用户文档	可以管理用户的各类文档。用户所创建的各类文档，一般是用户默认的保存位置，常以用户的名称作为文件夹的名称，严格地说，它不是一个软件，只是一个文件夹	 yanshuo chang
网络	双击打开网络后，可以查找和操作用户所在局域网内其他计算机的软硬件资源。局域网内任何一台计算机与其他的计算机之间都互称为"网上邻居"	 网络

续表

常见软件	基本功能	软件图标
回收站	用于暂时存放从其他位置删除的文件和文件夹。回收站中的文件是可以再恢复到原来位置的，而把放在回收站中的文件和文件夹删除即为彻底删除而不可恢复	 回收站
Microsoft Edge	用于浏览互联网上的网页，通过双击该图标可以访问不同网站	Microsoft Edge

（2）调整桌面上图标的排列

调整桌面上图标排列的方法有多种，以下介绍其中 3 种：

① 用鼠标将图标对象拖动到桌面上的任意位置（需要在未选择"自动排列图标"命令的前提下使用）。

② 右击桌面的空白处，在弹出的快捷菜单中选择"排序方式"子菜单的某一种方式，重新排列图标，如"名称""大小""项目类型"和"修改日期"，如图 3-5 所示。

③ 单击图 3-5 中"查看"子菜单中"自动排列图标"命令，系统将会自动将用户的桌面图标排列整齐，并在"自动排列图标"选项前面显示 √ 符号（如图 3-6 所示），之后用户在桌面上即使拖动图标到其他位置，系统也会自动将其排列整齐。

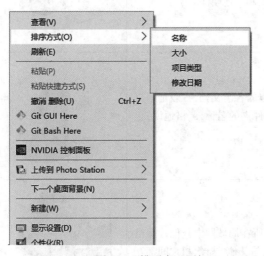

图 3-5　排列桌面图标

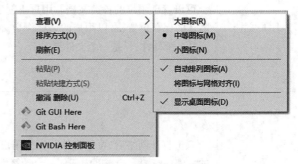

图 3-6　自动排列桌面图标

2. "开始"菜单

"开始"菜单列出了计算机当前安装的程序，是运行 Windows 应用程序的入口，是执行程序最常用的方式。单击位于桌面左下角的"开始"按钮,弹出"开始"菜单,如图 3-7 所示。

(1)"开始"菜单的组成

Windows 10 系统中的"开始"菜单在默认情况下是由"高效工作"列表、"所有程序"列表、"设置"菜单、"图片"按钮、"文档"按钮和"电源"按钮区等部分组成,如图 3-7 所示。

图 3-7 "开始"菜单

① 所有程序。用户在"所有程序"列表中可以查看所有系统中安装的软件程序。单击文件夹的图标,可以继续展开相应程序组,再次单击可以折叠。单击列表中的图标可以快速启动相应的应用程序。

② 搜索按钮。搜索是 Windows 10"开始"菜单的特色之一,具有强大的搜索功能。在"搜索"框中直接输入需要查询的文件名,按 Enter 键即可进行搜索操作。

③ "电源"按钮。"电源"按钮主要是用来对操作系统进行关闭操作,包括"关机""重启""睡眠"等选项。

(2)"开始"菜单的设置

"开始"菜单内容的显示方式也可以根据用户个人的爱好和兴趣而改变。用户要想设置个性化的"开始"菜单,可进行以下操作:

① 右击"开始"按钮,弹出快捷菜单,单击"设置"命令。

② 打开"设置"界面,如图 3-8 所示,选择"开始"选项卡。

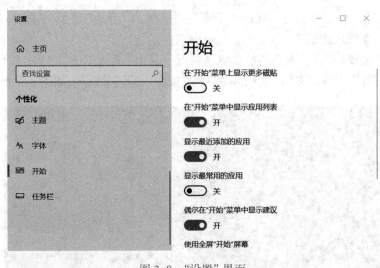

图 3-8 "设置"界面

③ 在此可以自定义"开始"菜单的外观和行为。

3. 任务栏

位于桌面最下方的是任务栏。用户通过任务栏可以切换当前启动的任务,并对其进行一系列的设置。

任务栏由"开始"按钮、快速启动栏、窗口按钮栏和通知区域 4 个主要部分组成,如图 3-9 所示。

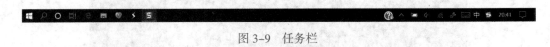

图 3-9 任务栏

（1）"开始"按钮

单击"开始"按钮,打开"开始"菜单,用户通过它可以启动大多数的应用程序,从而实现对计算机的各种操作与管理。

（2）快速启动栏

快速启动栏用于快速启动应用程序。它由一些小型按钮组成,单击就可以快速启动相应的程序。

（3）窗口按钮栏

窗口按钮栏用来显示和切换正在执行的程序。每当用户启动一个程序而打开一个窗口后,就会在窗口按钮栏上显示该程序的一个按钮。

（4）通知区域

通知区域位于任务栏的最右侧,显示了多个状态指示器,系统配置不同,指示器的个数和内容会有所不同,一般包括音量、语言及日期等状态指示器。

① 音量控制器。任务栏右侧小喇叭形状的按钮 , 单击它后会出现一个音量控制对话框,通过拖动上面的小滑块来调整扬声器的音量。

② 语言栏。在此用户可以选择各种语言输入法,单击 CH 按钮,在弹出的菜单中进行选择,

可以切换为中文输入法,语言栏可以最小化以按钮的形式在任务栏中显示,单击右上角的还原按钮,它也可以独立于任务栏之外。

③ 日期指示器。在任务栏的右侧,显示了当前的时间和日期,单击后跳出详细日期和时间,默认情况下系统会自动联网进行时间和日期的校对。

在任务栏空白处右击,单击快捷菜单中的"任务栏设置"命令,打开任务栏设置界面,如图 3-10 所示。用户可以设置是否锁定任务栏、在桌面模式下是否自动隐藏任务栏、在平板模式下是否自动隐藏任务栏和使用小任务栏按钮等选项。

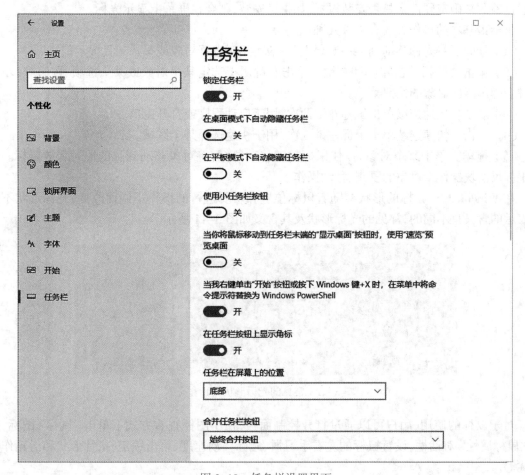

图 3-10　任务栏设置界面

3.2.4　鼠标与键盘的使用

在 Windows 环境下,用户经常要与系统进行信息交流,以完成各种任务。这些操作过程中既可以使用鼠标,也可以使用键盘。鼠标适合在 Windows 下对窗口、图标及菜单等的操作,简单、方便而且快速;键盘适合文字的录入,但也可以取代鼠标完成相应的操作。

1. 键盘操作

在 Windows 中,键盘主要用来输入文本,而它的功能是以组合键方式实现的。组合键主要有以下几种形式：

（1）键 1+ 键 2

表示先按住键 1 不放，然后再按键 2，之后同时释放这两个键，如 Ctrl+N 键。

（2）键 1+ 键 2+ 键 3

表示先按住键 1 和键 2 不放，然后再按键 3，之后同时释放这 3 个键，如 Ctrl+Alt+Delete 键。

2. 鼠标操作

鼠标一般与键盘配合使用。在 Windows 中，用鼠标能够方便用户操作。Windows 启动时，系统通过检测来确定硬件中是否安装鼠标，如果已安装，则会在屏幕上显示光标。

鼠标最基本的操作方式有以下几种：

（1）指向。将光标移动到某一对象上，一般可用于选择对象或显示工具提示信息。

（2）单击。包括单击左键和右键。单击左键用于选定某个对象或某个选项、按钮等；单击右键会弹出指向对象的快捷菜单。

（3）双击。快速连续单击鼠标左键两次，用于启动程序或打开窗口。

（4）三击。快速连续单击鼠标左键 3 次，用于快速选择某个区域。

（5）拖动。单击某个对象，按住鼠标左键移动鼠标，将对象移动到目的地时释放鼠标。常用于标尺滑块操作或对象的复制、移动操作。

在 Windows 下，光标的形状会随着鼠标位置和所要进行的操作不同而改变，光标形状不同所表示的含义是不同的，常见的光标形状及其含义如图 3-11 所示。

图 3-11   常见的光标形状及其含义

对于鼠标的使用，用户可以通过打开控制面板，在小图标查看方式下单击"鼠标"图标，打开"鼠标属性"对话框，设置鼠标的左右手习惯、光标移动速度、单击锁定、指针形状和滑轮作用方式等。

3.2.5   窗口的组成与操作

1. 窗口的组成

窗口是 Windows 系统为完成用户指定的任务而在桌面上打开的矩形区域。完成一个任务就要启动一个程序，而一个程序就对应着一个窗口。Windows 是多任务操作系统，因而可以同时打开多个窗口。Windows 中常见的窗口类型有 3 种：应用程序窗口、对话框窗口及文档窗口。下面以"此电脑"窗口为例介绍窗口的组成，如图 3-12 所示，可以看到窗口一般由标题栏、地址栏、搜索栏、菜单栏、导航窗格、细节窗格和工作区等部分组成。

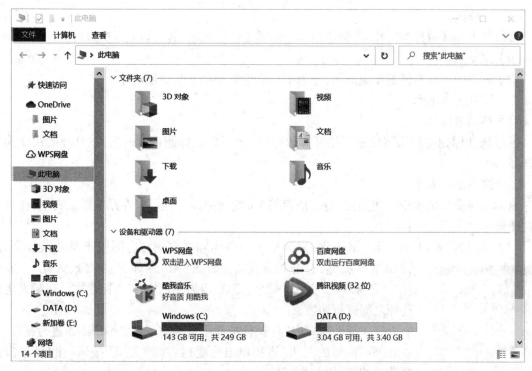

图 3-12　窗口的组成

（1）标题栏

标题栏位于窗口的最上方，显示窗口的名称，该名称也是程序的名称。其右侧有 3 个窗口按钮，分别是"最小化""最大化"或"还原"/"关闭"按钮，具有控制窗口大小和关闭窗口的作用。

（2）地址栏

地址栏中显示了当前窗口文件所在的位置，通过它还可以访问因特网中的资源。其左侧包括"返回"按钮和"前进"按钮，通过这两个按钮，用户可以打开最近浏览过的窗口。

（3）搜索栏

将要查找的目标名称输入到搜索栏文本框中，然后单击"搜索"按钮或按 Enter 键即可进行搜索。

（4）菜单栏

标题栏的下面一行是菜单栏，用来显示本程序中用户所能使用的各类命令。

（5）导航窗格

导航窗格位于窗口左侧区域。与以往的 Windows 系统版本不同的是，Windows 10 系统中的导航窗格一般包括快速访问、OneDrive、此电脑和网络等部分，单击各部分前面的箭头按钮，可以打开相应的列表，方便用户随时快速切换窗口或打开其他窗口。

（6）细节窗格

位于窗口的下方，用于显示选中对象的信息。

（7）状态栏

位于窗口的最下面一行，用于显示当前状态，如文件或文件夹的总数及帮助信息等。

（8）工作区

窗口的内部区域称为工作区，是应用程序实际工作的区域，其内容就是窗口内容。

（9）滚动条

位于窗口中部或右侧的小矩形条，分为垂直滚动条和水平滚动条两种。

2. 窗口的基本操作

（1）移动窗口

鼠标拖动标题栏到指定位置后松开释放即可；也可以在标题栏上右击，在打开的快捷菜单中选择"移动"命令。

（2）改变窗口大小

鼠标指向窗口的边框或边角处，待变成双箭头时进行拖动；也可以在标题栏上右击，在打开的快捷菜单中选择"大小"命令。

（3）窗口的最大化或还原、最小化：鼠标单击窗口标题栏右侧对应的按钮即可；也可单击控制菜单图标，打开控制菜单，如图 3-13 所示，选择"最大化""最小化""还原"或"关闭"命令，完成相应的操作；双击标题栏可在最大化和还原之间进行切换。

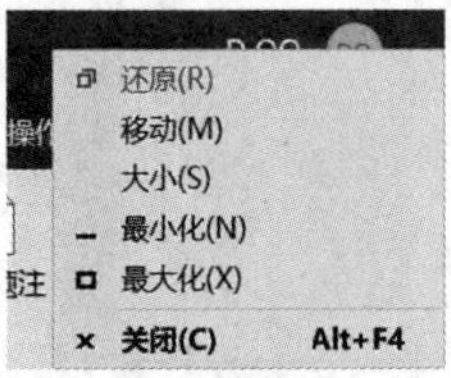

（4）滚动窗口内容：鼠标拖动垂直滚动条或水平滚动条进行拖动。

（5）窗口的关闭：直接单击标题栏右侧"关闭"按钮×；也可单击控制菜单按钮，单击"关闭"命令。

图 3-13   打开控制菜单

3. 对话框

对话框是用户与计算机之间进行信息交流的窗口。如选项的选择、属性的设置或修改等。对话框的外形与窗口相似，但比窗口更简洁、直观，更侧重于用户的交流，其内部包含许多可以设置的选项，如图 3-14 所示。对话框的顶部也有标题栏和"关闭"按钮，但没有控制菜单图标。对话框可以移动但大小固定，不像窗口那样可以随意改变尺寸。

（1）标题栏

用来显示对话框的名称。

（2）选项卡

位于标题栏下面的多个选项的分组，如图 3-14 所示的对话框中有"缩进和间距""换行和分页"和"中文版式"3 个选项卡。

（3）列表框

所提供的选项在矩形区域内以列表的形式显示出来，供用户选择。

（4）下拉列表框

所提供的选项被隐藏在下拉列表框内，用鼠标单击下拉列表框右端的下拉按钮 ⌄ 时，才能选择所有的选项。

（5）文本框

用户可以在文本框中输入文本信息，也可从与其匹配的列表框、下拉列表框中选择要输入的选项。

（6）单选按钮

一组互斥的选项，一次只能选一个且只能选一个。

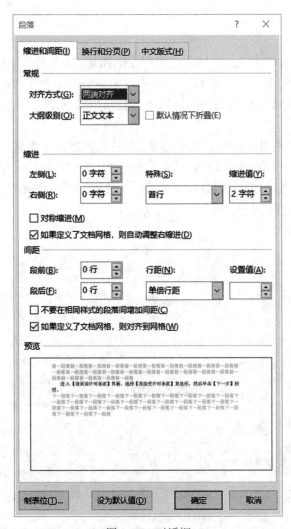

图 3-14 对话框

（7）复选框

可以不选或选中的选项，一次可以选择一项或多项，也可以不选。

（8）数字增减按钮

用于调整数字的大小，它的两个三角形状的小按钮 分别对应数字的增减，如图 3-14 所示的"左侧""右侧""段前""段后"等后面的数字增减按钮。

（9）滑动按钮

用于调整快慢、大小及前后的拖动滑块。

（10）命令按钮

可完成特定操作，是带有文字的按钮，如图 3-14 所示的"制表位""设为默认值""确定"和"取消"按钮。

（11）帮助按钮

单击对话框右上角的"**?**"按钮，然后单击对话框的某个部分，就会出现关于该部分的提示信息。

4. 快捷方式

（1）快捷方式的定义

快捷方式是指向某个文件夹、文档或应用程序的图标,双击它可以快速打开对象。其内容记录了对象的位置及运行时的一些参数。当用户双击一个快捷方式图标时,Windows 首先检查该快捷方式文件的内容,找到它所指向的原对象,然后打开该对象。简单地说,快捷方式可称为原对象的"替身"。

如果要了解快捷方式的目标对象及其位置,可右击快捷方式图标,在快捷菜单中单击"属性"命令,打开属性对话框,如图 3-15 所示。选择"快捷方式"选项卡,在"目标"文本框中给出目标对象及其位置。或者可以单击"打开文件所在的位置"按钮,直接打开目标对象所在的文件夹,用户可以双击目标对象打开它。

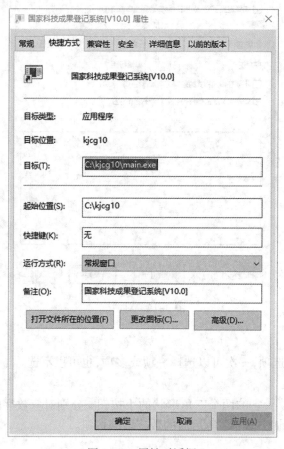

图 3-15   属性对话框

注意: 删除快捷方式图标并不影响它所指的目标对象,只是缺少某位置上的一种执行方案而已。同样的,移动或重命名快捷方式也不会影响原有的目标对象。

（2）快捷方式的创建

可以为程序、文档、文件夹以及驱动器等对象创建快捷方式。按照创建快捷方式的位置的不同,将创建快捷方式的方法分为以下几种:

①　在当前位置创建快捷方式。打开文件资源管理器或此电脑,用鼠标选定快捷方式存放的位置。右击→"新建"→"快捷方式"命令,弹出"创建快捷方式"对话框,如图 3-16 所示。在"请键入对象的位置"文本框中,输入要建立的快捷方式的对象所在的路径和名称;或者单击"浏览"按钮,查找要创建快捷方式的源程序。单击"下一步"按钮,在"键入该快捷方式的名称"文本框中,输入快捷方式的名称(或使用默认名称)。单击"完成"按钮即可。

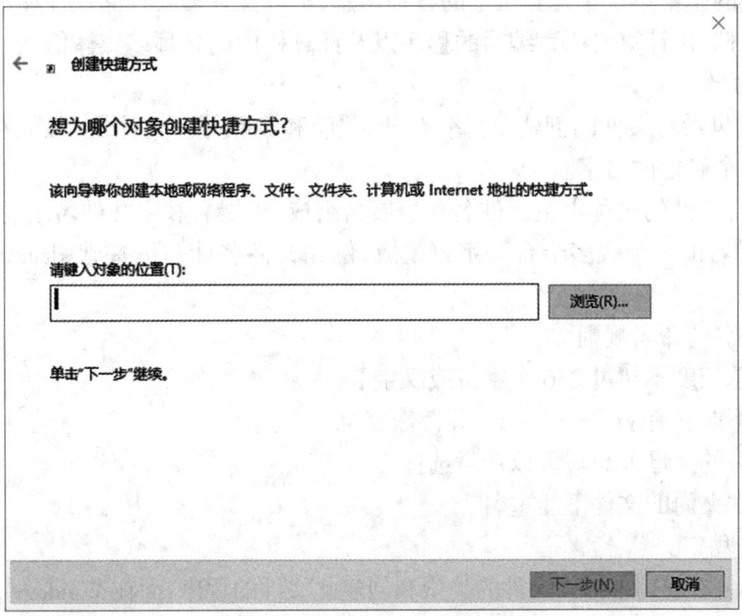

![创建快捷方式对话框]

想为哪个对象创建快捷方式?

该向导帮你创建本地或网络程序、文件、文件夹、计算机或 Internet 地址的快捷方式。

请键入对象的位置(T):

浏览(R)...

单击"下一步"继续。

下一步(N)　　取消

图 3-16　"创建快捷方式"对话框

除上述方法外,还可以右击对象,在弹出的快捷菜单中单击"创建快捷方式"命令,创建该对象的快捷方式。

②　在桌面创建快捷方式

方法 1:在桌面空白处右击,在弹出的快捷菜单中单击"新建"→"快捷方式"命令。弹出如图 3-16 所示对话框,单击"浏览"按钮,然后选择创建快捷方式程序或文档的路径,找到该文件或文件夹后单击"下一步"按钮,输入快捷方式名称,单击"完成"按钮。

方法 2:用鼠标右击对象,在弹出的快捷菜单中单击"发送到"→"桌面快捷方式"命令。

微视频:
在桌面创建快捷方式

除了上述的方法外,还可以直接将其他位置的快捷方式图标拖动到桌面上。

3.3　文件管理与磁盘管理

在操作系统中,负责管理和存取文件信息的称为文件系统。在文件系统的管理下,用户可以按照文件名访问文件,而不必考虑各种外存储器的差异,不必了解文件在外存储器上的具体物理位置以及如何存放的。文件系统为用户提供了一个简单、统一的访问文件的方法,本节将从用户的角度介绍文件系统的重要内容——文件、文件夹和磁盘管理。

3.3.1   文件和文件夹

1. 文件

文件是指存放在计算机存储介质上,以文件名标识的相关信息的集合。它是操作系统用来存储和管理信息的基本单位。计算机上的各种信息,都以文件形式存储在计算机中,如用文字处理软件制作的文档、用计算机语言编写的程序以及计算机内的各种多媒体信息。

2. 文件的命名

文件的操作包括对文件的创建、存储、打开、关闭和删除等。文件是"按名存取"的,因此每个文件必须有一个确定的名字。

一般情况下,文件的名称由主文件名和扩展名组成,扩展名和主文件名之间用一个"."字符分隔。通常扩展名由一个或多个合法字符组成,例如文件名计算机基础 .docx,主文件名为"计算机基础",扩展名为"docx"。

（1）主文件名的命名规则

① 文件名总长度不超过 256 个字符或汉字。

② 文件名不能含有 \ / : * ? " < > | 等特殊字符。

③ 文件名中的字母大小写可以任意选择。

④ 同一文件夹内的文件不能重名。

（2）文件类型

文件的扩展名一般用来标识文件的类型和创建此文件的程序,而在 Windows 中根据文件类型的不同,会以不同的图标显示在桌面或者文件资源管理器中。常见的文件扩展名如表 3-2 所示。

表 3-2   常见的文件扩展名及其说明

文件类型	扩展名	说明
可执行程序	exe、com	可执行程序文件
源程序文件	c、cpp、bas、asm	程序设计语言的源程序文件
目标文件	obj	源程序文件经编译后产生的目标文件
批处理文件	bat	将一批系统操作命令存储在一起,连续执行
文档文件	doc、xls、ppt、docx、xlsx、pptx	Office 中 Word、Excel、PowerPoint 创建的文档
图像文件	bmp、jpg、gif、png、tif、tiff	不同的扩展名表示不同格式的图像文件
流媒体文件	wmv、rm、qt	能通过 Internet 播放的流式媒体文件,不需下载整个文件就可以播放
压缩文件	bar、zip	压缩文件
音频文件	mp3、wav、mid	不同的扩展名表示不同格式的音频文件
网页文件	htm、asp	前者是静态的,后者是动态的
数据库文件	mdb、accdb	Access 数据库文件

3. 文件夹

文件夹是用于存储程序、文档、快捷方式和其他子文件夹的容器。如许多 Windows 系统文件都存于"C:\Windows"文件夹中。

当用户打开一个文件夹时,文件夹是以窗口的形式呈现的,在其工作区中显示出所包含的对象。如图 3-17 所示的用户文档文件夹窗口。在最小化时,文件夹将收缩为任务栏上的一个按钮。

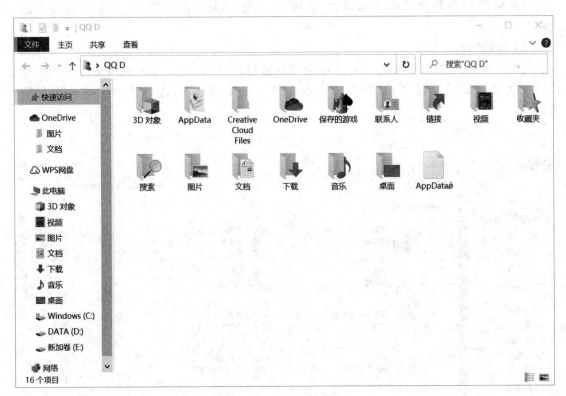

图 3-17　用户文档文件夹窗口

除上面讲述的标准文件夹外,还有一些特殊的文件夹,如"控制面板""回收站",用户不能在这些文件夹中存储文件,但可以通过文件资源管理器来查看和管理其中的内容。

3.3.2　利用文件资源管理器管理文件

Windows 文件资源管理器是查看和管理计算机上所有资源的应用程序。它能够清晰地显示文件夹的层次结构及内容,方便用户对文件和文件夹进行各种操作。

1. 文件资源管理器的启动

进入资源管理器的方法有很多种,下边介绍其中的 4 种:

(1)按 Windows + E 组合键,即可打开文件资源管理器。

(2)单击桌面上"此电脑"图标,进入文件资源管理器。

(3)单击"开始"→"所有程序"→"附件"→"Windows 文件资源管理器"命令,启动文件资源管理器。

（4）右击"开始"按钮,在弹出的快捷菜单中单击"Windows 文件资源管理器"命令,启动文件资源管理器。

2. 文件资源管理器的窗口组成

文件资源管理器的操作环境是一个窗口,其工作区被分成左右两个窗格用来管理文件夹和文件,如图 3-18 所示。其结构会因显示方式设置的不同而有所不同。

文件资源管理器窗口也有标题栏、选项卡、地址栏及状态栏等,以下介绍窗口中部分功能。

（1）导航窗格

文件资源管理器工作区的左窗格称为导航窗格,用来显示所有磁盘和文件夹的列表及其层次关系。如图 3-18 所示,当前打开的文件夹呈反向显示,称为活动文件夹或当前文件夹。

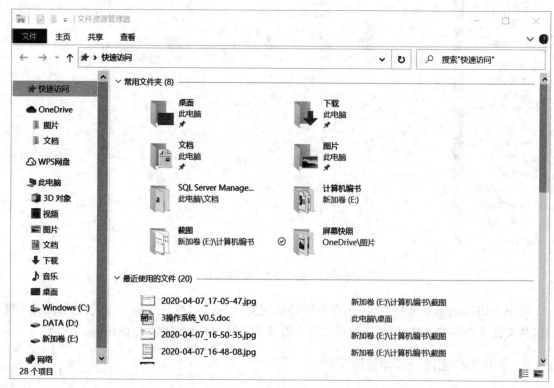

图 3-18　"文件资源管理器"窗口

关闭导航窗格的方法是,单击"查看"→"窗格"命令,如图 3-19 所示,在其下拉菜单中取消"导航窗格"选择,即可关闭导航窗格。

（2）文件夹内容窗格

文件资源管理器的右窗格称为文件夹内容窗格,用来显示当前文件夹的内容。其内容可以包括应用程序、文档、快捷方式以及子文件夹。

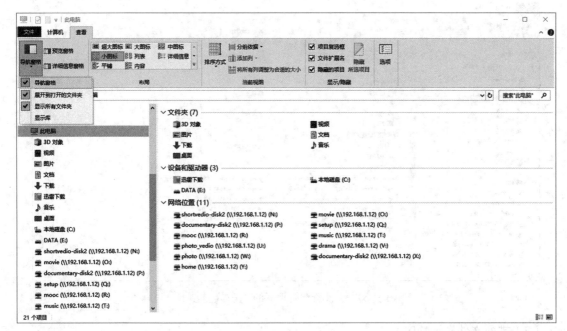

图 3–19 关闭文件夹窗格

（3）窗格分隔条

左右窗格之间的竖线称为窗格分隔条。当光标指向左右窗格的分隔条时，鼠标指针变成水平调整状态，此时用鼠标左、右拖动可改变两窗格区域的大小。

（4）地址栏

地址栏用来显示当前文件夹的名称，通过设置也可以显示当前文件夹的完整路径。单击地址栏右边的下拉按钮 ，可选择要打开的文件夹。

3. 文件资源管理器的使用

（1）改变文件列表的显示方式

文件列表的显示方式可以通过单击"查看"选项卡，在"布局"命令组中选择具体的视图方式，如图 3–20 所示。

① 图标。以图标显示文件和文件夹，文件名显示在图标下方。显示方式有超大图标、大图标、中图标、小图标 4 种。

② 列表。以文件或文件夹名列表显示，它与"小图标"方式不同之处在于对象是垂直排列的。当文件夹中包含很多文件，并且想快速查找一个文件时，这种视图非常方便。

③ 详细信息。以垂直排列方式显示文件或文件夹的详细信息，包括文件名、类型、大小和修改日期等。用户还可以通过单击"查看"→"选择详细信息"命令，在"选择详细信息"对话框中，选择和整理已显示的文件信息。

④ 平铺。以图标显示文件和文件夹，文件名显示在图标的右侧。

⑤ 内容。以图标列表形式显示文件和文件夹，并在右侧显示文件或文件夹名的详细信息。

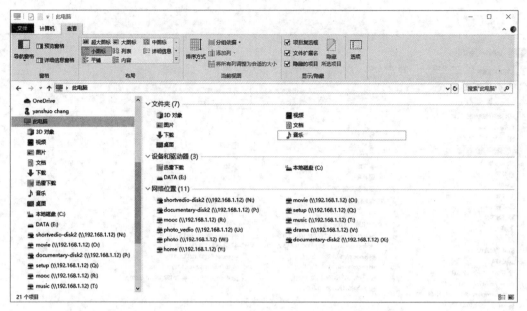

图 3-20   文件资源管理器的"查看"选项卡

（2）排列文件显示顺序

用户可以利用"排序方式"菜单中所列的选项，调整文件的显示顺序，以方便在文件之间进行比较或快速选取。排序的依据包括名称、修改日期、类型及大小等。具体方法是单击"查看"→"排序方式"命令，弹出如图 3-21 所示的子菜单。

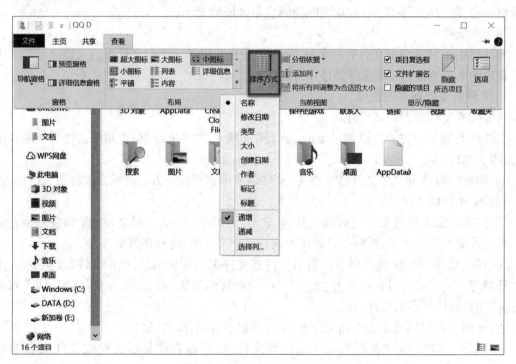

图 3-21   "排序方式"子菜单

① 名称。按照文件夹和文件名的字母的先后顺序排列文件。

② 修改日期。按照文件存取日期排列文件。

③ 类型。按照扩展名顺序排列文件。

④ 大小。按照所占存储空间的大小顺序排列文件。

⑤ 创建日期。按照创建日期顺序排列文件。

⑥ 作者。按照作者顺序排列文件。

⑦ 标记。按照标记顺序排列文件。

⑧ 标题。按照标题顺序排列文件。

⑨ 递增。按照名称、大小、类型或修改日期等递增排列文件。

⑩ 递减。按照名称、大小、类型或修改日期等递减排列文件。

微视频：
文件资源管理器
的设置

3.3.3 文件和文件夹的基本操作

1. 文件和文件夹的打开

文件资源管理器的右窗格中显示了当前文件夹所包含的应用程序、快捷方式或文档。双击这些应用程序或快捷方式,文件资源管理器就会先启动应用程序。打开文档会首先启动创建它的应用程序,然后再打开该文档。

（1）文件夹的展开与折叠

打开"文件资源管理器"窗口,单击所要查看驱动器的图标,将显示驱动器上的文件和文件夹。文件夹若含有子文件夹,则其图标前带有指向右边的符号">",单击即可展开文件夹,">"就变成了"∨";相反单击文件夹前带有"∨"的文件夹图标,文件夹就会被折叠起来,"∨"又会变成">"。

（2）文件的打开

文件的打开方法有以下几种：

① 鼠标双击要打开的文件。

② 鼠标右击要打开的对象,在弹出的快捷菜单中单击"打开"命令,如图 3-22 所示。

③ 使用"打开方式"打开文件。右击文件,在弹出的快捷菜单中单击"打开方式"子菜单,再单击"选择默认程序"命令,弹出"打开方式"窗口,如图 3-23 所示。在该菜单中可以指定某个应用程序来打开文件。

2. 文件夹和文件的创建

文件夹和文件可以建立在桌面上,也可以建立在各驱动器和各级文件夹中。

（1）创建文件夹

① 打开文件资源管理器。

② 选定新文件夹要存放的位置。

③ 右击,弹出如图 3-24 所示快捷菜单,选择"新建"→"文件夹"命令,此时会在右窗格中出现一个名为"新建文件夹"的文件夹,该名称是系统默认的临时文件夹名。

④ 输入新建文件夹的名称,按 Enter 键确认。

（2）建立新文件

① 打开文件资源管理器。

图 3-22　文件的打开

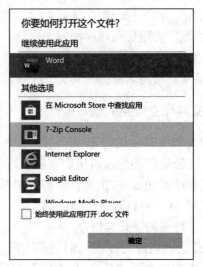

图 3-23　"打开方式"窗口

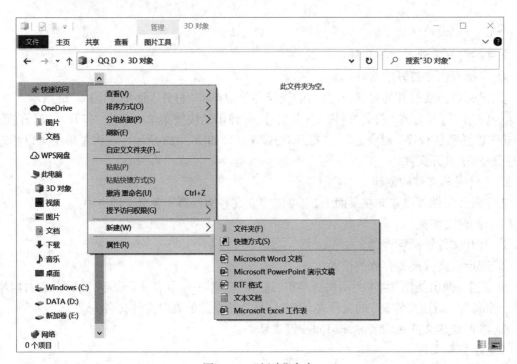

图 3-24　"新建"命令

② 选定新文件要存放的位置。

③ 右击,弹出如图 3-24 所示快捷菜单,选择"新建"后所要建立文件的类型。

④ 输入新建文件名称,按 Enter 键确认。

3. 文件和文件夹的选定

在对文件和文件夹完成打开、移动、复制和删除等操作之前,首先要选定操作对象,选定的对象会反向显示。

(1)选定一个

鼠标单击要选定的文件或文件夹。

(2)选定连续的多个

① 在右窗格空白处按住鼠标左键拖动,直至出现一个透明方框后释放,框内所有的对象全被选定。

② 单击要选定的第一个对象,按住 Shift 键,再单击最后一个要选定的对象,两者之间的对象全被选定。

(3)选定不连续的多个

单击要选定的第一个对象,然后按住 Ctrl 键,再单击要选定的其他对象,新的对象被追加选定。

(4)选定全部

单击"编辑"→"全部选择"命令,将选定当前文件夹内的全部对象;或者按 Ctrl+A 组合键也可选定全部对象。

(5)反向选定

单击"编辑"→"反向选择"命令,将当前选定对象以外的所有对象选定。

(6)撤销选定

① 撤销单个选定。按住 Ctrl 键,单击要取消的对象。

② 取消所有选定。单击当前文件夹空白处。

4. 文件和文件夹的复制和移动

复制是将对象生成副本。移动是将对象从当前位置移到其他位置。文件和文件夹的复制和移动的方法有以下几种:

(1)鼠标左键拖动法

① 打开要复制 / 移动对象所在的文件夹。

② 选定要复制 / 移动的对象。

③ 在文件资源管理器的左窗格中移动滚动条,以显示出目标文件夹,或将目标文件夹打开为一个独立的窗口。

④ 按住 Ctrl 键将对象拖动到目标文件夹上,即可将对象复制到目标文件夹中。若按 Shift 键进行拖动,即可将对象移动到目标文件夹中。

(2)鼠标右键拖动法

① 打开要复制 / 移动对象所在的文件夹。

② 选定要复制 / 移动的对象。

③ 让目标文件夹可见,或将目标文件夹打开为一个独立的窗口。

④ 按住右键拖动对象到目标文件夹上。

⑤ 在弹出的快捷菜单中,选择"复制到当前位置"命令完成复制操作,或者选择"移动到当前位置"命令完成移动操作。

（3）使用"主页"选项卡

① 打开要复制 / 移动对象所在的文件夹。

② 选定要复制 / 移动的对象。

③ 单击"主页"→"复制"命令完成复制操作,或者单击"主页"→"剪切"命令则完成剪切操作,两种操作都将对象复制 / 移动到剪贴板上。

④ 打开目标文件夹。

⑤ 单击"主页"→"粘贴"命令,即可完成将对象复制 / 移动到目标文件夹中。

（4）使用快捷菜单

① 打开要复制 / 移动对象所在的文件夹。

② 选定要复制 / 移动的对象。

③ 右击选定的对象,从弹出的快捷菜单中,单击"复制"命令完成复制操作,或者单击"剪切"命令完成剪切操作。

④ 打开目标文件夹。

⑤ 右击目标文件夹,在弹出的快捷菜单中单击"粘贴"命令,即可完成将对象复制 / 移动到目标文件夹中。

（5）使用快捷键

① 打开要复制 / 移动对象所在的文件夹。

② 选定要复制 / 移动的对象。

③ 按 Ctrl+C 键完成复制操作,或者按 Ctrl+X 键完成剪切操作。

④ 打开目标文件夹。

⑤ 按 Ctrl+V 键完成粘贴操作,即可完成将对象复制 / 移动到目标文件夹中。

（6）发送对象到指定位置

① 打开要复制对象所在的文件夹。

② 选定要复制的对象。

③ 右击选定的对象,弹出快捷菜单,单击"发送到"命令。

④ 如图 3-25 所示,在"发送到"子菜单中,选择目标位置即可完成复制操作。

注意:用户可在"发送到"子菜单中添加目标位置。当选中文件或文件夹后,按住 Shift 键再右击,如图 3-26 所示,"发送到"命令下除了原来那几个位置外,还增加了许多位置。打开"文件资源管理器"或"此电脑",在地址栏中输入"shell: sendto",按 Enter 键打开"sendto"文件夹。在这里看到的就是"发送到"菜单中所有选项的快捷方式了,只要把自己常用项的快捷方式复制到这里来就可以了。

5. 文件和文件夹的删除

一般情况下,Windows 从本地硬盘上删除任何对象都被暂时存放于回收站中。回收站是系统在硬盘上预留的空间,Windows 为每个分区或硬盘分配一个"回收站"。如果硬盘已经分区,或者如果计算机中有多个硬盘,则可以为每个"回收站"设置不同的大小,而系统默认是分区或

图 3-25 发送对象到指定位置

硬盘容量的 10%。回收站中的这些对象没有被真正删除，它们仍然占用硬盘空间并可以还原到原位置，直到被永久删除为止。

当回收站充满后，Windows 系统将自动清除"回收站"中的空间，以存放最近删除的对象。想要更改回收站的容量，可右击桌面"回收站"图标，在弹出的快捷菜单中单击"属性"命令，在打开的"回收站 属性"对话框中进行设置，如图 3-27 所示。

（1）删除

删除文件或文件夹的方法有以下几种：

① 选定要删除的对象，单击"主页"→"删除"命令。

② 选定要删除的对象，按 Delete 键。

③ 右击选定的对象，从弹出的快捷菜单中单击"删除"命令。

④ 将选定的对象拖动到桌面的回收站中，释放鼠标。

在"回收站 属性"对话框中，如图 3-27 所示，选中"显示删除确认对话框"选项，则执行以上各操作都会出现"确认文件删除"对话框，单击"是"按钮，则将删除的对象放入回收站；单击"否"按钮，则放弃删除。

图 3–26　扩展后的"发送到"选项

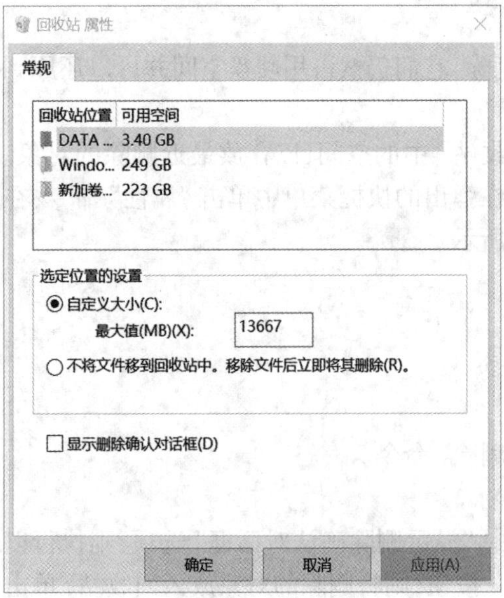

以下 3 类文件被删除后是不送往回收站的，而是真正被删除：

① 可移动存储设备（如 U 盘）上的文件。

② 在 MS DOS 方式下删除的文件。

③ 网络驱动器上的文件。

（2）彻底删除

彻底删除是不可恢复的删除，常用方法有如下几种：

① 打开"回收站 属性"对话框，选中"不将文件移到回收站中。移除文件后立即将其删除。"单选按钮，则任何要删除到回收站的对象都被彻底删除。

② 将删除对象拖动到回收站的同时，按住 Shift 键，这些对象将不送回收站，而直接被删除。

图 3–27　"回收站 属性"对话框

在"回收站"中,彻底删除选定对象的方法有多种。

③ 右击"回收站"图标,在弹出的快捷菜中单击"清空回收站"命令,将彻底删除回收站中全部对象。

④ 打开"回收站"窗口,单击"清空回收站"命令,回收站中的内容将彻底被删除。

（3）恢复文件或文件夹

对于被误删除的对象,只要还在回收站中,就可以被还原。恢复文件或文件夹的方法有以下几种:

① 单击回收站窗口中"还原所有项目"命令,则所有对象即可恢复到原来被删除时的位置。

② 在"回收站"中,选定要恢复的对象,单击"管理"选项卡→"还原选定的项目"命令,则选定的对象即可恢复到原来被删除时的位置。

③ 在"回收站"中,鼠标右击要恢复的对象,在弹出的快捷菜单中单击"还原"命令,即可恢复到原位置。

④ 将选定的对象从回收站拖动到其他位置,释放鼠标,即可恢复到该位置。

6. 文件和文件夹名的更改

要更改文件和文件夹名,可采用以下几种方法:

（1）选定要重新命名的文件或文件夹,单击"主页"→"重命名"命令。

（2）鼠标右击要重新命名的文件或文件夹,从弹出的快捷菜单中单击"重命名"命令。

（3）鼠标两次分别单击该文件或文件夹的名称。

（4）单击要重命名的文件或文件夹,按 F2 键。

采用以上方法后,名称框会反白显示,可以直接进行修改,按 Enter 键完成修改。

7. 文件和文件夹属性的设定

设定文件和文件夹属性的目的是限定用户对文件、文件夹的操作。

（1）文件 / 文件夹的属性

用户可以设置的文件或文件夹的属性包括以下 3 种:

① 只读。只能读其内容,不能修改,也不能写入。

② 隐藏。使文件或文件夹名称及图标不可见。

③ 存档。这个属性在文件夹属性窗口中单击"高级"按钮后,在弹出的对话框中可以看到。可指定存档该文件或文件夹,一些程序根据此选项来控制是否对其进行备份。

（2）属性的设置

① 选定所要设定属性的文件或文件夹。

② 单击"主页"→"属性"命令;或者打开快捷菜单,单击"属性"命令,打开文件夹属性对话框,如图 3-28 所示。

③ 选择所要设定的属性后,单击"确定"按钮。

图 3-28 文件夹属性对话框

8. 文件的查找

当用户计算机上存放的文件和文件夹较多时,要查找某一个文件夹或某一类文件会非常困难。Windows 提供了查找文件和文件夹的多种方法。

(1)使用"开始"菜单上的搜索框查找

单击"开始"按钮,然后在搜索框中输入字词或字词的一部分,就能查找存储在计算机上的文件、文件夹、程序、电子邮件。搜索基于文件名中的文本、文件中的文本、标记以及其他文件属性。

注意:从"开始"菜单搜索时,搜索结果中仅显示已建立的索引的文件。计算机上的大多数文件会自动建立索引。例如,包含在库中的所有内容都会自动建立索引。

(2)在文件资源管理器中查找

打开"文件资源管理器"或"此电脑"之后,在右上角搜索框中输入要搜索的文件名即可。

9. 文件夹的共享

(1)共享的概念

共享资源指可用于网络用户的客户机及服务器上的所有资源,包括驱动器、文件夹、文件及打印机等。

用户可以通过设置共享文件夹的方式,与其他用户分享自己的文件夹,从而实现资源共享。共享文件夹是指网络内其他用户可以访问另一台计算机上的文件夹。驱动器可以理解为特殊的文件夹,因而共享文件夹也包括驱动器的共享,它们的设置方法是一样的。

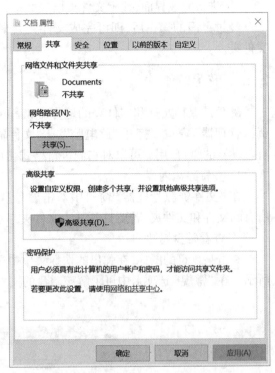

在 Windows 10 中,用户可以将计算机中的文件夹设置为在局域网中共享的状态,设置共享时,既可以设置为所有人共享,也可以设置为家庭组共享。

(2)共享文件夹的设置

设置共享文件夹的操作步骤如下:

① 打开"文件资源管理器"或"此电脑",鼠标指向要共享的文件夹。

② 右击该文件夹,在弹出的快捷菜单中单击"属性"命令。

③ 弹出文件夹属性对话框,如图 3-29 所示,单击"共享"选项卡。

④ 在"共享"选项卡中单击"共享"按钮。

⑤ 弹出"网络访问"对话框,如图 3-30 所示,在"名称"列表中选择共享的用户名称,单击"共享"按钮。

图 3-29 文件夹属性对话框

图 3-30 "网络访问"对话框

⑥ 进入等待界面,显示共享项目的共享进度。

⑦ 进入完成界面,显示文件夹已经共享,单击"完成"按钮,关闭对话框。

经过上面的操作后,即可完成文件夹共享,这样其他用户即可在局域网中访问本机共享的文件夹。

3.3.4 磁盘管理

磁盘是保存文件和文件夹的地方。Windows 下对磁盘的操作,可以使用"此电脑"或"文件资源管理器"窗口。打开"此电脑"或"文件资源管理器"窗口,窗口中列出了已安装的本机所有驱动器的盘符,用户可以对它们进行格式化、复制等操作。

1. 查看磁盘内容

在"文件资源管理器"窗口中双击磁盘盘符图标,弹出该磁盘窗口。窗口中显示出该盘中所有的文件和文件夹,若要打开某个文件夹,只需双击该文件夹图标,就会显示其内容。

2. 查看磁盘属性

右击某盘符的图标,在弹出的快捷菜单中选择"属性"命令,弹出磁盘属性对话框,如图 3-31 所示。在"常规"选项卡中可了解该磁盘的文件系统类型、已用空间和可用空间及容量等属性。

图 3-31　磁盘属性对话框

3. 格式化磁盘

格式化磁盘是指在磁盘上建立可以存放文件的磁道和扇区。格式化磁盘还会删除盘中原有的全部文件,且不可恢复。首次使用的硬盘,经过格式化后才能使用。

通过格式化还可以检查出磁盘中损坏的磁道和扇区,以保证所存储数据的可靠性。当磁盘感染病毒,用杀病毒软件又没有办法杀毒时,也可以使用格式化操作,将磁盘所有信息全部清除。格式化的操作步骤如下:

(1)打开"此电脑"或"文件资源管理器"窗口。

(2)单击选定盘符,如 D 盘,单击"驱动器工具"→"格式化"命令;或者右击选定的盘符,在弹出的快捷菜单中单击"格式化"命令,打开格式化对话框,如图 3-32 所示。

① 容量。磁盘可容纳的数据量,硬盘一般不用选择,系统能够自动识别。

② 文件系统。文件命名、存储和组织的总体结构。安装 Windows 10 的计算机支持 3 种文件系统:FAT、FAT32 和 NTFS,但系统盘必须是 NTFS 格式。FAT 文件系统用于小于 2 GB 容量的硬盘或分区,大于 2 GB 时用 FAT32 文件系统;NTFS 不但具有 FAT 和 FAT32 的所有基本功能,而且还具有更好的文件安全性、更大的磁盘压缩性。

③ 分配单元大小。文件占用磁盘空间的基本单位,仅当采用 NTFS 文件系统时才可以选择,否则只能采用默认值。

④ 卷标。用以标识磁盘的名称,一个软盘就是一个卷,一个硬盘或其上的一个逻辑分区也是一个卷,都可以有自己的名称。

⑤ 格式化选项。选中"快速格式化"复选框,可对已格式化过的磁盘只清除磁盘中的文件和文件夹,而不检查磁盘损坏情况。对于初次使用的磁盘,则不选"快速格式化"选项。

(3)单击"开始"按钮,系统开始对磁盘进行格式化。

(4)格式化完成后,弹出格式化完毕对话框,单击"确定"按钮,返回到格式化窗口,可以继续格式化另外一张磁盘。

图 3-32 格式化对话框

(5)单击"关闭"按钮,关闭格式化完毕对话框。

注意:对正处于运行过程中的计算机,千万不要尝试格式化硬盘。

3.4 Windows 设置与控制面板

3.4.1 概述

Windows 操作系统最初提供给用户进行系统环境调整和设置的程序是控制面板,随着 Windows 10 的发布和更新,又为用户提供了 Windows 设置这一方法。一般来讲,Windows 系统在安装时都给出了系统最佳的设置,如果用户需要重新调整,可通过 Windows 设置或控制面板的系统工具进行调整。本节将介绍几个常用系统工具的使用。

为保持用户的操作习惯和连续性,本节同时介绍控制面板和 Windows 设置的操作,后续随着 Windows 操作系统的不断更新,也可能出现 Windows 设置代替控制面板的可能。

1. Windows 设置和控制面板的启动

启动 Windows 设置的方法有如下几种：

① 单击 "开始" 菜单后，单击设置图标。

② 在 "开始" 菜单上右击，在弹出的快捷菜单中单击 "设置" 命令。

③ 在桌面右击，在弹出的快捷菜单中单击 "显示设置" 命令。

启动后的 Windows 设置窗口如图 3-33 所示。

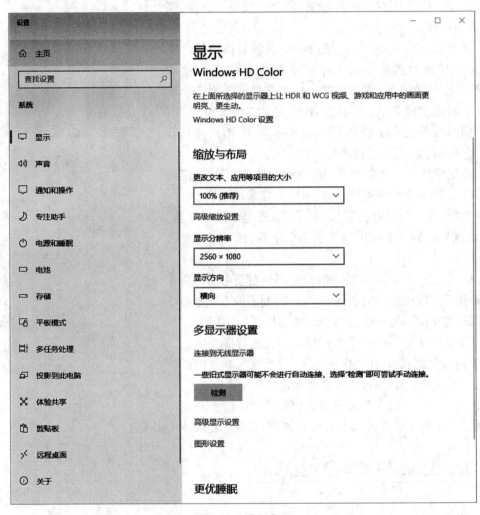

图 3-33　设置窗口

启动控制面板的方法有如下几种：

① 打开文件资源管理器，在左侧导航栏中单击 "控制面板" 命令。

② 按快捷键 Win+E，启动控制面板。

③ 按快捷键 Win+R，打开运行对话框，输入 "control.exe" 命令来启动控制面板。

打开控制面板后，在任务栏图标上右击，在弹出的快捷菜单中选择 "将此程序固定到任务栏" 选项，则控制面板就固定在任务栏上了。

2. 控制面板介绍

如图 3-34 所示,打开 Windows 10 系统控制面板主页后,默认以类别视图显示,分别为"系统和安全""网络和 Internet""硬件和声音""程序""用户账户""外观和个性化""时钟和区域"及"轻松使用"。

图 3-34 "控制面板"窗口

想查看某一选项的详细信息,用鼠标指针指向该项目的图标或类别名称,就会显示该项目的详细信息。例如想了解"系统和安全",操作如图 3-35 所示。

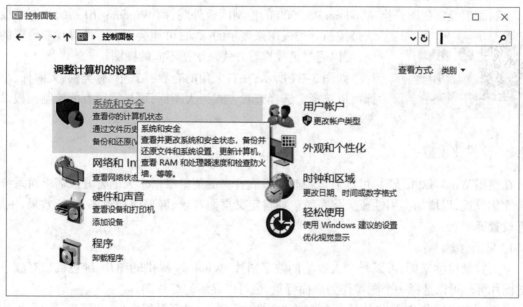

图 3-35 "系统和安全"详细信息

如果要打开某个选项,单击该选项图标或类别名,这样可以显示可执行的任务列表和可供选择的单个控制面板项目。例如,单击图 3-35 中的"系统和安全"选项,则会打开"系统和安全"窗口,如图 3-36 所示。

图 3-36 "系统和安全"窗口

3. 控制面板的查看方式

控制面板经典视图是指 Windows 98/2000 的控制面板外观,而 Windows 10 系统控制面板默认是按照分类视图来显示的,此时可能会不大方便寻找要设置的选项,可以通过更改查看方式来切换不同的视图。

如图 3-37 所示,在右上角的查看方式中,有类别、大图标、小图标可以选择。选择查看方式为大图标,可显示所有的控制面板设置选项。

3.4.2 个性化设置

在使用 Windows 系统时,可以通过控制面板或者快捷菜单根据个人的喜好或需求对系统进行个性化设置,以增加实用性或美化系统。如自定义桌面背景、屏幕保护程序、声音效果、主题、鼠标设置等。

1. 桌面背景

桌面背景也称壁纸,可以是个人收集的数字图片、Windows 提供的图片、纯色或带有颜色框架的图片等。可以选择一个图像作为桌面背景,也可以显示幻灯片图片。

在桌面空白处右击,选择快捷菜单中的"个性化"命令,打开设置窗口,如图 3-38 所示。

图 3-37 大图标查看方式

图 3-38 设置窗口

（1）图片作为桌面背景

在设置窗口的"背景"下拉列表中选择"图片",然后在选择图片处选择用于桌面背景的图片,如果要使用的图片不在桌面背景图片列表中,可以单击下方"浏览"按钮查看搜索计算机上的图片。找到所需的图片后,双击该图片,它将成为桌面背景。

(2)使用幻灯片作为桌面背景

在设置窗口的"背景"下拉列表中选择"幻灯片放映",这里的幻灯片是指选定的一系列图片,按设置的时间间隔不停变换。单击下方"浏览"按钮查看搜索计算机上的多张图片。包含在幻灯片中的图片必须位于同一文件夹中。可以为幻灯片调整切换频率,也可设置"无序播放",让其无序播放。

2. 显示桌面图标

桌面图标可能被隐藏,有时需要将其显示出来,具体方法是右击桌面,在弹出的快捷菜单中选择"查看",在子菜单中选择"显示桌面图标"选项。

若要将图标(例如"此电脑""回收站"等)添加到桌面,操作步骤如下:

(1)单击"开始"按钮 ■,然后依次选择"设置"→"个性化"→"主题"命令。

(2)单击"主题"→"相关设置"→"桌面图标设置"命令。

(3)在打开的对话框中选择希望显示在桌面上的图标,如图 3-39 所示,然后选择"应用"→"确定"按钮。

图 3-39　"桌面图标设置"对话框

3. 屏幕保护程序

屏幕保护程序是当用户在一段指定的时间内没有使用计算机时,屏幕上出现的图案,从而减少屏幕的损耗并保障系统安全。屏幕保护程序还可以设置口令,从而保证只有用户本人才能恢复屏幕内容。

　　Windows 提供了多个屏幕保护程序，用户也可以使用保存在计算机上的个人图片来创建自己的屏幕保护程序，还可以从网站上下载屏幕保护程序。

　　设置屏幕保护程序的操作步骤如下：

　　（1）在控制面板中搜索"更改屏幕保护程序"，如图 3-40 所示。

图 3-40　搜索更改屏幕保护程序

　　（2）单击"更改屏幕保护程序"选项，打开"屏幕保护程序设置"对话框，如图 3-41 所示。

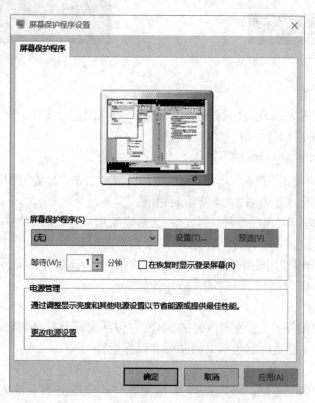

图 3-41　"屏幕保护程序设置"对话框

（3）在"屏幕保护程序"列表框中选择一个屏幕保护程序,如"变换线",单击"设置"按钮可以对该屏幕保护程序进行相应的设置,也可单击"预览"按钮查看效果。

（4）在"等待"栏中输入等待时间,单击"在恢复时显示登录屏幕"复选框,即可使用用户登录密码才能恢复,然后单击"确定"按钮完成设置。

注意:*若要停止屏幕保护程序并返回桌面,移动鼠标或按任意键。*

4. 设置声音和音频设备

Windows 系统提供用户使用控制面板中的"声音"选项,调整声音和音频设备音量、选择声音播放设备和录音设备,以及为事件指派声音等功能。

（1）音量控制

控制音量的操作步骤如下:

① 单击任务栏通知区域中的"音量"图标,如图 3-42 所示,在音量调整框中通过拖动滑块调整输出的音量。

② 右击任务栏通知区域中的"音量"图标,在弹出的快捷菜单中单击"打开音量合成器"命令,如图 3-43 所示。在打开的音量合成器—扬声器对话框中,通过对合成器上方按钮的调动改变音量的大小。

图 3-42　音量调整框

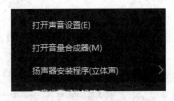

图 3-43　音量设置快捷菜单

（2）事件声音设置

事件指在 Windows 系统或应用程序中,需要通知用户的重要操作。如打开程序、关闭程序、弹出菜单、Windows 的启动与关闭、登录、注销等。

为事件添加声音的操作步骤如下:

① 在控制面板中单击"声音"选项;或在通知区域中右击"音量"图标,在弹出的快捷菜单中选择"声音"命令,打开如图 3-44 所示对话框。

② 在"声音"选项卡"程序事件"列表中,选择需要添加声音的事件。

③ 在"声音"下拉列表中,选择事件发生时要添加的声音。

④ 如果没有列出要使用的声音,单击"浏览"按钮,可为该事件选择另一种声音。

⑤ 单击"应用"或"确定"按钮,即可应用设置。

5. 主题

主题是此电脑上的图片、颜色和声音的组合,它包括桌面背景、屏幕保护程序、窗口边框颜色和声音方案。某些主题也可能包括桌面图标和鼠标指针。

（1）更改主题

Windows 提供了多个主题。可以选择 Aero 主题使此电脑更加个性化;如果此电脑运行缓慢,可以选择 Windows 10 基本主题;如果希望屏幕更易于查看,可以选择高对比度主题。

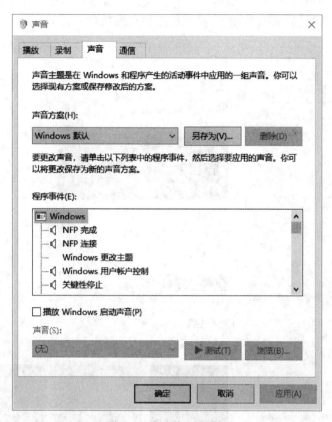

图 3-44　"声音"对话框

在桌面上右击,在弹出的快捷菜单中选择"个性化"命令,单击打开的设置窗口左侧的"主题"选项。在列表中选择某个主题即可改变主题,如图 3-45 所示。

（2）自定义主题

可以更改主题的背景、颜色、声音和鼠标光标等各部分来创建新的主题,保存修改后的新主题以供自己使用或与其他人共享。

同样是单击设置窗口左侧的"主题"选项,再单击要更改以应用于桌面的主题,执行以下一项或多项操作:

① 若要更改背景,则单击"背景"选项,再选中要使用的图像。

② 若要更改窗口边框颜色,则依次单击"颜色"选项和要使用的颜色,再选择颜色的深浅和亮暗。

③ 若要更改主题的声音,则单击"声音"选项,在"程序事件"列表中更改声音,然后单击"确定"按钮。

④ 若要添加或更改鼠标光标,则单击"鼠标光标"选项之后在打开的"鼠标 属性"对话框中进行设置,然后单击"确定"按钮。

6. 设置分辨率

分辨率是指显示器上显示的像素数量,分辨率越高,显示器显示的像素就越高,屏幕区域就越大,可以显示的内容就越多,反之则越少。显示颜色是指显示器可以显示的颜色数量,颜色数量越高,显示的图像就越逼真,颜色越少,显示的图像色彩就越走样。

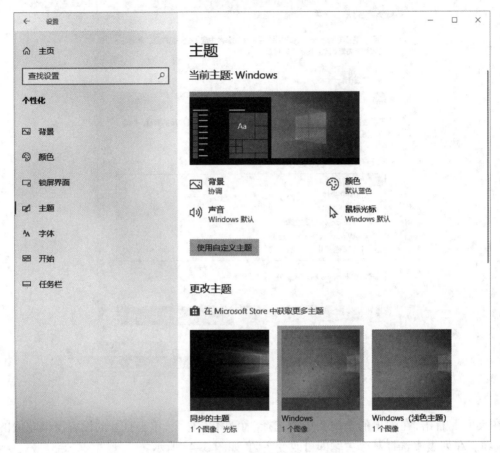

图 3-45 更改主题

设置分辨率的操作步骤如下:

(1)在桌面的空白处右击,在弹出的快捷菜单中选择"显示设置"命令。

(2)在打开的设置窗口中,如图 3-46 所示,在"显示"选项下拖动鼠标选择合适的分辨率即可。

3.4.3 添加 / 删除硬件

目前,绝大多数的硬件(包括打印机)都是即插即用的。即插即用设备是连接到计算机上可以立即使用,无需手动配置的设备。相反,连接到计算机上不能自动运行或立即使用的设备属于非即插即用设备。

1. 硬件安装

(1)即插即用硬件设备的安装

Windows 10 支持绝大部分的即插即用硬件,系统可以自动进行设备识别,并为其安装对应的驱动。除了可以做到插上硬件就能使用外,还可以制定对设备连接后要进行的操作,如实现连接后直接播放或者浏览内容。

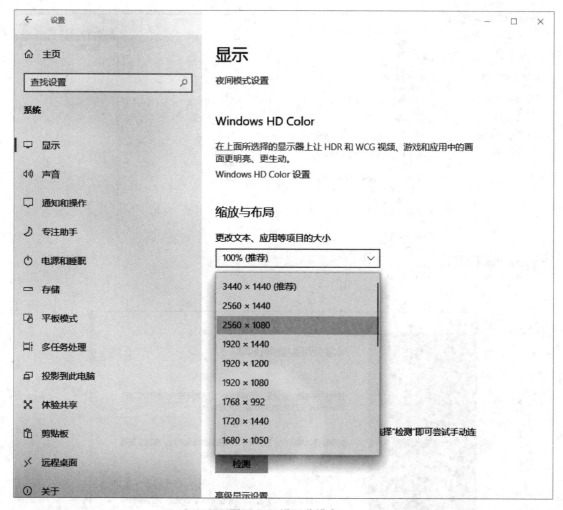

图 3-46　设置分辨率

连接上即插即用设备后,弹出"设备安装"对话框,系统会自动安装设备驱动。安装完毕后,屏幕左上角弹出选择设备提示框。在展开的下拉列表中,单击"打开设备以查看文件"选项,该设备窗口随后被打开,可查看其中的文件。以后只要连接上该设备,就会自动打开文件夹。

（2）非即插即用硬件设备的安装

安装非即插即用的硬件时,如果系统无法识别,需要手动安装驱动程序,可以在设备管理器中添加过时的硬件,根据向导的提示一步一步进行操作,就可以安装成功。

打开"设备管理器"窗口,右击"此电脑",在弹出的快捷菜单中单击"管理"→"设备管理器"→"添加过时硬件"命令,如图 3-47 所示。

在弹出的"添加硬件"对话框中,单击"下一步"按钮,如图 3-48 所示。

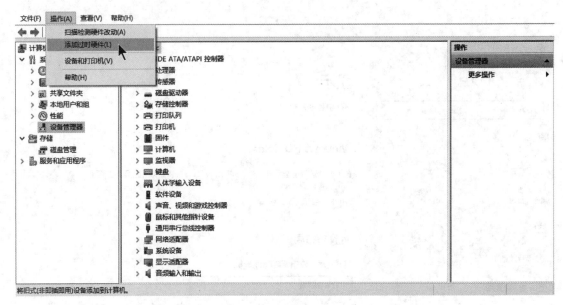

图 3-47 计算机管理窗口

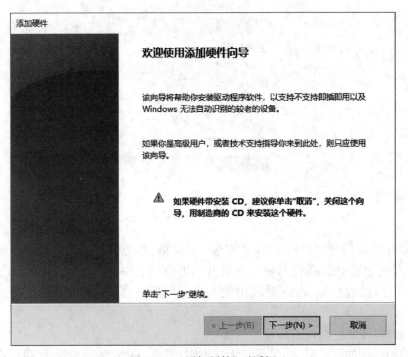

图 3-48 "添加硬件"对话框

选中"安装我手动从列表选择的硬件(高级)"单选按钮,单击"下一步"按钮,如图 3-49 所示。

在"常见硬件类型"列表框中选择连接设备的硬件类型,单击"下一步"按钮,等待一段时间即可完成安装,如图 3-50 所示。

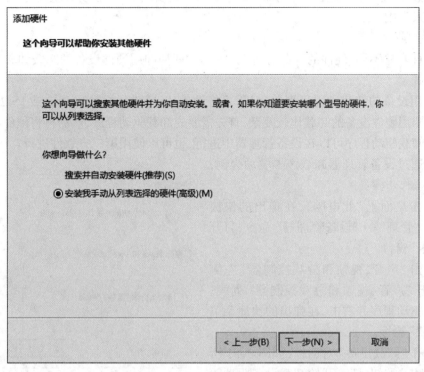

图 3-49 手动从列表选择的硬件

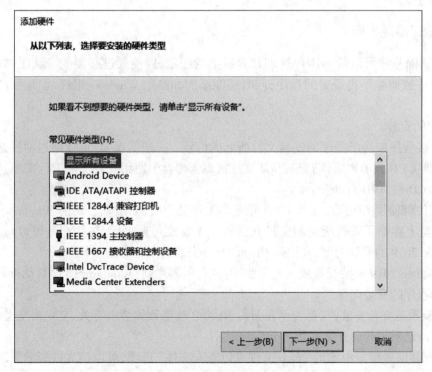

图 3-50 "常见硬件类型"列表框

手动安装驱动程序的过程比较麻烦,可以借助"驱动精灵""驱动人生"或"驱动大师"等第三方软件来完成。

2. 硬件卸载

根据硬件对象不同,硬件的卸载分为两种情况:即插即用硬件设备的卸载和非即插即用硬件设备的卸载。

即插即用设备的卸载过程很简单,只需要将设备从计算机的接口(USB 或 PS/2)中拔掉即可。非即插即用硬件设备的卸载比较复杂,首先需要先卸载驱动程序,然后再将硬件从计算机接口中移除。卸载驱动程序可以在设备管理器中进行,也可以使用第三方软件进行。

下面以通过设备管理器卸载声卡驱动为例,介绍具体的操作步骤:

（1）右击桌面上"此电脑",在弹出的快捷菜单中单击"管理"→"设备管理器"命令,打开"设备管理器"窗口。

（2）单击"声音、视频和游戏控制器"左侧的箭头,展开"声音、视频和游戏控制器"列表。再选中声卡驱动程序并右击,在弹出的快捷菜单中选择"卸载"命令。

（3）打开"卸载设备"对话框,如图 3-51 所示,单击"卸载"按钮,即可开始卸载设备驱动并显示卸载的进度。

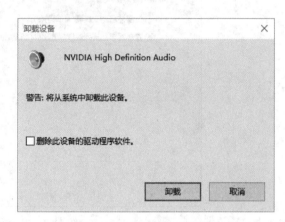

图 3-51　"卸载设备"对话框

3.4.4　添加 / 删除程序

添加 / 删除程序可以帮助用户管理计算机上的程序,以便通过必要的步骤添加新程序、更改已有的程序或删除不再需要的程序,同时还能添加和删除 Windows 组件,设定程序访问的默认值。

1. 程序的安装

如何安装程序取决于程序的安装文件所处的位置。一般情况下,可以通过两种途径来安装应用程序,即从 CD 或 DVD 自动安装和从文件资源管理器中使用安装文件进行安装。

（1）从 CD 或 DVD 自动安装

很多软件都使用 CD 光盘或者 DVD 光盘作为存储介质,如微软公司的 Windows 7 和 Office 2019 等,光盘上存储了安装所需的文件和资料。光盘放入光驱后,往往都是可以自动运行的。下面以 Office 2019 的安装为例,介绍从 CD 或 DVD 安装应用程序的过程。

① 将 Office 2019 安装光盘放入光盘驱动器中,稍等片刻,Windows 10 会自动读取光盘内容并试图启动程序的安装向导。

注意:如果不自动安装,可能与 Windows 10 的自动播放被禁止有关,可以浏览整张光盘,检查程序附带的说明文件进行安装。

② 在安装向导窗口中单击"打开文件夹以查看文件"选项,可以用文件资源管理器来浏览光盘上的内容,如图 3-52 所示。如果想直接安装,双击运行 Setup.exe 文件。

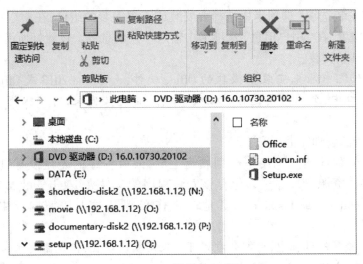

图 3-52 浏览光盘内容

③ 安装程序在准备好必要文件后,就进入到产品密钥输入对话框,如图 3-53 所示。输入正确的安装秘钥后,单击"继续"按钮。

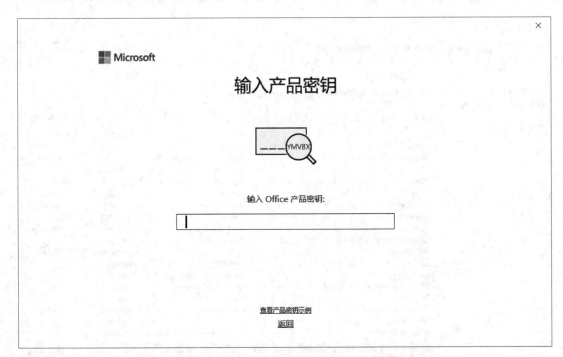

图 3-53 输入产品密钥

④ 在"阅读 Microsoft 软件许可证条款"对话框中,选中"我接受此协议的条款"复选框,单击"继续"按钮。

⑤ 弹出"选择所需的安装"对话框,如果希望使用默认设置进行安装,单击"立即安装"按钮,否则单击"自定义"按钮,弹出"安装选项"设置对话框。

⑥ 可以在"安装选项"选项卡中选择要安装或不想安装的组件,在"文件位置"选项卡中更改默认的安装位置,在"用户信息"选项卡中输入个人信息等。设置好所需信息后,单击"立即安装"按钮,则开始安装。

注意:如果系统中原先安装了微软的 Office 软件,如 Office 2013 或 Office 2016 时,在选择所需安装的窗口中,会询问是选择升级安装还是自定义安装,可以根据自己的情况进行安装。

（2）从文件资源管理器进行安装

如果要安装的程序是从网络下载到硬盘上的,或者程序的光盘没有自动播放功能,那么就需要通过文件资源管理器进入保存该安装程序的文件夹,双击安装文件运行即可。安装文件一般是 Setup.exe 或 Install.exe,其他的操作步骤基本上按照向导中的提示就可以完成。

注意:在安装程序的过程中,大部分步骤可以采用默认设置,但是需要注意程序安装过程中的插件,有时一些软件可能会通过程序安装混进计算机。

2. 程序的卸载

打开控制面板,单击"卸载程序"选项,弹出"程序和功能"窗口,如图 3-54 所示,右击所要卸载的程序,然后在弹出的快捷菜单中选择"卸载"菜单命令即可卸载该程序。

图 3-54　"程序和功能"窗口

还有一种常用的简便方法是在"开始"菜单中的"所有程序"列表中,指向所要卸载程序的图标,右击,在弹出的快捷菜单中选择"卸载"命令,即可卸载该程序。

3.4.5　系统日期和时间的设置

计算机启动后,会在任务栏的通知区域中显示当前系统的日期和时间,这可能与实际时间并不是同步的,此时,就需要根据实际时间、日期以及时区的不同,及时地调整。用户可以使用自动和手动两种方法调整系统日期和时间。

1. 手动调整系统日期和时间

手动调整系统日期和时间的具体操作步骤如下:

(1)单击"开始"菜单中的"控制面板"命令,打开"控制面板"窗口,选择"时钟与区域"类别,单击"日期和时间"选项,在弹出的对话框中单击"更改日期和时间设置"超链接,即可打开"日期和时间设置"对话框,如图 3-55 所示。

(2)在左侧的"日期"列表中选择实际的日期,在右侧钟表图形的下方的微调框中输入实际时间,然后单击"确定"按钮。

(3)返回"日期和时间"对话框,单击"确定"按钮,保存系统日期和时间的设置。

2. 自动调整系统日期和时间

当用户的计算机已经联网后,还可以自动调整系统日期和时间,具体操作步骤如下:

(1)打开"日期和时间"对话框,并切换到"Internet 时间"选项卡,单击下方的"更改设置"按钮。

(2)弹出"Internet 时间设置"对话框,选择"与 Internet 时间服务器同步"复选框,然后单击其右侧的"立即更新"按钮,系统自动进行与 Internet 时间服务器同步操作。

(3)同步完成后,单击"确定"按钮即可。

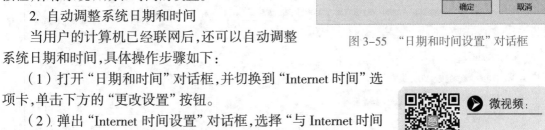

图 3-55　"日期和时间设置"对话框

3.4.6　输入法的安装及删除

输入法是人与计算机沟通的重要渠道,通过输入法用户可以非常方便地输入字符或文本。Windows 10 中的输入法较之前的 Windows 版本有了不小的改变,下面介绍 Windows 10 操作系统中输入法的安装与删除。

1. 中文输入法的安装

在 Windows 10 操作系统中,输入法的安装分为安装系统自带输入法和安装第三方输入法。

(1)系统自带输入法的安装

具体操作步骤如下:

① 在语言栏图标上右击,从弹出的快捷菜单中选择"设置"命令,如图 3-56 所示。

图 3-56　语言栏
快捷菜单

② 打开"设置",在"更改语言首选项"中单击"添加语言"按钮,如图 3-57 所示。

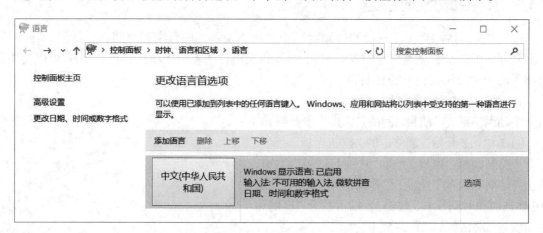

图 3-57 添加语言

③ 弹出"添加语言"对话框,如图 3-58 所示,在列表框中选择要添加的语言。例如,选中"阿尔巴尼亚语",单击"添加"按钮。

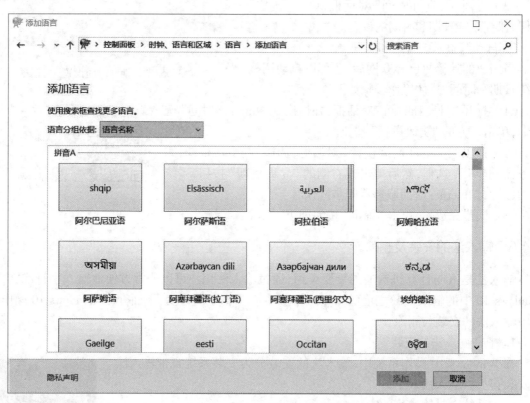

图 3-58 "添加语言"对话框

（2）第三方输入法的安装

下面以搜狗输入法为例介绍安装第三方输入法的方法,首先应当拥有搜狗输入法的安装程序,具体操作步骤如下：

① 双击搜狗拼音输入法安装程序图标，启动搜狗输入法安装程序，在用户账户控制对话框上单击"是"按钮。

② 打开安装向导窗口，如图 3-59 所示，单击"立即安装"按钮。

图 3-59　安装向导窗口

③ 此时搜狗拼音输入法正在安装中，如图 3-60 所示，用户可看到实时的安装进度。

图 3-60　安装进度

④ 待搜狗拼音输入法安装完成后，会自动启动"个性化设置向导"，根据向导进行个性化设置（也可采用默认设置），并单击"下一步"按钮，直到完成个性化设置，此时用户已完成搜狗拼音输入法的安装。

⑤ 用户可单击语言栏中输入法图标查看新添加的搜狗拼音输入法。

2. 输入法的删除

当用户安装了过多输入法时，不同输入法之间的切换就会比较烦琐，于是就需要删除或卸

载部分无用的输入法,现以删除"简体中文双拼(版本 6.0)"输入法为例,具体介绍输入法删除的操作步骤:

（1）在语言栏图标上右击,从弹出的快捷菜单中选择"设置"命令。

（2）打开"文本服务和输入语言"对话框,选择要删除的输入法,单击"删除"按钮。

（3）输入法被删除后,单击"确定"按钮。

返回桌面,单击语言栏上的输入法图标,在弹出的列表中可以看到"简体中文双拼(版本 6.0)"输入法已经删除。

3.4.7 用户管理

在 Windows 安装过程中,系统将自动创建一个默认名为 Administrator 的账号,该账号拥有对本机资源的最高管理权限,即计算机管理员特权。

Windows 的用户管理功能可以使多个用户共同使用一台计算机,而每个用户有自己的用户界面和使用计算机的权限。

用户账户的管理可以通过双击控制面板中的"用户账户"选项,然后选择用户账户,打开"用户账户"窗口进行管理,如图 3-61 所示。

图 3-61 "用户账户"窗口

在"更改账户信息"中,可以完成对账户的管理,包括更改密码、删除密码、更改图片、更改账户名称、更改账户类型、管理其他账户、更改用户账户控制设置等。

1. 更改账户名称

可以输入一个新的账户名称,该名称将显示在开始屏幕和欢迎屏幕上。

2. 更改账户类型

在此可以更改用户账户类型,包括标准用户、管理员以及来宾账户,其含义分别如下:

（1）标准用户。标准用户可以使用大多数软件，并可以更改不影响其他用户或这台计算机安全性的系统设置。

（2）管理员。管理员对计算机有完全控制权，可以更改任何设置，还可以访问存储在计算机上的所有文件和程序。

（3）来宾账户。来宾账户是系统内置的账户，多用于临时访问计算机。用户使用来宾账户登录系统后，不能够安装软件、硬件，也不能更改系统设置或创建账户密码。

3. 管理其他账户

选择要更改的账户，可以更改账户名称、密码、账户类型，设置家长控制，也可以在计算机设置中添加新用户，添加一个新用户往往需要创建用户名并为之分配权限。

（1）创建新用户名

用户名不能与被管理的计算机上的其他用户或组名相同。用户名最多可以包含除下列字符以外的 20 个大写或小写字符："/\〔 〕:；| = , + * ？ ＜＞。用户名不能只由句点"."或空格组成。

（2）分配访问权限

受限账户只能更改个人的图片，创建、更改或删除自己的密码。而作为"管理员"组成员的用户账户，它对计算机具有完全的权限和控制，可以访问和修改计算机上的所有用户账户，并可添加或删除程序或硬件设备。

微视频：
用户管理的基本操作

3.5　Windows 附件

Windows 附件中包括许多实用的程序，它们大多存放于 C:\Windows\System32 文件夹下。如记事本程序 notepad.exe、画图程序 mspaint.exe、计算器程序 calc.exe 等。下面仅对一些常用的附件进行介绍。

3.5.1　记事本

记事本是一个小型、简单的文本编辑器，不提供复杂的排版及打印格式等方面的功能。记事本文件扩展名默认为 txt。如图 3-62 所示就是记事本程序窗口。

在 Windows 10 中，用户可以使用以下 3 种方法启动记事本应用程序：

（1）单击"开始"→"Windows 附件"→"记事本"命令，即可打开"记事本"应用程序。

（2）使用快捷菜单打开。在桌面或任意磁盘、文件夹的空白处右击，然后在弹出的快捷菜单中依次单击"新建"→"文本文档"命令，即可新建一个 TXT 格式的文本文件。双击打开该文本文件即可启动"记事本"应用程序，如图 3-62 所示。

（3）使用 txt 文件打开。直接打开计算机中已存在的文本文件。此方法与第 2 种方法唯一的区别就是，不需专门新建一个 TXT 格式文件。

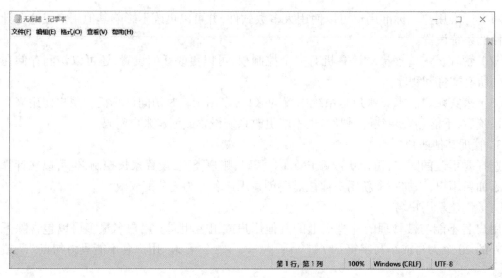

图 3-62　"记事本"窗口

3.5.2　画图

　　画图程序是一个简单易用的图形处理程序,可以建立、编辑、打印各种黑白或彩色图形。画图程序创建好的图形可以嵌入到其他应用程序的文档中,也可将其他应用程序中的图形复制、粘贴过来,还可将画图图片作为桌面背景。画图文件扩展名默认为 png。

　　单击"开始"→"Windows 附件"→"画图"命令,即可启动"画图"程序。如图 3-63 所示,"画图"程序窗口由 4 部分组成,包括"画图"按钮、快速访问工具栏、功能区和绘图区。

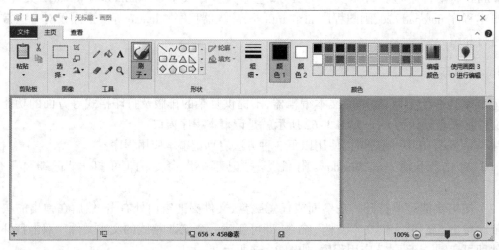

图 3-63　"画图"窗口

　　启动画图程序后,会自动新建一个空的画板,可以使用菜单或快速访问工具栏上的工具来进行绘图操作,当然也可以打开一个现有的图片文件进行编辑,或者使用画图程序进行文件格式的转换和墙纸的设置。

3.5.3 计算器

Windows 10 计算器功能强大,除了简单的加、减、乘、除,还能进行更复杂的数学运算,以及日常生活中遇到的各种计算,是名副其实的多功能计算器。

单击"开始"→"Windows 附件"→"计算器"命令,即可打开"计算器"窗口,如图 3-64 所示。计算器从类型上可分为标准型、科学型、程序员型和统计信息型。默认情况下,每次启动的 Windows 10 计算器总是标准型计算器。

Windows 10 的计算器除了最基本的标准模式之外,还包括科学模式、程序员模式及日期计算模式,同时包含单位换算功能。

(1)日期计算。可以计算出两个日期之间相隔的年、月、日或天数,或者是计算出某一天增减一段时间后的日期。

(2)单位换算。可以进行货币、容量、长度、质量、温度、能量、面积、速度、时间、功率等单位的换算。

这里以科学计算为例介绍计算器的使用,其他功能的使用方法类似。科学计算模式可以完成较为复杂的科学运算,比如函数运算等,计算结果存储在内存中,用户可以将计算结果粘贴到其他的应用程序或文档中,其使用的方法和日常生活中使用计算器的方法一样,可以通过鼠标单击计算器上的按钮来取值,也可以通过键盘来输入数值进行计算。例如计算 $\sin(60°)$ 的结果,应该选择"度"模式,然后输入"60",单击 sin 按钮,即可获得计算结果,如图 3-65 所示。

图 3-64 "计算器"窗口

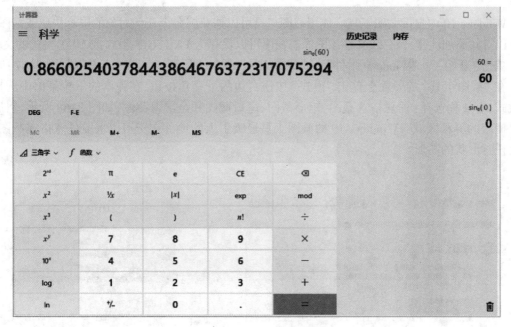

图 3-65 计算 $\sin(60°)$

　　用户在使用计算器的过程中,如果发现某一数值输入错误,通过"历史记录"进行回退操作,如图 3-66 所示,这样就能保证数据的正确。

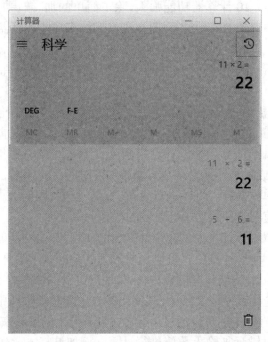

微视频:

计算器的使用

图 3-66　修改计算过程中的错误

3.5.4　截图工具

　　Windows 10 中自带截图工具。使用截图工具可以捕获屏幕上任何对象的屏幕快照或截图,然后可以对其添加注释、保存或共享该图像。截图可以保存为 PNG、GIF、JPG 或 MHT 格式的文件。

　　单击"开始"→"Windows 附件"→"截图工具"命令,即可启动"截图工具",如图 3-67 所示。

　　在"截图工具"的界面上单击"模式"按钮右边的下三角按钮,在弹出的下拉菜单中选择截图模式,有 4 种选择:任意格式截图、矩形截图、窗口截图和全屏幕截图,如图 3-68 所示,然后选择要捕获的屏幕区域。Windows 10 的截图工具最吸引人的地方在于可以采取任意格式截图,或截出任意形状的图形。

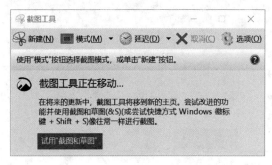

图 3-67　"截图工具"窗口

图 3-68　选择截图模式

　　Windows 10 在截图的同时还可以即兴涂鸦,在截图工具的编辑界面,除了可以选择不同颜色的画笔,还可以使用橡皮擦工具,将不满意的部分擦去。

　　注意:在 Windows 中可以用快捷键截图,按 PrtScn 键可以将屏幕的图像复制到 Windows 剪贴板,这称为"屏幕捕获"或"屏幕快照"。按 Alt+PrtScn 键时捕获特定的活动窗口。在某些键盘上,PrtScn 键可能显示为 PrtSc、Print Screen 或类似的缩写。某些缺少 PrtScn 键的便携式计算机和其他移动设备可能使用其他组合键来捕获屏幕。

微视频:

截图工具的使用

3.6　系统还原

　　系统还原可以方便而且快捷地使系统恢复到原来某一时间的状态。在使用计算机的过程中,如果用户对计算机系统做了误操作,例如删除重要程序、安装新程序或更改注册表,影响了其运行速度,或者出现严重的故障,甚至不能启动,可以使用 Windows 中的"系统还原"这一功能,将做过改动的计算机返回到一个较早时间的设置(还原点),而不会丢失用户最近进行的工作。

3.6.1　启动系统还原

　　使用系统还原之前应先对其进行设置,首先在桌面上的"此电脑"图标上右击,在弹出的快捷菜单中选择"属性"命令,打开"系统"窗口,单击左侧的"系统保护"选项,如图 3-69 所示。

图 3-69　"系统"窗口

系统还原只会更改操作系统的配置,而不会破坏用户的文件,所以用户可以大胆地进行撤销或还原操作。因为还原点过多会占据大量的硬盘空间,同时还原影响系统的性能,因此建议用户只开启系统盘的还原点,而将非系统还原点关闭。

在"系统属性"对话框的"系统保护"选项卡中,可以看出默认情况下"系统还原"功能是开启的。若是关闭的,也可以手动开启"系统还原"功能。

选中系统盘符后单击"配置"按钮,打开"系统保护 Windows(C:)"对话框,如图 3-70 所示。选择"还原设置"功能区的"启用系统保护"单选按钮,单击"应用"或"确定"按钮即可启用系统还原。

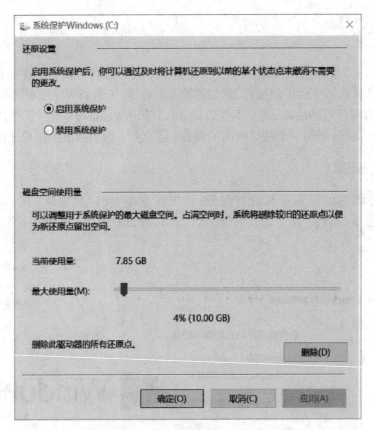

图 3-70   启动系统还原

返回"系统属性"对话框可以看到系统盘符的还原功能已经开启,同时"系统还原"和"创建"按钮处于激活状态,如图 3-71 所示。

3.6.2   创建系统还原点

Windows 默认在安装某些驱动程序和应用程序时,会自动触发还原点的创建,为了系统安全,用户可以在系统正常运行时创建还原点,以备不时之需。手动创建还原点,操作步骤如下:

(1)在"系统属性"对话框的"系统保护"选项卡中单击"创建"按钮。

图 3-71 "系统属性"对话框

（2）打开"创建还原点"对话框,输入还原点的名称后单击"创建"按钮,如图 3-72 所示。

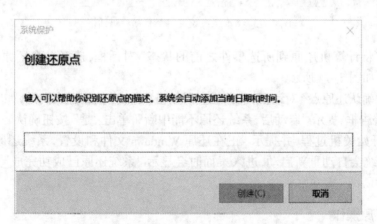

图 3-72 创建还原点

（3）还原点创建完成后会弹出"已成功创建还原点"提示框,单击"关闭"按钮即可。

3.6.3 开始系统还原

当发现系统不稳定、性能降低或者其他故障时,可以使用还原点进行系统还原。操作步骤如下:

（1）在"系统属性"对话框的"系统保护"选项卡中单击"系统还原"按钮即可启动系统还原，系统还原初次启动时，如图 3-73 所示，会弹出"还原系统文件和设置"对话框，单击"下一步"按钮。

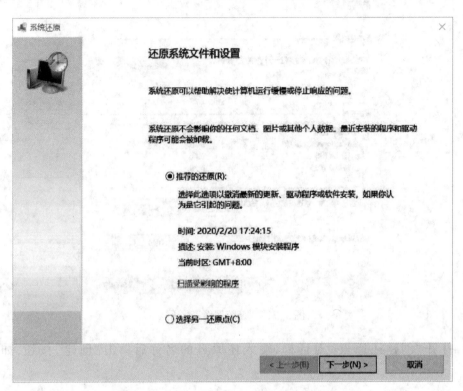

图 3-73　"还原系统文件和设置"对话框

（2）进入"将计算机还原到所选事件之前的状态"对话框，选择一个还原点名称，再单击"下一步"按钮，如图 3-74 所示。

（3）打开"确认还原点"对话框，确认无误后单击"完成"按钮退出向导，如图 3-75 所示。

（4）弹出警告框，提示"启动后，系统还原不能中断"，单击"是"按钮确认。

（5）系统开始关机过程，并提示"正在还原 Windows 文件和设置，系统还原正在初始化"。还原结束后，系统会自动重新启动，进入桌面时会显示"系统还原已成功完成"提示信息，单击"关闭"按钮即可。

3.6.4　撤销还原操作

如果用户发现，还原之后系统的问题没有解决，甚至产生了更严重的问题，这时还可以将之前的还原操作撤销，或者是选择另一个还原点。操作步骤如下：

（1）再次启动系统还原向导，欢迎画面多了一个撤销系统还原的选项，选中"撤销系统还原"单选按钮，再单击"下一步"按钮。

（2）提示确认选择的还原点，在还原点描述中可以看到"撤销还原操作"的描述，确认后单击"完成"按钮，开始撤销之前执行的系统还原。

图 3-74   选择还原点

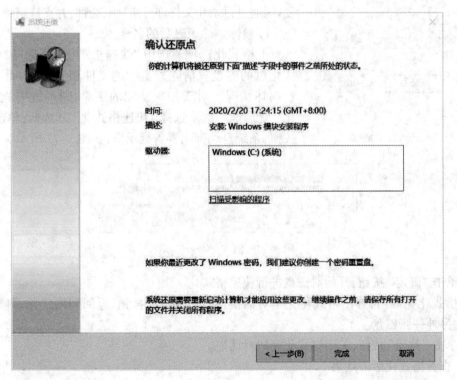

图 3-75   确认还原点

实　　践

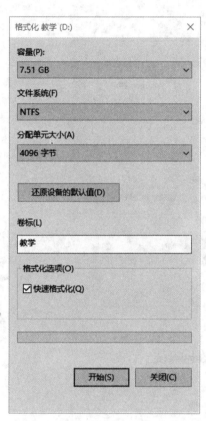

图 3-76　格式化对话框

实践 1: U 盘格式化

1. 任务要求

掌握对 U 盘进行格式化,并对其加卷标。

2. 解决方法

(1) 连接硬件

将 U 盘插入到 USB 接口,会看到 U 盘的灯开始闪烁,U 盘开始读盘。

(2) 利用"此电脑"对 U 盘进行格式化

① 单击"此电脑",可以看到可移动磁盘图标,如 📁 教学 (D:)。

② 右击,弹出快捷菜单,单击"格式化"命令,弹出格式化对话框,如图 3-76 所示。

a. 容量。显示当前 U 盘可以保存数据的容量,系统能够自动识别。

b. 文件系统。NTFS 文件系统是 Windows NT 内核的系列操作系统支持的、一个特别为网络和磁盘配额、文件加密等管理安全特性设计的磁盘格式,提供长文件名、数据保护和恢复,能通过目录和文件许可实现安全性,并支持跨越分区。

c. 卷标。标识磁盘的名称。

d. 格式化选项。选中"快速格式化"复选框,可对已格式化过的磁盘只清除磁盘中的文件和文件夹,而不检查磁盘损坏情况。对于初次使用的磁盘,则不选中"快速格式化"复选框。这里选择"快速格式化"复选框,单击"开始"按钮,系统自动弹出警告提示框,如图 3-77 所示。

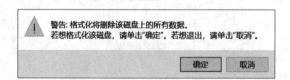

图 3-77　格式化警告提示

③ 单击"确定"按钮,开始对磁盘进行快速格式化。

④ 格式化完成后,弹出格式化完毕对话框,单击"确定"按钮,返回到格式化窗口,可以继续格式化另外一张磁盘。

⑤ 单击"关闭"按钮,关闭格式化完毕对话框。

(3) 查看格式化后的效果

① 打开"此电脑"窗口,看到 U 盘的卷标为"教学"的图标。

② 右击该图标,在弹出的快捷菜单中单击"属性"命令,打开属性对话框,如图 3-78 所示。可以查看到 U 盘的卷标、容量、类型等信息,验证 U 盘格式化成功。

图 3-78   属性对话框

实践 2:Windows 中文件的基本操作

1. 任务要求
掌握 Windows 中文件的基本操作,如选定、复制、移动、删除、重命名等。

2. 解决方法
(1)在 D:盘的某一文件夹下建立名为 XSML 的子文件夹。

① 右击"开始"按钮,在弹出的快捷菜单中单击"打开 Windows 资源管理器"命令,打开文件资源管理器窗口后,单击左侧导航窗格中的 D:盘。

② 双击某个文件夹,打开该文件夹后,在空白处右击,在弹出的快捷菜单中单击"新建"→"文件夹"命令,即可在该文件夹下,新建一个默认名为"新建文件夹"的文件夹。

③ 直接在文件夹名处输入 XSML,单击 Enter 键确认。

(2)在 E:盘根目录文件夹下,先建立 USER 文件夹,再在该文件夹下建立学号 + 姓名文件夹。

① 右击"开始"按钮,在弹出的快捷菜单中单击"打开 Windows 资源管理器"命令,打开文件资源管理器窗口,单击左侧导航窗格中的 E:盘。

② 在空白处右击,在弹出的快捷菜单中单击"新建"→"文件夹"命令,即可在该文件夹下,新建一个默认名为"新建文件夹"的文件夹。

③ 直接在文件夹名处输入 USER,单击 Enter 键确认。

用同样的方法,打开 USER 文件夹,新建文件夹,并命名为 1401010201 余蒙蒙。

（3）将 D:盘某文件夹下的部分文件复制到学号 + 姓名文件夹中。

① 双击"此电脑"→"D:"盘符,打开 D:盘窗口。

② 如果要复制的是连续的文件,则鼠标左键单击第一个要复制的文件,按下 Shift 键的同时,鼠标单击选定最后一个要复制的文件。如果要复制的是不连续的文件,方法基本同上,只是将 Shift 键换为 Ctrl 键即可。再单击"复制"按钮。

③ 打开学号 + 姓名文件夹,单击"粘贴"按钮。

（4）查找 D:盘中扩展名为 txt 的文本文件,然后将它们复制到学号 + 姓名文件夹中。

① 右击"开始"按钮,在弹出的快捷菜单中单击"打开 Windows 资源管理器"命令,打开文件资源管理器窗口后,单击左侧导航窗格中的 D:盘。

② 在右上方搜索窗格中输入要搜索的内容,如"*.txt",即可在右窗格中得到搜索的结果。

③ 选中搜索结果复制到学号 + 姓名文件夹中。

（5）利用记事本建立名为 Readme.txt 的文件,存入到学号 + 姓名文件夹中,再从学号 + 姓名文件夹中将此文件移动到"我的文档"。

① 单击"开始"→"所有程序"→"附件"→"记事本"命令,启动"记事本"应用程序。

② 单击"文件"→"另存为"命令,打开"另存为"对话框,在左侧窗格找到"1401010201 余蒙蒙"文件夹,在对话框下方文件名输入框中输入"Readme.txt",保存类型为"文本文档（.txt）",单击"保存"按钮。

③ 选定"1401010201 余蒙蒙"文件夹中的 Readme.txt 文件,右击,在弹出的快捷菜单中单击"剪切"命令,打开"我的文档",右击,在弹出的快捷菜单中单击"粘贴"命令。

（6）查看 E:盘上学号 + 姓名文件夹的属性,并将其属性修改为"只读",然后尝试能否删除该文件夹。

① 双击"此电脑"→"E:"盘符,打开 E:盘窗口。

② 选定"1401010201 余蒙蒙"文件夹,右击,在弹出的快捷菜单中单击"属性"命令,打开"1401010201 余蒙蒙 属性"对话框,勾选"只读"复选框。

③ 选定"1401010201 余蒙蒙"文件夹,右击,在弹出的快捷菜单中单击"删除"命令,再单击"是"按钮,可以将"1401010201 余蒙蒙"文件夹删除。

（7）删除 D:盘学号 + 姓名文件夹中的部分文件,然后打开"回收站"查看,查看后将"回收站"中部分文件恢复。

① 双击"此电脑"→"D:"盘符,打开 D:盘窗口。

② 打开"1401010201 余蒙蒙"文件夹,选定要删除的文件,右击,单击快捷菜单中的"删除"命令,再单击"是"按钮,将选定的文件移动到"回收站"。

③ 在桌面双击"回收站"图标。

④ 选定要恢复的文件,右击,在弹出的快捷菜单中选择"还原"命令,将选定的文件还原。

（8）清空"回收站"。

① 在桌面双击"回收站"图标,打开"回收站"窗口。

② 在工具栏中单击"清空回收站"命令,确认单击"是"按钮即可清空回收站。

实践 3: Windows 的系统设置

1. 任务要求

Windows 的系统设置，如桌面的设置、屏幕保护程序的设置、图标的排列、快捷方式的建立等。

2. 解决方法

（1）设置桌面背景，并居中放置，屏幕保护程序设置为"照片"，放映速度为中速，等待时间为"2 分钟"。

① 在桌面空白处右击，在弹出的快捷菜单中单击"个性化"命令，打开"个性化"窗口。

② 单击"桌面背景"选项，在打开的窗口中的图片位置列表中选择背景图片（任意），在"选择契合度"下拉式列表中选择"居中"。

③ 单击"搜索"窗口，搜索"屏幕保护程序"，在搜索结果中单击"更改屏幕保护程序"选项，打开"屏幕保护程序设置"对话框。

④ 在"屏幕保护程序"下拉式列表中选择"照片"选项，如图 3–79 所示。单击"设置"按钮，打开"照片屏幕保护程序设置"对话框。

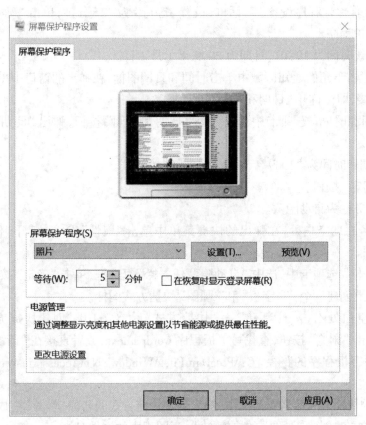

图 3–79 "屏幕保护程序设置"对话框

⑤ 单击"浏览"按钮,可以选择图片。

⑥ 单击"幻灯片放映速度"右侧列表,可以设置幻灯片放映速度,这里选择"中速"。

⑦ 单击"保存"按钮,如图3-80所示。

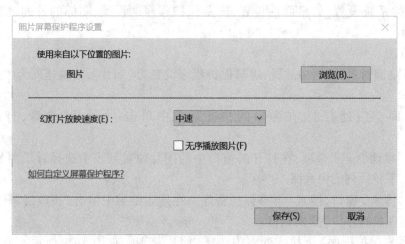

图3-80 "照片屏幕保护程序设置"对话框

⑧ 返回"屏幕保护程序设置"对话框,设置"等待"为"2"分钟,单击"确定"按钮,即可设置照片为屏幕保护程序。

（2）设置系统时间为19:01,日期为2009年1月1日。

① 在任务栏右下角的通知区域中单击时间和日期图标,在弹出的窗口中单击"更改日期和时间设置"超链接,即可打开"日期和时间"对话框。

② 在"日期和时间"选项卡中单击"更改日期和时间"按钮,弹出"日期和时间设置"对话框。

③ 设置日期和时间为"2009年1月1日"和"19:01"。

④ 单击"确定"按钮。

（3）设置任务栏为自动隐藏。

① 右击任务栏的空白处,在弹出的快捷菜单中单击"属性"命令,打开"任务栏和「开始」菜单属性"对话框。

② 在"任务栏"选项卡中,选中"自动隐藏任务栏"复选框,单击"确定"按钮。

（4）在桌面上创建一个"写字板"和"画图"快捷方式图标。

① 在桌面空白处右击→"新建"→"快捷方式"命令,打开"创建快捷方式"对话框,如图3-81所示,单击"浏览"按钮,查找写字板程序wordpad.exe,或者直接在"请键入对象的位置"文本框中输入写字板程序的路径"C:\Program Files\Windows NT\Accessories\wordpad.exe",单击"下一步"按钮。

② 在打开的快捷方式命名对话框中,输入创建快捷方式的名称,单击"完成"按钮。

③ 用同样的方法创建"画图"的快捷方式,画图程序的文件名为mspaint.exe。

（5）把桌面上的图标按自动排列方式排列。

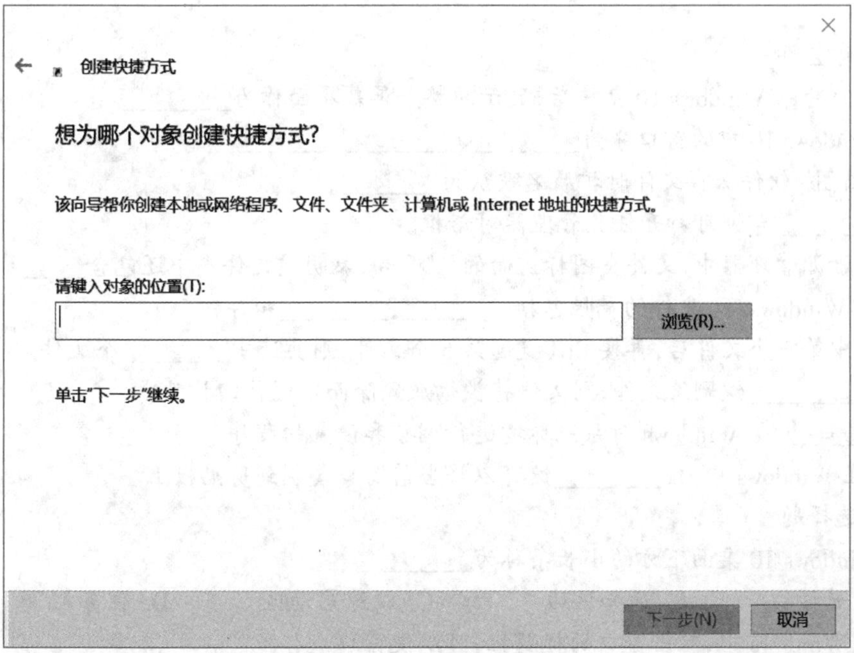

图 3-81　"创建快捷方式"对话框

在桌面空白处右击→"查看"→"自动排列图标"命令。

实践 4：Windows 的系统工具

1. 任务要求

单击"开始"→"Windows 管理工具"→"系统工具"文件夹，尝试使用其中的一个或两个系统工具，如"磁盘清理""资源监视器"。

2. 解决方法

由学生自主（通过查找相关资料和上机探索）完成。

本 章 小 结

本章从操作系统的概述开始，简单介绍 Windows、Linux、UNIX 等常用的操作系统功能和特点，之后以 Windows 10 操作系统为例，全面介绍操作系统的基本功能。如桌面、窗口、对话框、菜单、文件、文件夹和快捷方式等的概念及其基本操作。还对 Windows 常见功能和常见的程序做详尽的介绍，包括文件资源管理器、控制面板、附件等，重点讲解了 Windows 的基本操作。

习 题

一、填空题

1. 用户登录 Windows 10 系统后,显示的整个屏幕界面称为_____。

2. Windows 10 中的窗口分为_____、_____、_____。

3. "画图"软件保存文件时扩展名默认为_____。

4. 按_____键可打开任务管理器对话框。

5. 在资源管理器中,文件夹图标前面的"▷"号,表明该文件夹中还包含_____。

6. 在 Windows 下,文件的属性包括_____、_____和存档。

7. 选中第一个文件后,再按 Ctrl 键选第 5 个文件,则共选中_____个文件。

8. 按_____键删除文件,则文件将被彻底删除而不送往回收站。

9. _____是 Windows 对系统环境进行调整和设置的程序。

10. 在 Windows 中,按_____键可以将当前窗口复制到剪贴板上。

二、选择题

1. Windows 10 桌面下方的小长条称为_____。

A. 开始按钮   B. 通知区域   C. 快速启动区   D. 任务栏

2. 在 Windows 中,双击窗口的标题栏,可以使窗口_____。

A. 最小化   B. 最大化   C. 最小化或还原   D. 最大化或还原

3. 以下操作中,不能打开菜单的是_____。

A. 单击菜单名   B. 右击菜单名

C. 按 Alt 键 + 菜单项后的字母   D. 按 Ctrl 键 + 菜单项后的字母

4. 以下所给文件名中,_____是不合法的文件名。

A. FIL.TXT   B. TXT.FIL   C. FIL.TXT.BMP   D. FI>L.TXT

5. _____与文件资源管理器一样,都是 Windows 管理文件和文件夹的重要工具。

A. 控制面板   B. 此电脑   C. 附件   D. 系统工具

6. 此电脑上的文件夹呈树形结构,顶层的文件夹是_____。

A. 桌面   B. 开始菜单   C. 此电脑   D. 我的文档

7. 选定文件后,按 Ctrl+X 组合键,则所选文件被保存在_____中。

A. 硬盘   B. 内存   C. U 盘   D. 光盘

8. 下列关于回收站的描述中,不正确的是_____。

A. 回收站的大小是可调的   B. 回收站的名字可以被改变

C. 回收站位于内存中   C. 回收站位于硬盘中

9. 以下为快捷方式图标的是_____。

A.   B.   C.   D.

10. 使用磁盘碎片整理程序可以_____。

A. 格式化磁盘　　　　　　　　B. 清理磁盘

C. 备份文件　　　　　　　　　D. 提高计算机的运行速度

三、简答题

1. 简述操作系统的主要功能？为什么操作系统既是计算机硬件与软件的接口，又是用户和计算机的接口？

2. 简述常见的操作系统都有哪些。它们各自有什么特点？

3. 什么是即插即用设备？即插即用有什么特点？

4. 在 Windows 中，应用程序的扩展名有哪些？运行应用程序有哪几种途径？

5. 在文件资源管理器中，如何复制、删除、移动文件和文件夹？发送命令和复制命令有什么区别？

6. 回收站的功能是什么？什么样的文件删除后不能恢复？

7. 如何查找 C: 盘上的所有以 AUTO 开头的文件？

第 4 章　办公应用软件

本章要点：

1. 掌握常用文字处理软件的功能，掌握 Word 文本的编辑与格式化、图文混排、表的创建与格式化方法，掌握 Word 中样式、题注、目录等高级应用的方法。

2. 掌握电子表格处理软件的功能，掌握单元格、工作表、工作簿的编辑与操作、公式和函数的使用、图表的制作与编辑、数据的管理与分析方法。

3. 掌握演示文稿制作软件的功能，掌握演示文稿的创建和编辑、外观设计、动画设计及放映的方法。

本章以 MS Office 2019 中的 Word、Excel、PowerPoint 为平台，介绍办公软件中文字处理、电子表格及演示文稿等常用软件的主要功能。

4.1　办公应用软件概述

4.1.1　基本功能

计算机已经普及到人们工作、生活的各个方面，无论是起草文件、撰写报告还是统计分析数据，办公软件已经成为人们工作必备的基础软件。国内办公软件 WPS 在互联网时代的重新崛起、腾讯文档的横空出世，GoogleDocs 的快速普及、微软办公软件向 Office-365 迅速过渡，从单一的个人办公软件到将 Web 技术与 Office 软件技术有机结合起来，开发了可以实现资源共享、协同工作的办公软件。基于 Web 的协同办公软件可以实现文件资料共享、信息交流传递、资料系统管理等功能。

1. 文字编辑

文字处理软件是人们利用计算机进行文字书写的工具。将文字的录入、编辑、排版、存储和打印融为一体。它不但能处理文字，还包括图形编辑功能，可编排出图文并茂的文档，如图 4-1 所示。

文字处理软件作为办公自动化管理中最常用的计算机软件，是提高办公质量、提高办公效率、实现无纸化办公的重要工具。

2. 数据处理

电子表格处理软件具有强大的数据处理功能，可以处理各种数据材料，包括数据的收集、存储、整理、检索和发布等。数据处理不仅在日常办公中有着重要作用，而且在教学管理、统计、会计、金融和贸易等需要处理大量数据和报表的行业中也有着广泛的用途，如图 4-2 所示。

3. 演示文稿

演示文稿制作软件成为人们工作、生活的重要组成部分，一套完整的演示文稿文件一般包含片头动画、PPT 封面、前言、目录、过渡页、图表页、图片页、文字页、封底以及片尾动画等；所采

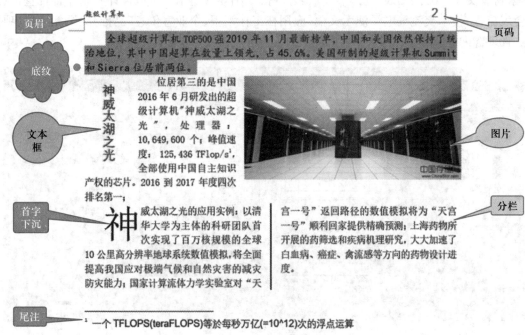

超级计算机
2
页眉
页码
全球超级计算机 TOP500 强 2019 年 11 月最新榜单，中国和美国依然保持了统治地位，其中中国超算在数量上领先，占 45.6%。美国研制的超级计算机 Summit 和 Sierra 位居前两位。
底纹
神威太湖之光
位居第三的是中国 2016 年 6 月研发出的超级计算机"神威太湖之光"，处理器：10,649,600 个；峰值速度：125,436 TFlop/s[1]，全部使用中国自主知识产权的芯片。2016 到 2017 年度四次排名第一；
文本框
图片
首字下沉
分栏
神威太湖之光的应用实例：以清华大学为主体的科研团队首次实现了百万核规模的全球 10 公里高分辨率地球系统数值模拟，将全面提高我国应对极端气候和自然灾害的减灾防灾能力；国家计算流体力学实验室对"天宫一号"返回路径的数值模拟将为"天宫一号"顺利回家提供精确预测；上海药物所开展的药筛选和疾病机理研究，大大加速了白血病、癌症、禽流感等方向的药物设计进度。
尾注
1 一个 TFLOPS(teraFLOPS)等於每秒万亿(=10^12)次的浮点运算

图 4-1 图文并茂的文档

E3
=YEAR(TODAY())-YEAR(D3)
明细汇总表
112%

	A	B	C	D	E	F	G	H	I	J
1	销售明细汇总表									
2	职工号	姓名	性别	出生日期	年龄	商品名称	单价	数量	销售额	销售等级
3	2001	张言夕	男	1986/4/25	34	笔记本电脑	4500	12	54000	良好
4	2002	刘乐乐	女	1987/2/27	33	液晶电视	3200	18	57600	良好
5	2003	李倩	女	1986/4/22	34	洗衣机	2600	8	20800	合格
6	2004	王刚	男	1985/1/26	35	笔记本电脑	4500	14	63000	优秀
7	2005	刘潇	男	1984/10/18	36	洗衣机	2600	23	59800	良好
8	2006	赵铭波	女	1985/9/19	35	液晶电视	3200	20	64000	优秀
9	2007	贾伟明	男	1985/5/26	35	电冰箱	2800	14	39200	合格
10	2008	段小莹	女	1984/10/18	36	电冰箱	2800	25	70000	优秀
11	2009	周洪波	男	1991/2/6	29	洗衣机	2600	30	78000	优秀
12	2010	刘晓明	女	1990/7/12	30	液晶电视	3200	15	48000	良好
13	2011	张小平	男	1992/5/24	28	电冰箱	2800	14	39200	合格
14	2012	魏宏斌	男	1989/7/10	31	笔记本电脑	4500	27	121500	优秀
15	销售总额								715100	
16	最高销售额								121500	
17	女职工所占比例								41.67%	
18	制作销售明细汇总表：添加必要的边框，表名为：明细汇总表。									
19	计算：销售额(=单价*数量)、年龄、统计销售总额和最高销售额；按销售额分等级：60000以上为优秀；40000分以上良好，40000分以下合格。									
20	统计女职工所占比例。									
21	先按商品名称升序排列，相同按销售额降序排列。									
22	用柱形图对销售额进行对比。									
23	分类统计男女职工的平均销售额；按商品名称统计销售总额。									

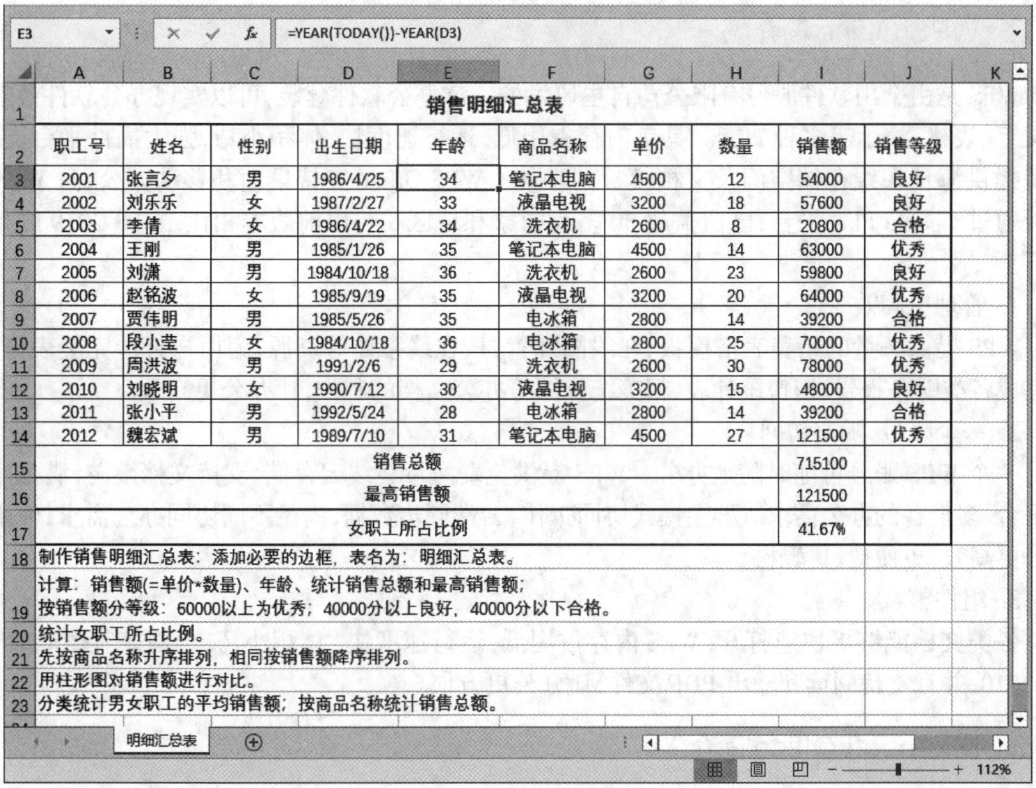

图 4-2 表格数据处理

用的素材有文字、图片、图表、动画、声音、影片等,如图 4-3 所示。可以设计和制作各种宣传、演示、会议流程、技术交流等电子演示文稿,应用在工作汇报、企业宣传、产品推介、婚礼庆典、项目竞标、管理咨询等领域。

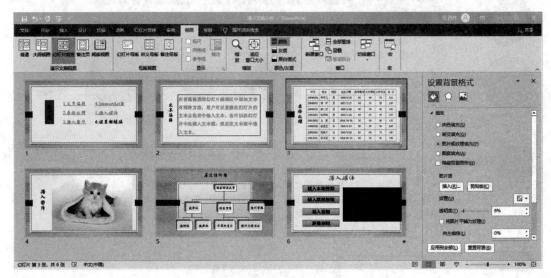

图 4-3　演示文稿基本要素

4.1.2　WPS Office 简介

WPS 是由金山软件股份有限公司自主研发的一款办公软件套装,可以实现办公软件最常用的文字、表格、演示等多种功能。具有内存占用低,运行速度快,体积小巧,强大插件平台支持,免费提供海量在线存储空间及文档模板的功能。WPS Office 支持桌面和移动办公,且 WPS 移动版通过 Google Play 平台,已覆盖超 50 多个国家和地区。与以前版本相比,WPS 2019 的特点如下。

1. 管理更高效

WPS 提供海量的精美表格模板、在线图片素材、在线字体等资源,为用户打造完美表格,轻松完成各类财务报告、销售统计表、精美统计图等办公文档的制作,让办公更高效。

2. 一个账号,随心访问

一个 WPS 账号可随时随地办公。WPS 提供免费海量在线云存储,支持文档漫游,满足用户多平台、多设备的办公需求。群主模式协同工作,云端同步数据,满足不同协同办公需求,使团队办公更高效、更便捷、更轻松。

3. 组件整合

各类文档能够更快速打开,WPS 内存占用低,运行速度快,体积小巧,全面兼容微软 Office 97-2010,并且支持阅读和输出 PDF 文件,让办公更方便。

4.1.3　Microsoft Office 简介

微软出品的 Microsoft Office 2019 与之前的版本相比,功能更强大,运行更加流畅。主要功能和特点有在线插入图表、墨迹书写、横向翻页、新函数、中文汉仪字库、标签切换的动画效果、沉浸式学习和多显示器显示优化等。

Office 2019 目前主要分为 Office 2019 专业增强版本和 Office 2019 家庭与学生版本。这两个版本唯一的区别就是组件数量的不同,专业增强版比家庭与学生版组件要多很多。Office 2019 家庭与学生版主要包括 Word、Excel 和 PowerPoint;Office 2019 专业增强版本主要包括 Word、Excel、PowerPoint、Outlook、Project、Visio、Access 和 Publisher。

4.2 文字处理软件——Word

计算机的文字信息处理技术是指利用计算机对文字资料进行录入、编辑、排版、文档管理的一种先进技术。优秀的文字处理软件必须有友好的用户界面,直观的屏幕效果,丰富强大的处理功能,方便快捷的操作方式以及易学易用等特点。

4.2.1 初识 Word

1. 启动

单击桌面的 Word 图标,正常启动 Word 程序;双击 Word 文档,启动 Word 并打开 Word 文档。

启动 Word 后,进入 Word 的工作界面,如图 4-4 所示。

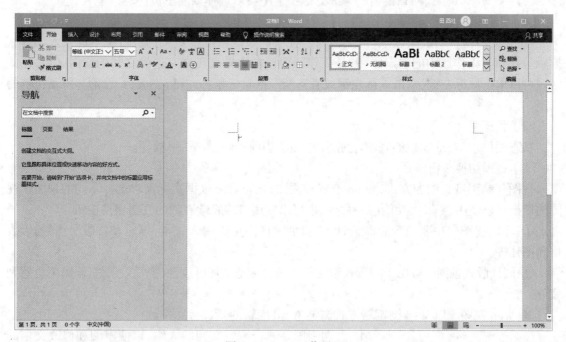

图 4-4　Word 工作界面

2. 窗口及其组成

作为 Windows 环境下的应用程序,Word 窗口及组成与 Windows 其他应用程序窗口大同小异,由标题栏、快速访问工具栏、文件选项卡、功能区、工作区、状态栏、显示比例控制栏、视图切换按钮、滚动条、标尺等部分组成。

（1）标题栏

标题栏位于窗口顶部中间,含有文档名或软件名。

（2）快速访问工具栏

快速访问工具栏是用户快速启动经常使用的命令集,默认放在标题栏左边,包含保存、撤销、重复和自定义快速访问工具栏等按钮。用户可以根据需要添加或定义自己的快速访问工具栏。

（3）文件选项卡

汇集所有关于文档的操作命令。包括文档的信息、新建、打开、保存、打印、共享、关闭、账户、选项等。

（4）功能区

Word 将系统的主要功能分为“开始”“插入”“设计”“布局”等 9 大类,通过单击功能区的名称,可以切换到与之相对应的功能区面板,每个功能区按功能又分为若干个命令组,用户可以利用功能区面板上的命令按钮,实现相应的功能。

（5）标尺

Word 有水平标尺和垂直标尺。水平标尺可以设置段落缩进和制表位;垂直标尺只有在页面视图或打印预览视图中出现,用户可以使用标尺调整页边距、表格的行高和列宽。在视图功能区的显示组中有一个“标尺”复选项,选择后显示标尺,否则隐藏标尺。选择“文件”→“选项”命令,打开“Word 选项”对话框,在“高级”选项卡中可以选择刻度单位。

（6）工作区

Word 文档窗口的最大区域,由文档窗口控制。该区域可以对文档进行文本的录入、编辑、排版等操作。工作区中的选定区域,是工作区窗口左边界到正文左边界之间的空白区域,在此区域可以单击鼠标左键、双击鼠标左键或者连续三次单击鼠标左键,完成行、段落和整篇文档的选定。

（7）状态栏

状态栏位于 Word 窗口的底端左侧,用于显示当前页码、页数、字数等。

（8）视图切换按钮

视图就是浏览文档的方式,Word 有 5 种视图,用户可以根据实际需求选择不同的视图。视图的切换可以使用“视图”功能区中命令,也可以使用窗体底端右侧的视图切换按钮。

① 页面视图。主要用于版面设计,在页面视图下可以输入文本,编辑和排版文档,插入表格和图片等。

② 阅读版式视图。适用于阅读长篇文档。其目标是增加可读性,视觉效果好,眼睛不会感到疲劳。

③ Web 视图。以 Web 浏览器方式浏览 Word 编辑的 Web 页。

微视频:
文档基本操作

④ 大纲视图。适合编辑文档的大纲,以便审阅和修改文档的结构。

⑤ 草稿视图。取消了页面边距、分栏、页眉页脚和图片等元素,仅显示标题和正文,是最节省计算机系统硬件资源的视图显示方式。

（9）显示比例控制栏

显示比例控制栏由"缩放级别"按钮和"缩放滑块"组成,用于更改文档的显示比例。

3. 退出

可以通过标题栏右侧的"关闭"按钮退出 Word。

4.2.2 Word 基本应用

1. 文本的输入与编辑

用户可以通过键盘输入中英文字符,使用软键盘输入特殊字符,也可以单击"插入"→"符号"组中的"符号"命令,插入键盘上没有的符号。单击"插入"→"文本"组中的"日期和时间"命令,可以在文档中插入系统的日期和时间,可以根据需要选择插入日期的格式、是否自动更新等。

在对文本内容进行复制、删除、格式化等操作之前,必须先选中操作对象,如某一个汉字,部分文本,甚至全部文本。选定文本的方法有多种,常用有以下几种:

（1）鼠标拖曳选定文本。将鼠标移到第一个文字的左侧,按下鼠标左键,拖动鼠标到最后一个文字的右侧,释放鼠标,即可选定鼠标划过的文本。

（2）利用选定栏选定文本。将鼠标指针置于选定栏,鼠标指针呈 ⁄⁄ 形状,单击鼠标左键一下,选定当前行;单击鼠标左键两下,选定当前整个段落;单击鼠标左键三下,选定整个文档。

移动文本是将所选中的文本移动到文档的其余位置,文档中原内容被清除。复制文本是将文档中所选中的文本复制到文档的其他位置,文档中原内容仍然保留。

移动或复制文本的常用方法如下:

（1）使用鼠标拖曳法完成移动或复制文本操作。

（2）使用剪贴板完成移动或复制文本操作。

删除文本最常见的方法是把光标置于文本的右边,单击 Backspace 键删除光标左边的文本;或者单击 Delete 键删除光标右边的文本或选定的文本。

"剪切"命令将所选定的文本从当前位置移动到剪贴板中,也可以实现删除文本的功能。

撤销是指取消最近执行的操作;恢复是指还原"撤销"命令撤销的操作,即恢复最近执行的操作;而重复是指对刚刚执行的操作重复执行。

撤销的操作方法是单击常用工具栏上的"撤销"按钮右侧向下的箭头,打开撤销操作列表,选中要撤销的操作即可。

恢复的操作方法是,单击"恢复"按钮右侧向下箭头,在恢复列表中选择要恢复的操作。

重复的操作方法是,单击 F4 键或按 Ctrl +Y 组合键,完成对刚刚执行的操作的重复执行。

2. 查找和替换

查找是在文档中查找某一个字符串;替换是用新的字符串替换查找到的字符串。

查找的操作方法是,单击"开始"→"编辑"组中"查找"下的"高级查找"命令,打开"查找和替换"对话框。在"查找内容"文本框中,输入要查找的内容。如要查找"计算机",然后单击"查找下一处"按钮。这时,Word 会准确地查找到文档的第一个"计算机",并反向显示,用户可以对其任意编辑。单击"查找下一处"按钮继续查找。

　　替换的操作方法是,单击"开始"→"编辑"组中的"替换"命令,打开"查找和替换"对话框。在"查找和替换"对话框中,打开"替换"选项卡,如图 4-5 所示,在"替换为"文本框中,输入要替换的内容,如"电脑",单击"替换"按钮,即查找一处替换一处。如果选择"全部替换"按钮,文档中所有的"计算机"一次全部替换为"电脑"。

图 4-5　"查找和替换"对话框

3. 拼写和语法检查与自动更正

　　拼写检查器会根据语言的语法与结构,指出文档中的错误,并提供解决方案,帮助用户校正错误。用红色波形下画线表示可能的拼写问题,用绿色波形下画线表示可能的语法问题。

　　单击"文件"→"选项"命令,打开"Word 选项"对话框,选择"校对"选项卡,如图 4-6 所示,在这里可以按照需要进行设置,完成后单击"确定"按钮即可。

　　自动更正是指自动将当前输入的字符串(原串)更正为另一个字符串(目标串)。设置自动更正的操作方法是,单击"文件"→"选项"命令,打开"Word 选项"对话框,单击"校对"→"自动更正选项"按钮,打开"自动更正"对话框,在对话框中根据需要选择相关的复选框即可。

图 4-6 "校对"选项卡

自动更正内容既可以是预先定义好的,也可以是用户根据自己的需要,自定义自动更正的内容。

4. 字符格式

字符格式包括字体、字形、字号、颜色、下画线、边框和底纹等。设置的方法主要有利用命令按钮和对话框。

选择要格式化的文本,在"开始"→"字体"组中单击相应的命令按钮,即可实现对所选文本的格式设置。包括字体、字号、字形、下画线、删除线、上标、下标、字体颜色、默认的字符底纹、默认字符边框等。

如果要对文本进行更加全面细致的格式设置,可以利用对话框来实现,操作方法是,选择要设置格式的文本,单击"开始"→"字体"组右下角的快速启动按钮,打开"字体"对话框,如图 4-7 所示。

(1)在"字体"选项卡中,设置字体、字形和字号,以及修饰字符,如上标、空心、阴影等。

(2)在"高级"选项卡中,"缩放"列表框可以用来调整文字的缩放比例;"间距"列表框可以调整文字之间的空间距离;"位置"列表框可以用来调整字符在垂直方向的位置。

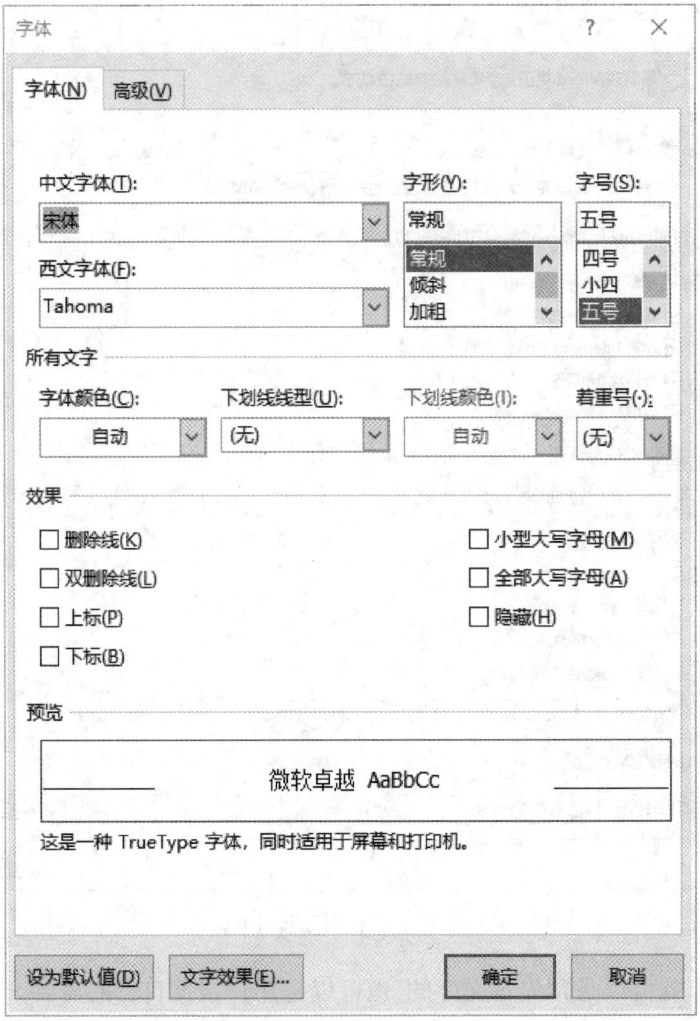

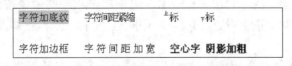

图 4-7 "字体"选项卡

在"字体"选项卡中设置字体格式后,单击"确定"按钮即可。

部分文本格式的设置效果如图 4-8 所示。

图 4-8 字符设置效果

选择要添加底纹和边框的文本,单击"设计"→"页面背景"组中的"页面边框"命令,打开
"边框和底纹"对话框,如图 4-9 所示。

对话框中有 3 个选项卡:

① "边框"选项卡。设置边框样式、边框的颜色和宽度、边框的应用范围等。

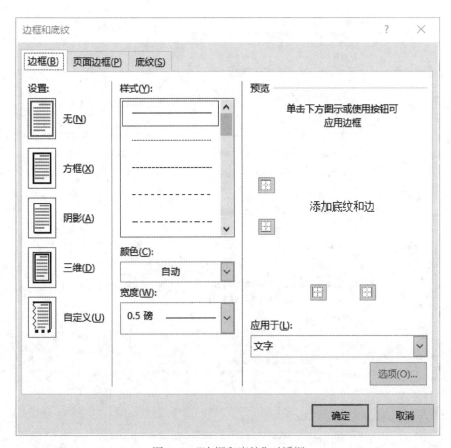

图 4-9 "边框和底纹"对话框

② "页面边框"选项卡。添加或更改页面周围的边框。

③ "底纹"选项卡。给文本添加底纹颜色。

根据需要进行相应的设置,完成后,单击"确定"按钮即可。

5. 设置段落格式

段落是一个文档的基本组成单位。段落由文字、图形、对象(如公式、图表)等构成。设置段落格式包括设置段落的对齐方式、段落缩进方式、段间距、行间距等。

设置段落格式的方法如下:

(1)利用"开始"→"段落"组中的命令按钮。

(2)单击"开始"→"段落"组右下侧的快速启动按钮,打开"段落"对话框,如图 4-10 所示,通过对话框完成。

段落格式化效果如图 4-11 所示。

6. 版面排版

版面排版反映了文档的整个外观和输出效果。版面排版包括页面设置,插入页眉和页脚,插入脚注和尾注等操作。

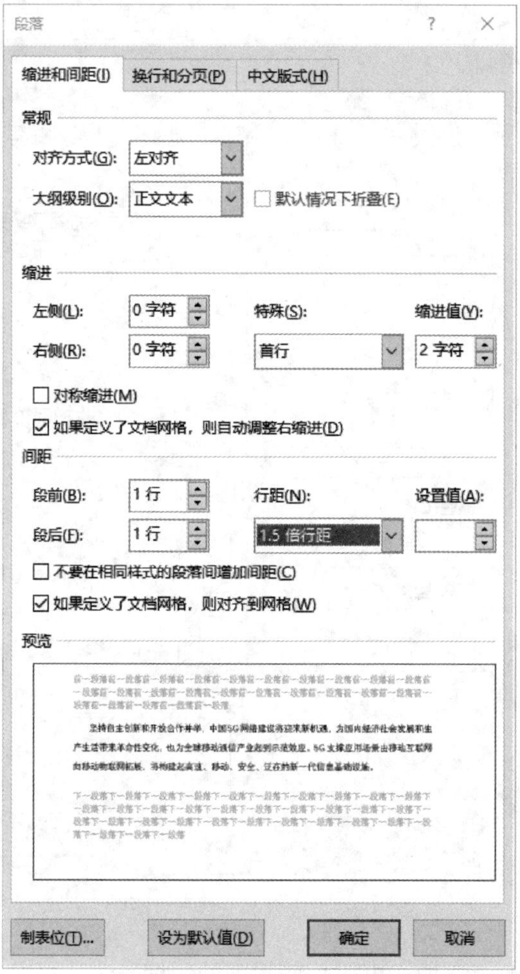

图 4-10 “段落”对话框

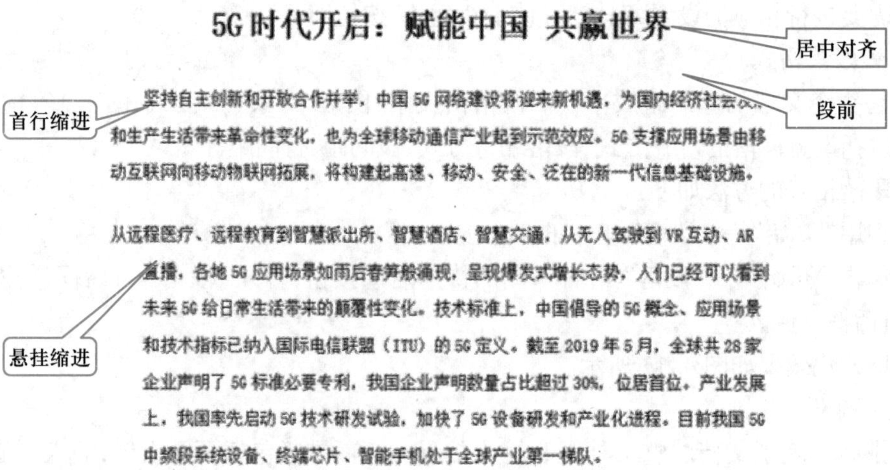

图 4-11 段落格式化效果

页面设置包括设置页面的纸张大小、文字方向、页边距等。

页面设置的操作方法是,单击"布局"→"页面设置"组中的命令按钮;或者单击组右侧快速启动按钮,打开"页面设置"对话框,如图4-12所示。

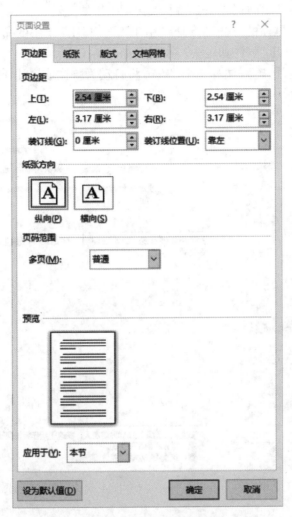

图4-12 "页面设置"对话框

（1）在"页边距"选项卡中,设置正文的上、下、左、右边距的距离;在"纸张方向"选项组中可以确定纸张的打印方向（默认为纵向）;还可以设置装订线的位置,顶端或左侧。

（2）在"纸张"选项卡中,设置纸张的类型,如纸张的大小（默认为A4）;"应用于"列表框中选择页面设置应用在文档中的范围。

页眉与页脚是指在文档每一页的顶部和底部加入的信息。例如,在页眉处指明书或文档的名称,页脚通常用来标明当前页的页码,这些信息可以是文字、图形等。

设置页眉和页脚的方法是,单击"插入"→"页眉和页脚"组中的命令按钮。

文档中可以自始至终使用同一个页眉或页脚,也可在文档的不同部分使用不同的页眉或页脚。打开"页面设置"对话框的"版式"选项卡,可以设置奇偶页不同、首页不同的页眉和页脚。

设置页眉与页码之后的效果如图 4-1 所示。

　　脚注和尾注用于在文档中为文档中的文本提供解释、批注以及相关的参考资料,常常用于教科书、古文等。脚注出现在当前页的底端,用户可以使用脚注对文档内容进行注释说明,尾注位于整个文档的结尾,常常用于作者介绍或论文说明引用的文献。

　　文档中插入脚注和尾注的方法是,选择"引用"→"脚注"组中的命令按钮;或者单击组右下角的快速启动按钮,打开"脚注和尾注"对话框,如图 4-13 所示。

　　选择插入脚注或尾注,输入注释文本,Word 将自动为脚注或尾注添加编号,设置脚注和尾注后的效果如图 4-14 所示。

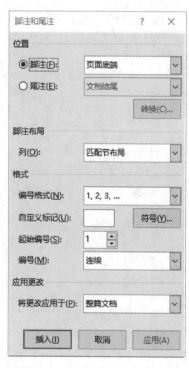

图 4-13　"脚注和尾注"对话框

图 4-14　设置脚注与尾注效果

7. 设置特殊格式

　　分栏功能是可以将一页中的全部或部分文档设置成多栏的形式,即正文在一栏中排满后,文字从此栏的底端转向下一栏的顶端。不同栏的宽度可以相同,也可以不同。

　　设置分栏的操作方法如下:

　　(1)选定要分栏的文本,单击"布局"→"页面设置"组中的"栏"下侧的下拉按钮,在列表中选择两栏、三栏、偏左、偏右等选项。

　　(2)如果选择"更多分栏",则打开"栏"对话框,如图 4-15 所示。在"预设"区域中可以等宽地将版面分为两栏、三栏、偏左、偏右等多栏,也可以通过自定义设置"栏数"和"宽度和间距"来确定是否在格式之间分隔,是否添加"分隔线"。设置完成后单击"确定"按钮即可。

　　首字下沉是将选定段落的第一个字放大数倍,用以引导阅读。

设置首字下沉的操作方法是,将插入点置于需要首字下沉的段落,选择"插入"→"文本"命令组的"首字下沉"命令按钮下的下拉按钮,在列表中选择"下沉"或"悬挂"选项即可。

如果对默认格式不满意,可以在列表中选择"首字下沉选项",打开"首字下沉"对话框,如图 4-16 所示。在对话框中选择"下沉"或"悬挂"位置,设置字体、下沉行数以及与正文的距离,单击"确定"按钮即可。

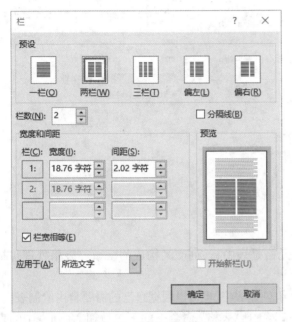

图 4-15 "栏"对话框

图 4-16 "首字下沉"对话框

取消"首字下沉"效果的操作与设置"首字下沉"操作相同。打开"首字下沉"对话框,在"位置"选项中选择"无"选项即可取消首字下沉效果。

通常,古文、古诗的排版采用竖排的格式,只需选择"布局"→"页面设置"命令组中的"文字方向"命令按钮下的下拉按钮,在列表中选择所需的文字排版方向即可。也可以在列表中选择"文字方向选项",打开"文字方向"对话框,如图 4-17 所示。

Word 提供了 5 种格式方向,选择需要的格式,单击"确定"按钮。

"水印"是页面背景的形式之一。设置水印可以提醒读者对文档的使用。设置水印的操作方法是,单击"设计"→"页面背景"命令组中的"水印"下拉按钮,在打开的列表中选择所需的水印样式即可。如果对列表中的水印样式不满意,可以单击列表中的"自定义水印"命令,打开"水印"对话框,如图 4-18 所示。

在"水印"对话框中,有"图片水印"和"文字水印"两种形式,选择其中一种。

如果选择"图片水印"选项,需要选择用作水印的图片;如果选择"文字水印"选项,则要选择语种,输入水印文字,设置字体、字号、颜色、版式等。完成后单击"确定"按钮即可。

如果要取消"水印",在"水印"对话框中选择"无水印"选项或在打开的"水印"列表中选择"删除水印"命令。

微视频:

文本编辑与排版

图 4-17 "文字方向"对话框　　　　　　　　图 4-18 "水印"对话框

4.2.3 Word 高级应用

1. 表格

表格是指由若干行、列组成的二维表,单元格是表中行、列交叉构成的区域。表格处理包括表格的创建、表格的编辑、表格的格式化等。

创建表格的方法有多种,可以利用"表格"组创建表格,也可以根据自己的需要自由绘制表格。

将光标置于插入点,单击"插入"→"表格"组中"表格"命令下的下拉按钮,在列表中的表格中移动鼠标,选择不同的行列组合方式,即可插入表格。如图 4-19 所示。

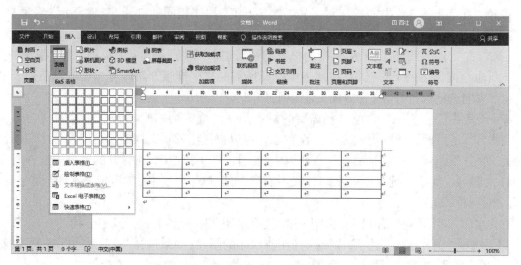

图 4-19 插入表格

当插入点置于表格中时,系统自动添加一个"表格工具",如图 4-20 所示。有"设计"和"布局"两个功能区,利用功能区上的命令实现对表格的编辑、格式设置及表格数据的处理。

图 4-20 "布局"功能区

2. 图文混排

在文档中插入由其他软件制作的图片,也可以插入用 Word 提供的绘图工具绘制的图形。插入图片的操作步骤如下:

微视频:

表格应用

(1)将插入点移到要插入图片的位置。

(2)单击"插入"→"插图"组中的"图片"命令按钮,打开"插入图片"对话框,在对话框中选择要插入的图片,单击"插入"按钮,即可在插入点位置插入图片。

选中一个图片后,Word 窗口中会自动增加"图片工具",如图 4-21 所示,利用它可以设置图片的环绕方式、大小、位置和边框等。

注意: 如果要将图片作为正文中的一个特殊符号或标记,则选择"嵌入型"。这样图片将作为一个特殊符号或独立的段落嵌入在正文中。

文本框是一个独立的对象,框中的文字和图片可以随文本框移动,它与文字加边框是不同的概念。实际上,可以把文本框看作一个特殊的图形对象。利用文本框可以把文档编排得更丰富多彩。插入文本框的方法是,单击"插入"→"文本"→"文本框"下拉按钮,在样式列表中选择,然后输入想要插入的文字内容即可。

文本框中文字的格式设置与正文中文字格式的设置方法一样。文本框的设置与图片相似。

3. 样式与模板

样式是一组排版格式指令的集合,用户可以先将文档中用到的各种样式分别加以定义,然后使之应用于文档中。Word 在提供了标准样式的同时,还可以根据用户自己的需要,修改标准样式或自定义样式。

图 4-21　"格式"功能区

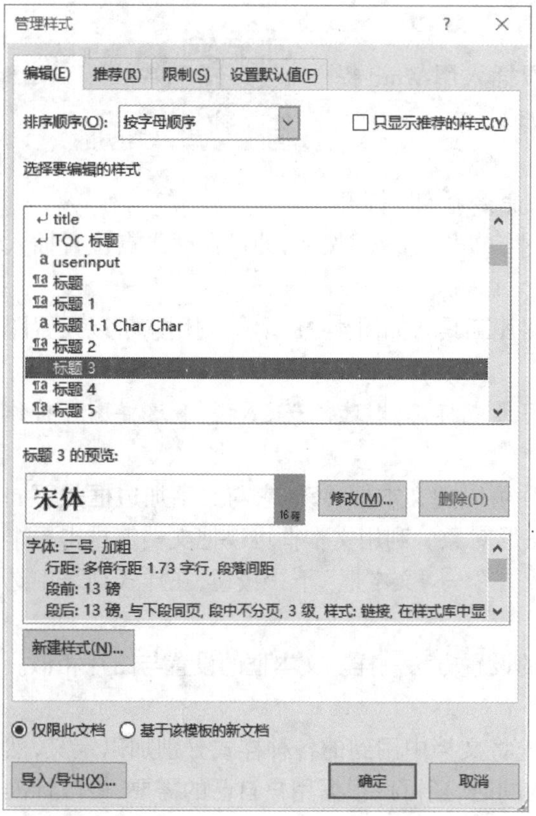

图 4-22　"管理样式"对话框

单击"开始"→"样式"命令右下角快速启动按钮,打开"样式"任务窗格,单击"管理样式"按钮,打开"管理样式"对话框,如图 4-22 所示。在对话框中可以查看样式细节、新建样式、修改样式等。

使用样式进行格式设置效率高,方法简单,操作方法是选择要使用样式进行格式设置的文本,在样式列表中单击样式名称即可。

模板是预先设置好的最终文档外观框架的特殊文档,扩展名为 dot。在 Word 中有许多预定义的模板可以直接使用,在"新建"窗格中显示的就是系统预定义的各种模板,用户也可以自己建立模板。

新建模板最简单的方法是将同类文档中共同不变的内容,包括文档中的文字及格式、表格、图片等要素,输入编辑后保存为模板,即执行"另存为"命令,在"另存为"对话框中选择"保存类型"为"Word 模板",即可将当前文档保存为模板。以后需要创建同类型文档只需选择相应模板,这样可以大大提高创建文档的工作效率。

4. 目录

书籍或较长文档通常需要在首页制作目录，Word 提供了自动编制目录功能，可以根据文档中的标题自动产生目录。插入目录的方式有手动添加目录、自动生成目录和自定义生成目录。使用自动生成目录可以方便快捷生成目录；使用自定义方式可以按照用户需求生成目录。

对于标题应用了内置样式的文档，可以直接生成目录，方法是将插入点置于要插入目录的位置，单击“引用”→“目录”组中的“目录”下拉按钮，在目录列表中选择插入目录的样式即可。3 级目录示例如图 4–23 所示。

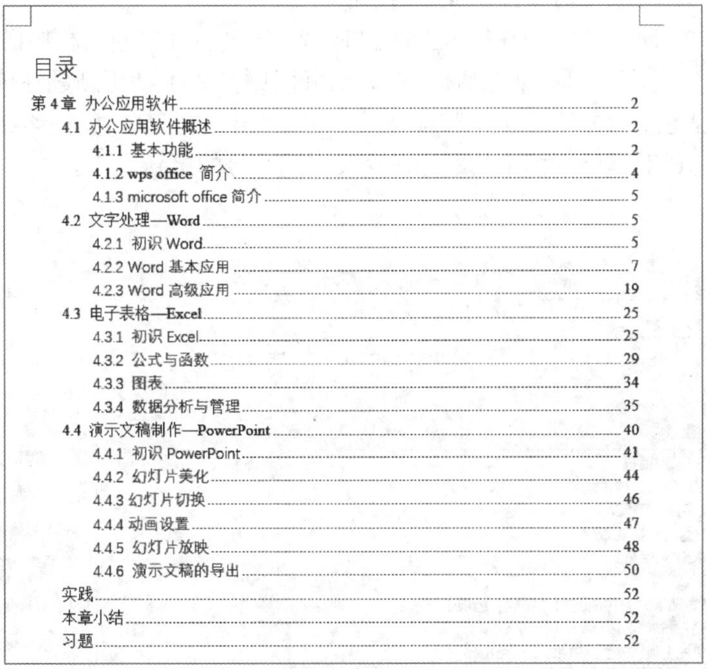

目录

第 4 章 办公应用软件 2
4.1 办公应用软件概述 2
4.1.1 基本功能 2
4.1.2 wps office 简介 4
4.1.3 microsoft office 简介 5
4.2 文字处理—Word 5
4.2.1 初识 Word 5
4.2.2 Word 基本应用 7
4.2.3 Word 高级应用 19
4.3 电子表格—Excel 25
4.3.1 初识 Excel 25
4.3.2 公式与函数 29
4.3.3 图表 34
4.3.4 数据分析与管理 35
4.4 演示文稿制作—PowerPoint 40
4.4.1 初识 PowerPoint 41
4.4.2 幻灯片美化 44
4.4.3 幻灯片切换 46
4.4.4 动画设置 47
4.4.5 幻灯片放映 48
4.4.6 演示文稿的导出 50
实践 52
本章小结 52
习题 52

图 4–23 3 级目录示例

注意： 自动生成目录的前提是，文章中各级标题必须采用如标题 1、标题 2、标题 3 等的“标题”样式。

5. 题注

题注是可以添加到表格、图表、公式或其他项目上的编号标签。在文档中插入表格、图表或其他项目时，添加题注，还可以为不同类型的项目设置不同的题注标签和编号格式，例如，“图 4–”和“公式 1–A”，或者更改一个或多个题注的标签。如果添加、删除或移动了题注，可以方便地自动更新所有题注的编号。

在文档中插入题注的操作方法如下：

（1）插入点置于要插入题注的位置，单击“引用”→“题注”组中“插入题注”按钮，打开“题注”对话框，如图 4–24 所示。

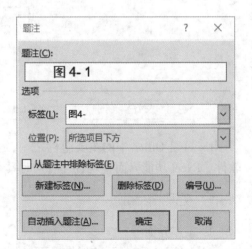

图 4–24 “题注”对话框

（2）在"标签"列表中选择一个现有的标签,系统自动生成标签编号。如果对列表中题注标签不满意,可以单击"新建标签"按钮,在打开的"标签"框中输入新的标签,单击"确定"按钮。

（3）返回"题注"对话框单击"确定"按钮。

正文中要引用文档中已有的图片或表格时,可以利用"交叉引用"命令来实现,操作方法如下:

（1）将插入点置于引用处,单击"引用"→"题注"组中"交叉引用"按钮,打开"交叉引用"对话框,如图 4-25 所示。

微视频:

图文混排

（2）在对话框中选择引用类型、引用内容及引用的题注,完成后单击"插入"按钮即可。

在插入新题注时,Word 会自动更新文档中已有题注的编号,但是,如果删除或移动题注,则需要手动更新题注编号以及相应交叉引用的编号。实现更新的方法是选中整篇文档右击,弹出快捷菜单,如图 4-26 所示。单击"更新域"命令,即可完成对整个文档中的题注及交叉引用编号的更新。

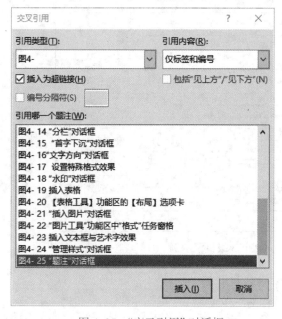

图 4-25　"交叉引用"对话框

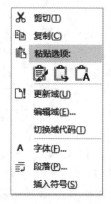

图 4-26　快捷菜单

4.3　电子表格软件——Excel

Excel 是 Office 中的主要组件之一,是一个集电子数据表、图表与数据库为一体的电子表格软件。Excel 功能界面直观、快捷,同时具有更为强大的数据运算处理与分析能力。

4.3.1　初识 Excel

1. 工作界面

启动 Excel 后,打开的工作界面如图 4-27 所示。

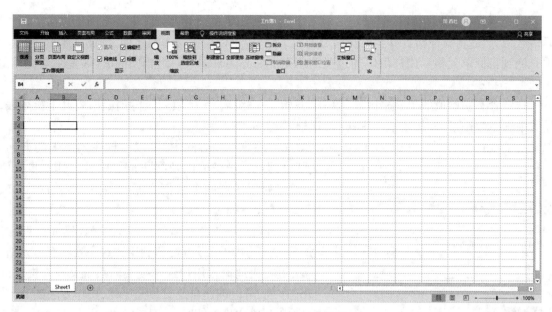

图 4-27 Excel 的工作界面

窗口及其组成与 Word 基本相似,不再赘述。

2. Excel 的工作簿、工作表与单元格

工作簿是用来储存并处理工作数据的文件。一个 Excel 文件就是一个工作簿,其扩展名为 xlsx。一个工作簿由一张或多张工作表组成,工作表的名称以工作表标签的形式显示在工作表底部。新建工作簿的默认名称为"工作簿 1",会在标题栏文件名处显示。

工作表是由行和列组成的表格,可对数据进行组织和分析。任一时刻,工作区中只显示一个工作表,该工作表称为当前工作表,用户可以通过单击工作表标签来切换当前工作表。在工作表标签上右击,利用弹出的快捷菜单可以实现对工作表的添加、删除、移动、复制、更名及隐藏等基本操作。

单元格是工作表中行、列交叉的区域,是 Excel 中存放数据的基本单位。每一个单元格都有一个固定的位置,即单元格地址。单元格地址由单元格所在的行号和列号组成,且列号在前,行号在后。例如,B4 表示该单元格位于第 B 列的第 4 行。

3. 输入数据

单击工作表中的任何一个单元格,当该单元格的四周被粗线条包围起来,表明此单元格已成为活动单元格。活动单元格的地址会在名称框中显示,通过单元格地址可以显示当前正在编辑的单元格。

在向单元格中输入数据时,单击单元格,然后直接输入数据;或者单击单元格,再将光标定位到编辑栏处,然后在编辑栏中输入数据。

在编辑电子表格时,有时需要输入一些相同或有规律的数据。如果逐个输入既费时又费力,还容易出错,此时使用 Excel 提供的自动填充数据功能可以轻松地输入数据,如等差序列、等比序列等。用户在填充数据时,既可以使用预定义的序列,也可以使用自定义序列,从而提高工作效率。

填充柄是指鼠标指针位于选定区域右下角时所出现的十字形状（＋）。选定起始的两个单元格区域，然后将鼠标指针移至所选区域的右下角，待鼠标指针变为填充柄，按住鼠标左键，拖动填充柄到目标单元格。用户可以通过拖动填充柄的方法来输入一组相同的值、等差序列或等比序列。

选定含有初始值的单元格区域，单击"开始"→"编辑"→"填充"下拉按钮，打开下拉列表，在其中选择"序列"命令，打开"序列"对话框，如图 4-28 所示。

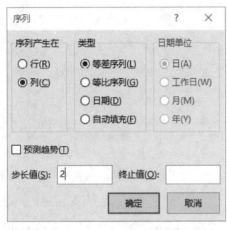

图 4-28　"序列"对话框

在"序列"对话框中，可以设置序列产生的方向、序列的类型、步长值以及终止值等内容。其中步长值是指序列中任意两个数值之间的差值（等差序列）或比值（等比序列）。

Excel 已经内置了部分自定义序列，例如星期、月份、季度等，用户可以方便地利用这些序列填充单元格。为了更轻松地输入用户经常使用而系统又没有提供的固定序列，可以创建自定义填充序列，操作方法如下：

（1）单击"文件"→"选项"命令，打开"Excel 选项"对话框。

（2）选中左边窗格的"高级"选项卡，在右边列表的"常规"选项组中单击"编辑自定义列表"按钮，打开"自定义序列"对话框，如图 4-29 所示。

图 4-29　"自定义序列"对话框

（3）选择"自定义序列"列表框中的"新序列"选项,然后在"输入序列"列表框中输入自定义的数据,如序号、销售员、性别、商品、销售量、销售额、销售点,待整个序列输入完毕后,单击"添加"按钮,将建立的自定义序列保存,或者直接单击"确定"按钮。

用户也可以编辑或删除自定义填充序列,但不能编辑或删除如星期、月份、季度等 Excel 内置填充序列。

4. 格式化

在 Excel 中,可以根据需要设置单元格的格式,包括单元格的数字类型、对齐方式、字体、边框、图案以及保护等设置。

"开始"选项卡中的工具栏提供了丰富的工具按钮,使用工具按钮进行格式化操作方便快捷;也可以利用"设置单元格格式"对话框实现。

单击"开始"→"单元格"→"格式"下拉按钮,在下拉列表中选择"设置单元格格式"命令,打开"设置单元格格式"对话框,如图 4–30 所示。

图 4–30 "设置单元格格式"对话框

对话框包括 6 个选项卡,可以设置数字格式、对齐方式、字体格式、边框格式、单元格填充效果及单元格保护等。

5. 条件格式

条件格式是指单元格中的数据满足了特定的条件时,将单元格显示成相应条件的单元格格式,包括突出显示单元格规则、项目选取规则、数据条、色阶、图标集等。设置效果如图 4-31 所示,"数量"列设置了"数据条"格式,"单价"列设置了"图标集"格式。

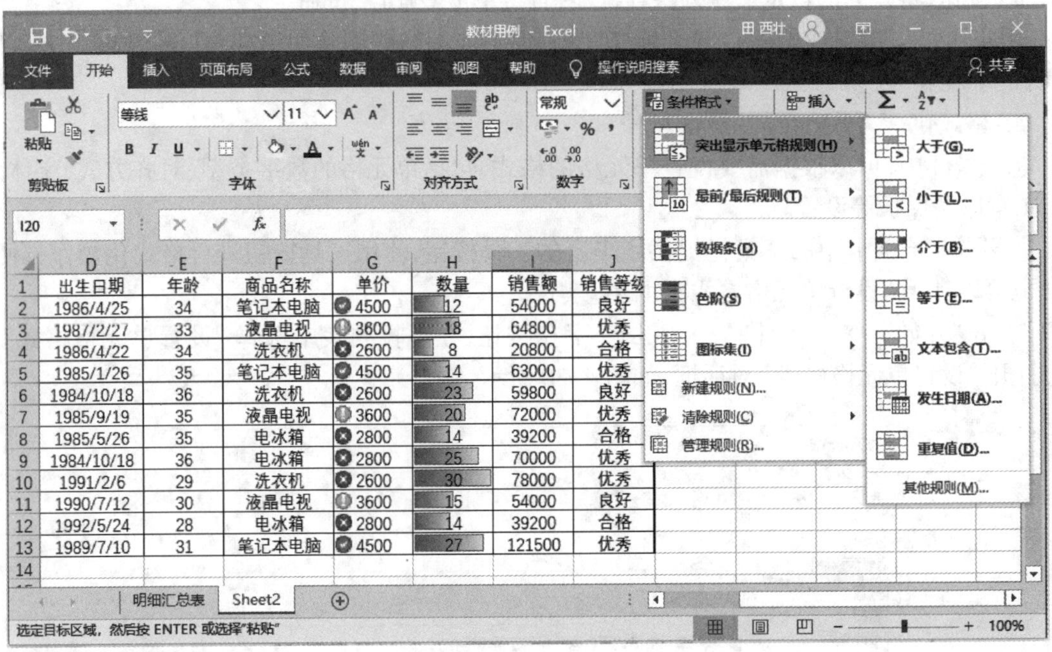

图 4-31 条件格式设置效果

设置突出显示单元格规则的操作方法如下:

选定单元格区域,选择"开始"→"样式"→"条件格式"下拉按钮,在下拉列表中选择"突出显示单元格规则"中的"小于"命令,在打开的对话框中,在"为小于以下值的单元格设置格式:"文本框中输入数值,再单击"设置为"右侧的三角按钮,在下拉列表中选择其中一种格式。如果在下拉列表中选择"自定义格式"命令,则打开"设置单元格格式"对话框,在其中设置所需的格式,单击"确定"按钮即可。

6. 自动套用格式

Excel 提供了自动套用格式,可以根据预设的格式对工作表进行格式化。

微视频:
电子表格编辑

操作方法是,选定要格式化的单元格区域,单击"开始"→"样式"→"套用表格格式"下拉按钮,在下拉列表中选择一种需要的套用格式,打开"套用表格格式"对话框,在其中确定应用范围,单击"确定"按钮即可。

4.3.2 公式与函数

Excel 的一个强大功能是可以在单元格中输入公式,系统自动在单元格内显示计算结果。公式通常是由常量、单元格引用、函数和运算符组成。

1. 常量

常量是一个固定的值,公式中的常量有数字型常量、文本型常量和逻辑常量。

（1）数字型常量：可以是整数、小数、分数、百分数，不能带千分位和货币符号。例如，100、2.8、1/2、10%。

（2）文本型常量：用英文双引号括起来的若干字符。例如，"A""B"。

（3）逻辑常量：只有 TRUE 和 FALSE 两个，分别代表真和假。

2. 运算符

在 Excel 中包含 4 种类型的运算符，如表 4-1 所示。

表 4-1　运算符及其作用

名　称	运算符	作用	实例
算术运算符	+ − * / % ^ （乘方）	完成基本的算术运算	3^2=9
比较运算符	= > < >= <= <> （不等于）	比较两个数据大小，结果为逻辑值 TRUE 或 FALSE	3>2 的结果为 TRUE； "B"<"A" 的结果为 FALSE
文本运算符	&	文本的连接	"Ex"&"cel" 的结果为 Excel
引用运算符	:（区域运算符）	包括在两个引用之间的所有单元格的引用	A1:B10 表示 A1 到 B10 的矩形区域
	,（联合运算符）	将多个引用合并为一个引用	A1:B2,C1:C3 表示 A1:B2 和 C1:C3 两个单元格区域
	空格（交叉运算符）	对多个引用的单元格区域的重叠部分的引用	A1:C3 B2:D4 表示引用的区域是 B2:C3
	!（工作表运算符）	对其他工作表中单元格的引用	Sheet2!C3
	[ ]（工作簿运算符）	引用其他工作簿中的数据	'[工作簿 2.xlsx]Sheet1'!A1

在公式中，单元格的引用有以下 3 种形式：

（1）引用同一个工作表中的单元格

使用同一个工作表中的单元格的地址时，直接引用即可，如 A5 和 F6。

（2）引用同一个工作簿中不同工作表的单元格

使用同一个工作簿中不同工作表的单元格地址时，应该在单元格地址的前面加"工作表标签！"，例如，"Sheet2!C3"表示引用工作表 Sheet2 中的单元格 C3。

（3）引用不同工作簿中工作表的单元格

使用不同工作簿中工作表的单元格地址时，采用工作簿运算符，其引用方式为

[工作簿名]工作表名!单元格地址

例如,'[工作簿 2.xlsx]Sheet1'!A1 表示引用的是"工作簿 2"中 Sheet1 的单元格 A1。

注意:如果工作簿没有打开,则需加上工作簿的位置,如 'E:\[工作簿 2.xlsx]Sheet1'!A1。

当多个运算符同时出现在公式中时,Excel 对运算的优先顺序有严格规定。四类运算符的优先级由高到低依次为引用运算符、算术运算符、文本运算符、比较运算符。运算的顺序是先运算括号内的公式,再按照优先级顺序计算,当优先级相同时,按照从左到右的顺序计算。

3. 输入公式

要向一个单元格输入公式,操作步骤是,选定要输入公式的单元格,输入一个等号(=),然后输入公式,按 Enter 键或单击编辑栏中的 ✔ 按钮以确认即可,则公式的计算结果会显示在当前单元格中。

4. 单元格的引用

单元格的引用是指通过单元格地址调用单元格中的数据。在 Excel 中,根据单元格的地址被复制到其他单元格时是否发生改变,单元格的引用可以分为相对引用、绝对引用和混合引用。

(1)相对引用

相对引用是指引用的是某给定位置单元格的相对位置。如果公式所在单元格的位置改变,公式中所引用的单元格地址也随之改变。相对引用的形式是用字母表示列,数字表示行。例如在 G2 单元格中输入公式"=D2+E2+F2",现将 G2 中的公式复制到 G3,会发现 G3 中的公式变为"=D3+E3+F3"。

(2)绝对引用

绝对引用是指引用指定位置的单元格,它的位置与包含公式的单元格无关。如果公式所在单元格的位置改变,所引用的单元格地址保持不变。绝对引用是在行号和列号前面,加上符号"$"。例如,在 G2 单元格中输入公式"=$D$2+$E$2+$F$2",将 G2 中的公式复制到 G3,会发现 G3 中的公式仍为"=$D$2+$E$2+$F$2"。

(3)混合引用

混合引用是指引用单元格地址时,行(或列)采用相对引用,而列(或行)采用绝对引用的方式。如果公式所在单元格的位置改变,则相对引用改变,而绝对引用不变。例如 $B3 和 C$5 都是混合引用。

5. 函数及其应用

Excel 提供了多种功能完备且易于使用的函数,函数是预先定义好的公式,通常由函数名、圆括号和参数三部分组成,其中参数可以是常量、单元格引用或其他函数。

(1)直接输入函数

选定要输入函数的单元格,在输入"="号后,直接输入函数名和参数(要带左右括号),并按 Enter 键,例如在单元格 D14 中直接输入"=SUM(D2:D13)"。此方法使用比较快捷,但要求准确输入函数名和参数。

(2)插入函数法

选定需输入函数的单元格,单击"公式"→"函数库"→"插入函数"按钮,弹出"插入函数"

对话框。在"或选择类别"下拉列表中列出了 Excel 提供的所有函数类别,选择函数类型以后,在"选择函数"列表框中选择所需要的函数,单击"确定"按钮。然后在弹出的"函数参数"对话框中,输入函数的参数值,单击"确定"按钮即可。

Excel 提供了大量的内置函数,下面介绍几个常用的函数。

（1）SUM 函数

语法:SUM(number1,number2,…)

功能:用于计算所有参数的和。其中 number1,number2,… 为 1~255 个待求和的数值。

方法:选定单元格,单击"公式"→"函数库"→"插入函数"按钮,弹出"插入函数"对话框,如图 4-32 所示。

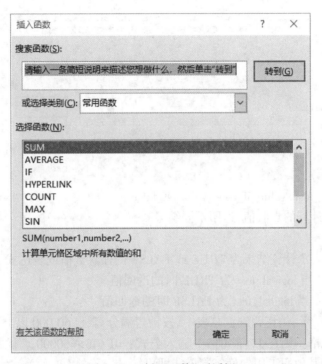

图 4-32 "插入函数"对话框

在"选择函数"列表框中选中 SUM 选项,然后单击"确定"按钮,打开"函数参数"对话框,如图 4-33 所示。

输入 SUM 函数中的参数,单击"确定"按钮即可。

同理,在"插入函数"对话框中选择 AVERAGE、MAX、MIN、COUNT 函数,可以分别计算出平均值、最大值、最小值、个数。

注意:使用自动求和按钮,也可以对单元格中的数据进行求和运算。自动求和运算的操作方法是,首先选定一行(或列)中需要求和的多个单元格,再单击"公式"→"函数库"→"自动求和"按钮,即可计算出选定的多个单元格中数值之和,并将求和结果存放在该行(或列)单元格右侧(或下方)的一个单元格中。

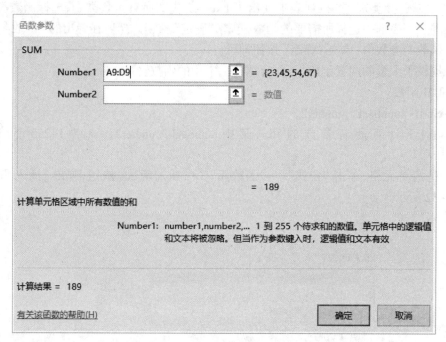

图 4-33 "函数参数"对话框

（2）IF 函数

语法：IF（logical_test，value_if_true，value_if_false）

功能：根据逻辑计算的真假值，返回不同结果。

参数说明：

① logical_test：表示计算结果为 TRUE 或 FALSE 的任意数值或表达式。

② value_if_true：当 logical_test 为 TRUE 时的返回值。

③ value_if_false：当 logical_test 为 FALSE 时的返回值。

例如，如图 4-2 所示，销售明细汇总表中，按销售额分等级：60 000 以上为优秀，40 000 以上良好，40 000 以下合格。则在 J3 单元格中输入公式：=IF（I3>=60000，" 优秀 "，IF（I3>=40000，" 良好 "，" 合格 "）），其他职工用句柄复制公式即可。

（3）COUNTA 与 COUNTIF 函数

语法：COUNTA（value1，[value2]，…）

功能：计算范围中不为空的单元格的个数。

语法：COUNTIF（range，criteria）

功能：计算区域中满足给定条件的单元格的个数。

参数说明：

① range：需要计算其中满足条件的单元格数目的区域。

② criteria：以数字、表达式或文本形式定义的条件。

▶ 微视频：

公式应用

例如，如图 4-2 所示，要求统计女职工人数所占比例，则在 I17 单元格中输入公式：=COUNTIF（C3：C14，" 女 "）/COUNTA（C3：C14）。

4.3.3 图表

图表是以图形的方式来显示工作表中的数据,使数据分析更为直观。在 Excel 中提供了多种图表类型,每一种图表类型又可分为几种子图表类型,并且有二维和三维图表类型可供选择。

在 Excel 中创建图表十分简便,在"插入"功能区的"图表"组中包括柱形图、折线图、饼图、条形图、散点图、气泡图等图表类型,用户可以选择需要的图表类型。插入图表的操作步骤如下:

(1)工作表中选定需要创建图表的单元格区域。

(2)单击"插入"→"图表",打开"插入图表"对话框,如图 4-34 所示。

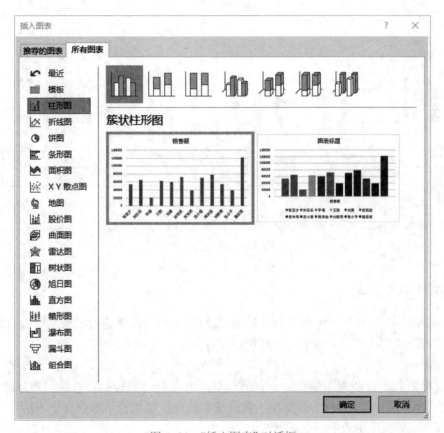

图 4-34 "插入图表"对话框

(3)在"所有图表"选项卡中,在"柱形图"区中包括簇状柱形图、堆积柱形图、百分比堆积柱形图等选项,用于设置图表数据的形状。例如选择簇状柱形图,即可插入如图 4-35 所示的"簇状柱形图"图表。

单击选中已经创建的图表,在 Excel 窗口中新增"图表工具",包括"设计"和"格式"功能区,如图 4-35 所示。利用这里的命令,可以进一步设置图表布局,选择图表样式与图表类型,添加图表元素,修改图表数据和图表位置等。

图 4-35　插入的图表

4.3.4　数据分析与管理

　　Excel 拥有强大的排序、检索和汇总等数据管理功能,不仅能够通过记录来增加、删除和移动数据,而且能够对数据进行排序、汇总等操作。

　　1. 记录单

　　数据清单由若干行和列组成,第一行是列标题,其余行是数据行。在执行数据操作的过程中,Excel 会自动将数据清单视为数据库。数据清单的列标题相当于数据库中表的字段名,数据清单的一行对应数据库中表的一条记录。

　　打开记录单的操作方法如下:

　　(1)单击"文件"→"选项"命令,打开"Excel 选项"对话框,如图 4-36 所示。选择"快速访问工具栏"选项卡,在"从下列位置选择命令"下拉列表中选择"不在功能区中的命令"选项,在列表框中找到"记录单"命令。

　　(2)单击"添加"按钮,将"记录单"命令添加到"快速访问工具栏"中,此时就可以在"快速访问工具栏"中出现"记录单"按钮。

图 4-36 "Excel 选项"对话框

（3）选中数据清单区域,单击快速访问工具栏中的"记录单"按钮,打开"记录单"对话框,
如图 4-37 所示。其中,标题是当前工作表的名称,在左边显
示各个字段的名称和记录的当前值,右边显示 7 个命令按钮。

在数据清单中,各条记录的内容可以直接在工作表中进
行修改,也可以用记录单进行修改。利用记录单,可以浏览、
添加、修改以及删除数据清单中的记录。

2. 数据排序

为了更好地分析和查看数据,经常需要对数据进行排序。
例如,在销售明细汇总表中先按商品名称升序排列,相同时按
销售额降序排列,操作方法如下:

（1）选定要排序的数据区域 A2:J14,单击"数据"→"排
序和筛选"→"排序"按钮,弹出"排序"对话框,如图 4-38
所示。

（2）单击"主要关键字"右侧的下三角按钮,在打开的下
拉列表中选择"商品名称"选项;单击"次序"右侧的下三角
按钮,在下拉列表中选择"升序"选项。

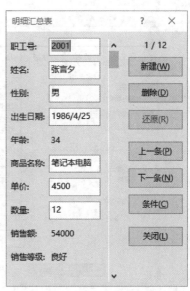

图 4-37 记录单

图 4-38 "排序"对话框

（3）单击"添加条件"按钮,添加次要关键字。次要关键字的设置方法与主要关键字的设置方法一致。本例中设置次要关键字为"销售额","排序依据"设置为"单元格值","次序"设置为"降序"。单击"确定"按钮即可。

3. 数据筛选

在数据清单中,如果只显示满足给定条件的记录,而暂时隐藏不满足条件的记录,可以使用数据筛选功能。Excel 提供了自动筛选和高级筛选两种方式。

如图 4-39 所示,筛选全体女职工的信息,操作方法如下:

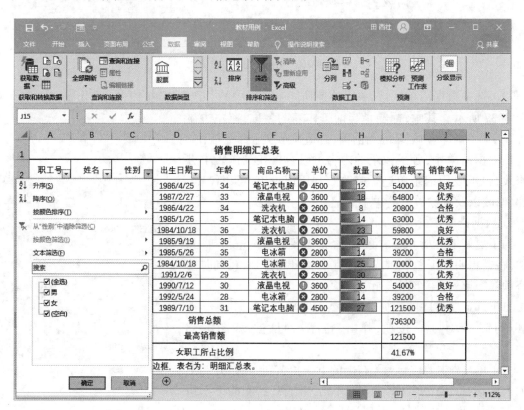

图 4-39 自动筛选

单击"数据"→"排序和筛选"→"筛选"按钮,此时每个列标题的右侧都出现一个下三角按钮。单击"性别"字段右侧的下三角按钮,则出现筛选条件的下拉列表,选中"女"复选框,单击"确定"按钮即可。

如果要退出自动筛选状态,可再次单击"数据"→"排序和筛选"→"筛选"按钮,则取消自动筛选且字段名右侧的下三角按钮消失。

高级筛选用于比较复杂的数据筛选,如多字段多条件筛选。在使用高级筛选功能对数据进行筛选前,需要先创建筛选的条件区域,该条件区域的字段必须是现有工作表中已有的字段。用户可以在工作表中输入筛选条件,输入的筛选条件与数据间至少保持一个空行或一个空列的距离。在建立条件区域时,行与行之间的条件是"或"的关系,而同一行的多个条件之间则是"与"的关系。

例如,选择全体女职工及销售额介于 50 000~60 000 的男职工的有关信息,操作方法如下:

(1)建立筛选条件区域,要确保条件区域与数据清单之间至少留一个空白行。条件区域必须具有列标志,并在下面的一行输入所要匹配的条件,如图 4-40 所示。

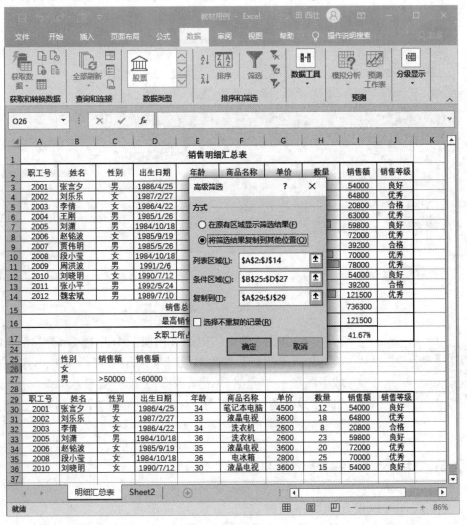

图 4-40   高级筛选

（2）单击"数据"→"排序和筛选"→"高级"按钮,打开"高级筛选"对话框,选择数据筛选方式、列表区域、条件区域及复制到的起始单元格,设置完成后,单击"确定"按钮即可。

4. 分类汇总

分类汇总是将相同类别的数据进行统计汇总,如求和、计数、求平均值以及求最大值、最小值等。

例如,分类统计各类商品销售数量及销售额的合计,操作方法如下:

（1）对需要分类汇总的字段"商品名称"进行排序,此字段中相同类别的记录排列在一起。

（2）单击"数据"→"分级显示"→"分类汇总"按钮,打开"分类汇总"对话框,在"分类字段"下拉列表中,选择需要用来分类汇总的字段——商品名称,在"汇总方式"下拉列表中,选择分类汇总的函数——求和;在"选定汇总项"列表中,选择需要对其汇总计算的数值列——数量及销售额,设置结果如图 4-41 所示。

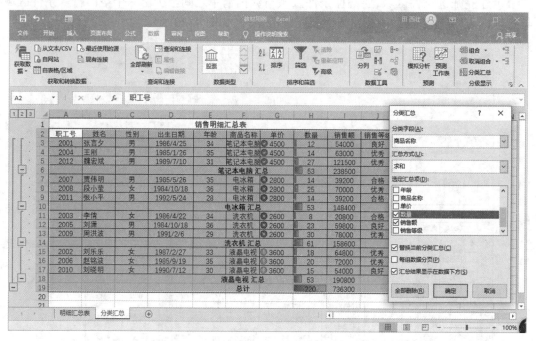

图 4-41　"分类汇总"对话框的设置

微视频:

数据分析与统计

（3）单击"确定"按钮,在当前工作表中显示分类汇总的结果。

如果希望在数据清单中删除分类汇总时,单击分类汇总数据区域中的任一单元格,单击"数据"→"分级显示"→"分类汇总"按钮,在弹出的"分类汇总"对话框中单击"全部删除"按钮,即可删除全部的分类汇总结果。

4.4　演示文稿软件——PowerPoint

演示文稿软件可以设计和制作各种宣传、演示、会议流程、技术交流等电子演示文稿。PowerPoint 是 Office 中主要组件之一,具有功能强大、界面友好、主题丰富以及动画效果生动等特点,是目前流行的演示文稿制作软件。

4.4.1 初识 PowerPoint

启动 PowerPoint 后,打开的工作界面如图 4-42 所示。窗口组成与 Word 大致相同。

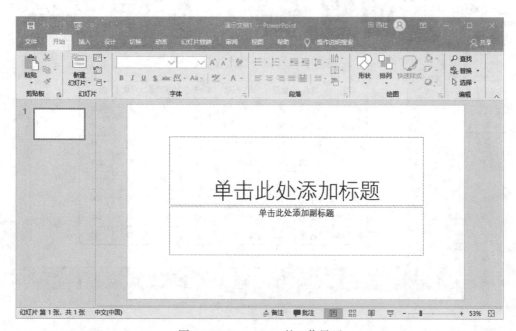

图 4-42 PowerPoint 的工作界面

PowerPoint 演示文稿由多张幻灯片按一定的顺序组成,每张幻灯片都可以包含文本、图片、图表、声音、影片以及超链接等基本元素。选择"插入"功能区中命令按钮,可以在幻灯片上插入各种对象,使用方法与 Word 类似。

1. 编辑文本

在普通视图的幻灯片编辑区中添加文本有两种方法,用户可以直接在幻灯片的文本占位符中输入文本;也可以在幻灯片中先插入文本框,然后在文本框中输入文本。可以使用"开始"→"字体"和"段落"组中的命令,完成字体及段落格式的设置。

2. 插入表格

单击"插入"→"表格"→"表格"下拉按钮,在展开的下拉列表中,按住鼠标左键拖动选取表格的行数和列数,释放鼠标左键,在当前幻灯片中即可插入表格。将插入点定位在需要输入文字的单元格内,然后输入内容。选中插入的表格,切换到"表格工具"|"设计"功能区,可以设置表格样式、边框、底纹等。选中插入的表格,切换到"表格工具"|"布局"功能区,可以设置单元格的合并和拆分、行高与列宽、文字对齐方式等。设置效果如图 4-43 所示。

3. 插入图片

单击"插入"→"图像"→"图片"按钮,打开"插入图片"对话框,选择图片后选择"插入"按钮即可,如图 4-44 所示。选中图片,选择"图片工具"→"格式"功能区,可对图片的颜色、艺术效果、图片样式、图片边框、图片效果、图片版式及大小等进行设置。

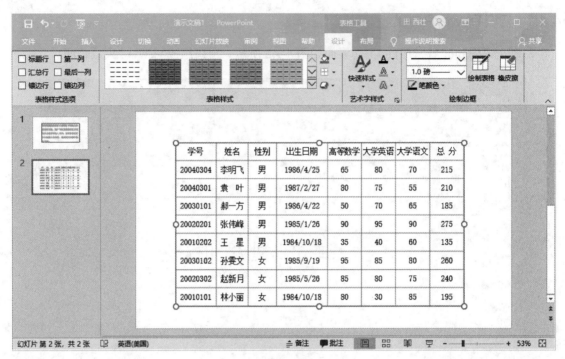

图 4-43 表格设置效果

图 4-44 插入图片

类似方法可以插入联机图片、屏幕截图及相册图片。

4. 插入 SmartArt 图

SmartArt 图是信息和观点的视觉表示形式,可以通过从多种不同布局中进行选择来创建 SmartArt 图,从而快速、轻松、有效地传达信息。

在"插入"→"插图"组中,用户可以利用系统提供的各种基本形状绘制图形,插入各种图表、3D 模型、SmartArt 图等。创建 SmartArt 图时,系统将提示选择一种 SmartArt 图类型,例如流程、层次结构、循环或关系等。虽然种类多样,但操作方式大同小异。如图 4-45 所示,在日常的工作和生活中,需要说明公司或组织中的上下级关系,用户可以插入层次结构图来表示,利用 "SmartArt 工具"对结构图进行图形结构的增删、版式选择、样式编辑等。

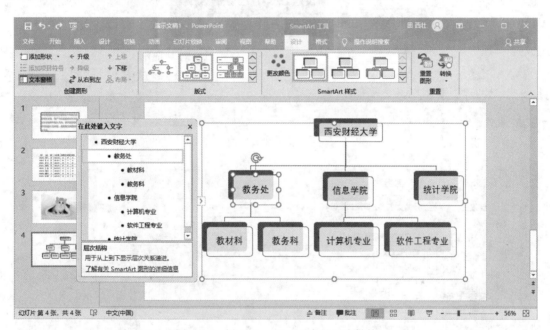

图 4-45　插入 SmartArt 图中的层次结构

5. 插入媒体

演示文稿中可以插入解说录音、背景音乐、声音效果及视频等。音频信息可以是事先录制的声音文件,也可以直接录制音频文件;视频文件可以是本地视频文件,也可以插入网上的视频文件,还可以屏幕录制,然后插入。如图 4-46 所示,插入视频后,可以对视频进行简单编辑。

6. 设置超链接

使用超链接不仅可以实现具有条理性的放映效果,而且也可以实现幻灯片与幻灯片、幻灯片与其他演示文稿、其他文档或是 Internet 地址之间的跳转。设置超链接之前,先选中要添加超链接的文本或图形对象,单击"插入"→"链接"→"链接"按钮,打开"插入超链接"对话框,如图 4-47 所示。

在"链接到"列表框中单击要插入的链接类型,其中,"现有文件或网页"可以链接到已有的文件或网页上;"本文档中的位置"可以链接到当前演示文稿中的某张幻灯片;"新建文档"可以

图 4-46　插入视频

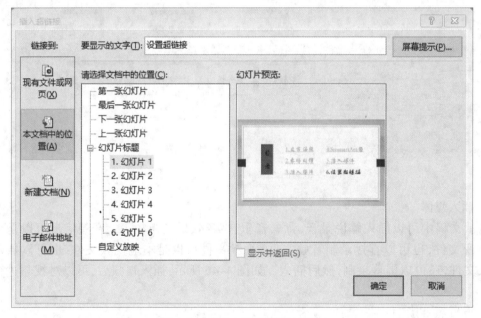

图 4-47　"插入超链接"对话框

微视频：

幻灯片制作

链接到一个尚未创建的文件上；"电子邮件地址"可以链接到电子邮件上。本例中，单击"本文档中的位置"，再从右侧的列表框中选定要链接的幻灯片，单击"确定"按钮即可完成链接设置。幻灯片中在设置超链接的文本下会显示一条横线，在进行幻灯片放映时，单击文本就会切换到所链接的幻灯片中。

4.4.2　幻灯片美化

在 PowerPoint 中,用户可以通过主题及母版来改变演示文稿外观,对幻灯片进行美化。

1. 主题

主题是主题颜色、主题字体和主题效果三者的组合,每个主题使用自己唯一的一组颜色、字体和效果来创建幻灯片的整体外观。设置文稿主题时,可根据演示文稿的内容选择适当的主题样式,方法是单击"设计"→"主题"组中"下拉"按钮,打开主题样式库,如图 4-48 所示,单击要应用的主题即可。

图 4-48　主题样式库

右击主题库中要应用的主题样式,在弹出的快捷菜单中可以指定应用主题的方式,包括应用于所有幻灯片、应用于选定幻灯片、设置为默认主题、添加到快速访问工具栏。

应用主题后,用户还可以根据需要利用"设计"→"变体"组中命令更改主题的颜色、字体和效果。

2. 应用母版

PowerPoint 提供了 3 种母版,包括幻灯片母版、讲义母版和备注母版。母版中包括字形、占位符的大小和位置、背景设计和配色方案,它决定着幻灯片的外观。

幻灯片母版决定着幻灯片的外观,使用幻灯片母版的目的,是使用户能够进行全局更改,并使该更改能够应用到演示文稿的所有幻灯片中。

单击"视图"→"母版视图"→"幻灯片母版"按钮,打开"幻灯片母版"视图,如图 4-49 所示。

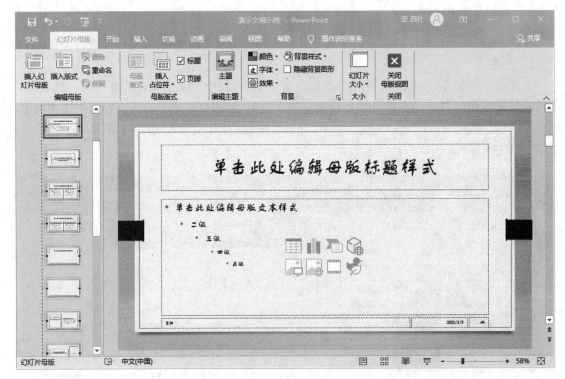

图4-49 幻灯片母版

用户可以在母版中插入文本框、图片等对象,可以更改幻灯片母版中所有文本格式,可以将幻灯片母版上的占位符删除。

讲义母版的编辑,可以改变讲义中页眉和页脚的文本、日期或页码的外观、位置和尺寸,也可以将讲义每页中要显示的名称或徽标添加到母版中。对讲义母版更改后,幻灯片本身并无明显变化,但在打印大纲时会显示出来。单击"视图"→"母版视图"→"讲义母版"按钮,打开"讲义母版"视图。

备注母版可以改变备注的格式。单击"视图"→"母版视图"→"备注母版"按钮,打开"备注母版"视图。幻灯片内容区及备注页面区域的尺寸、位置、背景等属性和占位符的属性可以直接更改。

4.4.3 幻灯片切换

为了丰富幻灯片之间转换的效果,可以设置幻灯片切换方式。

选中一张幻灯片,选择"切换"功能区,如图4-50所示,在"切换到此幻灯片"组中选择一种切换方式即可。

为幻灯片选择切换方式后,PowerPoint会自动对切换方式进行预览。

单击"切换"→"切换到此幻灯片"组→"其他"按钮,展开切换方式库,系统预设了细微型、华丽型和动态内容3种类型,包括切入、淡出、推进、擦除等多种切换方式,可为幻灯片选择适当的切换方式。

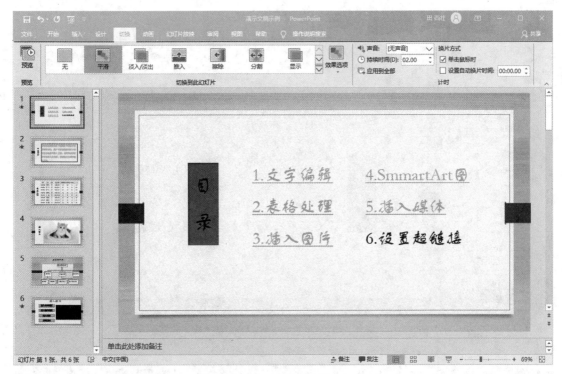

图 4-50 "切换"功能区

幻灯片的每种切换方式都包括多种切换方向,为幻灯片应用切换方式后,可根据需要对切换的运动方向进行更改。为了让幻灯片切换更有意境,可在幻灯片切换时为其配上声音。演示文稿中预设了爆炸、抽气、打字机等多种声音,用户可根据幻灯片的内容选择适当的声音。对于幻灯片切换时所用的时间也可根据需要进行更改。幻灯片的换片方式包括单击鼠标换片和自动换片两种,在默认情况下所使用的换片方式为单击鼠标。单击"计时"组→"应用到全部"按钮,可以将当前幻灯片切换方式应用于全部幻灯片。

4.4.4 动画设置

PowerPoint 具有强大的动画效果处理功能,用户可以为幻灯片中的文本、图片、表格等对象设置放映时出现的动画方式,使这些对象在播放时能动态显示,起到突出主题、丰富版面的作用,大大提高演示文稿的趣味性。

设置动画的方法是,选中需要设置动画效果的对象,选择"动画"功能区,如图 4-51 所示,在"动画"组中选择一种动画即可。

单击"动画"→"动画"组中的"其他"按钮,展开动画库,可以选择更多动画;或者单击"动画"→"动画"→"效果选项"按钮,在弹出的下拉列表中选择具体的动画效果。

幻灯片中对象的运行方式包括单击时、与上一动画同时和上一动画之后的 3 种方式。在默认情况下使用"单击时"的方式,用户可以根据需要选择适当的运行方式。

为幻灯片中的各对象设置动画效果后,放映时程序会根据用户所设置的动画顺序对各对象进行播放,用户可以根据需要对动画顺序重新调整。

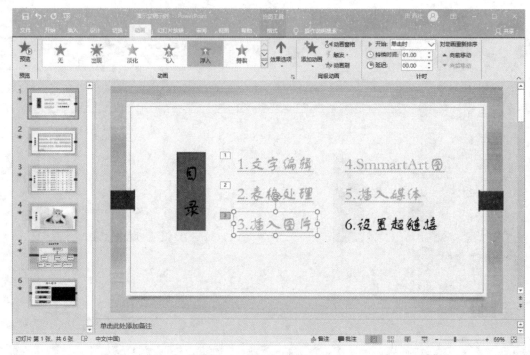

图 4-51 "动画"功能区

微视频:

幻灯片切换与动画设置

设置动画效果时,也可以为其添加声音效果。

在运行动画效果时,运行的时间长度包括非常快、快速、中速、慢速和非常慢 5 种方式,用户可根据需要选择合适的长度。

如果要删除对象的动画效果,单击对象左上角的动画序号,在"动画"→"动画"组中单击"无"即可。

4.4.5 幻灯片放映

完成演示文稿的编辑制作、动画效果、幻灯片切换等设置后,就可以放映幻灯片了。

放映幻灯片有多种方式,如图 4-52 所示,包括从头开始、从当前幻灯片开始、联机演示以及自定义幻灯片放映,用户可根据需要选择适当的放映方式。

在放映幻灯片之前可以隐藏幻灯片,放映时会自动跳过该幻灯片。隐藏幻灯片的操作方法是,在普通视图的"幻灯片 / 大纲"窗格中,右击需要隐藏的幻灯片,在弹出的快捷菜单中选择"隐藏幻灯片"命令;也可以通过选项组中的按钮来完成隐藏。

录制幻灯片的作用是对幻灯片的放映进行排练,对每个动画所使用的时间进行分配,录制时可以从头开始录制,也可以从当前幻灯片开始录制。录制幻灯片可选择录制计时和旁白,它将演讲者在演示、讲解演示文稿的整个过程中的解说声音录制下来,方便以后在演讲者不在的情况下,听众能准确地理解演示文稿的内容。

排练计时,可以在排练幻灯片放映的过程中设置幻灯片放映的时间,将每张幻灯片放映所用的时间记录下来,便于以后用于自动运行放映,常用于展台浏览或观众自行浏览类型的幻灯片放映方式。

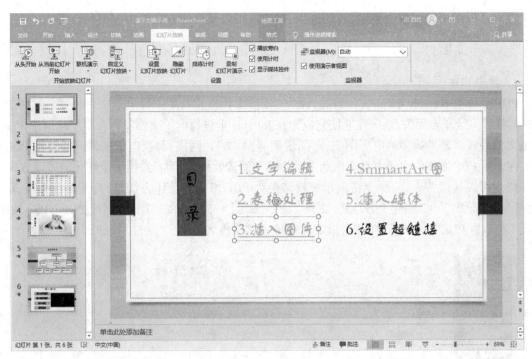

图 4-52 "幻灯片放映"功能区

单击"幻灯片放映"→"设置"→"设置幻灯片放映"按钮,打开"设置放映方式"对话框,如图 4-53 所示。

图 4-53 "设置放映方式"对话框

在对话框中可以对放映类型、放映选项、放映范围以及换片方式等内容进行设置。

4.4.6　演示文稿的导出

1. 创建 PDF 文档

PDF 全称是 portable document format，译为 "便携文档格式"，是一种电子文件格式。这种文件格式与操作系统平台无关，这一性能使它成为在 Internet 上进行电子文档发行和数字化信息传播的理想文档格式。越来越多的电子图书、产品说明、公司文告、网络资料、电子邮件开始使用 PDF 格式文件。用 PDF 制作的电子书具有纸版书的质感和阅读效果，给读者提供了个性化的阅读方式。

用户可以通过 "导出" 命令将演示文稿转换为 PDF 格式。操作方法是，打开演示文稿，单击 "文件" → "导出" → "创建 PDF/XPS 文档" 命令，如图 4-54 所示。单击 "创建 PDF/XPS" 按钮，打开 "发布为 PDF 或 XPS" 对话框，指定保存位置和文件名，单击 "发布" 按钮即可。

图 4-54　创建 PDF 文档

用户也可以通过 "另存为" 命令将演示文稿转换为 PDF 文档。

2. 将演示文稿创建为视频

为了使演示文稿能够在更多的媒体文件中播放，在幻灯片制作完成后可以将其创建为视频文件，操作方法如下：

（1）打开演示文稿，单击 "文件" → "导出" → "创建视频" 命令，如图 4-55 所示。

（2）在右侧面板的 "放映每张幻灯片的秒数" 数值框内输入数值。设置好每张幻灯片的放映时间后，单击 "创建视频" 按钮，弹出 "另存为" 对话框，设置视频文件的保存路径，在 "文件名" 文本框中输入视频文件的保存名称，单击 "保存" 按钮，PowerPoint 开始创建视频文件，在状态栏上会显示制作视频的进度。

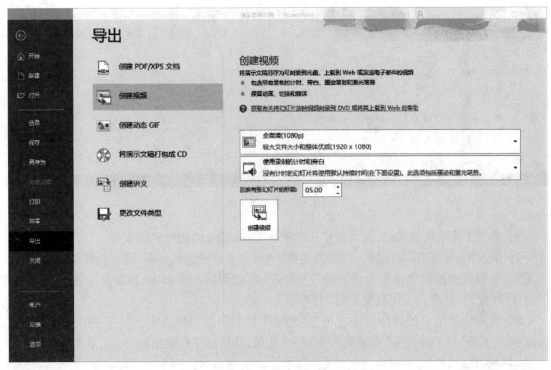

图 4-55　创建视频

视频文件创建完毕后,双击所创建的视频文件,即可播放。

实　　践

实践 1: 文本编辑排版

1. 任务要求

选定一段文字输入,对其进行图文混排、设置页眉与页脚、建立与引用题注、自动抽取目录、设置脚注与尾注等高级格式化。

2. 解决方法

自主完成。

实践 2: 表格数据处理

1. 任务要求

(1)掌握数据的输入。启动 Excel,建立如图 4-56 所示的表格,在 A1: K12、L2、A13 中输入数据,并将工作表 Sheet1 重命名为"工资表"。

(2)掌握公式和函数的使用。求出实发工资、合计,其中实发工资 = 岗位工资 + 奖金 + 工龄工资 + 补贴 − 养老金 − 失业保险 − 医保 − 住房公积金。

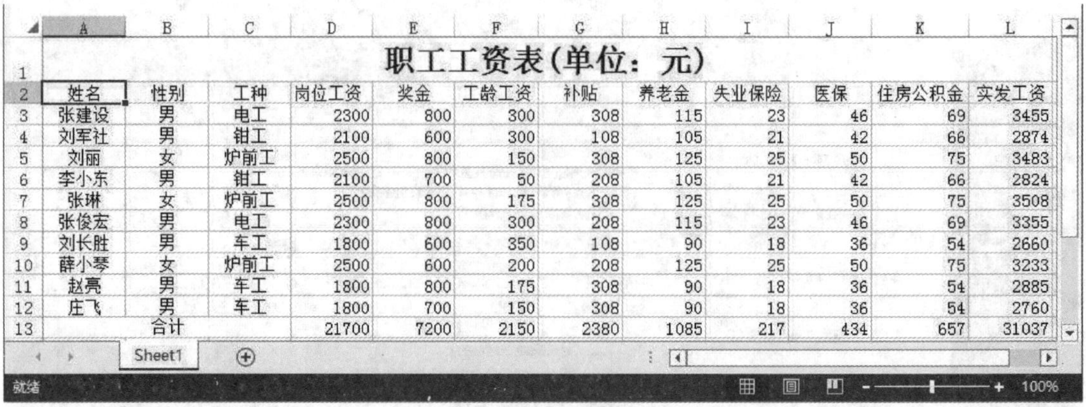

姓名	性别	工种	岗位工资	奖金	工龄工资	补贴	养老金	失业保险	医保	住房公积金	实发工资
张建设	男	电工	2300	800	300	308	115	23	46	69	3455
刘军社	男	钳工	2100	600	300	108	105	21	42	66	2874
刘丽	女	炉前工	2500	800	150	308	125	25	50	75	3483
李小东	男	钳工	2100	700	50	308	105	22	46	66	2824
张琳	女	炉前工	2500	800	175	308	125	25	50	75	3508
张俊宏	男	电工	2300	800	300	208	115	23	46	69	3355
刘长胜	男	车工	1800	600	350	108	90	18	36	54	2660
薛小琴	女	炉前工	2500	600	200	208	125	25	50	75	3233
赵亮	男	车工	1800	800	175	308	90	18	36	54	2885
庄飞	男	车工	1800	700	150	308	90	18	36	54	2760
合计			21700	7200	2150	2380	1085	217	434	657	31037

职工工资表（单位：元）

图 4-56 职工工资表

（3）掌握工作表的格式化，设置表格中的数字、对齐、字体、边框和图案等。

（4）掌握图表的创建和编辑。以姓名为横坐标，实发工资为纵坐标，建立折线图。

（5）掌握数据排序的操作方法。将"工资表"复制到新工作表中，以实发工资为主要关键字进行降序排列，并将此工作表更名为"排序表"。

（6）掌握分类汇总的操作方法。将"工资表"复制到新工作表中，以"工种"为分类字段，汇总"岗位工资""工龄工资""实发工资"的平均值，并将此工作表更名为"汇总表"。

2. 解决方法

自主完成。

实践 3：演示文稿制作

1. 任务要求

（1）创建一个演示文稿，主题是"我的母校"。

（2）包含的内容可以是母校的地理位置、学校环境、教育宗旨、感恩母校等（可以是其中一项，也可以是多项）。

（3）要求必须包含的元素有文字、图片、表格、超链接。

（4）设置幻灯片的字体效果、幻灯片切换、动画效果等（美观大方即可）；幻灯片的张数为 6~12 张。

2. 解决方法

自主完成。

本 章 小 结

本章从字处理软件的简单概述开始，介绍了常用的 WPS 等办公软件的基本特点和功能。以微软的 Office 2019 为例，重点介绍在 Word 环境下如何创建文档，文本的录入、编辑、格式化，表格的创建，图片的插入与编辑，图文混排以及高级排版等功能。介绍了 Excel 的功能和基本操作、公式与函数的使用、图表的创建与编辑、数据管理与分析。介绍了 PowerPoint 演示文稿的创建、对象的插入与编辑、演示文稿的外观和动画设计以及幻灯片的放映。通过本章的学习,掌握常用办公软件的应用。

习　题

一、填空题

1. 段落对齐方式可以有_____、_____、_____和_____4 种方式。

2. 打开一个文档,是将文档调入_____中,并显示它。

3. 水平标尺上有 4 个滑块,其功能分别是_____、_____、_____和_____。

4. 在 Word 中,页码是作为_____的一部分插入到文档中的。

5. 执行"文件"菜单中的_____命令,会显示文档在纸上的打印效果。

6. 在 Excel 中,工作表的名称显示在工作簿底部的_____上。

7. 在工作表中,由行和列交叉形成的一个个小格称为_____。

8. 公式中的运算符有_____、_____、_____和_____4 种类型。

9. 在 Excel 中,在单元格中输入公式之前,应该先输入一个_____。

10. 在 Excel 中,数据筛选的方法有_____和_____两种。

11. 在保护工作簿时,可以保护工作簿的_____和_____。

12. 在幻灯片浏览视图中,要选定多张连续的幻灯片,应先选定第一张幻灯片,再按_____键,选定最后一张幻灯片。

13. 要调整幻灯片的顺序,应在_____视图或_____视图下进行。

14. 在幻灯片中添加文本有两种方法,用户可以直接在幻灯片的_____输入文本,也可以在_____输入文本。

15. PowerPoint 主要提供了_____、_____、_____和_____视图方式。

16. 在设置放映时间时,用户可以采用两种方法:_____和_____。

二、选择题

1. 在 Word 的编辑状态下,执行"编辑"→"粘贴"命令后,_____。

A. 被选择的内容移到插入点处　　　B. 剪贴板中的内容移到插入点

C. 被选择的内容移到剪贴板　　　　D. 剪贴板中的内容复制到插入点

2. 所有段落格式排版都可以通过单击_____命令所打开的对话框来设置。

A. 文件→打开　　　　　　　　　　B. 工具→选项

C. 格式→段落　　　　　　　　　　D. 格式→字符

3. 在 Word 中,如果某个命令选项后面有省略号(…),当选择该命令后,会出现_____。

A. 一个子菜单　　B. 一个对话框　　C. 一个空白窗口　　D. 一个工具栏

4. 在 Word 中,编排完一个文件后,要想知道其打印效果,可以_____。

A. 选择"模拟显示"命令　　　　　　B. 选择"打印预览"命令

C. 按 F8 键　　　　　　　　　　　　D. 选择"全屏幕显示"命令

5. Word 具有分栏功能,下列关于分栏的说法中,正确的是_____。

A. 最多可以设 4 栏　　　　　　　　　B. 各栏的宽度必须相同

C. 各栏的宽度可以不同　　　　　　　D. 各栏之间的间距是固定的

6. 在 Excel 中,下面描述错误的是_____。

A. 一个工作簿是一个 Excel 文件

B. 一个工作簿可以只包含一个工作表

C. 工作表是由 1 048 576×16 384 个单元格构成

D. 工作簿可以重新命名,但工作表不能重新命名

7. 在 Excel 中,有关工作表的删除、插入与移动操作,下面描述正确的是_____。

A. 一个工作簿中,工作表的排列次序是不允许改变的

B. 不允许在一个工作簿中同时删除多个工作表

C. 在工作簿中,一次只允许插入一个工作表

D. 一个工作簿中,工作表的排列顺序是可以改变的

8. 在 Excel 中,在"选项"对话框的"自定义序列"选项卡中,建立自定义序列时,输入的序列各项间应该用_____间隔。

A. 分号　　　　　　B. 回车　　　　　　C. 空格　　　　　　D. 双引号

9. 在 Excel 中,& 表示_____。

A. 算术运算符　　　B. 文本运算符　　　C. 引用运算符　　　D. 比较运算符

10. 在 Excel 中,文本型数据和数值型数据默认的显示方式分别是_____。

A. 中间对齐、左对齐　　　　　　　　B. 右对齐、左对齐

C. 左对齐、右对齐　　　　　　　　　D. 自定义、左对齐

11. 将两个或多个单元格合并为一个单元格,合并后单元格引用为_____中数据。

A. 合并前左上角单元格　　　　　　　B. 合并前右上角单元格

C. 合并前右下角单元格　　　　　　　D. 合并前左下角单元格

12. 下列_____函数是计算工作表中数据区域数值的个数。

A. SUM(A1:A10)　　　　　　　　　B. AVERAGE(A1:A10)

C. MIN(A1:A10)　　　　　　　　　D. COUNT(A1:A10)

13. 在 Excel 中,下面关于分类汇总的叙述中,正确的是_____。

A. 分类汇总前必须按汇总项排序

B. 汇总方式只能是求和

C. 分类汇总的汇总项只能是一个字段

D. 分类汇总可以被删除,但删除汇总后排序操作不会撤销

14. 在 Excel 中,_____可以选择数据清单中满足条件的数据显示在工作表上,其他数据暂时隐藏。

A. 分类汇总　　　B. 记录单　　　　　C. 筛选　　　　　　D. 合并计算

15. 启动 PowerPoint 后,会自动生成一个空白演示文稿,并自动命名为_____。

A. Book1　　　　B. 空白演示文稿　　　C. 文档 1　　　　　D. 演示文稿 1

16. 可以对母版进行编辑和修改的视图是_____。

A. 普通视图
B. 备注页视图
C. 幻灯片放映视图
D. 幻灯片浏览视图

17. 在_____视图中可以对幻灯片内容进行编辑。

A. 普通
B. 幻灯片放映
C. 幻灯片浏览
D. 讲义视图

18. 在 PowerPoint 中,有关人工设置放映时间的说法中,错误的是_____。

A. 只有单击鼠标时换页
B. 可以设置在单击鼠标时换页
C. 可以设置每隔一段时间自动换页
D. B、C 两种方法都可以换页

19. 下列可以删除幻灯片的操作是_____。

A. 在幻灯片放映视图中选中幻灯片,再按 Delete 键
B. 在普通视图中选中幻灯片,再单击"剪切"按钮
C. 在幻灯片浏览视图中选中幻灯片,再按 Delete 键
D. 在普通视图中选中幻灯片,再按 Esc 键

20. 在 PowerPoint 中,有关幻灯片背景的说法中,错误的是_____。

A. 用户可以为幻灯片设置不同的颜色、阴影、图案或者纹理的背景
B. 可以使用图片作为幻灯片背景
C. 可以为单张幻灯片进行背景设置
D. 不可以同时对多张幻灯片设置背景

21. PowerPoint 的母版不包括_____。

A. 备注母版
B. 讲义母版
C. 幻灯片母版
D. 黑白母版

三、简答题

1. 什么是工具栏? 如何显示或隐藏 Word 窗口中的工具栏?

2. 什么是文档的模板? 尝试利用日历模板向导创建一个日历文档。

3. 简述 Word 中的视图种类,各自的作用是什么?

4. 简述 Word 提供的几种图文混排形式,如何调整图形对象与正文之间的位置。

5. 简述文本框的作用。

6. 在 Excel 中,引用单元格地址有哪几种方法? 试举例说明它们的区别。

7. 简述 Excel 的函数的组成和使用方法。

8. 简述 Excel 中图表的功能以及创建过程。

9. 简述分类汇总的作用及操作步骤。

10. 简述 Word、Excel 与 PowerPoint 的功能与应用领域。

11. 简述 PowerPoint 的视图方式。

12. 简述幻灯片放映的方式。

第 5 章　数据处理与管理

本章要点：

1. 了解数据处理的主要目的和常用方法。
2. 理解数据模型的基本概念和基本理论、数据库的基本知识和数据库的体系结构。
3. 掌握 Access 数据库、表、查询的创建和 Access 数据的基本使用方法。
4. 了解多媒体数据的基本理论，掌握多媒体数据的管理方法。
5. 了解数据处理的新技术。

数据处理与管理技术是计算机数据处理和信息管理系统的核心，也是应用计算机的基本技能之一。随着大数据的到来，计算机应用研究的热点已经从基本计算转向大数据处理的能力，从编程开发为主转变为以数据处理为中心。现在做事的依据都要靠数据说话，其数据的应用价值越来越重要。而 IT 产业是发展大数据处理技术的主要推动者，一个国家拥有数据的规模和运算数据的能力将成为综合国力的重要组成部分。大数据时代对人类的数据驾驭能力提出了新的挑战，也为人们获得更为深刻，全面的洞察能力提供了前所未有的空间与潜力。本章学习目的是使读者具有信息管理的基本素养，对计算机的数据处理有深入的认识和兴趣。本章主要介绍数据处理与管理的基本概念、方法及应用，结构化查询语言（SQL）的基础及操作，以及数据库技术未来的发展方向。

5.1　数据处理

从大量的、杂乱无章的、难以理解的原始数据中抽取并推导出有价值、有意义的数据，需要先对这些原始数据进行处理，处理的数据既包括数值型数据，也包括非数值型数据，数据处理的过程包括对数据进行分类、组织、编码、存储、检索和维护。数据处理软件既包括各种专用数据处理软件，也包括管理数据的文件系统和数据库系统。本节主要介绍文本和数值型数据的处理。

5.1.1　数据处理的方法

1. 数据的采集

数据采集又称数据获取，是利用特定装置或接口，从系统外部或其他系统采集数据并输入到系统内部的过程。常见的数据采集工具有摄像头、话筒、温度／湿度传感器、GPS 接收器、射频识别（RFID）机等，广泛应用在各个领域。用户也可以编写专用数据输入软件人工录入数据，或者通过数据转换、导入工具从其他数据库中导入数据。

图 5-1 为 Access 数据库的数据导入导出命令工具，导入命令可以从 Excel、其他 Access 数据库、文本文件、XML 文件等数据源中将数据导入到 Access 数据库中。

图 5-2 为 Excel 获取外部数据的命令选项，获取外部数据可以从 Access 数据库、网站、文本文件中得到，也可以从 SQL Server 数据库、Oracle 等其他数据来源导入到 Excel 文件中。数据库管理系统软件都提供数据导入导出工具。用户还可以编写爬虫程序从特定的网页中爬取所需数据。

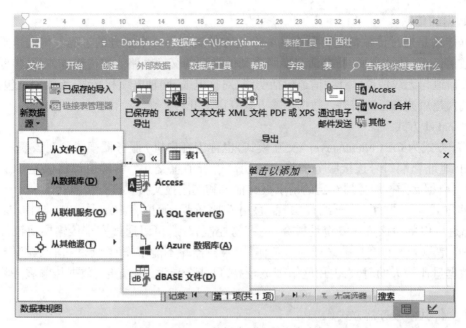

图 5-1　Access 数据库导入导出命令工具

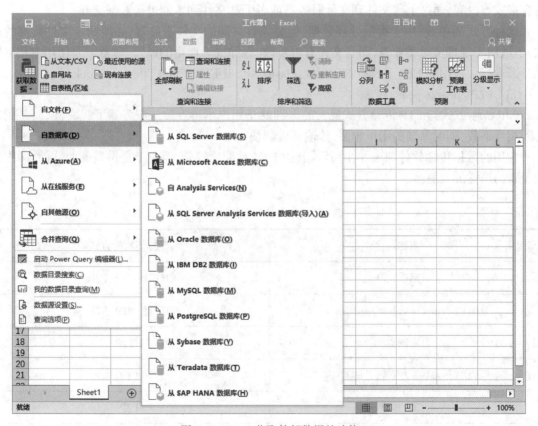

图 5-2　Excel 获取外部数据的功能

2. 数据的传输

数据传输是通过传输信道将数据从一个地方传送到另一个地方的过程。传输信道可以是专用的通信信道、数据交换网、电话交换网或其他类型的交换网路。按传输媒体分,传输信道可分为有线信道与无线信道。有线信道包括明线、对称电缆、同轴电缆和光缆;无线信道包括微波、卫星、散射、超短波和短波信道。数据传输方式有以下几种。

（1）socket 方式

socket 方式为 C/S(client/server)交互模式,也称为客户机 / 服务器模式。在该模式下,客户机通过 IP 地址和端口号连接服务器指定的端口进行消息交互。传输协议可以是 TCP 协议或 UDP 协议,数据必须按服务器约定的请求报文格式和响应报文格式进行传输。

这种方式实现方便,易于编程实现,通用性比较强,无论客户端是 .NET 架构、Java,还是 Python 都是可以的。该方式安全性较高,也容易控制权限,可以通过安全传输层协议加密传输数据;缺点是服务器和客户端必须同时工作,当服务器端不能工作时,无法进行数据传输,而且在传输数据量比较大的时候,占用网络带宽较高,可能会导致连接超时,数据传输服务将变得不可靠。

（2）文件共享服务器方式（FTP）

FTP 方式适用于大数据量的交互,数据传输双方约定文件服务器地址、文件命名规则、文件内容格式等内容,通过上传文件到文件服务器或者下载文件到本地进行数据交互。

这种方式简单,适用于批量处理数据,但必须有共同的文件服务器,必须约定文件数据的格式,不适用于处理实时类业务,而且文件有被篡改、删除或者泄密的风险,通常需要使用专用 FTP 工具来进行。常用的 FTP 工具有 FileZilla、FlashFXP、8UFTP、CuteFTP、Cyberduck 等。

（3）P2P(peer to peer)传输

P2P 传输方式与 FTP 传输方式最大的区别就是用户不再直接从服务器下载文件,而是用户之间相互下载,同时参与的用户越多,传输速度越快。

常用的数据传输软件如表 5-1 所示,其中 IDM 功能比较全,但由于是付费商业软件,国内使用免费的迅雷的人更多。

表 5-1　常用的数据传输软件

名称	支持传输的方式
迅雷	HTTP、FTP、P2P
IDM（ Internet download manager ）	HTTP、FTP、P2P
百度网盘	HTTP
uTorrent（ 磁力下载工具 ）	P2P
VeryCD（ 电驴 ）	P2P
BitTorrent	P2P

3. 数据的加工

数据加工是将大量的、杂乱无章的、难以理解的数据进行编码、分类、清洗、变换和排序,转换成计算机软件格式的过程。从现实世界中采集到的大量原始数据可能是多样的、杂乱的,有的数据记录是不完整的,有的数据可能出现错误。需要借助一些软件或技术手段,对这些原始数据进行加工处理后才能使用。

(1)数据编码

数据编码是指为便于计算机识别和管理数据,方便地进行信息分类、校核、合计、检索等操作,为数据增加的唯一的有特定意义的代号。

(2)数据分类

数据分类是指为实现数据共享和提高处理效率,把具有共同属性或特征的数据归并在一起。

(3)数据清洗

数据清洗是指对数据进行重新审查和校验的过程,目的在于删除重复信息、纠正存在的错误,以及解决一致性问题。常用的技术有补全遗漏数据、平滑有噪声数据、识别或去除异常数据等。

(4)数据变换

数据变换主要是将数据转换成适合系统处理的形式,常用的方法有平滑处理、聚集处理、数据泛化处理、规范化处理等。

(5)数据排序

数据排序是根据数据的某个(或某组)特性,按一定顺序将数据排列,以便按照该特性对数据进行检索、聚簇等操作。

4. 数据的存储

数据存储是指数据以某种格式记录在计算机内部或外部存储介质上。存储的对象既包括数据本身,也包括数据流在加工过程中产生的临时文件或中间数据。对于结构化的数据,通常使用数据库管理系统对其进行组织和存储;对于非结构化的数据,通常采用文件系统进行组织存放。为了保证数据的安全和较好的共享性,通常把结构化数据保存在数据库服务器上,非结构化数据保存到文件服务器上。随着数据量的剧增,或安全备份的需求,需要将数据分布式存储到不同地区的多台服务器上。为了提高数据访问和处理速度,通常把经常访问的数据存储在服务器本地硬盘上,把不经常访问的数据存储在云端。

5. 数据的展示

数据展示也称为数据可视化,就是用最简单的、易于理解的形式,把数据分析的结果呈现给决策者,帮助决策者理解数据所反映的规律和特性。

数据展示的常用形式有简单文本、表格、图表等。

如果数据分析的最终结果只反映在一两项指标上,采用突出显示的数字和一些辅助性的简单文字来表达观点最为合适。

当需要展示更多数据时,如需要保留具体的数据资料、对不同的数值进行精确比较或展示的数据具有不同的计量单位时,使用表格更简单,如表5-2所示。

图是对表格数据的一种图形化展现形式,通过图与人的视觉形成交互,能够快速传达事物的关联、趋势、结构等抽象信息,它是数据可视化的重要形式。

表 5-2　法　人　表

法人编号	法人名称	法人性质	注册资本 / 万元	法人代表	出生日期	性别	是否 党员
EGY001	服装公司一	国有企业	¥8 000.00	高郁杰	1975 年 1 月 29 日	男	TRUE
EGY002	电信公司一	国有企业	¥30 000.00	王皓	1978 年 9 月 19 日	男	FALSE
EGY003	石油公司二	国有企业	¥51 000.00	吴锋	1971 年 6 月 11 日	男	TRUE
EGY004	电信公司二	国有企业	¥50 000.00	刘萍	1974 年 3 月 15 日	女	TRUE
EGY005	图书公司三	国有企业	¥6 000.00	张静初	1974 年 7 月 28 日	女	FALSE
EGY006	运输公司二	国有企业	¥11 000.00	薛清海	1969 年 4 月 27 日	男	TRUE
EGY007	医药公司三	国有企业	¥50 000.00	梁雨琛	1968 年 3 月 5 日	男	TRUE
EGY008	电信公司三	国有企业	¥60 000.00	李建宙	1973 年 10 月 15 日	男	FALSE

常用的图有柱形图、条形图、折线图、散点图、饼图、雷达图、瀑布图、帕累托图等。图 5-3 为法人表中法人编号与注册资本柱形图。当然，也可以通过柱形图直观展示法人中男、女性别的人数，党员和非党员的人数；或者通过报表的形式展示各个银行季度或年度贷款总额，进而生成各个银行贷款综合随时间变化的贷款总额折线图。

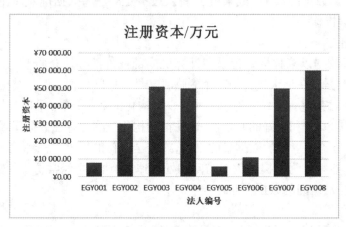

图 5-3　法人编号与注册资本柱形图

5.1.2　数据模型

本节以银行贷款系统为例，系统地介绍如何将现实世界中的客观对象抽象为信息世界中的概念数据模型，然后再将信息世界的概念数据模型转化成机器世界的组织数据模型。

1. 现实世界、信息世界和机器世界

现实世界是存在于人们头脑的客观世界，现实世界中的原始数据是错综复杂的，数据量是很大的。信息世界是现实世界在人脑中的反映，它搜集、整理现实世界的原始数据，找出数据之间的联系和规律,并用形式化方法表示出来。信息世界的数据经过加工、编码转换成机器世界的数据,这些数据必须具有自己特定的数据结构,能反映信息世界中数据之间的联系。机器世界是数据库的处理对象,计算机能够对这些数据进行处理,并向用户展示经过处理的数据。

数据库的应用是面向现实世界的,而数据库系统是面向计算机的,两个世界之间存在着很大差异,因此引入信息世界作为现实世界与计算机世界的桥梁。一方面,信息世界是对现实世界的抽象,从纷繁的现实世界中抽取出能反映现实本质的概念和基本关系;另一方面,信息世界中的概念和关系,要能以一定的方式映射到数据世界中,在计算机系统上最终实现。信息世界起到了承上启下的作用。

现实世界、信息世界和机器世界的关系如图 5-4 所示。

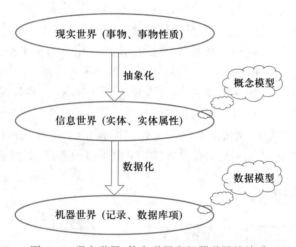

图 5-4　现实世界、信息世界和机器世界的关系

2. 概念模型与数据模型

概念数据模型简称概念模型,是面向现实世界的,它从数据的语义视角来抽取模型,按用户的观点对数据和信息建模。概念强调语义表达能力,建模容易、方便、概念简单、清晰,易于用户所理解,是现实世界到信息世界的第一层抽象,是用户和数据库设计人员之间进行交流的语言。概念模型主要用在数据库的设计阶段,常用的概念数据模型是实体—联系模型。

组织数据模型也称为数据模型,是面向机器世界的,它按照计算机系统的观点对数据建模,从数据的组织层次来描述数据,一般与实际数据库对应,主要包括层次模型、网状模型、关系模型等。

（1）概念模型

概念模型主要描述现实世界中实体以及实体和实体之间的联系。实体—联系模型（entity-relationship, E-R）是支持概念模型的最常用方法,它通常使用 E-R 图来描述现实世界的信息结构。

① 实体（entity）。实体是客观存在并可以相互区分的客观事物或抽象事件。例如。职工、学生、银行、桌子都是客观事物,球赛、上课都是抽象事件等。

在关系数据库中,一个实体被映射成一个关系表,表中的一行对应一个可区分的现实世界对象,成为实体实例(entity instance)。在 E-R 图中用矩形框表示实体,在框内写上实体名称。

② 属性(attribute)。实体所具有的某一特性称为属性。一个实体可以有多个属性来描述。可以根据实体的某些特性来区分不同的实体,但并不是实体的每个特性都可以用来区分实体,因此把可以用于区分实体的特性称为标识。例如,雇员的雇员号是标识属性,用雇员号可以区分一个个雇员,而工资就不是标识属性。

在 E-R 图中用椭圆框或圆角矩形框表示实体的属性,框内写上属性名,并用连线连到对应实体。可以在标识属性下加下画线。图 5-5 所示为 E-R 图表示的银行实体及其属性。

③ 联系。在现实世界中,事物内部以及事物之间是有联系的,这些联系在信息世界反应为实体内部的联系和实体之间的联系。实体内部的联系通常是指组成实体的各属性之间的联系。例如,雇员实体的属性 "雇员号" 与 "经理号" 之间就有关联关系,因为经理也是雇员,也有雇员号,所以经理号的取值受雇员号取值的约束,这就是实体内部的联系。实体之间的联系是指不同实体之间的联系。例如,在银行贷款管理信息系统中,银行实体和法人实体之间就存在 "贷款" 联系。联系用菱形框表示,框内写上联系名,然后用连线与相关的实体相连。实体之间的联系按联系方式可分为三类,一对一的联系、一对多的联系、多对多的联系。

a. 一对一联系(1:1)。如果实体 A 与实体 B 之间存在联系,并且对于实体 A 中的任一个实例,实体 B 中至多有一个(也可以没有)实例与之关联;反之亦然,则称实体 A 与实体 B 具有一对一联系,记作 1:1。例如,飞机的乘客和座位之间是 1:1 联系,如图 5-6 所示,每一位乘客只有一个座位号,一个座位号至多与一位乘客对应(也可以没有,比如空座位)。

图 5-5　银行实体及其属性的 E-R 图　　　　图 5-6　一对一联系

b. 一对多联系(1:n)。如果实体 A 与实体 B 之间存在联系,并且对于实体 A 中的任一实例,实体 B 中有 n 个实例($n \geqslant 0$)与之对应;而对于实体 B 中任一个实例,实体 A 中至少有一个实例与之对应,则称实体 A 到实体 B 的联系是一对多的,记为 1:n。例如,公司和雇员之间是 1:n 的联系,一个公司有多名雇员,而每一名雇员隶属于一个公司,如图 5-7 所示。

c. 多对多联系(m:n)。如果实体 A 与实体 B 之间存在联系,并且对于实体 A 中的任一实例,实体 B 中有 n 个实例($n \geqslant 0$)与之对应;而对实体 B 中的任一实例,实体 A 中有 m 个实例($m \geqslant 0$)与之对应,则称实体 A 到实体 B 的联系是多对多的,记为 m:n。如图 5-8 所示为银行和法人之间的 m:n 联系,即一个银行可以为多个法人提供贷款,而任一法人也可以向多家银行贷款。

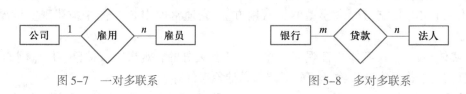

图 5-7　一对多联系　　　　　图 5-8　多对多联系

图 5-9 为银行贷款系统的概念模型,它描述了银行和法人实体的属性结构以及两个实体之间的"贷款"业务联系,其中,"贷款"联系本身也具有贷款日期、贷款金额和贷款期限的属性。

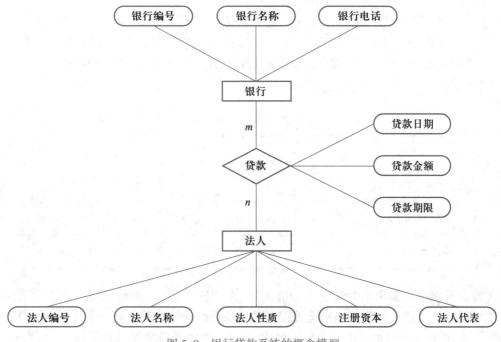

图 5-9   银行贷款系统的概念模型

（2）数据模型

数据模型主要任务是把信息世界中的概念模型,以一定的方式映射到数据世界中。在关系数据库系统中主要用关系模型来表示现实世界中实体以及实体之间联系的数据模型,关系数据模型包括关系数据结构、关系数据操作和关系完整性约束 3 个重要要素。

关系模型中数据结构是一张二维表,由行和列组成。

关系模型的主要元素如下。

① 关系。关系表现为一张二维表,关系名就是表名。

② 元组。二维表中的一行称为一个元组,与实体的实例相对应,相当于记录。

③ 属性。二维表中的一列称为一个属性,列名为属性名。二维表中对应某一列的值称为属性值。每一个属性的取值范围称为域,如表中的"性别"取值只能为"男"或"女";表中列的个数称为关系的元数。

④ 关系模式。关系模式是对关系的描述,通常可以表示为

关系名（属性 1,属性 2, …）

如银行贷款系统中的银行关系模式为

银行（银行编号,银行名称,银行电话,电话）

在关系模型中,实体间的联系也是用关系来表示的,如"贷款"联系可用贷款关系来表示。而且,只有满足下列条件的二维表才是关系:

a. 在一个关系中,同一列的数据必须是同一种数据类型。

b. 在一个关系中,不同的列的数据可以是同一种数据类型,但各属性的名称都必须是互不相同的。

c. 在一个关系中,任意两个元组都不能完全相同。

d. 在一个关系中,列的次序无关紧要。即列的排列顺序是不分先后的。

e. 在一个关系中,元组的位置无关紧要。即排行不分先后,可以任意交换两行的位置。

f. 关系中的每个属性必须是单值的,即不可再分,这就要求关系的结构不能嵌套。

如表 5-3 所示的二维表就不是关系。

表 5-3　嵌套表不是关系

法人编号	法人名称	法人性质	注册资本 / 万元	法人代表			
				姓名	性别	出生日期	照片
EGY001	服装公司一	国有企业	¥8 000.00	高郁杰	男	1975-1-29	
ESY002	餐饮公司一	私营企业	¥2 000.00	张海屿	女	1973-5-30	

⑤ 候选关键字。如果一个属性集的值能唯一标识一个关系的任一元组,而不含有多余的属性,则该属性集为候选关键字。候选关键字又称候选码或候选键。在一个关系上可以有多个候选关键字。候选关键字可以由一个属性组成,也可以由多个属性共同组成。

⑥ 主关键字(也称主码)。有时一个关系中有多个候选关键字,这时可以选择其中一个作为主关键字,主关键字也称主码或主键。每一个关系都有且仅有一个主关键字。在关系模式中,是在主关键字下面加下画线来标识的。

⑦ 主属性。包含在任意候选关键字中的属性称为主属性。

⑧ 非主属性。不包含在任意候选关键字中的属性称为非主属性。

⑨ 外部关键字。如果一个属性集不是它所在关系的主关键字,但它是其他关系的主关键字,则该属性集称为外部关键字。外部关键字也称为外码或外键。

⑩ 参照关系和被参照关系。在关系数据库中可以通过外部关键字关联两个关系,这种联系通常是一对多$(1:n)$的,其中,主(父)关系(1 方)称为被参照关系,从(子)关系(n方)称为参照关系。

例如,在表 5-4、表 5-5 和表 5-6 中,法人编号是法人关系的主关键字;银行编号是银行关系的主关键字;法人编号和银行编号为贷款关系的组合主关键字。单一属性法人编号在贷款关系中不是主关键字,但它是法人关系的主关键字。因此,法人编号在贷款关系中是外部关键字,银行编号在贷款关系中也是外部关键字。贷款关系中法人编号的取值要参照法人关系中的取值,法人关系为被参照关系,贷款关系为参照关系,编号为 EJT001 的法人,在贷款关系中,分别在编号为 B29202、B29501 和 B29601 的 3 家银行进行了贷款。同样,银行为被参照关系,贷款关系为参照关系,贷款关系中银行编号为外键,其取值要参照银行关系中银行编号的取值,即贷款关系中的银行编号必须是银行关系中实际存在的银行。

表 5-4 法 人 关 系

法人编号	法人名称	法人性质	注册资本 / 万元	法人 代表	出生日期	性 别	是否 党员	照片	备注
EGY001	服装公司一	国有企业	8 000	高郁杰	1975 年 1 月 29 日	男	TRUE		
EGY002	电信公司一	国有企业	30 000	王皓	1978 年 9 月 19 日	男	FALSE		
EGY003	石油公司二	国有企业	51 000	吴锋	1971 年 6 月 11 日	男	TRUE		
EGY004	电信公司二	国有企业	50 000	刘萍	1974 年 3 月 15 日	女	TRUE		
EHZ001	石油公司一	中外合资企业	25 000	张晗	1972 年 12 月 4 日	男	FALSE		
EHZ002	餐饮公司二	中外合资企业	1 200	史绪文	1970 年 11 月 25 日	男	TRUE		
EHZ003	服装公司三	中外合资企业	7 500	李智强	1971 年 2 月 14 日	男	TRUE		
EJT001	图书公司一	集体企业	240	王天明	1970 年 2 月 13 日	男	FALSE		
EJT002	运输公司一	集体企业	500	田平	1973 年 1 月 28 日	女	TRUE		
ESY001	运输公司三	私营企业	2 000	张海屿	1973 年 5 月 30 日	女	TRUE		
ESY002	餐饮公司一	私营企业	100	李建峰	1968 年 6 月 12 日	男	TRUE		

表 5-5 银 行 关 系

银行编号	银行名称	银行电话	电话
B29101	中国银行 A 支行	029–87561234	
B29102	中国银行 B 支行	029–88971234	
B29103	中国银行 C 支行	029–85721234	
B29201	中国农业银行 A 支行	029–83291234	
B29202	中国农业银行 B 支行	029–82681234	
B29301	中国建设银行 A 支行	029–87761234	
B29302	中国建设银行 B 支行	029–83291234	
B29401	中国工商银行 A 支行	029–87351234	
B29501	交通银行 A 支行	029–82671234	
B29601	招商银行 A 支行	029–85261234	

表 5-6　贷 款 关 系

法人编号	银行编号	贷款日期	贷款金额 / 万元	贷款期限 / 月	备注
EGY001	B29102	2019 年 8 月 1 日	1 000	18	
EGY002	B29501	2018 年 12 月 12 日	1 000	15	
EGY003	B29103	2018 年 6 月 1 日	2 000	24	
EHZ002	B29102	2018 年 7 月 14 日	2 600	12	
EJT001	B29202	2017 年 12 月 1 日	3 000	20	
EJT001	B29501	2018 年 2 月 15 日	1 200	6	
EJT001	B29601	2019 年 3 月 18 日	800	4	
EJT002	B29101	2018 年 10 月 12 日	1 400	8	
EJT002	B29103	2018 年 12 月 1 日	800	12	
ESY001	B29302	2020 年 1 月 1 日	3 000	20	
ESY001	B29601	2019 年 1 月 1 日	1 500	8	

（3）实体联系模型向关系模型的转换

用 E-R 图表示的概念模型是由实体、实体的属性和实体之间的联系 3 个要素组成的。所以将 E-R 图转换为关系模型，实际上就是要将实体、实体的属性和实体之间的联系转化为关系模式。这种转换一般遵循如下原则：

对于 E-R 图中的每个实体都应转换为一个关系模式，实体的属性就是关系模式的属性，实体的标识属性就是关系模式的主关键字。

在 E-R 图中，1∶1 的联系可以并入任一端实体对应的关系模式中，1∶n 的联系可以并入 n 端实体对应的关系模式中。也可以将 1∶1 的联系、1∶n 的联系或 m∶n 的联系转换成一个独立的关系模式，关系的属性为两端实体的主关键字和联系本身的属性的集合，关系的码为两端实体的主关键字的组合。

在图 5-9 中，银行贷款系统的概念模型可以转换以下 3 个关系模式。其中，贷款联系为 m∶n 联系，需要转换成独立的关系模式，关系的码为银行和法人两个实体关键字的组合：

法人（<u>法人编号</u>,法人名称,法人性质,注册资本,法人代表,性别,出生日期,照片）

银行（<u>银行编号</u>,银行名称,银行电话,备用电话）

贷款（<u>法人编号</u>,<u>银行编号</u>,贷款日期,贷款期限,贷款金额,备注）

概念模型转换成关系模型后，还需要根据实际要求进行适当调整。例如，在银行贷款系统关系模型中，给银行关系增加了备用电话属性，给贷款关系增加了备注属性。

5.2　数据库

数据库技术主要研究如何组织和存储数据,如何高效地获取和处理数据的一种计算机辅助管理数据的方法。数据库技术已经成为先进信息技术的重要组成部分,是信息系统及计算机应用系统的基础和核心。因此,掌握数据库技术是全面认识计算机系统的重要环节,也是适应信息时代的重要基础。

5.2.1　数据库基本概念

数据库系统是由计算机硬件、数据库、数据库管理系统、数据库应用系统、数据库管理员和用户组成的综合系统。

1. 数据库

人们收集到大量数据之后,应将其保存起来,以供进一步加工处理,进一步抽取有用的信息。在科学技术飞速发展的今天,各种应用产生的数据量急剧增加,人们必须借助计算机和数据库技术科学地保存这些大量的复杂数据,以便能方便而充分地利用这些宝贵的信息资源。

数据库(data base, DB)是长期存储在计算机内的、有组织的、可共享的数据集合。数据库中的数据按一定的数据模型组织、描述和储存,具有较小的冗余度、较高的数据独立性和易扩展性,并可为不同用户所共享。

2. 数据库管理系统

数据库管理系统(data base management system, DBMS)是用来创建、使用和维护数据库的一种数据管理软件,位于用户与操作系统之间,它为用户或应用程序提供访问数据库的方法,包括数据库的创建、查询、更新及各种数据控制等。

数据库管理系统的功能包括以下 4 个方面:

(1)数据定义和操纵功能

DBMS 提供数据定义语言(data definition language, DDL)和数据操纵语言(data manipulation language, DML), DDL 可以对数据库中的对象进行定义, DML 可以实现对数据库中数据的检索、插入、修改、删除。

(2)数据库运行控制功能

对数据库进行并发控制、安全性检查、完整性约束条件的检查和执行、数据库的内部维护等。

(3)数据库的组织、存储和管理

DBMS 根据数据类型自动确定文件结构和存取方式,建立实现数据之间的联系,可以提高数据的存储空间利用率和各种操作的时间效率。

(4)建立和维护数据库

通过 DBMS 可以实现初始数据的输入与数据转换,数据库的备份与恢复,数据库的重组织与重构造、性能的监视与分析等。

常见的数据库管理系统有 Oracle、MySQL、Access、SQL Server、DB2 等。

3. 数据库应用系统

凡使用数据库技术管理其数据的系统都称为数据库应用系统。如教务管理系统、ERP 系统、在线考试系统、航空运输管理系统等。

4. 数据库管理员和用户

（1）终端用户

终端用户是数据库的使用者,通过应用程序与数据库进行交互。如使用图书管理系统的图书管理员和学生。

（2）应用程序员

应用程序员负责分析、设计、开发、维护数据库系统中各类应用程序,确保所开发的应用程序能顺利访问数据库中的数据。

（3）数据库管理员

数据库管理员(data base administrator, DBA)是负责管理、监督和维护数据库系统,确保数据库能正常运行的工作人员。

5.2.2　数据库系统体系结构

目前,虽然 DBMS 的产品多种多样,但大多数系统在总的体系结构上都具有三级模式的结构特征。

1. 数据库的三级模式结构

为了保障数据与应用程序之间的独立性,使用户能以简单的逻辑结构操作数据而无需考虑数据在计算机内是如何组织和存放的,以便简化应用程序的编制和程序员的负担,增强系统的可靠性,DBMS 将数据库的体系结构分为三级模式: 外模式、模式和内模式,如图 5–10 所示。

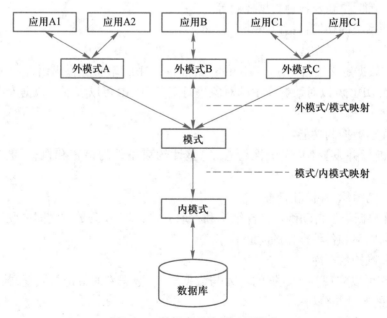

图 5–10　数据库系统的三级模式

（1）外模式

外模式（external schema）亦称子模式（subschema）或用户模式。它是使用数据库的最终用户能够看见和使用的局部数据的逻辑结构和特征的数据视图，是与某一应用有关的数据的逻辑表示。外模式通常是模式的子集，一个数据库可以有多个外模式，但一个应用程序只能使用同一个外模式。

外模式是保证数据安全的一个有力措施，每个用户只能看到或访问特定的外模式中的数据，数据库中的其他数据都是不可见的。

（2）模式

模式（schema）也称逻辑模式，是数据库中全体数据的逻辑结构和特征的描述，是所有用户的公共数据视图。它是数据库系统模式结构的中间层，既不涉及数据的物理存储细节和硬件环境，也不涉及具体的应用程序或开发工具。一个数据库只有一个模式。模式描述的是数据的全局逻辑结构。

（3）内模式

内模式（internal schema）也称存储模式（storage schema），一个数据库只有一个内模式。它是数据物理结构和存储方式的描述，是数据在数据库内部的表示方式。内模式描述的是数据的全局物理结构。DBMS提供内模式描述语言来定义内模式。在关系数据库中，内模式对应存储文件。

2. 数据库的两级映像

数据库系统的三级模式是对数据的3个抽象级别，其目的是：把数据的具体组织留给DBMS管理，使用户能够逻辑地、抽象地处理数据，而不必关心数据在计算机中的具体表示与存储方式。DBMS在三级模式之间提供两级映像，以保证数据库中的数据具有较高的逻辑独立性与物理独立性。

（1）外模式/模式映像

对应同一个模式可以有任意多个外模式，对于每一个外模式，数据库系统都有一个外模式/模式映像，它定义了该外模式与模式之间的对应关系。映像的定义通常包含在各自的外模式的描述中。当模式改变时，数据库管理员对各个外模式/模式映像进行相应改变，可以使外模式保持不变。应用程序是依据外模式编写的，因而应用程序不必修改，保证了数据与程序的逻辑独立性，简称逻辑数据独立性。

（2）模式/内模式映像

因为数据库中只有一个内模式，也只有一个模式，因此，模式/内模式映像是唯一的，它定义了数据库全局逻辑结构与存储结构之间的对应关系。该映像的定义通常包含在模式描述中。当数据库的存储结构改变，由数据库管理员对模式/内模式映像进行相应改变，可以使模式保持不变，应用程序也不用经过修改，保证了数据与程序的物理独立性。

5.2.3　关系数据库

关系数据库是建立在关系模型基础上的数据库。关系数据模型由关系数据结构、关系操作集合和关系完整性约束三部分组成。关系数据结构在前面已经介绍，关系操作包括查询操作和更新操作（包括插入、删除、修改）两大部分，这部分内容在5.3.4节介绍。关系完整性是指关系模型中数据的正确性与一致性。关系完整性规则包括实体完整性、参照完整性和用户定义完整性。

1. 实体完整性规则

实体完整性规则（entity integrity rule）要求关系中的主码不能有空值。如果出现空值，那么主码值就起不了唯一标识元组的作用。例如银行关系中的银行编号属性不能为空。

2. 参照完整性规则

参照完整性规则（reference integrity rule）是指若属性（或属性组）F 是基本关系 R 的外码，它与基本关系 S 的主码 K_s 相对应（基本关系 R 和 S 可能是相同的关系），则对于 R 中每个元组在 F 上的值必须为 S 中某个元组的主码值或者取空值（F 的每个属性值均为空值）。

例如，贷款关系中的外码"法人编号"的取值必须取法人关系中已有的某个法人的编号，如果不存在，则在贷款关系中该元组的法人编号就必须取空值。

3. 用户定义完整性规则

用户定义完整性规则（user-defined integrity rule）是指用户根据实际情况，为了保证数据是有意义的，对数据库中特定的数据内容要进行一些限定，数据库只接受符合限定约束条件的数据值，不接受违反约束条件的数据，从而保证数据库中的数据的有效性和可靠性。例如，法人关系中的性别属性只能取男或女，贷款关系中的贷款期限属性取值不能为负。

总之，数据完整性的作用就是要保证数据库中的数据是正确的。通过在数据模型中定义实体完整性规则、参照完整性规则和用户定义完整性规则，数据库管理系统将检查和维护数据库中数据的完整性。

5.3　Access 数据库

Access 是由微软公司发布的一个基于关系模型的数据库管理系统，适用中小型数据库的管理，是 Office 的重要成员之一。用户可以通过 Access 提供的开发环境及工具方便地构建数据库应用程序，大部分工作是直观的和可视化的操作，无需编写程序代码就可以方便地完成数据库的管理工作。Access 可以高效地完成各种类型的中小型数据库管理工作，如财务、行政、金融、经济、统计和审计等领域。

Access 存储数据库应用系统中的所有对象，包括表、查询、窗体、报表、宏和模块共 6 种数据库对象，用户可以根据数据管理的需要利用不同的对象来管理数据。其中，可以利用表对象存储信息，利用查询对象搜索信息，利用窗体对象查看信息，利用报表对象打印信息，利用宏对象完成自动化工作，利用模块对象实现综合处理功能。

另外，数据库也记录了字段和记录的验证规则、各字段的标题和说明、各字段的默认值、各表的索引、各个关联表之间的关联性、数据的参照完整性等。Access 数据库具备存储、组织和管理各项相关信息的功能。

以银行贷款系统为例，将 5.1.2 节中的关系模型转换成 Access 数据库所支持的数据模型，得到银行表、法人表和贷款表 3 张数据表结构，如表 5-7、表 5-8、表 5-9 所示。

表 5-7　银行表结构

字段名称	数据类型	字段大小	约束	说明
银行编号	短文本	6	主键	
银行名称	短文本	30	NOTNULL	
银行电话	短文本	12		
备用电话	短文本	12		备用电话

表 5-8　法人表结构

字段名称	数据类型	字段大小	约束	说明
法人编号	短文本	6	主键	
法人名称	短文本	50	NOTNULL	
法人性质	短文本	6	NOTNULL	
注册资本	货币	—	非负	标题：注册资本 / 万元
法人代表	短文本	10		
出生日期	日期 / 时间	长日期		
性别	短文本	2	男或女	
是否党员	是 / 否			
照片	OLE 对象	—		
备注	长文本	—		相关补充说明

表 5-9　贷款表结构

字段名称	数据类型	字段大小	约束	说明
法人编号	短文本	6	主键	为引用法人表的 "法人编号" 的外部关键字
银行编号	短文本	6	主键	为引用银行表的 "银行编号" 的外部关键字
贷款日期	日期 / 时间	长日期		主键
贷款金额	货币	—	非负	标题：贷款金额 / 万元
贷款期限	数字	整型	非负	标题：贷款期限 / 月
备注	长文本	—		相关补充说明

5.3.1   数据库的创建

单击 Windows 的"开 始"→"所 有 程 序"→"Microsoft Office"→"Microsoft Office Access 2019"选项,或者双击 Access 的快捷方式图标,启动 Access 后,就可以看到如图 5-11 所示的 Access 工作首界面。

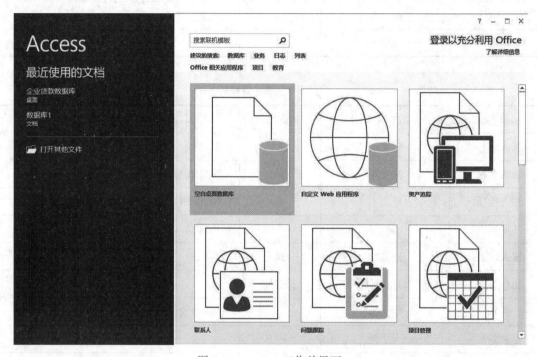

图 5-11   Access 工作首界面

单击"空白桌面数据库"选项,弹出如图 5-12 所示的对话框,再单击浏览按钮,选择数据库存放的位置,输入数据库名称(扩展名为 accdb)后,单击"创建"按钮就创建了一个空的数据库。

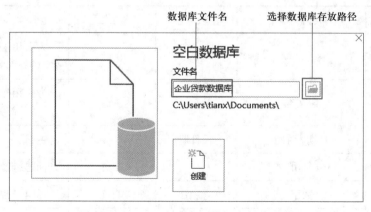

图 5-12   Access 空白桌面数据库创建向导

Access 的工作界面如图 5-13 所示,与其他 Office 的应用程序一样,包括 Office 按钮、快速访问工具栏、命令功能区、上下文命令选项、标题栏、命令按钮区、对象编辑窗口、状态栏、导航窗格、文件选项卡等。

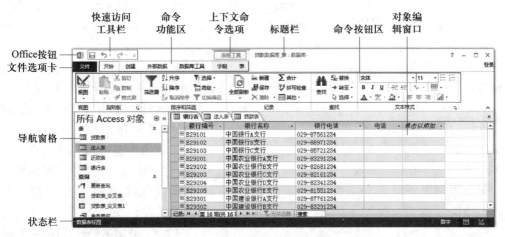

图 5-13　Access 工作界面的组成

5.3.2　数据表的创建与使用

表是 Access 数据库最基本的对象。所有的数据都存放在表中,其他对象的操作都是在表的基础上建立的。数据表是数据库的核心和基础,它保存着数据库中的所有数据信息。报表、查询和窗体都从表中获得信息。

1. 数据表的创建

Access 提供了 4 种创建数据表的方法:通过输入数据创建数据表、使用表设计视图创建表、使用模板创建表和从其他数据源导入数据或超链接创建表。

（1）通过输入数据创建数据表

数据库创建完以后,自动进入的工作界面是数据表视图界面,如图 5-14 所示。也可以单击"创建"→"表"按钮,进入数据表视图。

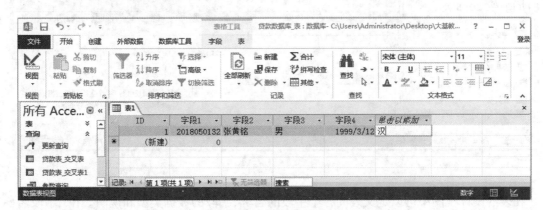

图 5-14　数据表视图界面

可以在数据表视图中的第一行直接输入一条记录，Access 会根据每个字段的输入值，自动识别各个字段的数据类型。然后再通过双击字段名，依次修改各个字段的名称，如图 5-15 所示。

图 5-15　修改字段名称

在数据表视图中，单击"单击以添加"右侧的按钮，弹出数据类型选择下拉列表，在列表中

图 5-16　选择字段的数据类型

可以选择需要在当前列输入的数据类型，如图 5-16 所示。

单击快速访问工具栏的保存图标，在弹出的"另存为"对话框中输入表的名称后，单击"确定"按钮保存所创建的表。

（2）使用表设计视图创建表

打开数据库，单击"创建"→"表设计"按钮，进入表设计界面，也可以在数据库的数据表视图中，单击左上角的"视图"按钮 或者状态栏右下角按钮 ，进入表设计视图，默认表名为表 1，如图 5-17 所示。

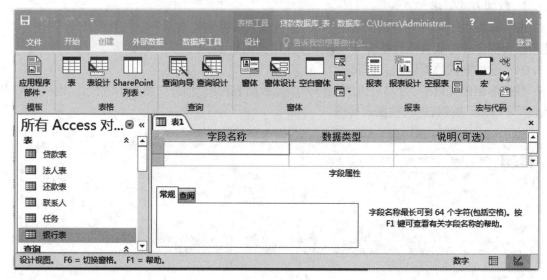

图 5-17　表设计视图

在表的设计视图中可以定义表的各个字段的名称、字段的数据类型和说明。在"字段名称"列中输入各字段的名称，一般用带有一定意义的字母、数字、下画线或汉字来为字段命名，第一个

字符不能是数字。在"数据类型"列中单击右侧下拉按
钮,可以选择对应字段的数据类型,Access 中的数据类
型如图 5-18 所示。在表设计视图中,单击"设计"功能
区,然后单击"主键"按钮,光标所在行的字段就会设置
为主键,在该字段名称左侧行选择器方块上会显示一个
钥匙图标,如图 5-19 所示。若要取消主键设置,只需再
次单击"主键"按钮即可。如果要同时给多个字段定义
组合主键时,可以按住 Ctrl 键不放,并用鼠标单击字段
左边的小方格行选择器,可以同时选中多个字段,然后
单击"主键"按钮。

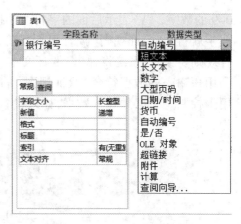

图 5-18 Access 中的数据类型

为提高数据库系统处理数据的时间效率,数据库系
统要求在创建表时要指定每个字段要存放的数据类型,
以便于存储数据时系统可以分配有效的存储空间。Access 中提供了 13 种数据类型,如图 5-18
所示,用来存放不同类型的数据。其中,"自动编号"类型用于在添加记录时自动插入唯一顺序
号或随机编号;"是 / 否"类型用于存放是 / 否、真 / 假、开 / 关等逻辑型值;"OLE 对象"类型存
储声音、图像、Excel 电子表格等文件对象;"超链接"类型存放 URL 网址等超链接地址;"附件"
类型可以附加图片、文档、电子表格或图表等文件;"查阅向导"可以启动向导创建一个使用组合
框查阅另一个表、查询或值列表中值的字段。

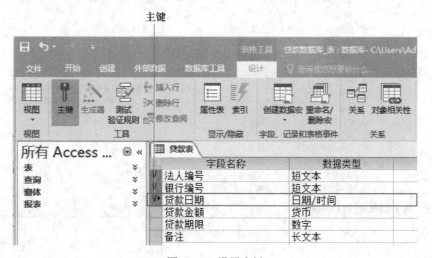

图 5-19 设置主键

在表的设计视图下方是字段属性栏,包含"常规"和"查阅"两个选项卡。在"常规"选项
卡中,"字段大小"属性设定该字段长度占的字节数。"标题"属性设置在数据视图下,该字段
显示的列标题,为空时显示的是字段名称。"默认值"属性设定在表中录入数据时,该字段在未
录入数据时自动填入的内容。"输入掩码"属性设定该字段录入数据时的格式要求,可以有效
地防止非法数据输入到数据表中,在图 5-20 中,银行电话字段的输入掩码"000\-00000000"表
示电话号码由 3 位区码数字和 8 位数字号码组成,"0"为占位字符,表示对应的位置必须输入

0~9 的数字,"\"表示后面的字符"–"按原样显示,输入数据时"–"不用输入,直接输入 13 位数字就行。"验证规则"属性可用于检查输入的数据是否遵循限制条件。当输入的数据不符合规则要求时,系统将弹出"验证文本"设置的提示信息对话框,并将光标停留在该字段上,直到用户输入的数据符合"验证规则"的要求为止,验证规则设置示例见表 5–10。"必需"属性用于控制是否必须输入数据,如果设置为"是",则输入数据时,该字段的值必须输入,且不能为 Null。

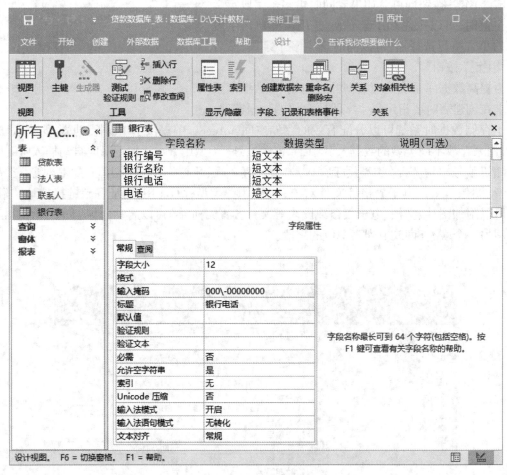

图 5–20 字段的属性

表 5–10 验证规则示例

验证规则	验证文本
'男 'Or' 女 '	只能输入 ' 男 ' 或 ' 女 '
Between 0 And 100	0~100 的数字
<#2016–1–1#	输入一个 2016 年之前的日期
>=#2019–1–1# And <=#2019–12–31#	在 2019 年以内的日期
Like "M???"	以 M 开头的 4 个字符

对于文本型、数字型和是否型字段,在"查阅"选项卡中有"显示控件"属性,单击其右边的下拉按钮,从弹出的下拉列表中可以设置字段的显示方式,如图 5-21 所示。选择对应的显示控件,左边会出现该控件的详细属性,进行更详细的设置。

微视频:
使用设计视图创建表

图 5-21 字段的"查阅"选项卡

(3)使用模板创建表

Access 中内置了一些常见的模板表,这些表中都包含了许多字段名,用户可以根据需要在数据表中添加和删除字段,从而快速创建一个表。下面以创建一张联系人表为例,介绍使用模板创建表的方法。

首先切换到"创建"功能区,在模板组里单击"应用程序部件"按钮,在下拉列表中选择"联系人"选项,如图 5-22 所示。系统会弹出"正在准备模板"对话框,稍等片刻,就会弹出"创建关系"对话框向导,选择"不存在关系"选项,如图 5-23 所示。再单击"创建"按钮,联系人表就创建好了,如图 5-24 所示。可以根据实际需要删除、添加或修改字段。

微视频:
使用模板创建表

图 5-22 选择联系人

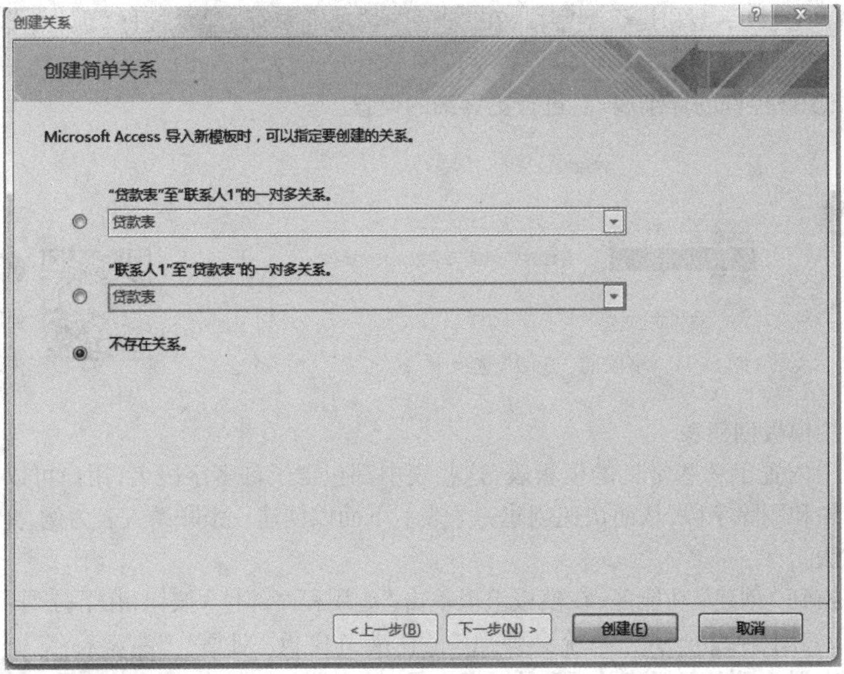

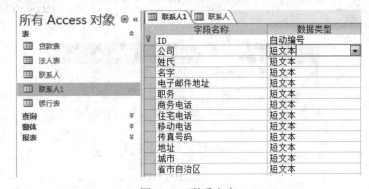

图 5-23 创建关系向导

图 5-24 联系人表

（4）从其他数据源（如 Excel 工作簿、Word 文档、文本文件、XML、HTML 或其他数据库文件）导入数据或链接创建表

在导入时，可以选择"第一行包含列标题"，这样，第一行自动就变成了表头，即表的字段名称，还可以指定或添加主键字段。

例 5-1 从 Excel 工作簿中导入数据创建表。

微视频：

导入数据创建表

单击"外部数据"→"导入并链接"→"新数据源"→"从文件"→"Excel"按钮，如图 5-25 所示。在弹出的"获取外部数据"对话框中单击"浏览"按钮，选择要导入的 Excel 文件，并选择"将源数据导入当前数据库的新表中"选项，如图 5-26 所示，单击"确定"按钮，进入"导入数据表向导"对话框，如图 5-27 所示。勾选"第一行包含列标题"复选项，单击"下一步"按钮。

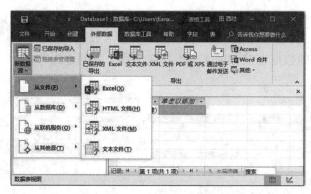

图 5-25　外部数据选项卡命令按钮

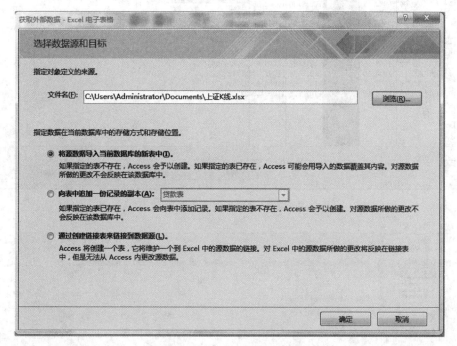

图 5-26　获取外部数据

在图 5-27 中，给各数据列设置数据类型，然后单击"下一步"按钮，弹出图 5-28 所示对话框，为导入的数据表设置主键，此处选择"让 Access 添加主键"选项，会自动添加一列"ID"主键。如果选择"我自己选择主键"选项，则可以从现有的列名中指定一个列名作为主键，也可以不要主键，以后再创建。单击"下一步"按钮，在"导入到表"的文本框中输入要创建的表名，如"上证指数"，最后单击"完成"按钮，即可创建完成，如图 5-29 所示。

注意：如果导入过程中，最后一步弹出"所有记录中均未找到关键字"的警告提示信息，说明 Excel 文件列名前面有多余空格，删除每一个列名前面多余空格后就可以成功导入了。因为 Access 字段的命名规则要求不能以空格开头！

2. 表间关系的创建

一个数据库中常常包含若干张数据表，这些表之间相互是有联系的。建立数据表之间的关系,不仅可以真实地反映客观世界的联系,还可以减少数据的冗余,提高数据存储的效率,并且方便建立多表查询。表结构创建好后,参照表中先不要输入数据,等关系创建好后再输入数据;否则,可能因为参照表中的数据在被参照表中不存在导致关系创建失败。

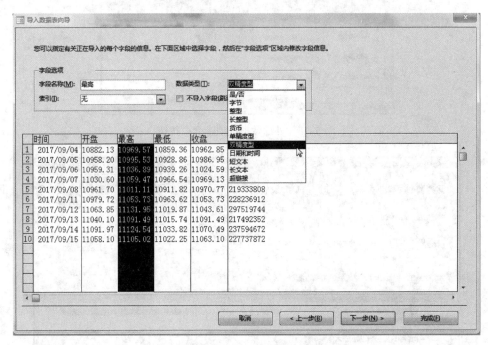

图 5-27　设置各列的数据类型

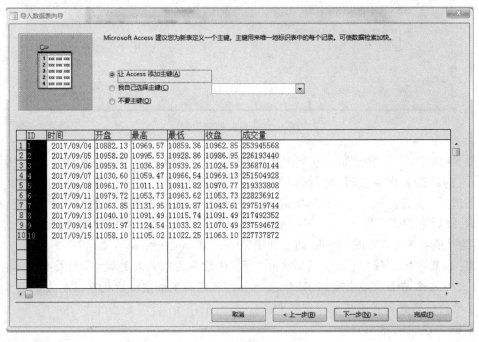

图 5-28　创建主键

图 5-29 从 Excel 导入的上证指数表

例 5-2 给贷款数据库中 3 张表对象创建表之间关系。

（1）打开贷款数据库，单击"数据库工具"→"关系"按钮，打开关系设计窗口。

（2）单击"设计"→"显示表"按钮，在弹出的"显示表"对话框中分别选择"银行表""法人表"和"贷款表"，再单击"添加"按钮，将 3 张表对象添加到关系设计窗口中，如图 5-30 所示，然后关闭"显示表"对话框。

图 5-30 在关系设计视图中添加表

（3）在"贷款表"中的"银行编号"字段上按下鼠标左键，并拖动到"银行表"的"银行编号"字段上，弹出"编辑关系"对话框，确保"实施参照完整性"复选框处于选中状态，如图 5-31 所示，单击"确定"按钮，完成"银行表"和"贷款表"之间一对多关系的创建。

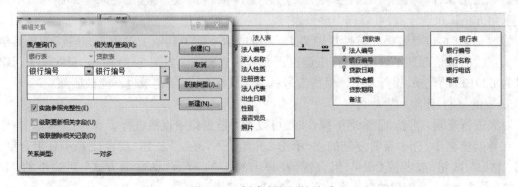

图 5-31 创建表之间的关系

（4）用同样的方法拖动"法人表"中"法人编号"字段到"贷款表"中"法人编号"上,创建"法人表"和"贷款表"之间的一对多的关系。

右击表间的关系连线,可以通过弹出菜单对关系进行编辑或删除。

3. 添加数据记录

微视频:

创建表之间关系

向表中添加数据记录一般在表的数据表视图下进行,如果表是空的,就直接从第一条记录的第一个字段开始输入数据,每输入一个字段值,按 Enter 键或 Tab 键,也可以按向右的方向键,跳转到下一个字段继续输入。如果表中已经有数据了,则只能在表的最后一行的空记录中输入数据,不能在两条记录之间插入记录,记录在表中的存放顺序是按照向表中添加记录的先后顺序存放的,但在显示时,是按照索引排列的顺序显示的。在向表中添加记录时,一定要保证输入的数据类型要和设定的各字段的类型保持一致,在对设置了掩码的字段输入数据时,输入的数据格式要和设定的掩码格式一致。

向表中添加记录时,一定要遵循参照完整性规则,被参照表中的数据要先录入,参照表中录入的数据的外键字段必须在被参照表中已经存在。在贷款数据库的关系中,先要向"银行表"和"法人表"中录入数据,然后再向"贷款表"中录入数据,即"贷款表"中的银行编号必须在"银行表"中已经存在,而不能是一个虚假的或还没有创建的银行编号。同样,"贷款表"中的法人编号的取值也要参照"法人表"中法人编号的取值,而不能是一个不存在的值。

4. 查看与编辑数据记录

查看和编辑数据记录一般可直接在数据表视图中进行,如果打开的表不是在数据表视图下,需要切换到数据表视图。通过拖动窗口的水平或垂直滚动条,可以查看未显示在数据表视图窗口中的内容。通过数据表视图底部的记录浏览按钮来快速移动到前一条、后一条、第一条或最后一条记录,或者在记录浏览按钮中间显示当前记录号的文本框中输入数字后按 Enter 键,可以移动到指定记录号的记录。

将光标定位到要修改的记录的相应字段上,可直接修改其中的内容。将光标定位到要删除的记录行的任意位置,单击"删除"按钮右侧的下拉按钮,在弹出的下拉列表中选择"删除记录"命令,即可删除该记录。也可以右击该记录的记录选定器(记录行最左边的小方格),在弹出的快捷菜单中选择"删除记录"命令,或者按 Delete 键将该条记录删除,如图 5-32 所示。如果要同时删除多条相邻的记录,可先选中要删除的第一条记录后,按下 Shift 键,再用鼠标选定要删除的最后一条记录,同时选中多条连续记录,然后按 Delete 键一次将这些记录全部删除。单击表的左上角方格记录选定器,可以选中整张表。

修改记录时,也要遵循完整性规则要求,主键的值不能与其他主键相同,并且,如果其他表中相关字段的取值参照了该主键,该主键也不能修改或删除。如图 5-33 所示,贷款表中有银行编号为 B29103 的记录,银行表中该银行编号就不能被修改,该条记录也不能被删除。

5. 表的复制、删除和重命名

对表进行复制、删除和重命名等操作时,可以在导航窗格中直接进行。

在导航窗格中,选中需要复制的表,单击"开始"→"复制"按钮,或者按 Ctrl+C 组合键,再单击"粘贴"按钮,或者按 Ctrl+V 组合键,在弹出的 5-34 所示"粘贴表方式"对话框的"表名称"文本框中,输入要创建的新表名称并选中粘贴方式即可。

图 5-32 删除记录

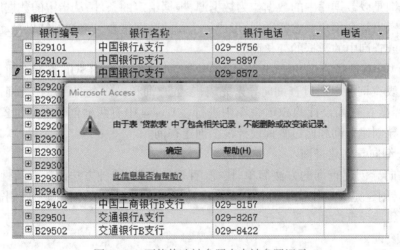

图 5-33 不能修改被参照表中被参照记录

（1）"仅结构"选项,将创建一张与被复制表结构完全相同的空表。

（2）"结构和数据"选项,将创建一张与被复制表结构数据完全一样的副本。

（3）"将数据追加到已有的表"选项,将被复制表中的全部数据追加到"表名称"文本框中指定的表中。

删除表时,在导航窗格中选择要删除的表,单击"开始"→"删除"按钮,或直接按 Delete 键,并在确认删除对话框中单击"是"按钮即可删除该表。

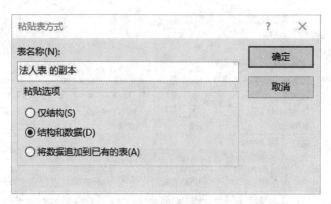

图 5-34 "粘贴表方式"对话框

对表进行重命名时,在 Access 工作窗口的导航窗格中选择所要重命名的表,右击标题行(表名称),在弹出的快捷菜单中单击"重命名"命令,表的名称将变成反色显示的编辑状态,此时可在文本框中输入新的数据表名称后按 Enter 键完成重命名操作。

注意: 如果其他表中的数据取值,引用了当前表中的数据,当前表将不能被删除,也不能进行重命名。

5.3.3 数据表的查询

查询是 Access 进行数据处理和分析的工具。利用查询,可以按照多种方式来查看、更新和分析数据。查询是以数据库中的数据作为数据源,根据给定的条件,从指定的数据库中的表或已有的查询中检索出符合用户要求的数据,形成一个新的数据集合。查询的结果是动态的,它随查询所依据的表或查询中的数据的变化而动。

在 Access 中,有选择查询、交叉表查询、参数查询、操作查询和 SQL 查询 5 种查询方式。选择查询和交叉表查询可以通过查询向导来完成,参数查询和操作查询需要在查询设计视图中实现,SQL 查询需要在查询设计的 SQL 视图中进行。Access 中有两种创建查询对象的方法,分别是使用查询向导创建查询和通过查询设计视图创建查询。

1. 通过查询向导创建查询

通过查询向导创建查询的方法简单、快捷、直观。但是,这种方法缺乏灵活性,不能实现条件复杂的查询,创建完成后往往还需要在查询设计视图中进行修改才能满足使用需求。通过查询向导可以创建选择查询和交叉表查询。

(1)选择查询

选择查询是最常用的查询类型,它能够根据用户所指定的查询条件,从一张或多张数据表中检索数据,并且用数据表视图显示结果;还可以利用查询条件对记录进行分组,并对分组中的字段值进行求平均、总计、最大值、最小值以及其他类型的统计计算。

例 5-3 使用查询向导创建一个贷款信息查询,查询结果包含法人名称、法人性质、法人代表、银行名称、贷款金额等信息。

① 单击"创建"→"查询向导"按钮,弹出"新建查询"对话框,如图 5-35 所示,选择一种查询向导(如"简单查询向导"),单击"确定"按钮。

图 5-35 "新建查询"对话框

② 在弹出的"请确定查询中使用哪些字段"对话框中,在"表 / 查询"下拉列表中选择"法人表",在"可用字段"列中分别选择"法人名称""法人性质""法人代表"等字段,单击">"按钮,将其添加到"选定字段"列表中,如图 5-36 所示。

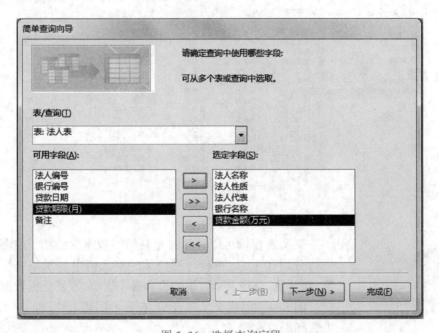

图 5-36 选择查询字段

③ 用同样的方法从"银行表"中选择"银行名称",从"贷款表"中选择"贷款金额"字段,将它们添加到"选定字段"列表中。

④ 单击"下一步"按钮,在"请确定采用明细查询还是汇总查询"对话框中选择查询方式,如果选的是"汇总",并单击"汇总选项"按钮,则需要在弹出的"汇总选项"对话框中选择汇总方式,如图 5-37 所示,然后单击"确定"按钮,再次返回简单查询向导对话框。

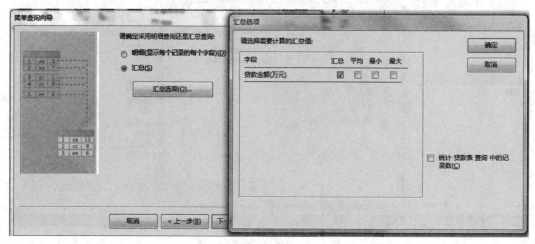

图 5-37　汇总选项

⑤ 单击"下一步"按钮,在"请为查询指定标题"对话框中输入查询的标题,如"贷款信息",然后单击"完成"按钮,即可创建完成查询,查询结果如图 5-38 所示。

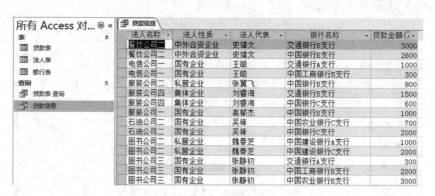

图 5-38　查询结果

（2）交叉表查询

交叉表查询可以计算并重新组织数据的结构,根据行、列字段进行分组和汇总,在行与列交叉的单元格中显示某个字段的统计值,如计数、总数、平均、最大值和最小值等,方便分析数据。

▶ 微视频:

使用简单查询向导创建查询

例 5-4　创建交叉表查询,查看不同法人性质的法人代表男女人数和汇总人数。

① 单击"创建"→"查询向导"按钮,弹出如图 5-35 所示的对话框,选择"交叉表查询向导"选项,单击"确定"按钮。

② 在向导对话框的列表中选择"法人表"作为查询结果要包含的字段表,单击"下一步"

按钮。

③ 从向导对话框的"可用字段"列表中选择"法人性质"作为行标题,添加到"选定字段"列表中,单击"下一步"按钮。

④ 选择"性别"作为列标题,单击"下一步"按钮。

⑤ 在"字段"列表中选择任一值不为空的字段,如"法人编号"作为行列交叉点数,"函数"列表中选择交叉点计算数字方式为"计数",单击"下一步"按钮。

⑥ 在文本框中输入查询名称,使用默认名称"法人表_交叉表1",单击"完成"按钮。结果如图5-39所示。

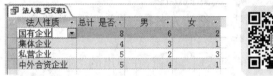

图 5-39 法人表交叉表查询结果

2. 通过查询设计视图创建查询

单击"创建"→"查询设计"按钮,弹出"显示表"对话框,选择查询所需要的表名称,单击"添加"按钮,各个表的字段列表信息和表间的关系就会显示在查询设计窗口的上部,如图5-40所示。查询设计视图分为上下两个部分,上部为数据源显示区,既可以是数据表,也可以是已有的查询;下部为参数设置区,由6个参数行组成,分别是字段、表、排序、显示、条件和或。参数设置区的每一非空白列对应查询的一个字段,每一行对应字段在查询中的属性。

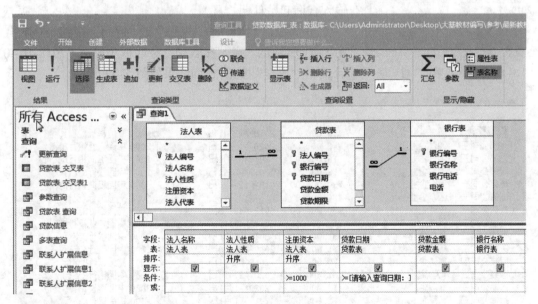

图 5-40 查询设计视图

（1）字段:设置在查询中使用的字段或字段表达式。

（2）表:设置选定字段的来源。

（3）排序：确定是否排序以及排序的方式。若要按某一字段排序，可单击该字段排序行右侧的下拉列表按钮，从中选择排序方式，如升序或降序。

（4）显示：确定在查询结果中是否显示该字段或字段表达式的值。如果需要某一字段的数据在查询运行时显示，则选中该复选框，使其显示有"√"符号，这也是 Access 的默认参数。如果希望某一字段的数据在查询运行时不显示，但又需要它参与运算，则取消选中该复选框，使其中的"√"符号消失。

（5）条件：设置查询的条件，以筛选满足给定条件的记录。

例 5-5　查询注册资本在 1 000 万以上，贷款日期在指定日期以后的企业贷款信息，结果按法人性质分组，按贷款金额从高到低排序。

该查询需要使用的字段包括法人名称、法人性质、注册资本、贷款日期、贷款金额、银行名称，这些字段涉及法人表、贷款表和银行表 3 张表。

① 单击"创建"→"查询设计"按钮，在弹出的"显示表"对话框中将法人表、贷款表和银行表添加到查询设计视图中，然后单击"确定"按钮进入查询设计视图。

② 在查询设计视图下方"表"所在行选择表名，然后在"字段"所在行选择所需字段，如图 5-40 所示。

③ 设置"法人性质"字段的排序为"升序"，"注册资本"字段的"排序"为"升序"，并确保"注册资本"字段在"法人性质"字段的右侧。

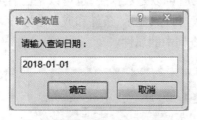

图 5-41　"输入参数值"对话框

④ 在"注册资本"列的"条件"行单元格中输入查询条件">=1000"。

⑤ 在"贷款日期"列的"条件"行单元格中输入">=［请输入查询起始日期：］"。

⑥ 单击"设计"→"视图"或"运行"按钮，在弹出如图 5-41 所示的"输入参数值"对话框中输入"2018-01-01"后，单击"确定"按钮，查询结果如图 5-42 所示。

法人名称	法人性质	注册资本(万元)	贷款日期	贷款金额(万元)	银行名称
图书公司三	国有企业	¥6,000.00	2018年12月1日	300	交通银行A支行
图书公司三	国有企业	¥6,000.00	2020年1月12日	3000	中国农业银行B支行
图书公司三	国有企业	¥6,000.00	2018年1月4日	2000	中国工商银行B支行
服装公司一	国有企业	¥8,000.00	2019年8月1日	1000	中国银行B支行
电信公司一	国有企业	¥30,000.00	2019年12月20日	300	中国工商银行B支行
电信公司一	国有企业	¥30,000.00	2018年12月12日	1000	交通银行A支行
医药公司三	国有企业	¥50,000.00	2019年4月15日	1000	交通银行B支行
石油公司二	国有企业	¥51,000.00	2019年4月19日	700	中国农业银行C支行
石油公司二	国有企业	¥51,000.00	2018年6月1日	2000	中国银行C支行
医药公司三	集体企业	¥1,000.00	2019年2月20日	1800	中国银行B支行
服装公司四	集体企业	¥9,000.00	2019年3月1日	1500	交通银行B支行
服装公司二	私营企业	¥1,500.00	2020年2月15日	800	中国银行B支行
运输公司三	私营企业	¥2,000.00	2020年1月1日	3000	中国建设银行B支行
运输公司三	私营企业	¥2,000.00	2019年1月1日	1500	招商银行A支行
餐饮公司二	中外合资企业	¥1,200.00	2019年3月15日	3000	交通银行B支行
餐饮公司二	中外合资企业	¥1,200.00	2018年7月14日	2600	中国银行B支行
医药公司四	中外合资企业	¥3,500.00	2018年9月20日	2600	中国建设银行A支行

图 5-42　查询结果

由于查询结果要按法人性质分组,所以"法人性质"字段要放在"注册资本"左边,即先按"法人性质"排序,"法人性质"相同时,再按"注册资本"排序。

参数查询允许用户在执行查询时,通过对话框输入查询条件,系统根据用户输入的参数找到符合条件的记录,从而实现交互式查询。在查询设计视图中,参数条件的设置方法是在查询字段的"条件"单元格中输入表达式,并在方括号内输入提示信息,如">=[请输入查询起始日期:]"。

3. 操作查询

操作查询是指在查询设计中通过选择不同的查询类型,设置不同的查询条件后,在执行查询时可以对数据表进行追加、修改、删除和更新操作。

微视频:
在查询设计视图中创建查询

例 5-6　创建更新查询,实现将贷款表中"贷款金额"低于1 000万元的贷款日期在2019年以前的"贷款期限"增加12个月。

① 打开贷款数据库,单击"创建"→"查询设计"按钮,在弹出的"显示表"对话框中选择"贷款表",然后单击"添加"按钮,将贷款表添加到查询设计视图中。关闭"显示表"对话框,单击"设计"→"查询类型"→"更新"按钮,如图 5-43 所示。

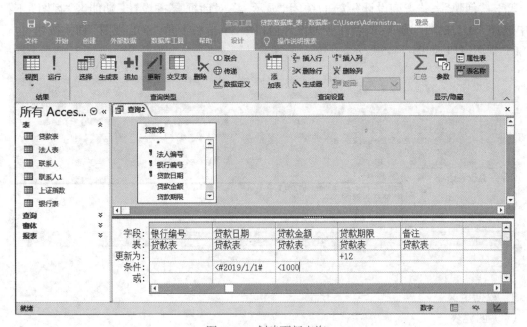

图 5-43　创建更新查询

② 在第一行"字段"单元格中选择各列需要显示的字段。

③ 在"贷款日期"所在列的"条件"单元格中输入"<#2019/1/1#"。

④ 在"贷款金额"所在列的"条件"单元格中输入"<1000"。

⑤ 在"贷款期限"所在列的"更新为"单元格中输入"+12"。

⑥ 单击"运行"按钮,弹出如图 5-44 所示的对话框,提示"您正准备更新 5 行",单击"是"按钮结束,就可以切换到数据表视图中查看相关数据是否更新了。

微视频:

创建更新查询

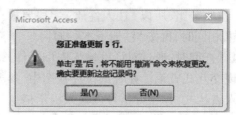

图 5-44 确认更新对话框

5.3.4 结构化查询语言

在实际工作中,经常会遇到一些复杂查询,使用各种查询向导和设计视图都无法实现,这时就可以通过结构化查询语言(structured query language, SQL)来完成复杂的查询工作。

SQL 是一个通用的、功能极强的关系数据库标准语言,是一个集数据查询(data query)、数据操纵(data manipulation)、数据定义(data definition)和数据控制(data control)功能于一体的简单易学的语言。

标准的 SQL 语言包括四部分内容:数据定义、数据操纵、数据查询和数据控制。

单击"创建"→"查询设计"按钮,关闭"显示表"对话框,在"设计"功能区"视图"下拉列表中选择"SQL 视图"选项;或者在查询设计窗口中,单击右下角"SQL 视图"切换按钮,也可进入 SQL 视图窗口,如图 5-45 所示。

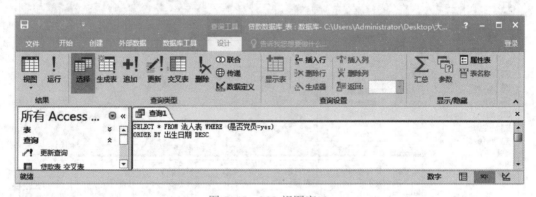

图 5-45 SQL 视图窗口

1. 数据定义

(1)创建表

创建表的语句格式为

CREATE TABLE <表名>

([<字段名1>]类型(长度)[<列级完整性约束条件>, [<字段名2>]类型(长度)[<列级完整性约束条件>], …,][,<表级完整性约束条件>]);

说明:"<>"中的内容为必选项,"[ ]"中的内容为可选项。其中,类型可以用的类型符定义有 TEXT、INTEGER、FLOAT、MONEY、DATE、LOGICAL、MEMO、GENERAL。

例 5-7 使用 SQL 语句在当前库中创建一个还款表,包含法人编号、银行编号和还款金额

3 个字段,法人编号和银行编号为主键,还款净额不允许为空。

CREATE TABLE 还款表(法人编号 Text(6),银行编号 Text(8),还款金额 INTEGER NOT NULL, PRIMARY KEY(法人编号,银行编号));

说明:由于主键为组合码,所以放在了所有字段定义的后面,作为表级约束。

（2）修改表

修改表的语句格式为

ALTER TABLE <表名>

ALTER|ADD|DROP[<字段名1>]类型(长度)[,[<字段名2>]类型(长度),…,]

说明:用于修改、增加和删除指定字段。

例 5-8 将还款表的还款金额数据类型修改为 FLOAT 型。

ALTER TABLE 还款表 ALTER 还款金额 FLOAT;

例 5-9 为还款表增加一个还款余款字段,数据类型为 FLOAT。

ALTER TABLE 还款表 ADD 还款余额 FLOAT;

（3）删除表

删除表的语句格式为

DROP TABLE <表名>

2. 数据查询

查询语句格式为

SELECT[ALL|DISTINCT]<字段名1>[,<字段名2>, …,]

FROM <数据源表或查询>

[INNER JOIN<数据源表或查询> ON <条件表达式>]

[WHERE <条件表达式>]

[ORDER BY<排序选项>[ASC][DESC]]

例 5-10 查询全体法人党员基本信息,结果按出生日期的降序排列。

SELECT * FROM 法人表 WHERE(是否党员 =yes)

ORDER BY 出生日期 DESC

说明:若要显示表中所有字段,字段列表用通配符"*"表示,默认排序为升序(ASC),DESC 为降序排序。

例 5-11 查询结果包含法人编号、法人名称、法人性质、法人代表、银行编号、银行名称、贷款金额等信息,要求法人性质为国有企业、贷款银行为中国农业银行,结果按贷款金额降序排序。

SELECT 法人表 . 法人编号,法人名称,法人性质,法人代表,银行表 . 银行编号,银行名称,贷款表 . 贷款金额

FROM 银行表 INNER JOIN(法人表 INNER JOIN 贷款表 ON 法人表 . 法人编号 = 贷款表 . 法人编号)ON 银行表 . 银行编号 = 贷款表 . 银行编号

WHERE (法人性质 =" 国有企业 ")AND(银行名称 Like ' 中国农业银行 *')

ORDER BY 贷款表 . 贷款金额 DESC;

执行结果如图 5-46 所示。

法人编号	法人名称	法人性质	法人代表	银行编号	银行名称	贷款金额(万元)
EGY005	图书公司三	国有企业	张静初	B29202	中国农业银行B支行	3000
EGY003	石油公司二	国有企业	吴锋	B29203	中国农业银行C支行	700
*						

图 5-46　法人贷款信息查询

当查询涉及跨多个表进行时,如果字段列表在两个表中同时存在时,要采用"表名.字段名"的格式明确指出字段是来自于哪个表,如"法人表.法人编号"指明法人编号字段取自法人表。"银行名称 Like ' 中国农业银行 *'"表示银行名称取值是以"中国农业银行"开头的字符串,"*"表示任意字符。

两个表进行连接时必须有同名的字段 A,连接方式如下:

表 1　INNER JOIN 表 2　ON 表 1.A = 表 2.A

对于 A、B、C 表,若 A 要与 B 连接,C 也要与 B 连接怎么办呢？假设 A 与 B 有共同字段 R1,B 与 C 有共同字段 R2,可以先让 B 与 C 连接得到表 M,再让 A 与 M 连接得到表 N,即

M=B INNER JOIN C ON B.R2=C.R2,

N=A INNER JOIN M ON A.R1=M.R1

　=A INNER JOIN（B INNER JOIN C ON B.R2=C.R2）ON A.R1=M.R1

此处 M 中的 R1 来自表 B 中的字段 R1,即 M.R1=B.R1。

例 5-12　按银行编号分类统计贷款金额的最高值、平均值。

SELECT 银行编号,MAX（贷款金额）AS 最高值,AVG（贷款金额）AS 平均值

FROM 贷款表 GROUP BY 银行编号

说明:GROUP BY 把查询结果按指定字段分组,把该字段取值相同的记录聚集到同一组,经常与 MAX（）、MIN（）、AVG（）、COUNT（）等聚合函数配合使用,用于求同一组中的最大值、最小值、平均值和组内记录数量。

微视频:
在 SQL 视图中
创建查询

3. 数据操作

（1）插入记录

插入记录语句格式为

INSERT　INTO <表名>（字段名 1[,字段名 2，…,]）

VALUES（表达式 1[,表达式 2，…,]）

例 5-13　给银行表添加一条记录。

INSERT INTO 银行表（银行编号,银行名称,银行电话）

VALUES（'B29602', ' 招商银行 B 支行 ', '02985263987'）

（2）更新数据

更新数据语句格式为

UPDATE <表名> SET< 字段名 >=< 表达式 >[< 字段名 >=< 表达式 >…] [WHERE< 条件 >]

例 5-14　将贷款表中法人编号为 EGY001 的贷款日期改为 2012-10-01。

UPDATE 贷款表 SET 贷款日期 =2012-10-01 WHERE 法人编号 ='EGY001'

（3）删除数据

删除数据语句格式为

DELETE FROM <表名> WHERE < 条件 >

例 5-15 删除法人表中法人名称是网络类公司的记录

DELETE FROM 法人表 WHERE MID(法人名称, 3, 2)=' 网络 '

5.4 多媒体数据的管理

媒体就是指承载和传输信息的载体,多媒体是多种媒体的有机组合,是一种人机交互式信息交流和传播的媒体。目前,多媒体信息在计算机中的基本形式有声音、图像、文字、照片、视频等。

5.4.1 多媒体信息在计算机中的表示及处理

1. 文本

文本是以文字、数字和各种符号表达的信息形式,主要用于对知识的描述。

文本分为纯文本和格式化文本。在纯文本中,只有文本信息,没有任何格式信息。各种程序设计语言的源程序文件、源数据文件以及利用 Windows 下记事本创建的文件,就是由纯文本信息组成的。格式化文本不仅包含上述字符,而且还带有各种文本排版信息,如字体、字号、字的颜色、文章的编号、分栏、边框等。例如,Word、WPS 等创建的文档就属于这一类。

2. 音频

在计算机多媒体技术中,数字音频(audio)格式很多,常用的有 WAV 格式、MP3/MP4 格式、MIDI 格式、AIFF 格式等。

(1) WAV 格式

Windows 所用的标准数字音频称为波形文件,文件的扩展名是 wav,它记录了对实际声音进行采样的数据,可以重现各种声音,但产生的文件很大。

自然界的声音是一个随时间而变化的连续信号,可近似地看成一种周期性的函数,通常用模拟的连续波形描述声音的形状。为使计算机能处理声音,必须对模拟音频信号进行采样量化编码,得到数字音频。数字音频的质量取决于采样频率、量化位数和声道数 3 个因素。

① 采样频率。采样频率是指将模拟声音波形数字化时,每秒钟所抽取声波样本的次数。采样频率通常有 3 种:11.025 kHz(语音效果)、22.05 kHz(音乐效果)、44.1 kHz(高保真效果)。

② 量化位数。量化位数是描述每个采样点样值的二进制位数。例如,8 位量化位数表示每个采样点可以用 256 个不同的量化值来表示,即在最大值与最小值之间划分 256 个台阶。而16 位量化位数表示每个采样值可以用 65 536 个不同的量化值来表示。

③ 声道数。声音通道的个数称为声道数,是指一次采样所记录产生的声音波形个数。记录声音时,如果每次生成一个声波数据,称为单声道;每次生成两个声波数据,称为双声道(立体声)。

数字音频文件的存储量以字节为单位,模拟波形声音被数字化后音频文件的存储量假定未经压缩,则存储量可表示为

$$存储量 = 采样频率 \times 量化位数 /8 \times 声道数 \times 时间$$

使用录音机收录的声音,由声卡上的 WAVE 合成器(模 / 数转换器)对模拟音频采样后,

量化编码为一定字长的二进制序列,并在计算机内传输和存储。在数字音频回放时,再由数字到模拟的转化器(数/模转换器)解码,可将二进制编码恢复成原始的声音信号,通过音响设备输出。

（2）MP3/MP4 格式

MP3 格式诞生于 20 世纪 80 年代的德国,MP3 指的是 MPEG 标准中的音频部分,是有损压缩格式,用来制作非常高效、高品质的压缩音频文件。WAV 文件可以通过转换为 MP3 文件来减少其占用的空间。MPEG–4 以其高质量、低传输速率等优点已经被广泛应用到网络多媒体、视频会议和多媒体监控等图像传输系统中。

（3）MIDI 格式

音乐是符号化的声音,是将乐谱转变为符号媒体形式,最典型的是乐器数字接口(musical instrument digital interface, MIDI)音乐文件,是 20 世纪 80 年代初为解决电声乐器之间的通信问题而提出的。MIDI 传输的不是声音信号,而是音符、控制参数等指令,MIDI 数据不是数字的音频波形,而是音乐代码或称电子乐谱。

（4）AIFF 格式

AIFF 是音频交换文件格式(audio interchange file format)的英文缩写,是一种文件格式存储的数字音频(波形)的数据,是 Apple 公司开发的一种声音文件格式,应用于个人计算机及其他电子音响设备以存储音乐数据。

3. 图形

这里所讲的图形是指用计算机绘图软件绘制的从点、线、面到三维空间的以矢量坐标表示的黑白或彩色图形,也称矢量图。图形的产生需要计算。常用的矢量图形文件格式有 3DS(用于 3D 造型)、DWG(用于 Auto CAD)及 WMF(用于桌面出版)等。

图形的矢量化可以对图中的各个部分进行控制,例如放大、缩小、旋转、变形、扭曲、移位等。由于图形只保存算法和特征点,因此占用的存储空间很小,放大与缩小不会失真。但显示时需经过重新计算,因而显示速度相对慢些。

4. 图像

这里指静止图像,图像可以从现实世界中捕获,也可以利用计算机产生数字化图像。数码相机拍摄的照片、利用 Windows 的画图工具创建的图像等均属于图像。静止的图像是一个矩阵,由一些排成行列的点组成,这些点称之为像素点(pixel),这种图像称为位图(bitmap),用像素点横向 × 纵向表示,如 $1\,600 \times 1\,200 = 1\,920\,000 \approx 200$ 万像素。

表示图像时,其容量取决于两个重要的参数:图像分辨率和图像深度。图像分辨率是指数字化图像的大小,即该图像的水平与垂直方向的像素个数;图像深度也称图像灰度、颜色深度,是表示位图图像中每个像素上用于表示颜色的二进制数字位数。例如,颜色深度为 1 时,可以表示的颜色有两种,即黑白色;当颜色深度为 8 时,可以表示 256 种不同的颜色。

一幅未经压缩的数字图像,用字节表示大小时,计算公式如下:

$$图像数据量大小 = 像素总数 \times 图像深度 /8$$

5. 视频

视频由连续的画面组成。这些画面以一定的速率连续地投射在屏幕上,使观察者具有图像连续运动的感觉。视频文件的存储格式有 AVI、MPG 和 MOV 等。

6. 动画

动画是由若干幅图像进行连续播放而产生的具有运动感觉的连续画面。存储动画的文件格式有 FLC、MMM 等。视频和动画的共同特点是每幅图像都是前后关联的,通常后幅图像是前幅图像的变形,每幅图像称为帧。帧以一定的速率(fps,帧/秒)连续投射在屏幕上,就会产生连续运动的感觉。当播放速率在 24 fps 以上时,人的视觉有自然连续感。

视频和动画统称为动态图像,它们的区别在于画面产生形式不同。当序列中每帧图像是人工绘制的图形或计算机产生的图形以图像的形式表现出来时,常称作动画;当序列中每帧图像是通过实时摄取自然景象或活动对象时,常称为影像视频或简称为视频。

5.4.2　多媒体数据的压缩技术

多媒体数据的压缩技术是多媒体技术中的关键技术之一。

1. 多媒体数据的特点

(1)数据量巨大;

(2)数据类型多;

(3)数据类型间差距大;

(4)多媒体数据的输入和输出复杂。

2. 数据压缩可行性

原始数据中不仅携带着用户需要的信息,而且还存在许多与用户所需无关的或重复的数据,这就是所谓的数据冗余。如果能够有效地去除这些冗余,就可以达到压缩数据的目的。数据压缩技术就是利用了数据的冗余性来减少图像、声音、视频中的数据量。

在多媒体信息中存在的数据冗余主要有 4 种类型:空间冗余数据、时间冗余数据、视觉冗余数据和听觉冗余数据。

3. 数据压缩种类

数据压缩就是在无失真或允许一定失真的情况下,以尽可能少的数据表示原始数据,压缩减少数据占用的存储空间,减少传输数据所需的时间和所需信道的带宽。

数据压缩处理一般由两个过程组成:一是编码过程,即将原始数据经过编码压缩,以便存储和传输;二是解码过程,是第一个过程的逆过程,将压缩数据还原为可以使用的数据。根据数据压缩前后数据内容有无变化,数据压缩一般可分为两种类型:无损压缩和有损压缩。

(1)无损压缩

无损压缩方法利用数据的统计冗余进行压缩,可完全恢复原始数据而不引入任何失真,这类方法广泛用于文本数据、程序和特殊应用场合的图像数据(如指纹图像、医学图像等)的压缩。无损压缩中经常采用的方法有行程编码(RLE)、哈夫曼(Huffman)编码、算术编码和 LZW 编码等。

行程编码(RLE)是将数据流中连续重复出现的字符统计计数后,表示成“个数+字符”的形式,字符个数为 1 时省略前面的个数。例如,字符串 AAABBBBCDDDDDDDDBBBBB 可以压缩为 3A4BC8D5B,串长就由 21 个字符压缩成 9 个字符。RLE 编码简单直观,编码/解码速度快。许多图形和视频文件,如 BMP、TIFF 及 AVI 等格式文件的压缩均采用此方法。

Huffman 编码是统计数据流中各字符出现的概率,再按字符出现的概率由高到低分别赋予由短到长的编码。

（2）有损压缩

有损压缩方法利用人类视觉或听觉对某些频率成分不敏感的特性，允许压缩过程中损失一定的信息。虽然不能完全恢复原始数据，但是所损失的部分对理解原始图像、声音的影响较小，可换来较高的压缩比。

常用的有损压缩方法有 PCM（脉冲编码调制）、预测编码、变换编码等。

混合压缩是利用前两种压缩的长处，对其进行有机结合，例如 JPEG 和 MPEG 标准就采用了混合压缩方法。

评价一个压缩技术的优劣主要有 3 个关键的性能指标：压缩比、压缩质量、压缩和解压的速度。

4. 数据压缩标准

（1）JPEG 标准

JPEG（joint photographic experts group）是联合图像专家组的英文缩写，是静态图像压缩标准。JPEG 格式是目前网络上最流行的图像格式，在 Photoshop 软件中以 JPEG 格式储存时，提供 11 级压缩级别，以 0~10 表示。其中 0 级压缩比最高，图像品质最差。即使采用细节几乎无损的 10 级质量保存时，压缩比也可达 5∶1。目前各类浏览器均支持 JPEG 这种图像格式。

（2）MPEG 系列标准

MPEG（moving picture experts group）是运动图像专家组的英文缩写，是动态图像压缩标准。MPEG 按压缩的效果和应用为标准分成 MPEG-1、MPEG-2、MPEG-3 和 MPEG-4。

MPEG-1 制定于 1992 年，为工业级标准而设计，可适用于不同带宽的设备，如 CD-ROM、Video-CD。MPEG-2 制定于 1994 年，设计目标是高级工业标准的图像质量以及更高的传输率。MPEG-4 标准主要应用于可视电话（video phone）、可视电子邮件（video E-mail）和电子新闻（electronic news）等，其传输速率要求较低，在 4 800~64 000 bps，分辨率为 176×144 像素。

（3）H.261 标准

多媒体通信中的电视图像编码标准主要采用 H.261 和 H.263。H.261 主要用来支持电视会议和可视电话。H.263 是在 H.261 的基础上开发的电视图像编码标准，用于低位速率通信的电视图像编码。

（4）H.264 标准

H.264 是一种高性能的视频编解码技术。目前国际上制定视频编解码技术的组织有两个，一个是国际电信联盟电信标准分局（ITU-T），它制定的标准有 H.261、H.263、H.263+ 等；另一个是国际标准化组织（ISO），它制定的标准有 MPEG-1、MPEG-2、MPEG-4 等。H.264 则是由两个组织联合组建的联合视频组（JVT）共同制定的新数字视频编码标准。MPEG-4 高级视频编码（advanced video coding, AVC）将成为 MPEG-4 标准的第 10 部分。因此，不论是 MPEG-4 AVC、MPEG-4 Part 10，还是 ISO/IEC 14496-10，都是指 H.264。

5.5　数据处理新技术

关系型数据库是在关系代数基础上的，具有严密的数学理论基础。但是，随着互联网信息技术和计算机硬件水平的高速发展，面对每时每刻产生的大量的多样化的数据，关系模型也暴露出了很多弱点,如对复杂对象表示能力差,语义表达能力弱,不支持对半结构化和非结构化的存储和处理。而且关系型数据库对数据的读写必须经过 SQL 解析,这在数据量很大或高并发环境下会严重降低系统的性能。在处理并发事物时,为保证数据一致性,需要加锁,也会影响并发操作的性能。为应对大量数据的频繁增删,为维护索引系统也会产生大量的开销。为此,许多新的数据处理技术应运而生。

5.5.1 云存储技术

1. 云存储的概念

随着信息技术的高速发展和互联网、智能终端技术的崛起,无论是企业还是个人,每天都会产生大量的数据,既有如企业的各种业务流程、物流、生产流水记录,工作现场、公共场所、交通路口的视频监控,各种气体、温度、湿度、声音、振动传感器检测数据,也有个人用户的通信、聊天记录,照片、视频等数据。这些数据的共同特征是,都是非结构化的原始记录数据,需要长期或永久保存,占用空间大,使用率很低,只对其进行读取、移动或删除操作,很少进行修改操作。

对于那些数据量大、利用率低、以读取为主的数据,为降低维护成本,增加安全性,通常把它们存放在由第三方托管的多台虚拟服务器上。第三方数据中心营运商通过各种网络软件,将网络中各种不同存储设备集合起来协同工作,用户可以随时随地通过网络方便地存取数据。

云存储(cloud storage)是在云计算(cloud computing)概念上延伸和发展出来的一个新的概念,是一种网上在线存储模式,是指通过集群应用、网络技术或分布式文件系统等功能,将网络中大量各种不同类型的存储设备通过应用软件集合起来协同工作,共同对外提供数据存储和业务访问功能的一个系统。

2. 云存储的分类

根据供应商提供的服务不同,云存储可分为三类。

(1)公共云存储

供应商可以保持每个客户的存储、应用都是独立的、私有的。国外有 Dropbox,国内有百度云盘、腾讯云、坚果云、115 网盘等。个人可以免费使用部分功能。其中,百度云盘、坚果云可以免费使用,但上传和下载文件速度受到限制,付费成 VIP 会员后可以享受提速服务。腾讯云个人免费可以使用 10 GB 的存储空间。

(2)内部云存储

内部云存储也称为私有储存云,只对受限的用户提供相应的存储服务。用户不需要了解"云"内部具体细节,可以像访问本地存储一样随时访问云端的数据,私有云最大的好处是客户不需要处理技术更新和数据迁移等问题。

(3)混合云存储

混合云存储把公共云和内部云结合在一起,适用于客户按需访问,当客户需要临时增加容量时,从公共云上临时划拨出一部分容量配置给公共或内部云以应对突然增长的负载波动。

根据用户类型的不同,云存储可分为两类。

(1)个人级云存储

个人级云存储用户主要通过网络硬盘保存一些软件、照片、视频等文档资料。有些服务商提供在线文档编辑功能,如腾讯共享文档可以实现多人在线同时编辑文档或填写数据表。

（2）企业级云存储

企业级云存储主要为用户提供大容量存储空间租赁、数据备份和容灾、视频监控系统等服务。特别是视频监控系统图像信息量大，需要有足够的存储空间，系统需要将前端采集的数据压缩后通过网络进行集中或分散存储和管理，采用云存储是非常适合的。

3. 云存储的优势

显然，云存储为用户带来了许多便利。

（1）企业可以根据使用需要，按实际所需空间支付租赁费用，节省企业购置设备和维护设备的成本。

（2）将数据复制、备份、服务器扩容等数据维护工作交由云存储服提供商执行，企业可以集中精力专注于自己的核心业务。

（3）云存储技术是数据在不同设备上有多个备份，使数据的可靠性得到大大提高，避免因硬件设备的损坏造成数据的丢失。

4. 云存储技术的不足

（1）数据的安全和保密使用户产生顾虑。用户存储的私密数据会不会产生泄露一直是用户最担心的问题，数据在网络传输过程中也可能会被截获。

（2）对海量数据进行管理是个难题。

（3）网络传输速度受带宽的限制。当用户要把存储在云盘上的 2 GB 的软件安装在本机上时，需要从云盘上下载到本机才能安装，而这个下载过程可能需要等待较长时间。

（4）云存储方案的合理规范部署也是一个需要解决的问题。2007—2016 年，我国出现过很多为个人用户提供免费网盘服务的服务平台，但后来许多平台纷纷关闭，致使不少用户数据丢失。

5.5.2　数据挖掘技术

1. 数据挖掘的定义

数据挖掘（data mining, DM）就是从大量的、不完全的、有噪声的、模糊的、随机的实际应用数据中，发现隐含在其中的、人们事先未知的、但又是潜在有用的信息和知识的过程。数据挖掘涉及机器学习、人工智能、数据库理论、统计学等交叉研究领域。

数据的来源必须是从真实的商务管理、生产控制、市场分析、工程设计、科学探索等实际应用中产生的，这些数据量大，但数据的价值量低。10 GB 的视频中可能只有 2~3 s 的数据是用的。这些数据虽然很多，但也可能是不全的，数据的类型可能是结构化的、半结构化的，甚至是异构型的。数据挖掘的目的是发现人们事先未知的信息，这些信息对于用户业务或研究领域是有价值的。

随着互联网、移动互联网以及硬件存储技术的快速发展，产生了海量的数据。数据挖掘技术就是通过对这些海量数据进行分析处理，从中寻找潜在的对用户有用的信息。

2. 数据挖掘的步骤

（1）数据采样（data sampling）

当数据量非常大时，如果要对所有数据进行分析处理是不现实的，通常是从数据集中采取部分样本进行处理。

（2）数据清理（data cleaning）

数据清理的目的消除异常数据对分析结果产生的影响，常用的方法包括填补遗漏数据、平滑有噪声的数据、去除异常数据、修正数据的不一致性等。

（3）数据集成（data integration）

数据集成是将来自多个数据源的数据合并在一起，形成一致的数据存储结构，如把来自 Oracle、MySQL、Access 和 Excel 中的数据集成到一个数据仓库中存储。集成时要考虑处理数据字段名称冲突、数据类型冲突、取值范围冲突，以及消除冗余。

（4）数据变换（data transformation）

数据变换是指将数据转换成统一的适合挖掘的形式。如将某个字段的数据按比例缩放，使之取值落在某个特定的区间。常用的变换方法有聚集处理、平滑处理、数据泛化处理、数据规范化、属性构造等。聚集是对数据进行汇总，如年销售数据可以通过日销售数据或月销售数据汇总得到。数据泛化是用更抽象的高层概念替换底层的概念，如在年龄上用青年、中年、老年来替代具体的数值，公司员工年度考评结果用合格和不合格来替换具体的分数。属性构造为了提高数据挖掘结果的准确性，根据已有的属性添加新的属性，以便于通过属性组合发现数据相互间的关系。

（5）数据挖掘（data mining）

数据挖掘就是用方法提取数据的模式。首先需要对数据进行提取。先从原始特征中挑选出部分最优代表性的特征，挑选依据是通过去除一些包含少量信息或不相关的信息的特征来选择特征子集。然后进行降维处理，用映射的方法把原始特征变换为较少的特征。通常是利用已有的特征参数构造一个低维特征空间，将原始特征中蕴含的有用信息映射到少数几个特征上，去掉多余的不相关信息。

数据挖掘常用的方法有关联规则挖掘算法、逻辑回归法、K 最近邻接分类算法、支持向量机、人工神经网络算法、决策树分类算法、聚类算法（包括 K-means 聚类算法、K- 中心点聚类算法、DBSCAN 聚类算法）、分类算法（包括朴素贝叶斯分类算法、随机森林分类算法）等。

（6）模式评估（pattern evaluation）

根据某种兴趣度量评价挖掘结果的价值。

（7）知识表示（knowledge representation）

使用数据可视化技术或用户易于理解的方式向用户展示数据挖掘的结果。

5.5.3　大数据存储技术

云计算为大数据的存储和访问方式提供了很好的解决途径。在云计算出现之前，数据主要分散保存在个人计算机和企业的服务器中。云计算（尤其是公用云）把所有的数据集中存储到"数据中心"，即所谓的"云端"，用户通过浏览器或者专用应用程序来访问。数据已经成为一些大型网站最为核心的资产。它们不惜花费高昂的费用付出巨大的努力，来保管这些数据，以便加快用户的访问速度。

1. 大数据平台架构

典型大数据平台架构可分为三个部分：数据采集、数据处理、数据输出与展示，如图 5-47 所示。

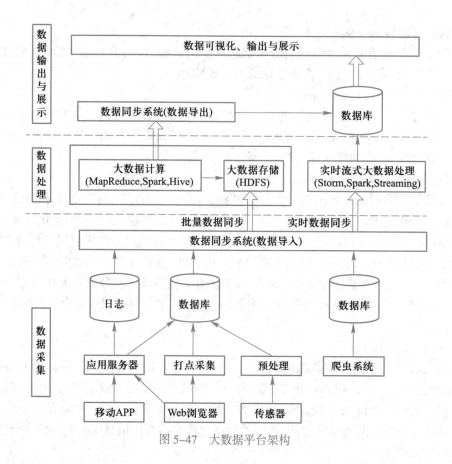

图 5-47　大数据平台架构

　　数据采集层将各类应用程序产生的数据和日志等同步到大数据系统中,由于数据源不同,数据采集既包括传统的 ETL 离线采集、也有实时采集、互联网爬虫解析等,需要将多种相关系统得到的数据进行集成。

　　数据处理层要对海量的数据需要采用多个数据库进行存储和处理,即分布式存储。目前大多数解决的方案采用的是 Hadoop 架构。Hadoop 功能由 HDFS、YARN 和 MapReduce 三部分构成。

　　HDFS 表示 Hadoop 分布式文件系统(Hadoop distributed file system),它为 Hadoop 提供数据存储能力。HDFS 将数据切分成更小的单元(称为块),并且以分布式的方式进行存储。它有两个进程运行,一个在主节点上称为 NameNode,另外一个在从节点上称为 DataNode。NameNode 进程运行在 master 服务器上,它负责命名空间的管理以及控制客户端的文件访问。DataNode 进程运行在 slave 节点,它负责存储实际的业务数据。

　　MapReduce 是 Hadoop 的数据存储层,它是一个软件框架,应用程序通过 MapReduce 可以处理大量数据。MapReduce 可以在集群中并行运行多个应用程序,它由很多 Map 任务和 Reduce 任务构成。每个任务都处理一部分数据,这些工作会分配给整个集群。Map 任务的功能是加载、解析、转换和过滤数据。每个 Reduce 任务处理 Map 任务输出的子集。Reduce 任务通过分组和聚合等手段处理 Map 生成的中间数据。

　　YARN(yet another resource negotiator)是 Hadoop 的资源管理层。YARN 将资源管理和任务调度 / 监控功能分离成独立进程,它通过一个全局资源管理器(resource manager)和每个应用程序管理器（application master）实现分布式资源管理。

2. 大数据技术面临的挑战

（1）信息有效性不足

网络环境下，大量虚假、无用数据信息增加了人们识别、判定和利用有效信息的困难。如何将社会经济各个主体之间的数据信息方便有效地整合在一起，使多种格式的海量数据通过统一的数据格式构建融合成统一的信息系统，是大数据技术面临的一个很大的难题。

（2）大数据样本选择困难

在现有的条件下，大数据使企业或者机构可以获取每一个客户的信息，并以此来构建客户群的总体数据已经成为可能。但这并不是所要研究对象的全部数据总体。如果误将其作为所要研究对象的数据总体，那么分析得出的结论就很有可能是错误的。因为研究的"总体"每时每刻都是在变化的。

（3）大数据处理技术还不够完善

大数据一般来自于不同的社会主体，以动态数据流的形式产生，虚假数据、无效数据等噪声数据的生产成本也会变得很低，去冗降噪已经成为大数据处理面临的重要挑战。

（4）信息安全和数据管理体系尚未建全

数据所有权、隐私权等相关法律法规和信息安全、开放共享等标准规范缺乏，技术安全防范和管理能力不够，尚未建立起兼顾安全与发展的数据开放、管理和信息安全保障体系。

5.5.4 数据库新技术

从大数据的特点和应用可以看到，在大数据的管理、分析和应用等领域，数据管理技术是大数据应用系统的基础，面对大量的半结构化和非结构化数据，关系数据库管理系统已经不能满足使用要求。为满足分布式数据存储要求，以 Key-Value 非关系模型和 MapReduce 并行编程模型为代表的多种数据库新技术应运而生。

1. NoSQL 数据库管理系统

NoSQL（not only SQL）是以互联网大数据应用为背景的分布式数据库管理系统，NoSQL 通常分为以下 4 类。

（1）Key-Value 模型

通常简写为 KV，在 MapReduce 编程模型中，通过 Map（K，V）将数据映射成键值对的形式来进行分布式存取，Value 值是无结构化的二进制码或纯字符串，使用时，需要通过应用层去解释相应的结构。

（2）BigTable 模型

模型的数据按列存储，每一行不同字段的数据存储在不同的列中，每一列的每一个数据项都有一个时间戳属性，以便区分同一个数据项的多个版本。

（3）结构化文档模型

模型将数据转换成 JSON（Java script object notation）或类似于 JSON 格式的结构化文档，支持数据库检索和定义，通常按字段类组织索引。JSON 的文件格式如图 5-48 所示。

（4）图模型

图模型记作 $G(V, E)$，V 表示图中节点的集合，每一个节点有若干属性；E 为边的集合，也

```
{ "Person": [
{ "firstName": "Matel", "lastName":"Duval", "email": " Matel_du @163.com","Sex":"Female" },
{ "firstName": "Jason", "lastName":"Hunter", "email": " Hunter163 @163.com","Sex":"Female"},
{ "firstName": "Elic", "lastName":"Huood", "email": "Elic_ Huood@163.com","Sex":"Male" }
]}
```

图 5-48　JSON 文件结构

可以有若干属性,它表示两个节点之间的联系。该模型支持图结构的各种基本算法,可以方便直观地表达数据之间的联系。

NoSQL 系统采用简单的数据模型,通过大量节点的分布式存储和并行处理,可以极大地提高对数据的并发读写能力,同时支持简单的查询操作,复杂的操作由应用层来实现。表 5-11 为 NoSQL 数据库的分类。

表 5-11　NoSQL 数据库的分类

类型	部分代表	特点
列存储	Hbase、Cassandra、Hypertable	顾名思义,是按列存储数据的。最大的特点是方便存储结构化和半结构化数据,方便做数据压缩,对针对某一列或者某几列的查询有非常大的 I/O 优势
文档存储	MongoDB、CouchDB	文档存储一般用类似 JSON 的格式存储,存储的内容是文档型的。这样也就有机会对某些字段建立索引,实现关系数据库的某些功能
Key-Value 存储	Tokyo Cabinet/Tyrant、Berkeley DB、MemcacheDB、Redis	可以通过 Key 快速查询到其 Value。一般来说,存储不管 Value 的格式,都能接收
图存储	Neo4J、FlockDB	图形关系的最佳存储。使用传统关系数据库来解决,则性能低下,而且设计使用不方便
对象存储	db4o、Versant	通过类似面向对象程序设计语言的语法操作数据库,通过对象的方式存取数据
XML 数据库	Berkeley DB XML、BaseX	高效存储 XML 数据,并支持 XML 的内部查询语法,比如 XQuery, Xpath

2. NewSQL 数据库系统

NoSQL 数据库系统存在不足,如不支持 SQL、不能支持事物的 ACID(原子性、一致性、隔离性和持久性)特性,不同的 NoSQL 数据库都有自己的查询语言,这很难实现应用程序接口的规范化,增加了开发者的负担。

为解决上述难题,NewSQL 数据库应运而生。NewSQL 数据库不仅具有 NoSQL 数据库对海量数据的存储管理能力,同时还保留了传统数据库支持的 ACID 和 SQL 特性。NewSQL 采用分布式架构,包含支持多节点并发控制,基于复制的容错,流控制和分布式查询处理等组件。NewSQL 是一类新的关系型数据库,是各种新的可扩展和高性能的数据库的简称,下面简单介绍两种 NewSQL 数据库。

（1）TiDB

TiDB 是一款结合传统的关系型数据库和 NoSQL 数据库特性的新型分布式数据库。TiDB 是第一个把数据分布在全球范围内的分布式系统,其目标是为在线交易处理（online transactional processing, OLTP）和在线分析处理（online analytical processing, OLAP）场景提供一站式的解决方案。TiDB 通过简单地增加新节点就可以实现计算和存储能力的扩展,能够轻松应对高并发、海量数据的应用场景。

TiDB 整体架构分为 TiDB 和 TiKV 上下两层,TiDB 层是一个无状态的 SQL 层,通过 MySQL 网络协议与客户端进行交互,客户端通过一个本地负载均衡器将 SQL 请求转发到本地或最近的 TiDB 服务器。TiDB 服务器负责解析用户的 SQL 语句,并生成分布式查询计划,翻译成 Key-Value 操作,然后发送给 TiKV,TiKV 是一个分布式 Key-Value 数据库,支持弹性水平扩展、自动灾难恢复和故障转移,以及 ACID 跨行事务。TiDB 系统采用 PD 集群来管理整个分布式数据库,PD 服务器在 TiKV 节点之间以 Region 为单位进行调度,将部分数据迁移到新添加的节点上,以完成集群调度和负载均衡。

（2）OceanBase

OceanBase 是一款由阿里巴巴自主研发的高性能、分布式的关系型数据库,支持完整的 ACID 特性,高度兼容 MySQL 协议与语法,能以最小的迁移成本使用高性能、可扩张、持续使用的分布式数据服务。OceanBase 可以存储数千亿条记录、数百太字节（TB）的跨行跨表业务数据,支持天猫大部分的 OLTP 和 OLAP 业务。

OceanBase 具有以下特性。

① 高扩展性。传统关系型数据库可扩展性比较差,随着数据量增大,需要进行分库分表存储,在查询时需要将相应的 SQL 解析到指定的数据库中,需要花费大量时间对数据库进行扩容。OceanBase 使用分布式技术和无共享架构,数据自动分散到多台数据库主机上,可以自由地对整个分布式数据库系统进行扩展,既降低了成本,也保证了无限水平扩展。

② 高可靠性。OceanBase 引入 Paxos 协议,数据以备份的方式存储于多台机器中,若其中一台出现故障,其他备份设备仍可以使用,并可根据系统日志来恢复故障前的数据,保证分布式事务的一致性。

③ 数据准确性。OceanBase 读事务时是分布式并发执行的,而写事务时是集中式串行执行的,且任何一个写事务在最终提交前对其他读事务都是不可见的,因此,OceanBase 具有强一致性,能够保证数据的正确性。

④ 高性能。OceanBase 将数据分成基准数据和增量数据,基准数据是保持不变的历史数据,用磁盘进行存储,可保证数据的稳定性;增量数据是最近一段时间的修改数据,存储在内存中,只针对增量数据进行增、删、改的存储方式,极大提高系统写事务的性能,并且增量数据在冻结后会转存到 SSD 上,仍然会提供较高性能的读服务。

3. MapReduce 技术

MapReduce 技术是一个基于集群的高性能并行编程模型,如图 5-49 所示,主要用于大规模数据集的并行计算。它将复杂的并行计算过程分解为 Map 阶段和 Reduce 阶段。在 Map 阶段,先将输入的数据源切分成许多独立的分片（split）,然后将这些分片交给多个 Map 任务并行处理,Map 函数根据应用程序指定的规则对数据进行分类,写入本地硬盘。然后进入 Reduce

阶段，Reduce 函数将具有相同 key 值的中间结果收集到对应 Reduce 节点进行合并，然后将合并后的结果写入到该节点磁盘中。应用程序最后通过合并所有 Reduce 任务得到最终结果。MapReduce 实际上提供的是一个并行程序设计模型与方法，Map 函数和 Reduce 函数需要由用户根据实际应用需求来编写。

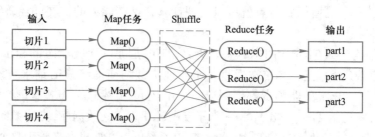

图 5-49　MapReduce 并行计算过程

在实际应用中，MapReduce 存在以下不足之处。

（1）数据分类规则需要由用户自行编写 Map 函数和 Reduce 函数来进行处理，许多数据分析功能也需要用户自行开发。

（2）文件存储格式、模式信息的记录，数据处理算法等原本有数据库管理系统完成的工作转移到程序员来完成，增加了程序开发的工作。

（3）对数据连接查询处理性能表现不佳。

近年来，许多应用将并行数据库和 MapReduce 结合起来，利用两者各自的优势，着手设计开发出新型的大数据分析平台，其中包括 Hive 为代表的 MapReduce 主导型系统、以 Hadoop 数据库为代表的并行数据库和 MapReduce 集成系统，还有 Greenplum 为代表的并行数据库主导型（利用 MapReduce 技术来增强开放性）系统。

实　　践

实践 1：学生课程数据库的创建

使用 Access 创建一个名为"学生课程数据库"的空数据库，然后分别创建"学生表""课程表"和"成绩表"，3 张表的结构如表 5-12、表 5-13 和表 5-14 所示。

表 5-12　"学生表"结构

表名	字段名称	数据类型	字段大小	说明
学生表	学号	短文本	10	主键
	姓名	短文本	10	
	性别	短文本	1	
	出生日期	日期 / 时间	短日期	

续表

表名	字段名称	数据类型	字段大小	说明
学生表	学院	短文本	20	
	是否党员	是/否	—	
	籍贯	短文本	30	
	入学成绩	数字	整型	
	照片	附件	—	
	简历	长文本	—	

表 5-13　"课程表"结构

表名	字段名称	数据类型	字段大小	说明
课程表	课程号	短文本	4	主键
	课程名	短文本	20	
	先修课	短文本	4	
	学分	数字	字节	

表 5-14　"成绩表"结构

表名	字段名称	数据类型	字段大小	说明
成绩表	学号	短文本	10	主键,为引用学生表的"学号"的外部关键字
	课程号	短文本	4	主键,为引用课程表的"课程号"的外部关键字
	成绩	数字	整型	

（1）将学生表中的"性别"属性的"查阅"属性的"显示控件"设置为"列表框"，"行来源类型"设置为"值列表"，"行来源"设置为"男;女"。将表中"是否党员"的"查阅"属性的"显示控件"设置为"复选框"。将"出生日期"字段的"输入掩码"属性设置为"9999\年99\月99\日;0;_"；"出生日期"字段输入值范围为"1998年1月1日"至"2010年12月31日"；"学院"字段的输入值可选项为"经济学院""信息学院""管理学院""统计学院"和"商学院"，通过列表框实现；"入学成绩"字段输入值范围为"450"到"750"。

（2）为"学生表""课程表"和"成绩表"建立表间关系。

（3）为3张表录入表5-15~表5-17所示数据。注意录入数据时,要先给学生表和课程表录入数据,最后再向贷款表中录入数据。

表 5–15　"学生表"数据内容

学号	姓名	性别	出生日期	学院	是否党员	籍贯	入学成绩	照片	简历
1612060801	张成	男	1999/10/12	经济学院	Yes	陕西	560	1	
1612060802	李金龙	男	2000/5/23	信息学院	No	河北	573	1	
1612060803	王磊	男	1999/12/4	商学院	No	北京	510	1	
1612060805	付雪姣	女	2000/7/28	商学院	Yes	辽宁	540	1	
1612060806	常慧	女	1999/2/13	管理学院	No	新疆	516	1	
1612060807	王韬	男	1999/6/12	统计学院	No	湖南	586	1	
1612060808	王清	女	2001/1/20	统计学院	No	广东	564	1	
1612060809	李源	男	1999/9/26	管理学院	Yes	浙江	557	1	
1612060810	贺媛	女	1999/9/25	经济学院	No	四川	578	1	
1612060811	张欢	女	2000/2/14	商学院	Yes	陕西	572	1	
1612060812	高杨	男	1998/9/19	商学院	No	上海	522	1	
1612060815	吴迪	女	1999/5/20	管理学院	No	陕西	569	1	
1612060816	孙青竹	女	1999/5/12	商学院	No	四川	566	1	
1612060817	刘岩	男	2000/3/5	经济学院	No	四川	559	1	
1612060818	李文龙	男	1999/12/9	商学院	No	浙江	570	1	
1612060819	贾悦	女	1999/5/28	经济学院	Yes	湖南	584	1	
1612060820	刘蕾	女	2000/3/18	商学院	No	北京	513	1	
1612060821	任鑫	男	2000/11/11	信息学院	No	广东	540	1	
1612060822	林茹	女	1999/12/12	商学院	Yes	河北	570	1	
1612060823	杜珊	女	2000/3/12	信息学院	No	陕西	579	1	

注意:"照片"字段是附件类型,表中的字段值显示为"1",是指插入了一个图片文件,而不是直接输入一个字符"1"。

表 5–16　"课程表"数据内容

课程号	课程名	先修课	学分
1001	高等数学		4
1003	会计学		2
1005	微观经济学		2

续表

课程号	课程名	先修课	学分
1006	大学计算机基础		0
1008	数据库应用	1006	2
2001	大学语文		2
2002	线性代数	1001	3
2003	宏观经济学	1005	2
2005	金融学	1003	2
3001	概率论与数理统计	2002	3
3002	中级财务会计	1003	2
3003	成本会计	3002	2

表 5-17　"成绩表"数据内容

学号	课程号	成绩
1612060801	1003	95
1612060802	1005	86
1612060805	1008	90
1612060805	2001	67
1612060807	2003	79
1612060808	1005	68
1612060808	3002	52
1612060811	1006	75
1612060812	1003	55
1612060812	2002	69
1612060815	2001	80
1612060815	3001	50
1612060816	1008	76
1612060816	2005	92
1612060817	3002	96
1612060818	3003	83

实践 2：学生课程数据库的查询

（1）设计有条件的选择查询，显示统计学院学生的学号、姓名、性别、课程名、成绩，并按学号升序排列。

（2）设计汇总查询，统计各学院的学生人数。

（3）设计参数查询，根据输入的姓名查询该学生的学号、姓名、性别、课程名、成绩。

（4）设计生成表查询，在学生课程数据库.accdb 中建立新的数据表——经济学院学生成绩表，其中保存经济学院学生的成绩信息，包括学号、姓名、学院、课程名、成绩。

（5）设计删除查询，在学生表中删除姓名为贾悦的记录。

（6）设计交叉表查询，在保险表中计算每项保险的保费金额的汇总。

（7）编写 SQL 语句，查询管理学院和信息学院的男生的学号、姓名、性别、课程名、成绩。

（8）编写 SQL 语句，查询每位学生总学分。

本 章 小 结

本章主要讲述数据处理的基本过程、数据库的基本理论、关系数据库基础，然后以 Access 数据库为例，介绍了数据库的创建、查询、修改等基本操作，并介绍了结构化查询语言 SQL 的基础知识。对于非结构化的多媒体数据的处理也单独进行了介绍。结合目前新技术，还介绍了数据处理的新技术，包括云存储技术、数据挖掘技术、大数据处理技术、非关系型数据库新技术等相关知识。

习　题

一、填空题

1. 数据库系统的三级模式是指数据库系统有_____、_____和内模式三级构成。

2. 操作查询共有 4 种类型，分别是删除查询、生成表查询、_____和更新查询。

3. 在查询过程中，常常要对表记录进行筛选，筛选的含义是将不需要的记录_____，只显示满足条件的记录。

4. _____查询可以将一个或多个表中的一组记录追加到另一个表中。

5. _____查询可以利用一个或多个表中的一组数据建立新表。

6. Group By 的含义是对要进行计算的字段分组，将_____的记录统计为一组。

7. 改变矢量图形大小时，矢量图形质量____；改变位图图像大小时，位图质量____。

8. 一幅数字图像所具有的像素点数目称为图像的_____；表示一个像素点所用的二进制位数越多，能表示像素_____的数目就越多；该图像的文件大小就_____。

9. 运动图像中一个单一的图像画面称为一个_____。

二、选择题

1. 下列对 Access 查询叙述中，错误的是_____。

A. 查询的数据源来自于表或已有的查询

B. 查询的结果可以作为其他数据库对象的数据源

C. 查询可以分析数据,追加、更改、删除数据

D. 查询不能生成新的数据表

2. 对数据进行求和、平均、计算等操作的查询是_____。

　　A. 更新查询　　　　B. 追加查询　　　　C. 参数查询　　　　D. 汇总查询

3. 利用对话框提示用户输入参数的查询过程称为_____。

　　A. 选择查询　　　　B. 参数查询　　　　C. 操作查询　　　　D. SQL 查询

4. 同一个关系模型的任两个元组值_____。

　　A. 不能全同　　　　B. 可全同　　　　C. 必须全同　　　　D. 以上都不是

5. 若要查询姓张的学生,查询准则应设置为_____。

　　A. Like " 张 *"　　B. Like " 张 "　　　C. =" 张 "　　　　D. =" 张 *"

6. 查询向导的数据可以来自_____。

　　A. 多个表　　　　B. 一个表　　　　C. 一个表的一部分　　D. 表或查询

7. Access 数据库格式的数据存储在扩展名为_____的文件中。

　　A. mdb　　　　　　B. txt　　　　　　C. accdb　　　　　D. exe

8. 创建参数查询时,在条件栏中应将参数提示文本放置在_____中。

　　A. { }　　　　　　B. ( )　　　　　　C. [ ]　　　　　　D.《 》

9. 如果在数据库中已有同名的表,下列_____查询将覆盖原有的表。

　　A. 删除　　　　　　B. 追加　　　　　　C. 生成表　　　　　D. 更新

10. 操作查询不包括_____。

　　A. 更新查询　　　　B. 追加查询　　　　C. 参数查询　　　　D. 删除查询

11. 若要上调贷款金额 10%,最方便的方法是使用以下_____查询。

　　A. 追加　　　　　　B. 更新　　　　　　C. 删除　　　　　　D. 生成表

12. 交叉表查询必须选择_____。

　　A. 行标题、列标题　　　　　　　　　B. 列标题和值

　　C. 行标题、列标题和值　　　　　　　D. 行标题和值

13. 在下列字段的数据类型中,不能作为主键的数据类型是_____。

　　A. 文本　　　　　　B. 自动编号　　　　C. 数字　　　　　　D. 是 / 否

14. 在下列声音文件格式中,_____是波形文件格式。

　　(1) WAV　　　　(2) CMF　　　　(3) VOC　　　　(4) MD

　　A. (1)+(2)　　B. (1)+(3)　　C. (1)+(4)　　D. (2)+(3)

15. 一幅 256 色 640×480 中等分辨率的彩色图像,若没有压缩,至少需要_____来存放。

　　A. 6 800 KB　　　B. 9 600 KB　　　C. 14 400 KB　　　D. 300 KB

三、简答题

1. 为什么在表的尾部添加一条记录后,当再次打开表时,该记录的位置却不一定在表的最后?

2. 简述查询和表的区别。

3. 输入掩码有何作用？输入掩码的格式由哪几部分组成？

4. 简述查询的类型和各自的特点。

5. 为什么多媒体数据要压缩？为什么多媒体数据能够压缩？目前有哪些图像压缩国际标准？

6. 简述 NoSQL 数据库系统和 NewSQL 数据库系统的异同。

7. 简述数据处理的基本过程。

8. Access 数据库中的表与 Excel 电子表格有什么不同？

9. 简述数据挖掘技术的基本过程。

四、操作题

1. 以企业贷款数据库为数据源，建立简单表查询，结果只包含法人编号、法人名称和法人代表。

2. 创建一个查询，统计法人代表中党员的人数。

3. 查询 2018—2019 年期间各法人的贷款总额。

4. 创建 SQL 查询，查询在中国银行贷款的法人信息。

5. 以逗号作为分隔符，将法人表导出为文本格式。

第 6 章　算法与程序设计

本章要点：

1. 了解计算机求解问题的方法。
2. 掌握算法的表示方法和数据结构的组成。
3. 掌握程序设计的一般过程和程序设计方法。
4. 熟悉 Python 的集成开发环境。
5. 掌握典型算法的应用。

计算机程序包括两个方面内容：算法和数据结构。其中，算法是对计算思维中问题求解过程的一种表达，算法中蕴含着计算思维的思想和方法。本章首先介绍基于计算机软件、计算机程序和计算机系统的问题求解。其次，阐述算法的概念、特征和表示方法，以及数据结构的组成。然后，阐述程序设计的一般过程、程序设计方法以及程序设计语言，并介绍目前比较流行的 Python 程序设计语言。最后，介绍一些典型算法的应用实例。通过本章的学习，可对算法与程序设计有一个初步的认识。

6.1　基于计算问题的求解方法

在人们的工作、学习和生活中会遇到各种各样的问题，问题求解就是要找出解决问题的方法，并使用一定的工具得到问题的答案或达到最终目标。在计算机出现以前，许多问题因为计算的复杂性和海量数据等原因而成为难解问题，如智力游戏、定理证明、优化问题等。由于计算机的高速度、高精度、高可靠性和程序自动执行等特点，为问题求解提供了新的方法，使得许多难题迎刃而解。计算机学科要解决的根本问题就是"利用计算机进行问题求解"，因此有必要首先了解利用计算机进行问题求解的一般过程。

人们面对的问题很多，不同的问题需要不同的求解方法。因为专业不同、领域不同，所以问题就不同，站在计算机的角度看问题，可以将其归为三大类：直接用计算机软件求解问题，需要编写程序求解问题，需要进行系统设计和多种环境知识才能求解的问题。

6.1.1　基于计算机软件的问题求解

"用计算机制作出图文声像并茂的演讲稿"，这个问题通常是利用办公软件完成；"用计算机制作出炫彩动感的视频"，这个问题通常是利用视频软件来完成；"用计算机制作出效果逼真的立体装饰画"，这个问题通常是利用三维绘图软件来完成。对大多数的通用问题来说，许多软件开发商为此精心研发了大量的软件产品，用户可以根据自己的需求进行选择。表 6-1 列出了解决不同问题可以使用的计算机软件。

表 6-1   解决不同问题可以使用的计算机软件

问题描述	软件名称	问题描述	软件名称
文件与信息下载	迅雷下载	视频制作	Adobe Premiere Pro
文档浏览	HedEx Lite	压缩软件	WinRAR
图像浏览	ACDSee	计算机安全	360 杀毒
音频浏览	酷狗音乐	硬盘检测工具	HD Tune Pro
视频浏览	暴风影音	数学建模	MATLAB
图像制作	Photoshop	电路设计	Protel
三维动画制作	3ds Max	机械制图	AutoCAD, Pro/E
统计分析	SPSS	经济分析和预测	Eviews

6.1.2   基于计算机程序的问题求解

科学研究和工程创新过程中的大多数问题,例如,鸡兔同笼、梅森素数、微积分、平面分割以及线性方程,是需要人们根据具体的问题编写相应的计算机程序加以解决的。

编写程序,必须仔细考虑和设计数据结构和操作步骤(即算法)。图灵奖的获得者、瑞士著名计算机科学家沃思(Niklaus Wirth)提出了关于程序的著名公式:算法 + 数据结构 = 程序,这个公式说明了程序设计的主要任务。程序方法是指通过计算机语言编写程序来实现问题求解,程序主要包含以下两个方面内容。

(1)对程序中操作的描述。即计算机解决该问题过程中所进行的操作的步骤,这部分就是通俗意义上的"算法"。

(2)对程序中数据的描述。在程序中要指定用到哪些数据和这些数据的类型以及数据的组织形式,这部分即为"数据结构"。

在编写程序之前,首先要进行分析问题、设计算法两个步骤。分析问题的目的是明确问题的需求,然后确定解决问题的方法,即给出具体的算法。任何答案的获得都是计算机按照指定顺序执行一系列指令的结果,因此必须将解决问题的方法转换成一系列具体的、可操作的步骤,这些步骤的集合称为算法。算法代表着用系统的方法描述解决问题的策略机制,计算机程序设计的关键就是设计算法。

计算机程序求解的最关键问题是:可计算,即能够形式化描述;其次是有限步骤,即能够自动化执行。基于计算机程序的问题求解有诸多优点和限制条件,下面举例加以说明。

例 6-1   求一元二次方程 $ax^2+bx+c=0$(a,$b>0$)的根,要求随机输入 a、b、c 的值。

问题描述:编写程序,对于随机输入的 a、b、c 的值,计算并输出方程的根。

问题分析:根据题目要求,在程序中增加对输入数值的判断。分 3 种情况,一是当 $b^2-4ac>0$ 时,计算并输出两个不相等的实数根;二是当 $b^2-4ac=0$ 时,计算并输出两个相等的实数根;三是

当 $b^2-4ac<0$ 时,给出提示信息"不存在实数根"。编写程序时,可以发挥计算机的逻辑判断能力,通过对条件的判断控制程序的执行。

Python 语言程序如下:

```
import math
a,b,c=eval(input("请输入三个数,中间用逗号分开:"))
delta=b*b-4*a*c
if delta<0:
        print("不存在实数根")
elif delta==0:
        x=-b/(2*a)
        print("有两个相等的实根:","x1=x2=",x)
else:
        discRoot=math.sqrt(delta)
        x1=(-b+discRoot)/(2*a)
        x2=(-b-discRoot)/(2*a)
        print("有两个不相等的实根:","x1=",x1,"x2=",x2)
```

6.1.3　基于计算机系统的问题求解

有许多问题既不是计算机软件能解决的,又不是单纯的计算机程序能解决的,如梅森素数。1996 年年初,美国数学家、程序设计师乔治·沃特曼编制了一个梅森素数计算程序,并把它放在网页上供全球数学家和数学爱好者免费使用,这就是著名的"因特网梅森素数大搜索"(GIMPS)项目。该项目采取网格计算方式,利用大量普通计算机的闲置时间来获得相当于超级计算机的运算能力。目前,全球有近 70 万人参与该项目,动用了超过 180 万核中央处理器联网来寻找梅森素数。至今人们通过 GIMPS 项目已找到 17 个梅森素数,其发现者来自美国、英国、法国、德国、加拿大和挪威。这说明大规模问题、复杂问题的求解需要多种系统平台支持(硬件、软件、网络),是系统工程。系统工程不仅用于对梅森素数的寻找,还用于微电子工程、生命工程、医学工程、化学工程以及所有科学研究。

一个在线股票交易系统的结构如图 6-1 所示,可以分为用户终端、在线股票交易前台系统和后台撮合系统三大部分,同样也需要有多种系统平台的支持,以实现用户交易、信息管理和后台撮合等功能。

基于计算机系统的问题求解过程可以分为以下 5 个步骤:

(1)清晰地陈述问题。

(2)描述输入、输出和接口信息。

(3)对于多个简单的数据集抽象地解答问题。

(4)设计解决方案并将其转换成计算机程序。

(5)利用多种方案和数据测试该程序。

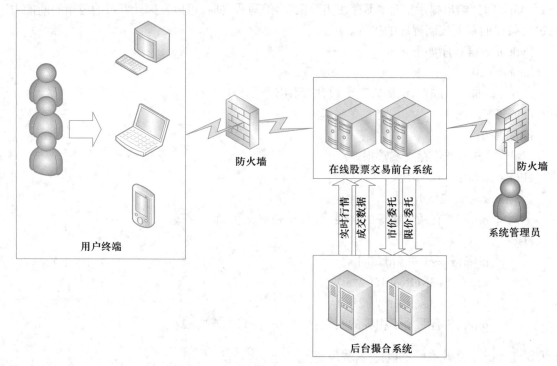

图 6-1   在线股票交易系统

6.2   算法与数据结构

计算思维是运用计算机科学的基础概念求解问题、设计系统和理解人类行为的思维活动。算法是对计算思维中问题求解过程的一种表达,算法中蕴含着计算思维的思想和方法。

6.2.1   算法的概念

广义地说,算法是指为解决一个问题而采取的方法和步骤。在日常生活中有许多算法的例子,例如,乐谱是演奏歌曲的算法,菜谱是烹饪菜肴的算法。

在计算机领域中,算法是一组明确的、可以执行的步骤的有序集合。算法中的每一步骤都必须是"明确的",模棱两可的步骤不能构成算法,并且每一步骤还必须是"可执行的"。"有序集合"要求算法中的步骤是有顺序关系的。

计算机算法可分为数值算法和非数值算法两大类。数值运算的目的是求数值解,例如求方程的根、求一个函数的定积分等;非数值算法包括非常广泛的领域,例如人事管理、财务管理、信息检索等。目前,计算机在非数值运算方面的应用远远超过了在数值运算方面的应用。数值运算有确定的数学模型,一般都有比较成熟的算法。许多常用算法通常会被编写成通用程序,并汇编成各种程序库的形式,用户需要使用时可以直接调用。例如数学程序库、数学软件包等。而非数值运算的种类繁多、要求各异,难以提供统一规范的算法。

例 6-2   采用自然语言表示求 1+2+3+⋯+10 的算法。

步骤 1：先求 1 与 2 的和，得到结果 3。

步骤 2：将步骤 1 得到的和与 3 相加，得到结果 6。

步骤 3：将步骤 2 得到的和与 4 相加，得到结果 10。

…

步骤 9：将步骤 8 得到的和与 10 相加，得到结果 55。

这样的算法虽然正确，但却过于烦琐。如果要求 1+2+3+…+100，则要写 99 个步骤，显然是不可取的，因此应该找到一种通用的表示方法。考虑到每一步都是求两个加数的和，并且从步骤 2 开始，其中的一个加数总是前一步骤的结果（和），因此可以设两个变量，一个变量表示第一个加数，另一个变量表示第二个加数，不另设变量存放结果，而是将每一步骤的和放到第一个变量中。设变量 sum 为第一个加数，变量 i 为第二个加数，用循环的思想求结果，可以将算法改写如下。

步骤 1：使 sum=1。

步骤 2：使 i=2。

步骤 3：将 sum 与 i 相加，结果仍放到变量 sum 中，可表示为 $sum+i \rightarrow sum$。

步骤 4：使 i 的值加 1，结果存放到 i 中，即 $i+1 \rightarrow i$。

步骤 5：若 i 的值不大于 11（$i \le 10$），则返回重新执行步骤 3 以及其后的步骤 4 和步骤 5；否则，算法结束，最后得到 sum 即为所求的值。

如果计算 1+2+3+…+100，只要将步骤 5 中的判定条件改为 $i \le 100$，反复多次执行步骤 3、步骤 4 和步骤 5，直到 i 大于 100，此时算法结束，sum 的值就是所求结果。可以看出，用第二种方法表示的算法具有一般性、通用性和灵活性。

可见，算法设计是非常灵活的，同一问题可以用不同的算法来解决，而一个算法的质量优劣将影响到算法乃至程序的效率。对于复杂问题，算法就更重要了。通常，要在保证求解问题正确的前提下，尽可能地追求算法的效率，也就是要尽可能地设计出复杂度低的算法。对算法的分析和评价一般应考虑正确性、可维护性、可读性、运算量以及占用存储空间等诸多因素。

6.2.2　算法的特征

算法是对问题求解过程的一种描述，一个算法应该具备以下特性。

1. 有穷性

一个算法应包含有限个操作步骤，而不能是无限个操作步骤，并且在可以接受的时间内完成其执行过程。通常来说，"有穷性"是指"在合理的范围之内"。如果一个算法需要计算机执行 1 000 年，这虽然是有穷的，但超过了合理的限度，显然失去了实用价值。

2. 确定性

算法中的每一个操作步骤都应当是确定的，而不应当是含糊的、模棱两可的。例如，"两个正整数 A 和 B 的余数"，这种叙述就存在二义性，不确定究竟是谁除谁得到的余数。

3. 有零个或多个输入

所谓输入是指执行算法时需要从外界取得必要的信息，一个算法可以有 0 个、1 个或多个输入，输入的个数取决于具体的问题。

4. 有一个或多个输出

算法的目的是为了求解，而"解"就是输出，一个算法所得到的结果就是该算法的输出。一个算法必须有一个或多个输出,没有输出的算法是没有意义的。

5. 有效性

算法中的每一个步骤都应该能有效地执行,并得到确定的结果。例如,如果 B=0,那么 A/B 就无法执行,从而不符合有效性的要求。

6.2.3　算法的表示方法

算法的表示方法有多种,常用的方法有自然语言、流程图、N–S 图、伪代码和计算机语言等。

1. 自然语言

自然语言就是人们在日常生活中使用的语言,可以是汉语、英语或其他语言。用自然语言表示算法通俗易懂,不用专门的训练,较为灵活,容易理解。但是书写较为烦琐,对复杂的问题难以表达准确,而且在描述上容易出现歧义,不易直接转化为程序,一般用于比较简单的问题。

例 6–3　求 sum=1+2+3+4+5+⋯+n。

步骤 1:输入 n 的值。

步骤 2:将 sum 赋值为 0。

步骤 3:将 i 赋值为 1。

步骤 4:若 i<=n,则继续执行操作 5;否则输出 sum,结束算法。

步骤 5:将 sum+i 赋值给 sum。

步骤 6:将 i+1 赋值给 i,并返回重新执行步骤 4。

2. 流程图

流程图是用一些图框来表示各种类型的操作,在框内写出各个步骤,然后用带箭头的线把它们连接起来,以表示执行的先后顺序。美国国家标准协会(American national standard institute, ANSI)规定了一些常用的流程图符号,如表 6–2 所示,已被世界各国程序员普遍采用。

表 6–2　常用的流程图符号

符号名称	符号	功能
起止框		表示算法的开始和结束
输入输出框		表示算法的输入输出操作,框内填写需输入或输出的各项
处理框		表示算法中的各项处理操作,框内填写处理说明
判断框		表示算法中的条件判断操作,框内填写判断条件
流程线		表示算法的执行方向
连接点		表示流程图的延续

1966 年, Bohra 和 Jacopini 提出了 3 种基本结构, 即顺序结构、选择结构和循环结构, 用这 3 种基本结构作为表示一个良好算法的基本单元。

（1）顺序结构

顺序结构是一种最简单的基本结构, 程序中的各语句按照出现的先后顺序依次被执行, 如图 6-2（a）所示。A 和 B 两个处理是顺序执行的, 即先执行 A 再执行 B。

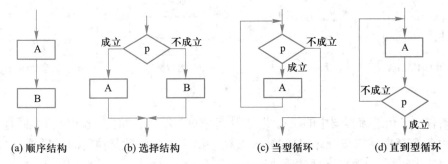

| (a) 顺序结构 | (b) 选择结构 | (c) 当型循环 | (d) 直到型循环 |

图 6-2　3 种基本结构的流程图

（2）选择结构

选择结构又称为分支结构, 根据判定条件的成立与否, 选择执行不同的处理, 如图 6-2（b）所示。当条件 p 成立时, 则执行语句 A; 否则执行语句 B。

（3）循环结构

循环结构又称为重复结构, 即反复执行某一部分的操作。它主要分为当型循环和直到型循环两种结构。同一个问题既可以用当型循环来处理, 也可以用直到型循环来处理。

① 当型（While 型）循环。当给定的条件 p 成立时, 执行循环体 A, 执行完毕后, 再判断条件 p 是否成立, 若仍然成立, 则再执行 A。如此反复, 直到条件 p 不成立为止。因为是先判断循环条件后执行循环体, 即"当条件满足时执行循环", 所以称为当型循环, 如图 6-2（c）所示。

② 直到型（Until 型）。先执行循环体 A, 然后判断给定的条件 p 是否成立, 若不成立, 则再执行 A, 然后再对条件 p 进行判断, 若仍然不成立, 则又执行 A。如此反复, 直到给定的 p 条件成立为止。因为是先执行循环体后判断, 即"直到条件为真时为止", 所以称为直到型循环, 如图 6-2（d）所示。

用流程图表示算法比文字描述直观形象、易于理解, 并且能比较清楚地显示出各个框图之间的逻辑关系, 因此便于理解与交流, 使用较为广泛。但是这种流程图需要占用的篇幅较大, 尤其是当算法比较复杂时, 画流程图既费时又不方便, 同时修改起来也比较麻烦。

例 6-4　使用流程图表示求解 sum=1+2+3+4+5+…+n 的算法, 如图 6-3 所示。

3. N-S 图

1973 年, 美国学者 I.Nassi 和 B.Shneiderman 提出了一种新的流

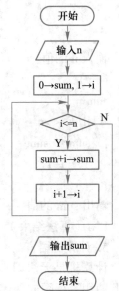

图 6-3　表示算法的流程图

程图形式,称为 N-S 图。在这种流程图中,完全去掉了传统流程图中带箭头的流程线。全部算法写在一个矩形框内,在该矩形框内可以包含若干个从属于它的小矩形框,或者说,由一些基本的框组成一个大的框。这种流程图可以更清晰地表达结构化的程序设计思想,因此很受欢迎。用 N-S 图表示结构化程序设计的 3 种基本结构如图 6-4 所示。

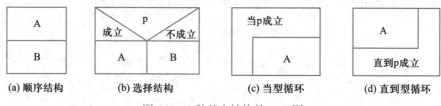

| (a) 顺序结构 | (b) 选择结构 | (c) 当型循环 | (d) 直到型循环 |

图 6-4　3 种基本结构的 N-S 图

　　N-S 图省去了传统流程图中的流程线,表达起来更加简练,同时也比传统流程图容易画。整个算法是由各个基本结构按顺序组成的,N-S 图中的上下顺序就是执行时的顺序,也就是图中位置在上面的先执行,位置在下面的后执行。

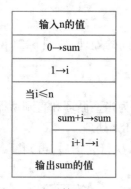

图 6-5　表示算法的 N-S 图

　　例 6-5　使用 N-S 图表示求解 sum=1+2+3+4+5+…+n 的算法,如图 6-5 所示。

　　4. 伪代码

　　用流程图表示算法直观易懂,但画起来比较费事。在设计一种算法时,可能要反复修改,而修改流程图比较麻烦。因此,为了设计算法的方便,常用伪代码来表示。伪代码是用介于自然语言和计算机语言之间的文字和符号来描述算法的。它的表示形式灵活自由,便于分析和修改,并且格式紧凑、简单易懂,可以比较容易地转换成计算机语言。

　　例 6-6　使用伪代码表示求解 sum=1+2+3+4+5+…+n 的算法。
BEGIN(算法开始)

输入 n 的值
i ← 1
sum ← 0
WHILE i<=n
{　sum ← sum+i;
　　i ← i+1;
}
输出 sum 的值
END(算法结束)

　　5. 计算机语言

　　计算机是无法识别流程图和伪代码的,只有用计算机语言编写的程序才能被计算机执行,因此使用流程图或伪代码描述出一个算法后,需要将它转换成计算机语言程序。计算机语言是计算机能够接受和处理的、具有一定语法规则的语言。

例 6-7 使用 Python 语言表示求解 sum=1+2+3+4+5+⋯+n 的程序。

```
n=int(input("请输入一个大于 0 的整数:"))
sum=0
i=1
while i<=n:
    sum=sum+i
    i=i+1
print("和为:",sum)
```

写出一个算法的程序,只是描述了算法,并未实现算法。只有将程序交由计算机进行运行才可以实现算法,因此用计算机程序表示的算法是计算机能够执行的。

6.2.4 算法的评价

算法设计直接影响计算机求解问题的成功与否,为了让计算机有效地解决问题,首先要保证算法正确,其次要保证算法的质量。评价一个算法的好坏主要有两个指标:算法的时间复杂度和空间复杂度。

1. 时间复杂度

时间复杂度是一个算法运行时间的相对量度。一个算法的运行时间是指在计算机上从开始到结束运行所花费的时间,它大致等于计算机执行一种简单操作(如赋值、比较、简单运算、返回、输入、输出等)所需的时间与算法中进行简单操作次数的乘积。因为执行一种简单操作所需的时间随所在机器系统而异,它是由机器本身软硬件性能决定,与算法无关,所以只讨论影响运行时间的另一个因素,即算法中进行简单操作次数的多少。显然,在一个算法中,进行简单操作的次数越少,其运行时间也就相对越少;次数越多,其运行时间也就相对越多。所以,通常把算法中包含简单操作次数的多少称为该算法的时间复杂度,用它来衡量一个算法的运行时间性能。

2. 空间复杂度

空间复杂度是对一个算法在运行过程中临时占用存储空间大小的量度,它也是衡量算法有效性的一个重要指标。一个算法在计算机存储器上所占用的存储空间的大小,包括存储算法本身所占用的存储空间,算法的输入输出数据所占用的存储空间和算法在运行过程中临时占用的存储空间这三个部分。

事实上,对一个问题的算法实现,时间复杂度和空间复杂度往往是相互矛盾的,要降低算法的执行时间就可能要以使用更多的空间为代价,要节省空间就可能要以增加算法的执行时间为代价,两者很难兼顾。因此,对于不同的问题应具体分析,找出最佳算法。

6.2.5 数据结构

计算机技术发展初期,主要应用于数值计算。随着计算机技术的飞速发展,计算机应用领域也不断扩大,已广泛应用于情报检索、信息管理、系统工程等社会经济各领域。与此同时,计算机的处理对象也从简单的数值型数据发展到非数值型和具有一定结构的数据,例如文本、图形、图像、音频、视频以及动画等,处理的数据量也越来越大,这就给程序设计带来了问题和困难。因此,在计算机中如何组织数据、处理数据也随之成为程序设计的关键。

　　数据结构(data structure)是相互之间存在一种或多种特定关系的数据元素集合。在任何问题中,数据元素都不是孤立存在的,而是在它们之间存在着某种关系,这种数据元素相互之间的关系称为结构。简单来说,数据结构就是研究数据及数据元素之间的关系,它包括以下 3 个方面的内容:

　　(1)数据的逻辑结构;

　　(2)数据的存储结构;

　　(3)数据的运算(即数据的处理操作)。

　　一般认为,一个数据结构是由数据元素依据某种逻辑联系组织起来的。对数据元素间逻辑关系的描述称为数据的逻辑结构。数据必须在计算机内存储,数据的存储结构是数据结构的实现形式,即数据在计算机中的表示和存储方式。此外,讨论一个数据结构必须同时讨论在该类数据上执行的运算才有意义。

　　1. 数据的逻辑结构

　　数据的逻辑结构是指数据结构中数据元素之间的逻辑关系。根据数据元素之间关系的不同特征,通常有下列 4 类基本结构。

　　(1)集合

　　结构中的数据元素之间除了"属于同一个集合"的关系以外,别无其他关系。即只有数据元素而无任何关系,如图 6-6(a)所示。

　　(2)线性结构

　　结构中的数据元素之间存在一对一的关系。在该逻辑结构中,除了第一个数据元素外,其他数据元素都具有唯一的直接前驱;除了最后一个元素外,其他数据元素都具有唯一的直接后继,如图 6-6(b)所示。

　　(3)树形结构

　　结构中的数据元素之间存在一对多的关系,即除了一个根元素外,其他每个数据元素都具有唯一的直接前驱;所有数据元素都可以有零个或多个直接后继,如图 6-6(c)所示。

　　(4)图状结构(或称网状结构)

　　结构中的数据元素之间存在多对多的关系,即所有数据元素都可以有多个直接前驱和多个直接后继,如图 6-6(d)所示。

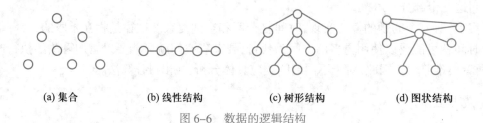

(a)集合　　　　　(b)线性结构　　　　　(c)树形结构　　　　　(d)图状结构

图 6-6　数据的逻辑结构

　　2. 数据的存储结构

　　数据的存储结构是数据的逻辑结构在计算机中的表示,又称为物理结构。数据元素之间的关系在计算机中有两种不同的表示方法:顺序表示和非顺序表示,并由此得到两种不同的存储结构：顺序存储结构和链式存储结构，它们是数据的两种最基本的存储结构。

（1）顺序存储结构

顺序存储结构是利用数据元素在存储器中的相对位置来表示数据元素间的逻辑顺序。通常把逻辑上相邻的元素存储在物理位置相邻的存储单元中，元素之间的逻辑关系由存储单元的邻接关系来体现。

（2）链式存储结构

链式存储结构是利用指针来表示数据元素之间的逻辑关系。在这种结构中，对逻辑上相邻的元素不要求其物理位置相邻，元素之间的逻辑关系通过附加的指针字段来表示。

通常，在程序设计语言中，顺序存储结构借助数组描述，链式存储结构借助指针描述。图 6-7（a）是包含数据元素 $a_0, a_1, a_2, \cdots, a_{n-1}$ 的数组 a 的存储结构示意图。指针是指向一个内存单元的地址。图 6-7（b）是包含数据元素 $a_0, a_1, a_2, \cdots, a_{n-1}$ 的链式存储结构示意图。其中，上一个结点到下一个结点的箭头表示上一个结点中指针域所指向的下一个结点对象。指针 head 指向链式存储结构中的第一个结点对象。

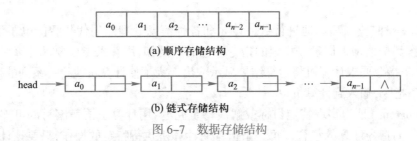

(a) 顺序存储结构

(b) 链式存储结构

图 6-7 数据存储结构

由于存储结构是数据结构不可或缺的一个方面，因此常常将同一逻辑结构的不同存储结构分别冠以不同的数据结构名称来标识。例如，线性表是一种逻辑结构，若采用顺序存储结构表示，则称为顺序表；若采用链式存储结构表示，则称为链表。

同一种逻辑结构，若采用不同的存储方法，可以得到不同的存储结构。选择何种存储结构来表示相应的逻辑结构，应该根据具体要求而定，主要是考虑运算的便捷和算法的时间、空间需求。在实际程序设计过程中，一种数据的逻辑结构到底选择哪种存储结构会影响到具体算法的实现。也就是说，在实现具体算法之前，必须先确定存储结构。

3. 数据的运算

数据元素之间的运算，即对数据元素施加的操作，有时也直接称为数据的运算或操作。

数据的运算是定义在数据的逻辑结构上的，每一种逻辑结构都有一个运算的集合。例如，常用的运算有插入、删除、查找、排序等，这些运算实际上是对数据所施加的一系列抽象的操作。所谓抽象的操作，是指只知道这些操作是"做什么"，而不必考虑"怎么做"。只有在确定了数据的存储结构以后，才考虑如何具体地实现这些运算。

使用计算机解决实际问题，首先要分析实际问题，抽象出一个适当的数学模型，再为数学模型设计合适的数据结构，然后设计和实现具体操作的算法。因此，好的程序设计应该由合适的数据结构和好的算法组成。

6.3   程序设计基础

当用户使用计算机来完成某项工作时,通常可以使用两种方法:一种方法是利用现成的应用软件来完成,比如文字处理可使用 WPS,数据统计分析可使用 SPSS,金融分析和经济预测可使用 EViews,图像处理可使用 Photoshop,在因特网上浏览或搜索信息可使用 Firefox;另一种方法是,如果没有合适的软件可供使用,这时就需要使用计算机语言编制程序来完成特定的功能,这就是程序设计。

程序设计是具有一种知识背景的人为具有另一种知识背景的人进行的创造性劳动。设计是一种映射,设计过程是把实用知识映射到计算知识。为了有效地进行程序设计,应当至少具有两个方面的知识:一是掌握一门程序设计语言的语法及其规则;二是掌握解题的步骤或方法,即针对一个需要求解的问题,如何设计分解成一系列的操作步骤。

6.3.1   程序的概念

计算机是一种自动、高速地进行数值计算和各种信息处理的现代化智能电子设备,计算机的每一个操作都是根据人们事先指定的指令进行的。例如,用一条指令要求计算机进行一次加法运算,用一条指令要求计算机将运算结果显示输出。为了使计算机执行一系列的操作,必须事先编好一条条指令,输入到计算机中。

程序(program)是为实现特定目标或解决特定问题,用计算机语言编写的可连续执行并能完成一定任务的指令序列的集合。每一条指令使计算机执行特定的操作,只要让计算机执行这个程序,计算机就会自动地执行各条指令,有条不紊地进行工作。为了使计算机系统能实现各种功能,需要成千上万个程序。这些程序大多数是由计算机软件设计人员根据需要设计好的,作为计算机的软件系统的一部分提供给用户使用。此外,用户还可以根据自己的实际需要设计一些应用程序,例如学生成绩管理程序、财务管理程序、工程中的仿真程序。

总之,计算机的一切操作都是由程序控制的,离开程序,计算机将一事无成。所以,计算机的本质是程序的机器,程序和指令是计算机系统中最基本的概念。

6.3.2   程序设计的一般过程

程序设计是指利用计算机解决问题的全过程,它包括多方面的内容,而编写程序只是其中的一部分。使用计算机解决实际问题,通常先对问题进行分析并建立数学模型,然后确定解决问题的具体方法和步骤,并使用程序设计语言编写一组可以让计算机执行的程序,最后由计算机执行后得到最终计算结果。显然,在程序设计中运用了计算思维求解问题的思想和方法,整个程序设计的过程正是问题求解的计算思维过程。

一个简单的程序设计过程一般包含以下 5 个步骤。

1. 分析问题,建立数学模型

使用计算机解决具体问题时,首先要对问题进行充分分析,确定问题是什么,解决问题的步骤是什么。针对所要解决的问题,找出已知的数据和条件,确定所需的输入、处理和输出对象。将解题过程归纳为一系列的数学表达式,建立各种数据之间的关系,即建立解决问题的数学模型。

例 6-8　要求随机输入三角形的 3 条边 a、b、c 的值,利用海伦公式计算并输出三角形的面积。海伦公式为 $S=\sqrt{p(p-a)(p-b)(p-c)}$,其中 a、b、c 分别为三角形的三边长,p 为半周长,S 为三角形的面积。

根据题目要求,求三角形面积的问题分析如下:

(1)输入。要求解本问题,需要通过键盘随机输入三角形的 3 条边 a、b、c 的值。

(2)处理。处理是计算机对输入信息所做的操作。当 3 个数值符合构成三角形的条件时,则根据 3 条边 a、b、c 的值,使用海伦公式计算三角形的面积。其中使用的数学表达式为

$$S=\sqrt{p(p-a)(p-b)(p-c)}$$
$$p=(a+b+c)/2$$

(3)输出。通过计算机显示结果,分两种情况:如果 3 条边的长度符合构成三角形的条件,则输出三角形的面积;否则给出提示信息"不能构成三角形,无法计算面积"。

2. 设计算法和数据结构

在问题分析的基础上,设计出求解问题的方法与具体步骤。例如求解一个方程式,就要选择用什么方法去求解,并且把求解的每一个步骤准确清晰地表达出来。算法不是计算机可以直接执行的,只是编制程序代码前对处理步骤的一种描述,可以使用自然语言、流程图或伪代码等方法来表示解题的步骤。此外,根据确定的数学模型,对指定的输入数据和预期的输出结果,确定存放数据的数据结构。

根据问题分析和数学模型,求解三角形面积的流程图如图 6-8 所示。

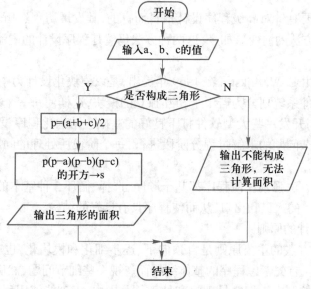

图 6-8　求解三角形面积的流程图

3. 编写程序

根据确定的数据结构和算法,使用计算机语言把解决方案严格地描述出来,也就是编写出

程序代码。使用计算机语言编写代码（指令）来驱动计算机完成特定的功能，是问题求解过程的关键步骤之一。一个算法最终要表示为程序并在计算机上运行，从而得到所求问题的解。

根据上述算法，采用 Python 语言编写的程序如下：

```
import math                                  #声明调用数学库函数
a, b, c=eval（input（"请输入三个数，中间用逗号分开："））
if（a+b>c and a+c>b and b+c>a）:
    p=（a+b+c）/2                             #求出半周长 p
    s=math.sqrt（p*（p-a）*（p-b）*（p-c））      #调用数学库函数，求出面积
    print（"三角形面积是："，s）
else:
    print（"不能构成三角形，无法计算面积"）
```

4. 调试和运行程序

要让计算机运行程序，必须将程序输入到计算机中，并经过调试，以便发现语法错误和逻辑错误，然后才能正确地运行。通常程序能一次写完并正常运行的概率很低，程序中总会有各种各样的问题需要修正。经过反复的调试，会发现和排除一些故障，得到正确的结果。

5. 整理程序文档

对于微小程序来说，程序文档的重要性是较弱的。但对于一个需要多人合作开发、维护时间较长的软件来说，文档就是至关重要的。文档可以记录程序设计的算法、实现以及修改的过程，从而保证程序的可读性和可维护性。

6.3.3 结构化程序设计

程序设计方法主要是针对高级程序设计语言而言的，其发展历程经历了从结构化程序设计方法到面向对象设计方法的演变。如今，这两种方法仍然是程序设计的主流方法。

1. 基本概念

结构化程序设计由 E. W. dijkstra 在 1969 年提出，是以模块化设计为中心（程序具有模块化特征），将待开发的软件系统划分为若干个相互独立的模块，这样使每一个模块的工作变得简单且易于实现，为设计与开发一些大型软件打下良好的基础。结构化程序设计的基本思想是"分而治之"，即把一个复杂问题的求解过程分阶段进行，每个阶段所处理的问题都控制在人们容易理解和处理的范围内。

结构化程序设计方法强调任何程序都基于顺序、选择、循环 3 种基本的程序控制结构，并且每个程序模块具有唯一的入口和出口，从而使程序具有良好的结构。

2. 结构化程序设计的原则

结构化程序设计方法的主要原则是自顶向下、逐步细化和模块化，也就是分阶段完成一个复杂问题的求解过程。首先考虑程序的整体结构而忽视一些细节问题，然后一层一层地细化，每个阶段处理的问题都控制在人们容易理解和处理的范围内，直到能够用程序设计语言完全描述每一个细节。

（1）自顶向下原则

在进行程序设计时，应先考虑总体，后考虑细节；先考虑全局目标，后考虑局部目标。不要

一开始就过多追求细节,先从最上层总目标开始设计,逐步使问题具体化。

（2）逐步细化原则

对复杂问题,应设计一些子目标作为过渡,逐步细化。也就是说,把一个较大的复杂问题分解成若干个相对独立且简单的小问题,只要解决了这些小问题,整个问题也就解决了。

（3）模块化设计原则

一个复杂问题是由若干个简单的问题构成的,要解决这个复杂问题,可以把整个程序分解为不同功能的模块。模块化是把程序要解决的总目标分解为多个子目标,再进一步分解为具体的小目标,每个小目标称为一个模块。模块化的目的是为降低程序复杂度,使程序设计、调试和维护等操作简单化。

结构化程序设计是软件开发的重要方法,采用这种方法设计的程序结构清晰,易于阅读和理解,也便于调试和维护,并且可以显著提高编程工作的效率,降低软件开发成本。

6.3.4　面向对象程序设计

在结构化程序设计中,程序被定义为"数据结构＋算法",数据与处理这些过程是分离的,这样在对不同格式的数据进行相同的处理或者对相同的数据进行不同的处理时,都要用不同的程序模块来实现,这使得程序的可复用性不高。同时,由于过程和数据分离,数据可能同时被多个模块使用和修改,因此很难保证数据的安全性和一致性。面向过程的程序设计的稳定性、可修改性和可重用性都比较差,语言结构不支持代码重用,程序员在大规模程序开发中很难控制程序的复杂度。随着软件的规模和复杂度不断增加,面向过程的程序设计方法已经难以满足大型软件的开发要求。

面向对象技术是一种全新的设计和构造软件的技术,它使计算机解决问题的方式更符合人类的思维方式,更能直接地描述客观世界,通过增加代码的可重用性、可扩充性和程序自动生成功能提高编程效率,并且大大减少软件维护的开销,已经被越来越多的软件设计人员使用。

1. 面向对象程序设计的概念

面向对象是相对于面向过程而言的一种编程思想,它是通过操作对象实现具体的功能,即将功能封装进对象,用对象实现具体的细节。

面向对象程序设计是将对象作为构成软件系统的基本单元,并从相同类型的对象中抽象出一种新型的数据结构——类。类是一种特殊的类型,其成员中不仅包含描述类对象属性的数据,还包括对这些数据进行处理的程序代码,这些程序代码称为对象的行为（或操作）。将对象的属性和行为封装在一起后,可使内部的大部分实现细节被隐藏,仅通过一个可控的接口与外界交互。

2. 面向对象程序设计的基本特点

（1）抽象性

抽象是人类认识问题的最基本手段之一。抽象是忽略事物中与当前目标无关的非本质特征,强调与当前目标有关的本质特征,从而找出事物的共性,并把具有共性的事物划为一类,得到一个抽象的概念。例如,在设计一个学生成绩管理系统时,对于其中的任何一个学生,可以只关心其班级、学号、课程、成绩等,而忽略其年龄、身高、体重等与当前目标无关的信息。

（2）封装性

封装是一种信息隐藏技术,是面向对象方法的重要法则。封装就是把对象的属性和行为结合成一个独立的单位,并尽可能隐藏对象的内部细节。封装有两个含义:一是把对象的全部属性和行为结合在一起,形成一个不可分割的独立单位。对象的属性值只能由这个对象的行为读取和修改。二是尽可能隐藏对象的内部细节,对外形成一道屏障,与外部的联系只能通过外部接口实现。

封装的目的在于把对象的使用者与设计者分开,使用者不必知道对象行为实现的细节,只需使用设计者提供的信息来访问该对象。例如,在学生成绩管理系统中,定义了一个学生类,向用户提供了输入学生信息 Input( )、输出学生信息 Output( )、查询学生成绩 Searchscore( )、查询学生选修课程 Searchcourse( )4 个接口,而将所用函数的具体实现和 num、name 等数据隐藏起来,实现数据的封装和隐藏。封装的结果实际上隐藏了复杂性,并提供了代码重用性,从而降低了软件开发的难度。

(3)继承性

继承是使用已有的类定义作为基础来建立新的类定义的技术。继承是一种联结类与类的层次模型。继承性是指特殊类的对象拥有其一般类的属性和行为。继承意味着"自动地拥有",即特殊类中不必重新定义已在一般类中定义过的属性和行为,而是自动地、隐含地拥有其一般类的属性和行为。一个特殊类既有自己新定义的属性和行为,又有继承而来的属性和行为。

继承关系体现了现实世界中一般与特殊的关系。它允许人们在已有类的特性基础上构造新类。被继承的类称之为基类(父类),在基类的基础上新建立的类称之为派生类(子类)。子类可以从它的父类那里继承方法和实例变量,并且可以修改或增加新的方法,使之更适合特殊的需要。例如,"人"类(属性:身高、体重、性别等;操作:吃饭、工作等)派生出"中国人"类和"美国人"类,他们都继承人类的属性和操作,并允许扩充出新的特性。在软件开发过程中,继承性实现了软件模块的可重用性,使软件易于维护和修改。

(4)多态性

多态性是指在一般类中定义的属性和行为,被特殊类继承之后,可以具有不同的数据类型或表现出不同的行为。例如,在一般类"几何图形"中定义了一个"绘图"行为,但不确定执行时到底画一个什么图形。特殊类"圆形"和"三角形"都继承了"几何图形"类的绘图行为,但其功能却不同,一个是要画出一个圆形,另一个是要画出一个三角形。这样一个绘图的消息发出后,圆形、三角形等类的对象接收到这个消息后各自执行不同的绘图函数,这就是多态性的表现。

由于面向对象编程的编码具有可重用性,因此可以在应用程序中大量采用现成的类库,从而缩短开发时间,使应用程序更易于维护、更新和升级。继承和封装使得对应用程序的修改带来的影响更加局部化。采用面向对象技术进行程序设计具有开发时间短、效率高、可靠性好、开发程序更健壮等优点。

6.3.5 程序设计语言

1. 程序设计语言的分类

程序设计语言是人与计算机交流的工具,是用来书写计算机程序的工具。程序设计语言又称为计算机语言或编程语言,由编写程序的符号和语法规则构成。程序设计语言的发展经历了从机器语言、汇编语言到高级语言的历程。

（1）机器语言

机器语言是指直接用二进制代码指令表达的计算机语言。它实际上是由 0 和 1 构成的字符串，这是唯一能被计算机直接识别和执行的计算机语言。机器语言的一条语句就是一条指令，机器指令由操作码和操作数组成，其具体的表现形式和功能与计算机系统的结构相关联。其中，操作码是要完成的操作类型或性质，操作数是操作的内容或所在的地址。

例如，计算 A=2+3 的机器语言程序如下：

10110000 00000010　　把 2 放入累加器 A 中

00101100 00000011　　把 3 与累加器 A 中的值相加，结果仍放入 A 中

机器语言依赖具体的机型，即不同型号计算机的机器语言是不尽相同的。机器语言的优点是计算机能够直接识别、执行效率高，其缺点是难记忆、难书写、难修改、难维护、可读性差，而且在不同计算机之间互不通用，可移植性非常差。只有少数专业人员能够为计算机编写程序，这就大大限制了计算机的推广和使用。

（2）汇编语言

为解决机器语言难记忆、可读性差的缺点，人们对它进行了符号化，使用相对直观、易记的符号串来编写计算机程序，从而大大减少直接编写二进制代码带来的烦琐，这便促成了汇编语言的形成和发展。

汇编语言采用一些特定的助记符表示指令，例如用 ADD 表示加法操作，用 SUB 表示减法操作。汇编语言是一种符号语言，比机器语言容易理解，修改和维护也变得方便。

例如，计算 A=2+3 的汇编语言程序如下：

MOV A, 2　　把 2 放入累加器 A 中

ADD A, 3　　把 3 与累加器 A 中的值相加，结果存入 A 中

用汇编语言编写的程序称为汇编语言源程序，由于计算机只能识别和执行机器语言，因此必须将汇编语言源程序翻译成能够在计算机上执行的机器语言（称为目标代码程序），这个翻译的过程称为汇编。完成汇编过程的系统程序称为汇编程序。

由于机器语言和汇编语言都依赖计算机硬件，即在底层进行控制，所以称为低级语言。汇编语言比机器语言可理解性好，比其他语言执行效率高，许多系统软件的核心部分仍采用汇编语言编制。

（3）高级语言

高级语言接近人们习惯使用的自然语言和数学语言，使用的语句和指令是用英文单词标识的。如用 read 表示从输入设备"读"数据，write 表示向输出设备"写"数据。从 1954 年出现第一个高级语言 FORTRAN 以来，全世界先后出现了几千种高级语言，其中应用广泛的语言有 BASIC、FORTRAN、COBOL、Pascal、C、C++、Java、Python 等。

高级语言的优势在于较好地克服了机器语言和汇编语言的不足，采用近似自然语言的符号和语法，大大提高了编程的效率和程序的可读性；它不依赖具体机型，程序具有很高的可移植性。在使用高级语言编写代码时，不需要考虑具体的细节，如数据存放在哪里、从哪个存储单元读取数据等，从而使程序员能够集中精力来解决问题本身而不必受机器制约，编程效率高。

例如，计算 A=2+3 的 Python 语言程序如下：

A=2+3

用高级语言编写程序直观易学，易理解，易修改，易维护，而且通用性强，易于移植到不同型号的计算机中。但用高级语言编写的程序不能被计算机直接识别和执行，需要将其翻译成机器语言程序，然后才能被计算机执行。

高级语言的发展分为以下 3 个阶段。

（1）面向过程的语言

面向过程的语言致力于用计算机能够理解的逻辑来描述需要解决的问题和解决问题的具体方法、步骤。面向过程的语言编程时，程序不仅要说明做什么，还要告诉计算机如何做，程序需要详细描述解题的过程和细节。面向过程的语言有 FORTRAN、BASIC、Pascal、C 等。

（2）面向问题的语言（非过程化的语言）

面向问题的语言又称为第四代语言（4GLS）。使用时，不必关心问题的求解算法和求解过程，只需指出要计算机做什么，以及数据的输入和输出形式，就能得到所需结果。

例如，如下非过程化的语言：

SELECT 姓名，编号，应发工资，实发工资 FROM zg.dbf WHERE 部门 =" 采购部 "

面向过程的语言需要详细地描述 "怎样做"，面向问题的语言仅需要说明 "做什么"。面向问题的语言和数据库的关系非常密切，能够对大型数据库进行高效处理。使用面向问题的语言来解题，只要告诉计算机做什么，不必告诉计算机如何做，方便用户使用，但效率较低。

（3）面向对象语言

20 世纪 80 年代推出面向对象语言，它与以往各种语言的根本不同点在于：它设计的出发点就是为了能更直接地描述客观世界中存在的事物（即对象）以及它们之间的关系。

面向对象语言将客观事物看作具有属性和行为的对象，通过抽象找出同一类对象的共同属性和行为，形成类。通过类的继承与多态可以很方便地实现代码重用，这大大提高了程序的复用能力和程序开发效率。面向对象语言已是程序设计语言的主要方向之一。面向对象语言有 C++、Java、Visual Basic 等。

需要指出的是，Python 既支持面向过程的编程，也支持面向对象的编程。

2. 程序的编译与解释

除机器语言外，使用其他计算机语言书写的程序都必须经过编译或解释，变成机器指令才能在计算机上执行。因此，计算机上能提供的各种语言必须配备相应语言的编译程序或解释程序。通过编译程序或解释程序使人们编写的程序能够最终得到执行的工作方式，主要有编译方式和解释方式。

（1）解释方式

解释是将高级语言编写好的程序逐条解释，翻译成机器指令并执行的过程。它不像编译方式那样先把源程序全部翻译成目标程序再执行，而是将源程序解释一句立即执行一句，然后再解释下一句，因此效率比较低，而且不能生成可独立执行的可执行文件，被执行程序不能脱离解释环境。这种方式比较灵活，可以逐条调试源程序代码。典型的解释方式有高级语言 BASIC。

（2）编译方式

编译是指用高级语言编写好的程序（又称为源程序或源代码），经编译程序翻译，形成可由计算机执行的机器指令程序（称为目标程序）的过程。如果使用编译型语言，必须把程序编译成可执行代码，因此编制程序需要 3 步：写程序、编译程序和运行程序。一旦发现程序有错误，哪怕只是一个错误,也必须修改后再重新编译,然后才能运行。只要编译成功,其目标代码便可以反复运行,并且基本上不需要编译程序的支持就可以运行,使用比较方便,效率较高。但源程序被修改后,必须重新编译连接生成新的目标程序才能执行。现在大多数的编程语言都是编译型的,例如 C、C++、Pascal、FORTRAN 等。

无论是编译程序还是解释程序,都需要事先送入计算机内存中,才能对源程序进行编译或解释。为了综合上述两种方法的优点,目前许多编译软件都提供了集成开发环境(IDE)。所谓集成开发环境是指将程序编辑、编译、运行、调试集成在同一环境下,使程序设计者既能高效地执行程序,又能方便地调试程序,甚至是逐条调试和执行源程序。

6.4 Python 程序设计语言简介

6.4.1 Python 概述

Python 的创始人是荷兰人 Guido Van Rossum(吉多·范·罗苏姆),1989 年 Guido 开始设计 Python 语言的编译器,以实现一种易学易用、可拓展的通用程序设计语言。Python 这个名字来自于 Guido 所挚爱的电视剧 "*Monty Python's Flying Circus*"(巨蟒的飞行马戏团)。1991 年,第一个 Python 编译器诞生,它是用 C 语言实现的,并能够调用 C 语言的库文件。从诞生之时起,Python 就具有了类、函数、异常处理、列表和字典等核心数据类型和处理方式,并允许在多个层次上进行扩展。目前,Python 已经进入到 3.x 的时代。Python 语言的版本中 2.x 和 3.x 有较大的跳跃和隔离,它突破了大多数软件向低版本兼容的特性。Python 3.x 版本不兼容用 Python 2.x 版本所写的代码,并且有了较大的改动。

Python 是一种易于学习、功能强大的编程语言。它不仅具有高效的数据结构和简洁的面向对象编程方法,而且具备优雅的语法规范和动态数据类型等特点,这使得它成为许多领域脚本编写和快速应用程序开发的理想语言。此外,强大且稳定的标准库以及对第三方库的良好兼容能力使得 Python 得到更广泛的应用。特别是近年来随着人工智能技术的快速发展,Python 作为数据分析的强有力工具而大放异彩。现在,Python 已经成为最受欢迎的程序设计语言之一,2019 年 9 月 TIOBE 发布编程语言排行榜,Python 稳居第三。

Python 的设计秉承优雅、明确、简单的理念,具有以下特点。

(1)简单、易学

一个结构良好的 Python 程序就像伪代码,类似于用英语描述一件事情。因此 Python 程序设计语言比较容易学习和掌握。Python 简单、易学的特点使得用户能够专注于解决问题的逻辑,而不为烦琐的语法所困惑。很多非计算机专业人士选择 Python 语言作为其解决问题的编程语言。

(2)免费、开源

Python 是 FLOSS(自由 / 开放源代码软件)之一。使用者不但可以自由地下载使用,还可以自由地发布这个软件的副本,阅读它的源代码,对它做改动,把它的一部分用于新的自由软件中。在开源社区中,有许多优秀的专业人士在维护、更新、改进 Python 语言,同时也有大量的领域专业人员利用 Python 所编写的开源工具包,这些是 Python 受欢迎的重要原因。

（3）高层语言

使用 Python 语言编写程序时，无需考虑如内存管理等底层问题，从而降低了技术难度，这也是 Python 在非计算机专业领域受到广泛欢迎的另一个重要原因。

（4）跨平台性

Python 程序无需修改就可以在主流平台上运行，包括 Windows、UNIX、Linux、Android 等。

（5）面向对象

Python 支持面向过程的编程，程序可以是由过程或可重用代码的函数构建起来的。同时，Python 从设计之初就是一门面向对象的语言，因此也支持面向对象的编程。在面向对象的编程中，程序是由数据和功能组合而成的对象构建起来的。

（6）可扩展性与可嵌入性

如果需要一段关键代码运行得更快或者希望某些算法不公开，可以将部分程序用 C/C++ 编写，然后在 Python 程序中使用它们。同时也可以把 Python 代码嵌入 C/C++ 程序中，从而向程序用户提供脚本功能。

6.4.2 Python 的应用领域

随着 Python 语言的流行，它的应用领域越来越广泛，如网站与游戏开发、机器人与航空飞机控制等。Python 主要有以下一些应用领域。

1. Web 开发

Python 拥有很多免费数据函数库、免费 Web 网页模板系统以及与 Web 服务器进行交互的库，可以实现 Web 开发，搭建 Web 框架，目前比较有名的 Python Web 框架为 Django。

2. 爬虫开发

在爬虫领域，Python 几乎处于霸主地位，将网络一切数据作为资源，通过自动化程序进行有针对性的数据采集以及处理。

3. 云计算开发

Python 是从事云计算工作需要掌握的一门编程语言，目前很火的云计算机框架 OpenStack 就是用 Python 开发的。

4. 人工智能

Google 公司早期大量使用 Python，为 Python 积累了丰富的科学运算库，当 AI 时代来临后，目前市面上大部分的人工智能的代码都是使用 Python 来编写的，尤其是 PyTorch 之后，基本确定 Python 作为 AI 时代的首选语言。

5. 自动化运维

Python 是一门综合性的语言，能满足绝大部分自动化运维需求。

6. 数据分析

Python 已成为数据分析和数据科学事实上的标准语言和标准平台之一，NumPy、Pandas、SciPy 和 Matplotlib 程序库共同构成了 Python 数据分析的基础。

7. 科学计算

随着 NumPy、SciPy、Matplotlib、Enthought librarys 等众多程序库的开发，使得 Python 越来越适合进行科学计算。

6.4.3 Python 的安装与配置

Python 可以运行在 Windows、Mac OS、Linux 和 UNIX 等主流平台上，本节介绍 Python 在 Windows 环境中的安装过程。

（1）浏览器地址栏中输入 Python 下载页面地址，进入 Python 的下载页面，如图 6-9 所示。在下载页面中显示了适用于 Windows 的最新版本 Python 3.8.2，以及适合 Linux、UNIX、Mac OS X 及其他环境的版本链接。

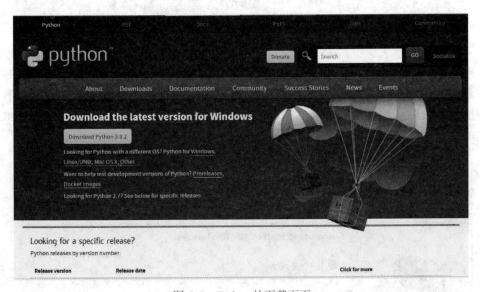

图 6-9　Python 的下载页面

（2）通过访问页面下方的 "Looking for a specific release?" 列表，还可以下载特定的版本，如图 6-10 所示。

图 6-10　Python 安装版本列表

（3）在图 6-9 中单击 "Download Python 3.8.2" 按钮，弹出 "新建下载任务" 对话框，如图 6-11 所示，单击 "下载" 按钮，可以下载 Python 3.8.2 的安装文件。

图 6-11   "新建下载任务"对话框

（4）双击已下载的安装文件 python-3.8.2.exe，弹出如图 6-12 所示的安装界面。Python 提供了两种安装方式，即 Install Now（立即安装）和 Customize installation（自定义安装）。选择 Install Now，则按照系统默认配置进行安装。选择 Customize installation，则可以选择 Python 3.8.2 的安装位置。

图 6-12   Python 安装界面

（5）在安装界面中勾选"Add Python 3.8 to PATH"复选框，这样即可将 Python 的安装路径添加到系统环境变量的 Path 中。选择 Install Now 选项，即采用默认安装，开始安装 Python 程序并显示安装进度，如图 6-13 所示。

（6）安装完成后，显示"Setup was successful"的界面，如图 6-14 所示。单击 Close 按钮，即可完成 Python 的安装。

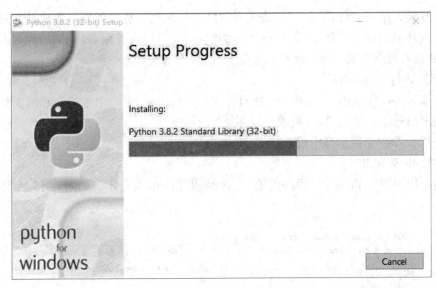

图 6-13　开始安装并显示安装进度

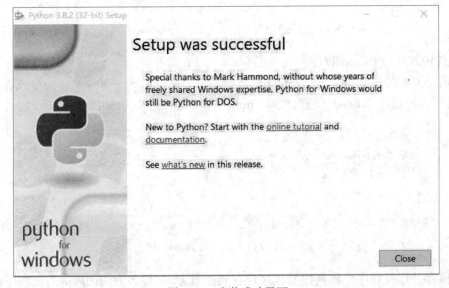

图 6-14　安装成功界面

6.4.4　运行 Python 程序

运行 Python 程序有两种方式：交互式和文件模式。交互式是指 Python 解释器即时响应用户输入的每条指令代码，同时给出输出结果反馈。文件模式也称批量式，指用户将 Python 程序编写在一个或多个文件中，然后启动 Python 解释器运行程序批量执行文件中的代码。交互式常用于少量代码的调试，文件模式则是最常用的编程模式。

Python 所集成的 IDLE 是一个简单、有效的集成开发环境，无

微视频：_____
运行 Python 程序

论是人机交互模式还是文件模式,均能快速有效地编写和调试程序代码。集成开发环境是用于提供程序开发环境的应用程序,一般包括代码编辑器、编译器或解释器、调试器和图形用户界面工具,同时还具有对所开发程序的运行、调试、打包、发布等功能。

1. 交互式运行 Python 程序

（1）在 Windows 中执行"开始"→"所有程序"→Python 3.8→IDLE(Python 3.8 32–bit)命令,启动 IDLE(Python 3.8 32–bit)集成开发环境。

（2）在">>>"命令提示符中输入代码,例如:

print("Hello World!")

（3）输入代码并按 Enter 键,程序便输出运行结果"Hello World!",如图 6–15 所示。

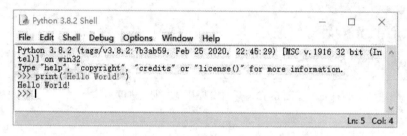

图 6–15　通过 IDLE 行启动交互式 Python 运行环境

2. 文件模式运行 Python 程序

（1）启动 IDLE,在 Python 3.8.2 Shell 窗口的菜单中执行 File → New File 命令或者按 Ctrl+N 组合键,打开新建窗口 untitled。输入代码"print("Hello World!")",如图 6–16 所示。

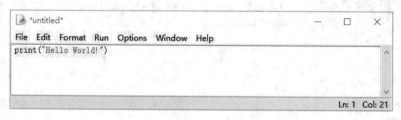

图 6–16　文件模式运行 Python 程序

（2）保存并运行程序。将新建的程序保存到磁盘上,文件名为"hello.py",在程序窗口的菜单栏中执行 Run → Run Module 命令或者按 F5 键运行该文件,运行结果如图 6–17 所示。

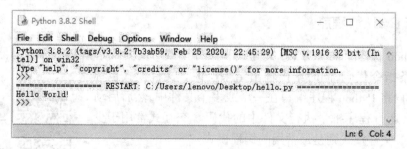

图 6–17　运行 Python 程序文件

6.4.5　Python 的流程控制语句

程序有 3 种基本的控制结构：顺序结构、选择结构和循环结构。采用顺序结构的程序通常按照由前到后的顺序执行各条语句，直到程序结束。程序设计中的选择和循环结构，可以通过 Python 的流程控制语句来实现，主要有 3 种形式：if、for、while。

1. 选择结构

选择结构根据条件表达式的判断结果为真还是为假，选择执行程序的其中一个分支。Python 的选择结构控制语句主要有单分支 if 语句、双分支 if-else 语句、多分支 if-elif-else 语句。

（1）单分支 if 语句

if　条件表达式：

　　语句块

如果条件表达式为真时，则执行语句块中的操作；如果条件表达式为假，则不执行语句块中的操作。

注意：每个条件后面要使用冒号（:），表示满足条件后要执行的语句块。

语句块既可以包含多条语句，也可以只由一条语句组成。使用缩进格式划分语句块，相同缩进数的语句在一起组成一个语句块。

例 6-9　求解并输出圆的面积。

```
import math
r=eval(input("请输入圆的半径:"))
if r>=0:
    s=math.pi*r*r
print("圆面积是:", s)
```

说明：无论用户输入的是字符还是数字，input( )函数返回的都是字符串类型。如果要获取用户输入的数字，可以将 eval( )和 input( )两者结合使用，这样若输入的是数字，则可转换为数字类型。

保存并运行程序，结果如图 6-18 所示。

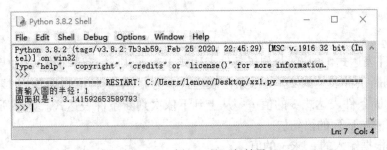

图 6-18　例 6-9 的运行结果

（2）双分支 if-else 语句

if　条件表达式：

　　语句块1

else：

　　语句块2

如果条件表达式为真时，则执行语句块1；如果条件表达式为假时，则执行语句块2。

例6-10　求解并输出圆的面积，若输入的半径小于或等于0时，要求打印出错信息。

微视频：

双分支if-else
语句

```
import math
r=eval(input("请输入圆的半径："))
if r>0:
    s=math.pi*r*r
    print("圆面积是：",s)
else:
    print("输入有误！")
```

保存并运行程序，结果如图6-19所示。

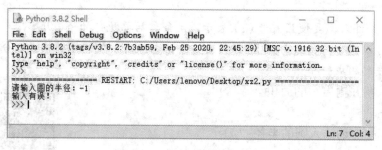

图6-19　例6-10的运行结果

（3）多分支if-elif-else语句

if 条件表达式1：

　　语句块1

elif 条件表达式2：

　　语句块2

…

else：

　　语句块n

先判断条件表达式1的真假，如果条件表达式1为真，则执行语句块1。如果条件表达式1为假，则继续判断条件表达式2。如果条件表达式2为真，则执行语句块2。如果条件表达式2为假，则继续判断条件表达式3的值……从上到下依次判断条件表达式。如果所有条件表达式均为假，则执行else后面的语句块。

例6-11　根据输入的x，求y的值。

微视频：

多分支if-elif-
else语句

$$y=\begin{cases} 1 & x>0 \\ 0 & x=0 \\ -1 & x<0 \end{cases}$$

```
x=eval(input("输入 x:"))
if x>0:
    y=1
elif x==0:
    y=0
else:
    y=-1
print("y=", y)
```

保存并运行程序,结果如图 6-20 所示。

```
Python 3.8.2 Shell                                    —    □    ×
File  Edit  Shell  Debug  Options  Window  Help
Python 3.8.2 (tags/v3.8.2:7b3ab59, Feb 25 2020, 22:45:29) [MSC v.1916 32 bit (In
tel)] on win32
Type "help", "copyright", "credits" or "license()" for more information.
>>>
==================== RESTART: C:/Users/lenovo/Desktop/xz3.py ====================
输入 x: 1
y= 1
>>>
                                                                    Ln: 7  Col: 4
```

图 6-20　例 6-11 的运行结果

2. 循环结构

循环结构表示在执行语句时,需要对其中的某个或某部分语句重复执行多次。Python 的循环结构控制语句主要有 while 语句和 for 语句。

（1）while 语句

while 条件表达式:
　　循环体语句

当条件表达式为真时,重复执行循环体中的语句,直到条件表达式为假时,退出循环。

循环体语句可以是一条语句,也可以是多条语句。如果是多行语句,要保持一样的缩进格式。

例 6-12　输出 1~9 的数字。

微视频:
while 语句

```
a=1
while a<10:
    print(a)
    a=a+1
```

保存并运行程序,结果如图 6-21 所示。

（2）for 循环

for 循环可以遍历任何序列的项目,如字符串、列表、元组、字典、集合。for 循环语句的一般格式如下:

for 变量 in 序列:
　　循环体

```
Python 3.8.2 Shell                                    —    □    ×
File  Edit  Shell  Debug  Options  Window  Help
Python 3.8.2 (tags/v3.8.2:7b3ab59, Feb 25 2020, 22:45:29) [MSC v.1916 32 bit (In
tel)] on win32
Type "help", "copyright", "credits" or "license()" for more information.
>>>
=================== RESTART: C:/Users/lenovo/Desktop/xh1.py ===================
1
2
3
4
5
6
7
8
9
>>> |
                                                              Ln: 14  Col: 4
```

图 6-21　例 6-12 的运行结果

　　for 循环执行过程是每次从序列中取出一个值,并把该值赋给变量,接着执行循环体,直到整个序列遍历完成。for 循环经常与 range( ) 函数联合使用,以遍历一个数字序列。

　　range( ) 函数用来生成整数数字序列,其语法格式如下:

range(start, stop[, step])

参数说明如下:

① start。计数从 start 开始,省略时默认从 0 开始。例如,range(5)等价于 range(0, 5)。

② stop。计数到 stop 结束,但不包括 stop。例如,range(0, 5)是[0, 1, 2, 3, 4],没有 5。

③ step。步长,默认为 1。例如,range(0, 5)相当于 range(0, 5, 1)。

　　需要注意的是,range( ) 函数返回一个左闭右开的数字序列。例如,range(1, 10)函数会生成一个由 1~9 这 9 个数组成的序列。

微视频:

for 语句

例 6-13　输出 1~9 的数字。

for i in range(1, 10):

　　print(i)

程序的运行结果与图 6-21 的显示结果相同。

6.5　典型算法的应用实例

6.5.1　枚举法

　　枚举法又称穷举法,是程序设计中使用最为普遍的一种基础算法。计算机的特点之一就是善于重复做一件事情,穷举法正是基于这一特点的最古老算法。它根据问题中的约束条件,将求解的所有可能情况一一列举出来,然后再逐一验证它是否符合整个问题的求解要求,从而得到问题的所有解。

　　使用枚举法解题的基本思路如下:

　　(1)确定枚举对象、范围和判定条件。

　　(2)逐一枚举可能的解,并验证每个解是否是问题的解。

　　因此,枚举法的程序设计一般采用循环和判断语句相结合。

例 6-14 百钱买百鸡问题。大约在公元 5 世纪末,中国古代数学家张丘建在他的《算经》中提出了著名的"百钱买百鸡"问题: 鸡翁一,值钱五,鸡母一,值钱三,鸡雏三,值钱一,百钱买百鸡,问翁、母、雏各几何? 意思是公鸡每只 5 元,母鸡每只 3 元,小鸡 3 只1 元,用 100 元钱买 100 只鸡,问公鸡、母鸡、小鸡各多少只?

微视频:
百钱买百鸡

1. 问题分析

设鸡翁、鸡母、鸡雏的只数分别为 x、y、z,根据题意,可以列出下面的不定方程:

$$5x+3y+z/3=100$$
$$x+y+z=100$$

确定变量的取值范围,根据题目给定的约束条件,公鸡最多只能买 20 只,那么 x 的值为 1~20;母鸡最多只能买 33 只,y 的取值范围是 1~33。

2. 算法设计

采用枚举法,就是把公鸡、母鸡和小鸡可能出现的每一种组合都判断一次。符合题意的就输出,不符合题意的就跳过,然后寻找下一种组合情况继续判断。具体算法流程图描述如图 6-22 所示。

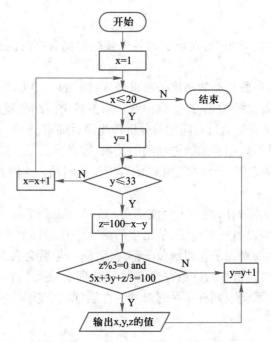

图 6-22 "百钱买百鸡"问题的流程图

3. 编写程序

Python 源代码如下:

```python
for x in range(1, 21):          # 外层循环控制公鸡数 x 在 1~20
    for y in range(1, 34):      # 内层循环控制母鸡数 y 在 1~33
        z=100-x-y               # 小鸡数 z 的值受 x 和 y 值的制约
```

```
if z%3==0 and 5*x+3*y+z//3==100:    # 小鸡数 z 应该是 3 的倍数
    print( "cock=", x, "hen=", y, "chicken=", z )
```

说明：range( ) 函数返回一个左闭右开的数字序列，range(1, 21) 会生成一个由 1~20 这 20 个数组成的序列，range(1, 34) 会生成一个由 1~33 这 33 个数组成的序列。

4. 运行程序

运行结果如图 6-23 所示。

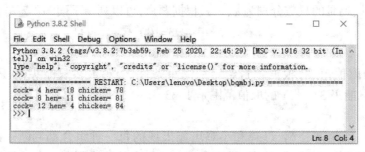

图 6-23   "百钱买百鸡" 问题的运行结果

6.5.2   递推法

递推法是一种重要的数学方法，在数学的各个领域中都有广泛的运用，也是计算机用于数值计算的一个重要算法。

递推法是利用问题本身所具有的递推关系求得问题解的一种方法。所谓递推，是指从已知的初始条件出发，依据某种递推关系，逐次推出所要求的各中间结果及最后结果。其中，初始条件或是问题本身已经给定，或是通过对问题的分析与化简后确定。

递推法的首要问题是得到相邻的数据项间的关系，即递推关系。递推法避开了求通项公式的麻烦，把一个复杂问题的求解，分解成了相同的若干简单问题。这种处理问题的方法充分发挥出计算机擅长重复处理的特点。

例 6-15   意大利数学家列昂纳多·斐波那契（Leonardoda Fibonacci）在《计算之书》中提出一个有趣的兔子问题，假设有一对兔子，从出生后第 3 个月起每个月都生一对兔子，小兔子长到第 3 个月后每个月又生一对兔子。假如兔子都存活，问一年后会有多少对兔子？于是得到一个数列：1, 1, 2, 3, 5, 8, 13, 21, …，这就是著名的斐波那契数列（Fibonacci sequence），又称为黄金分割数列。由于斐波那契数列有一系列奇妙的性质，所以在现代物理、化学、经济等领域都有直接的应用。

1. 问题分析

从观察数列的各项可以得到规律：从第 3 项开始，每一项的数值都是前两项的数值之和，也就是由已知的前两项可以递推出后一项。根据数学知识可以得到该数列的计算公式：

微视频：

求斐波那契数列

$$\begin{cases} a_1=1 \\ a_2=1 \\ a_n=a_{n-1}+a_{n-2}\ (n \geqslant 3) \end{cases}$$

其中第 3 个公式即为递推公式。

2. 算法设计

用递推法根据已知的前两项,求出第 3 项的值。再根据第 2 项和第 3 项,求出第 4 项的值,依此类推。由于问题中涉及多组数据,为简便起见,使用 Python 中的列表来存储数据(列表的索引从 0 开始)。因此,所设计算法的流程图如图 6-24 所示。

3. 编写程序

Python 源代码如下:

```
n=int(input("请输入斐波那契数列的项数(大于 2 的整数):"))
a=[0 for i in range(n)]           #定义列表 a
a[0]=1;a[1]=1                     #给列表的第 1 个和第 2 个元素赋值
i=2
while i<n:
    a[i]=a[i-1]+a[i-2]           #从第 3 项开始,使
                                 #用递推公式求解
    i=i+1
print(a)
```

说明:

(1)列表(list)是 Python 中最基本的数据结构,也是最常用的 Python 数据类型。列表是由一系列按特定顺序排列的元素组成的。在 Python 中,用方括号[ ]来表示列表,元素之间用逗号分隔。列表中的每个元素关联一个序号,即元素的位置,也称为索引。索引值从 0 开始,第 1 个索引是 0,第 2 个索引是 1,依此类推,从左向右逐渐变大。Python 列表是可以修改的,包括向列表添加元素,从列表删除元素以及对列表的某个元素进行修改。

(2)程序代码中的 a=[0 for i in range(n)]表示创建一个列表 a,其中包括 n 个元素,元素的索引从 0~n-1,同时给每个元素初始化为 0。

4. 运行程序

运行结果如图 6-25 所示。

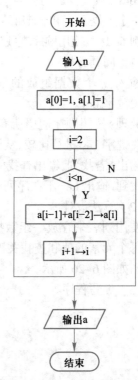

图 6-24 斐波那契数列求解的流程图

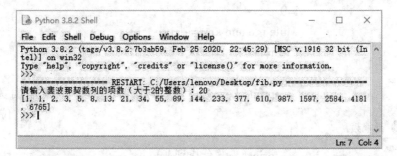

图 6-25 斐波那契数列求解的运行结果

6.5.3　查找算法

查找又称检索,在人们的日常工作和生活中经常遇到,如在字典中查找单词,从电话号码簿中查找电话,从图书馆中查找图书等。在当今的信息时代中,利用计算机和网络可以不受时间和空间的限制,快速、准确和及时地查找到所需要的信息。人们研究出了多种不同的查找算法,不同的算法查找策略和效率不同。

1. 顺序查找

顺序查找又称线性查找,它是一种最基本的查找方法。其基本思想是,从一组数据的第一个数据元素开始,依次将每一个元素与给定值进行比较。若发现某个元素的值和给定值相等,则查找成功;否则,若直至最后一个元素,也没有找到一个数据元素和给定值相等,则查找不成功。

例 6-16　使用顺序查找法实现数据的查找功能。

（1）问题分析

输入:n 个数据组成的一个序列 $<a_0, a_1, \cdots, a_n>$,以及查找关键字 key。

处理:按照顺序遍历所有元素,逐个将每个元素的值和查找关键字 key 进行比较,从而找到待查找的元素。

输出:若找到,输出查找关键字 key 在序列中的位置;若没有找到,输出 key 不在序列中的信息。

（2）算法设计

使用列表来存放一组数据,利用顺序查找法,逐个将列表中每个元素的值和查找关键字 key 进行比较,具体算法的流程图如图 6-26 所示。

（3）编写程序

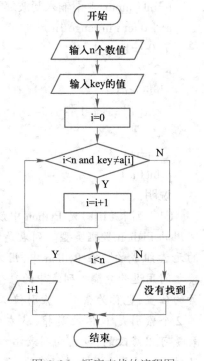

图 6-26　顺序查找的流程图

Python 源代码如下:

```
a=[12,17,36,21,63,57,78,60,45,65]
key=int(input("input your number: "))
n=len(a)                      #用 n 表示列表中元素
                                的个数

i=0
while i<n and key!=a[i]:
    i=i+1
if i<n:
    print(key,"是第",i+1,"个元素")   #输出关键字在序列
                                        中的位置
else:
    print("没有找到")
```

微视频:

顺序查找

说明:len( )函数返回列表的长度,即列表中元素的个数。

（4）运行程序

运行结果如图 6-27 所示。

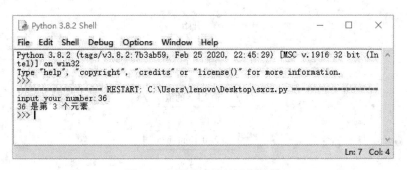

图 6-27　顺序查找的运行结果

2. 二分查找

二分查找也称折半查找,它是一种效率较高的查找方法。二分查找要求查找的数据元素必须采用顺序存储结构,而且元素必须是有序排列的。其基本思想是,通过逐步缩小查找区间以提高查找速度,假设数据序列按升序排列,首先取中间元素作为比较对象,若给定值与中间元素相等,则查找成功;若给定值小于中间元素,则在中间元素的左半部分继续查找;若给定值大于中间元素,则在中间元素的右半部分继续查找。不断重复上述查找过程,这样每次查找区间缩小一半,直到查找成功或者所查找的区域无效,则查找失败。

例如在 $[3,7,12,17,21,36,45,57,63,78,96]$ 中查找 key=17,使用二分查找的具体过程如图 6-28 所示。

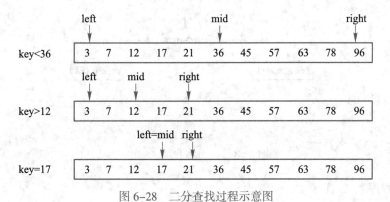

图 6-28　二分查找过程示意图

例 6-17　使用二分查找实现数据的查找功能。

（1）问题分析

输入:n 个数据组成的一个有序序列 <a_0, a_1, $\cdots$, a_n>,以及查找关键字 key。

处理:将要查找的数与中间元素比较,若相等则查找成功;若小于中间元素,则在中间元素的左半部分继续进行查找;若大于中间元素,则在中间元素的右半部分继续进行查找,重复这个过程,直到查找成功或查找失败。

输出:若找到,输出 key 在序列中的位置;若没有找到,则输出 key 不在序列中的信息。

（2）算法设计

使用列表来存放一组数据，利用二分查找实现数据的查找，具体算法的流程图如图 6-29 所示。

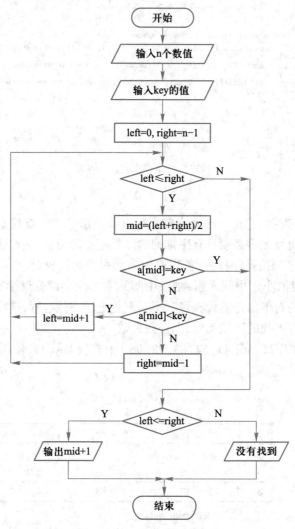

图 6-29　二分查找的流程图

（3）编写程序

Python 源代码如下：

```
a=[3, 7, 12, 17, 21, 36, 45, 57, 63, 78, 96]
key=int(input("input your number: "))
left=0                              #列表 a 的索引从 0 开始
right=len(a)-1
while left<=right:
    mid=(left+right)//2             #除 2 取整
    if a[mid]==key:
```

```
            break              # 在列表 a 中找到给定值, 则提前退出循环
        elif a[mid]<key:
            left=mid+1
        else:
            right=mid−1
    if left<=right:
        print(key,"是第",mid+1,"个元素")  # 输出位序
    else:
        print("没有找到")
```

（4）运行程序

运行结果如图 6-30 所示。

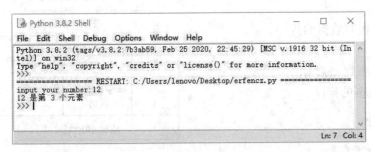

图 6-30 二分查找的运行结果

6.5.4 排序算法

在人们的日常生活和工作中常常存在着排序问题,如学生的考试成绩需要按照数值从高到低排序,英文字典中的单词需要按照英文字母的先后顺序排列,图书馆中的书籍按书名或学科顺序排列等。把无序数据整理成有序数据的过程就是排序,排序是计算机程序设计中的一种重要的、基本的算法。常用的排序算法有冒泡排序、选择排序、插入排序、希尔排序等。

1. 冒泡排序

冒泡排序的基本思想是,每次将相邻的两个数进行比较,若前者大于后者,则交换两个数的位置,从而使小数上浮,大数下沉。

假设有 5 个数:7、6、9、8、2,第 1 趟使用冒泡排序的过程如图 6-31 所示。其中,第 1 次比较最前面的两个数,发现 7>6,因此 7 和 6 交换位置;第 2 次比较第 2 个数和第 3 个数,发现 7<9,因此不进行交换;第 3 次比较第 3 个数和第 4 个数,发现 9>8,因此交换 9 和 8 的位置;第 4 次比较第 4 个数和第 5 个数,发现 9>2,因此交换 9 和 2 的位置。经过 4 次比较(含必要的交换),得到了 6-7-8-2-9 的顺序,可以看到最大的数 9 已 "沉底",成为最下面的数,而小的数 "上升"。通过第 1 趟排序后,已得到最大的数 9。

按以上方法进行第 2 趟比较,对前面 4 个数(6,7,8,2)进行新一轮的比较,以便使次大的数 "沉底",如图 6-32 所示。经过 3 次比较(含必要的交换),得到了 6-7-2-8 的顺序,可以看到次大的数 8 已 "沉底"。通过第 2 趟排序后,得到了次大的数 8。

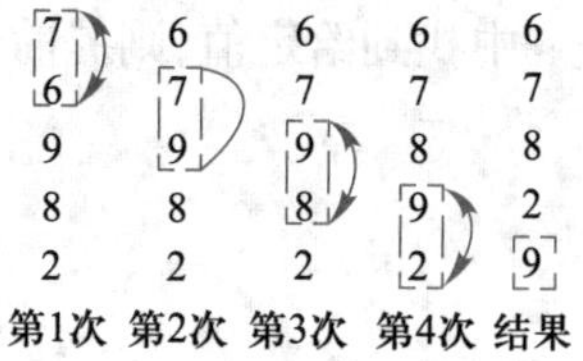

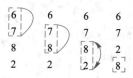

第1次　第2次　第3次　第4次　结果

图 6-31　第 1 趟排序过程

第1次　第2次　第3次　结果

图 6-32　第 2 趟排序过程

按此规律进行下去,可以得知,对 5 个数要进行 4 趟比较,才能使 5 个数按从小到大的顺序排列。同时,在第 1 趟中要进行相邻两个数之间的比较共 4 次,在第 2 趟中需要比较 3 次,依此类推,第 4 趟只需比较 1 次。由此,可以推理出:如果有 n 个数,则要进行 $n-1$ 趟比较,其中在第 1 趟比较中要进行 $n-1$ 次两两比较,在第 i 趟比较中要进行 $n-i$ 次两两比较。

例 6-18　使用冒泡排序实现对数据的排序。

（1）问题分析

输入:n 个数据组成的一个序列 <a_0, a_1, …, a_n>。

处理:使用冒泡排序进行数据的排序。

输出:排序后的数据序列。

（2）算法设计

用 N-S 图表示,如图 6-33 所示。

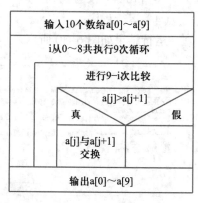

图 6-33　冒泡排序的 N-S 图

（3）编写程序

Python 源代码如下:

```python
a=[ ]                              # 创建空列表
print( "Enter 10 numbers： " )
for i in range( 10 ):
    a.append( eval( input( ) ) )    # 从键盘输入数据并追加到列表中
for i in range( 0,9 ):
    for j in range( 0,9-i ):
        if a[ j ]>a[ j+1 ]:
            a[ j ],a[ j+1 ]=a[ j+1 ],a[ j ]   # 交换 a[ j ]和 a[ j+1 ]的值
print( " 排序后的数据：" )
print( a )
```

说明: append( )函数用于在列表末尾追加新的对象（元素）。

（4）运行程序

运行结果如图 6-34 所示。

2. 选择排序

选择排序的基本思想是,先从待排序的一组数中,通过两两比较找出最小的数据元素,并将它与第 1 个数据元素交换位置。再从剩余的元素中找出最小的数据元素（即所有元素中的次小元素）,并将其与第 2 个数据元素交换位置,依此类推,直到待排序的数据元素个数为 1 时,结束整个排序。

```
Python 3.8.2 Shell                                    —    □    ×

File  Edit  Shell  Debug  Options  Window  Help

Python 3.8.2 (tags/v3.8.2:7b3ab59, Feb 25 2020, 22:45:29) [MSC v.1916 32 bit (In
tel)] on win32
Type "help", "copyright", "credits" or "license()" for more information.
>>>
============== RESTART: C:/Users/lenovo/Desktop/maopao3.py ==============
Enter 10 numbers:
12
16
26
33
7
45
78
67
9
63
排序后的数据:
[7, 9, 12, 16, 26, 33, 45, 63, 67, 78]
>>>

                                                              Ln: 18  Col: 4
```

图 6-34 冒泡排序的运行结果

假设有 5 个数：7、8、2、6、3，第 1 趟使用选择排序的过程如图 6-35 所示。其中，第 1 次比较最前面的两个数，发现 7<8，因此 7 是前两个数的较小者；第 2 次比较前两个数的较小数 7 和第 3 个数，发现 2<7，因此 2 是前 3 个数的较小者；第 3 次比较前 3 个数的较小数 2 和第 4 个数，发现 2<6，因此 2 是前 4 个数的较小者；第 4 次比较前 4 个数的较小数 2 和第 5 个数，发现 2<3，因此得出 2 是所有数中的最小数，然后将其与第 1 个元素交换，即交换 7 和 2 的位置。经过 4 次比较（含一次交换），得到 2-8-7-6-3 的顺序。通过第 1 趟排序后，最小的数 2 成为第 1 个元素。

按以上方法进行第 2 趟比较，对剩余 4 个数（8，7，6，3）进行新一轮的两两比较，找到次小数 3 后，然后与第 2 个元素相交换，如图 6-36 所示。经过 3 次比较（含一次的交换），得到 3-7-6-8 的顺序。通过第 2 趟排序后，使得次小的数 3 成为第 2 个元素。

```
7   7   7   7   2              8   8   8   3
8   8   8   8   8              7   7   7   7
2   2   2   2   7              6   6   6   6
6   6   6   6   6              3   3   3   8
3   3   3   3   3
第1次 第2次 第3次 第4次 结果     第1次 第2次 第3次 结果
比较  比较  比较  比较           比较  比较  比较
```

图 6-35 第 1 趟排序过程　　　　　　　图 6-36 第 2 趟排序过程

按此规律进行下去，可以得知，对 5 个数要比较 4 趟，才能使 5 个数按从小到大的顺序排列。同时，在第 1 趟排序中要进行 4 次比较，在第 2 趟排序中要进行 3 次比较，依此类推，第 4 趟排序只需进行 1 次比较。由此，可以推理出：如果有 n 个数，则要进行 $n-1$ 趟比较，其中在第 1 趟比较中要进行 $n-1$ 次两两比较，在第 i 趟比较中要进行 $n-i$ 次两两比较。

例 6-19 使用选择排序实现对数据的排序。

（1）问题分析

输入：n 个数据组成的一个序列 $<a_0, a_1, \cdots, a_n>$。

处理：使用选择排序进行数据的排序。

输出：排序后的数据序列。

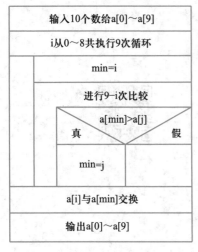

图 6-37 选择排序的 N-S 图

（2）算法设计
用 N-S 图表示，如图 6-37 所示。
（3）编写程序
Python 源代码如下：

```
a=[ ]                          # 创建空列表
print("Enter 10 numbers：")
for i in range(10):
    a.append(eval(input()))
for i in range(0,9):
    min=i
    for j in range(i+1,10):
        if a[j]<a[min]:
            min=j
    a[i],a[min]=a[min],a[i]      # 交换 a[i]和
                                   a[min]的值
print("排序后的数据：")
print(a)
```

（4）运行程序
运行结果与冒泡排序的结果相同。

实 践

微视频：
选择排序

实践 1：学习 Python 的集成开发环境

1．任务要求
（1）熟悉 Python 的集成开发环境。
（2）掌握数据的输入和输出方法。
2．实践环境
Windows 10 操作系统、Python 3.8.2。
3．实践内容
（1）启动 Python 的集成开发环境。
（2）实现数据的输入和输出。
4．实践步骤
（1）启动 Python 的集成开发环境，编写和运行 Python 程序

① 单击开始→所有程序→Python 3.8 → IDLE（Python 3.8 32-bit）命令，启动 IDLE（Python 3.8 32-bit）集成开发环境。
② 在 Python 3.8.2 Shell 窗口中，执行 File → New File 命令或者按 Ctrl+N 组合键，打开新建窗口 untitled，在其中输入代码 "print（"西安是十三朝古都"）"，如图 6-38 所示。

微视频：
编写和运行
Python 程序

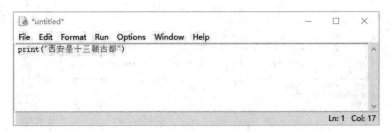

图 6-38　输入程序代码

③ 单击 File → Save 命令,在打开的"另存为"对话框中输入文件名,如 p1,再设置好保存位置后,单击"保存"按钮。

④ 单击 Run → Run Module 命令或者按 F5 键运行该文件,运行结果如图 6-39 所示。

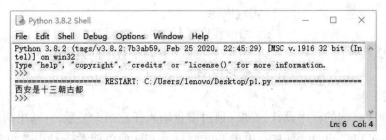

图 6-39　程序的运行结果

（2）数据的输入和输出

① 在 Python 3.8.2 Shell 窗口中,单击 File → New File 命令或者按 Ctrl+N 组合键,打开新建窗口 untitled,在其中输入以下代码,如图 6-40 所示。

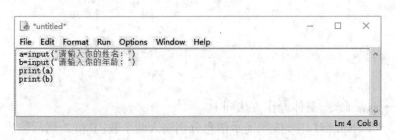

图 6-40　编写程序实现数据的输入和输出

微视频:
数据的输入和输出

② 保存程序,单击 File → Save 命令,具体操作方法同上。

③ 单击 Run → Run Module 命令或者按 F5 键运行程序,切换到 Python 3.8.2 Shell 窗口中,按照提示信息分别输入数据,然后将显示运行结果,如图 6-41 所示。

实践 2:程序设计的 3 种基本结构

1. 任务要求

（1）掌握顺序结构、选择结构和循环结构的使用方法。

（2）编写程序实现简单问题的求解方法。

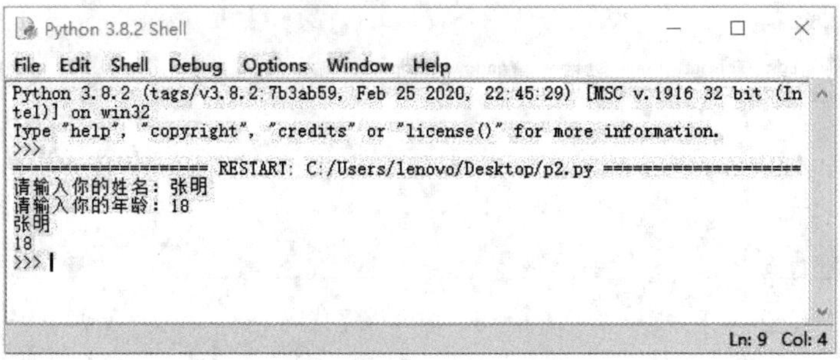

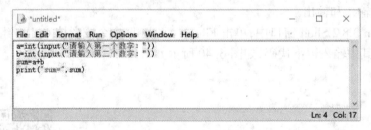

图 6-41　数据的输出运行结果

2. 实践环境

Windows 10 操作系统、Python 3.8.2。

3. 实践内容

（1）编写程序求任意两个整数之和。

（2）编写程序求任意两个数中的最大值。

（3）编写程序求 sum=1+2+3+…+10。

微视频：

求两个整数的和

4. 实践步骤

（1）基于顺序结构的程序设计，要求：通过键盘输入任意两个整数，并输出两个整数之和。

① 在 Python 3.8.2 Shell 窗口中，单击 File → New File 命令或者按 Ctrl+N 组合键，打开新建窗口 untitled，在新建窗口中输入以下代码，如图 6-42 所示。

图 6-42　输入程序代码

② 保存程序，单击 File → Save 命令，具体操作方法同上。

③ 运行程序，在 Python 3.8.2 Shell 窗口中，按照提示信息分别输入两个数：1 和 2，然后输出两数之和，如图 6-43 所示。

图 6-43　输出两数之和

注意：输入 1 之后必须按 Enter 键，才能再输入 2。Python 数字类型主要包括 int（整型）和 float（浮点型）。int（ ）函数和 input（ ）函数结合在一起，可以使通过 input（ ）函数得到的字符串"1"被 int（ ）函数转换成整数 1。利用 int（ ）函数必须输入整数，不能输入带小数点的数。

微视频：
求最大值

（2）基于选择结构的程序设计：求任意两个数中的最大值。

① 在新建窗口 untitled 中输入以下代码，如图 6-44 所示。

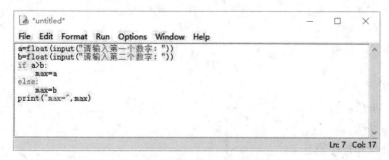

图 6-44　求最大值的程序代码

② 保存和运行程序，在 Python 3.8.2 Shell 窗口中，按照提示信息分别输入两个数：1.2 和 2.6，然后输出两数中的最大值，如图 6-45 所示。

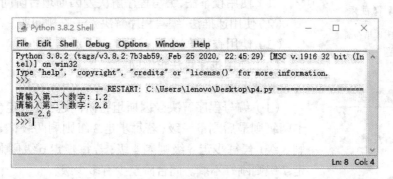

图 6-45　求最大值的运行结果

注意：输入 1.2 之后必须按 Enter 键，才能再输入 2.6。float 表示浮点型，也就是带有小数点的数，因此可以输入小数。float（ ）函数和 input（ ）函数结合在一起，可以使通过 input（ ）函数得到的字符串"1.2"被 float（ ）函数转换成浮点数 1.2。

③ 请思考和实践，求任意 3 个数中的最大值。

（3）基于循环结构的程序设计：求 sum=1+2+3+…+10。

① 在新建窗口 untitled 中输入以下代码，如图 6-46 所示。

② 保存和运行程序，显示结果"和为：55"。

③ 请思考和实践，求解 1+2+3+…+100。

④ 请思考和实践，求解 $1 \times 2 \times 3 \times \cdots \times 10$。

微视频：
1~10 求和

微视频：
1~100 求和

微视频：
求乘积

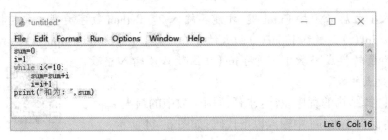

图 6-46　求和的程序代码

实践 3：典型算法的应用

1. 任务要求

（1）掌握枚举法。

（2）掌握递推法。

（3）了解查找和排序算法。

2. 实践环境

Windows 10 操作系统、Python 3.8.2。

微视频：

爱因斯坦台阶问题

微视频：

猴子吃桃

微视频：

查找

微视频：

排序

3. 实践内容

（1）使用枚举法，编写程序解决爱因斯坦台阶问题。

（2）使用递推法，编写程序解决猴子吃桃问题。

（3）使用查找算法求解问题。

（4）使用排序算法求解问题。

4. 实践题目

（1）编写程序解决爱因斯坦台阶问题：有人走台阶，若以每步走两级则最后剩下一级；若每步走 3 级则剩两级；若每步走 4 级则剩 3 级；若每步走 5 级则剩 4 级；若每步走 6 级则剩 5 级；若每步走 7 级则刚好不剩。问台阶至少有多少级？

（2）猴子第一天摘下若干个桃子，当即吃了一半，还不过瘾，又多吃了一个；第二天早上又将剩下的桃子吃掉一半，又多吃了一个；以后每天早上都吃了前一天剩下的一半又多一个；到第 10 天早上想再吃时，只剩下一个桃子了。问第一天共摘了多少个桃子？

（3）使用顺序查找或二分查找法，编写程序在一组数据中查找某数（选做）。

（4）使用冒泡排序或选择排序法，编写程序对输入的一组数进行排序（选做）。

本 章 小 结

站在计算机应用的角度看问题，可以直接用计算机软件求解问题，也可以编写程序求解问题,还可以通过系统设计和多种环境知识求解问题。

在计算机领域中,算法是一组明确的、可以执行的步骤的有序集合。算法具有的特征包括有穷性、确定性、零个或多个输入、一个或多个输出、有效性。表示算法的常用方法包括自然语言、流程图、N-S图、伪代码和计算机语言等。评价一个算法的主要指标是时间复杂度和空间复杂度。数据结构研究的内容包括数据的逻辑结构、数据的存储结构和数据的运算。

程序设计过程一般包含5个步骤:分析问题与建立数学模型、设计算法和数据结构、编写程序、调试和运行程序、整理文档。程序设计方法包括结构化程序设计方法和面向对象程序设计方法。程序设计语言的发展经历了从机器语言、汇编语言到高级语言的历程。

Python已经成为最受欢迎的程序设计语言之一,其具有简单、易学、免费、开源、跨平台性、可扩展性与可嵌入性等特点,且应用领域广泛。

习 题

一、填空题

1. 著名计算机科学家沃思提出程序主要包含两个方面的内容,分别是____和_____。

2. 在计算机领域中,算法是一组_____、_____的步骤的有序集合,其可以分为_____和_____两大类。

3. 程序的基本控制结构包括_____、_____和_____。

4. 算法的特性有_____、_____、_____、_____和_____。

5. 评价算法的两个主要指标是_____和_____。

6. N-S图省去了流程图中的_____,表达起来更加简练,在图中位置在上面的_____执行,位置在下面的_____执行。

7. 数据的存储结构有_____和_____,它们是数据两种最基本的存储结构。

8. 结构化程序设计方法的主要原则是_____、_____和_____。

9. _____是一种信息隐藏技术,是面向对象方法的重要法则。_____是使用已有的类定义作为基础来建立新的类定义的技术。

10. 运行Python程序有两种方式:_____和_____。

二、选择题

1. 算法和程序的关系是_____。

A. 算法是对程序的描述

B. 算法是程序设计的核心

C. 算法和程序之间关系不大

D. 程序是算法设计的核心

2. 以下关于算法叙述中,正确的是_____。

A. 解决同一问题,采用不同的算法效率

B. 求解同一问题的算法只有一种

C. 算法是求解问题的方法和步骤

D. 一个算法可以无限制地执行下去

3. 下面不属于算法的表示方法是_____。

A. 自然语言　　　　B. 流程图　　　　　C. 伪代码　　　　　D. 框图

4. 算法的特性不包括_____。

A. 有穷性　　　　　B. 有效性

C. 持续性　　　　　D. 有 0 个、1 个或多个输入

5. 流程图符号中的矩形框代表_____。

A. 输入输出　　　　B. 条件判断　　　　C. 处理操作　　　　D. 程序开始

6. 计算机能直接识别和执行的是_____。

A. 源程序　　　　　B. 机器语言程序　　C. 汇编语言程序　　D. 高级语言程序

7. 程序设计语言不包括_____。

A. 机器语言　　　　B. 汇编语言　　　　C. 自然语言　　　　D. 高级语言

8. 以下属于低级语言的是_____。

A. 机器语言　　　　B. C++　　　　　　C. Java　　　　　　D. Python

9. 以下对汇编语言的描述中,不正确的是_____。

A. 执行效率较高

B. 可以在各种机型中通用

C. 属于低级语言

D. 编写的源程序不能被计算机直接执行

10. 高级语言的特点不包括_____。

A. 接近自然语言

B. 可读性好

C. 可移植性好

D. 编写的源程序可被计算机直接执行

11. 数据的逻辑结构不包括_____。

A. 线性结构　　　　B. 树形结构　　　　C. 网状结构　　　　D. 星形结构

12. 面向对象程序设计的基本特点包括_____。

A. 封装性　　　　　B. 继承性　　　　　C. 多态性　　　　　D. 以上都是

三、简答题

1. 简述程序设计的基本过程。

2. 简述 Python 的主要应用领域。

第 7 章 计算机网络基础

本章要点:

1. 了解计算机网络的基本概念。
2. 了解计算机网络的协议,熟悉简单的网络设置方法。
3. 熟悉互联网,掌握使用浏览器浏览网站,以及简单网页的制作方法。
4. 学会利用搜索引擎和 CNKI 检索领域知识。
5. 了解互联网 + 创业的相关知识。

本章从使学生掌握常用的计算机网络应用目的出发,介绍计算机网络的基本概念和基本功能、计算机网络的组成、计算机网络的协议、互联网的基本功能、简单网页的制作方法、网络搜索引擎及 CNKI 的使用方法,以及互联网 + 创新创业的相关知识。

7.1 计算机网络概述

当今人类已步入信息社会,信息社会的实质就是强大的计算机网络的支撑,使得万事万物都可以基于网络来施行。计算机网络不仅实现了计算机与计算机之间的物理连接,而且实现了网络与网络的连接,进而形成世界上最大的计算机网络——Internet,彻底改变了人们的工作、学习和生活方式。

7.1.1 计算机网络的概念

1. 计算机网络的产生与发展

计算机网络是计算机技术和通信技术结合的产物。任何一种新技术的出现都必须具备两个条件,即强烈的社会需求与先期技术的成熟。计算机网络技术的形成与发展也证实了这条规律。1946 年世界上第一台电子数字积分计算机(ENIAC)在美国诞生时,计算机技术与通信技术没有直接的联系。随着计算机应用的发展,出现了多台计算机互联的需求,这种需求主要来自军事、科学研究、地区与国家经济信息分析决策、大型企业经营管理。他们希望将分布在不同地点的计算机通过通信线路互联起来。网络用户可以通过计算机使用本地计算机的软、硬件与数据资源,也可以使用联网的其他地方的计算机资源,以达到资源共享之目的。

1969 年,美国国防部高级计划署(advanced research projects agency, ARPA)提出将多个大学、公司和研究所的多台计算机互联的课题,建立了世界上第一个计算机网络——ARPANET。ARPANET 是计算机网络技术发展的一个重要里程碑,其研究成果对计算机网络技术的发展的意义是非常深远的,人们今天广泛使用的 Internet 就是其不断发展形成的。

20 世纪 90 年代以来,世界经济已经进入一个全新的发展阶段。世界经济的发展推动着信息产业的发展,信息技术与网络的应用已经成为衡量 21 世纪综合国力与企业竞争力的重要标准。1993 年 9 月,美国宣布了国家信息基础设施(national information infrastructure, NII)建设计划,NII 被形象地称为信息高速公路。1995 年 2 月,全球信息基础设施委员会(global information infrastructure committee,GICC)成立,它的目的是推动与协调各国信息技术与信息服务的发展与应用。

信息高速公路的服务对象是整个社会,因此它要求网络无所不在。计算机网络发展到今天,已经和正在覆盖企业、学校、科研部门、政府及家庭,网上电话、视频会议、网上购物、远程教育、网络支付等已经变为现实,网络速度越来越快、安全保证等措施的逐步实现,必将对 21 世纪世界经济、军事、科技、教育与文化的发展产生重大影响。

2. 计算机网络的概念

在计算机网络的发展过程中,不同阶段人们提出了一些不同的定义,不同的定义反映当时的网络技术发展水平以及人们对网络的认识程度。最新的《计算机科学技术百科全书》中对计算机网络的定义是:凡将地理位置不同且具有独立功能的计算机系统,通过通信线路和通信设备连接起来,在网络软件的支持下,实现彼此之间的数据通信和资源共享的系统,称为计算机网络。

纵观计算机网络不同时期的定义,尽管表述各一,但其核心思想是资源共享和数据通信,这也是计算机联网的目的所在。

7.1.2　计算机网络的功能

计算机网络主要为用户提供以下 5 个方面的功能。

1. 数据通信

数据通信是计算机网络各种功能的基础,请读者注意,这里的数据不仅是指数字信息,而是泛指数字、文字、声音、图像、音频、视频等信息。计算机网络使得各种信息可以通过通信线路从甲地传送到乙地,实现信息互通。

2. 资源共享

资源共享是计算机网络最吸引人的功能,也是联网的主要目的。这里的资源包括硬件资源和软件资源。硬件包括各种处理器、存储设备、输入输出设备等,可以通过计算机网络实现这些硬件的共享,如共享打印机、共享光盘和绘图仪等。软件包括操作系统、应用软件、数据文件等,如多用户操作系统、应用程序服务器、网络数据库等。网络上的资源可以为连入网络的所有用户共享,任何被授权的用户都可以从另外一台计算机上得到自己想要的资源,从而使这些资源发挥最大的作用,节省成本,提高效率。

3. 提高计算机的可靠性和可用性

提高可靠性的方法常用的就是备份的办法,单台计算机通过联网的方式互为备份,提高了整个系统的可靠性,一台计算机损坏,用户可以通过另外任一台计算机工作。同时,有了计算机网络,可以通过网络调度来协调工作,将“忙”的计算机上的部分工作转移到“闲”的计算机上,克服计算机忙闲不均的现象。

4. 便于集中管理与处理

在计算机网络中,给不同的用户赋予不同的权限是非常容易的。分级用户只能在自己的权限范围内工作,用户可以根据任务的重要程度,将其处理的方式和范围分级划分给不同的用户和计算机完成。

5. 易于进行分布式处理

在计算机网络中,用户可以根据问题的性质和要求选择网内最合适的资源来处理,以便能迅速而经济地解决问题。对于综合性的问题可以采用合适的算法,将任务分散到不同的计算机上进行分布处理。利用网络技术还可以将许多小型机或微型机连成具有高性能的计算机系统,使其具有解决复杂问题的能力。

7.1.3　计算机网络的分类

计算机网络的分类方法很多,根据联网范围可以分为局域网(local area network, LAN)、城域网(metropolitan area network, MAN)和广域网(wide area network, WAN),它们的应用范围和作用是不同的。根据传输介质可以分为有线网络和无线网络等,下面综合网络的应用介绍几种。

1. 局域网

局域网用于将有限范围内(如一个实验室、一幢大楼、一个校园)的各种计算机、终端与外部设备等连接起来。其特点是,传输速率高,误码率低,建设和维护方便,是计算机网络中最活跃的领域之一。

2. 城域网

城市地区网络常简称为城域网。城域网是介于局域网和广域网之间的一种高速网络,其设计目标是要满足几十千米范围内(一般局限在某个城市)的大量企业、机关、事业单位等多个局域网互联的需要,以实现大量用户之间的数据、语音、图形、图像与视频等多种信息传输。

3. 广域网

广域网也称为远程网。它所覆盖的范围从几十千米到几万千米。广域网覆盖一个国家、地区,或横跨几个洲,形成国际性的远程网络。它将分布在不同地区的计算机系统互联起来,达到大范围资源共享的目的。

Internet 是所有这些网络连接在一起的产物。从网络连接技术而言,它使用的也就是局域网和广域网技术,并利用 TCP/IP,将各个物理网络连接形成一个单一的逻辑网络。因此,可以认为,局域网和广域网技术是互联网络的逻辑基础。

4. 无线网

无线网就是利用无线电波作为信息传输的媒介构成的无线局域网,与有限网络的区别在于传输媒介的不同,不使用网线。WiFi 技术、蓝牙技术等是无线局域网的常用技术。

目前,利用手机等移动终端设备接入 Internet 也是一种典型的无线网络。这种上网方式经历了 1G、2G、2.5G、3G、4G,到最新的 5G 网络应用。5G 网络的主要优势在于,数据传输速率远远高于以前的蜂窝网络,最高可达 10 Gbps,比 4G 蜂窝网络快 100 倍;另一个优点是较低的网络延迟(更快的响应时间),低于 1 ms,而 4G 的网络延迟为 30~70 ms。由于数据传输更快,5G 网络将不仅为手机提供服务,而且还将成为一般性的家庭和办公网络提供商。

5G 应用领域举例如下。

(1)车联网与自动驾驶

车联网技术经历了利用有线通信的路侧单元(道路提示牌)以及 2G/3G/4G 网络承载车载信息服务的阶段,正在依托高速移动的通信技术,逐步步入自动驾驶时代。根据中国、美国、日本等国家的汽车发展规划,依托传输速率更高、时延更低的 5G 网络,将在 2025 年全面实现自动驾驶汽车的量产,市场规模达到 1 万亿美元。

（2）外科手术

2019 年 1 月 19 日,中国一名外科医生利用 5G 技术实施了全球首例远程外科手术。这名医生在福建省利用 5G 网络,操控 48 km 以外一个偏远地区的机械臂进行手术。在进行的手术中,由于延时只有 0.1 s,外科医生用 5G 网络切除了一只实验动物的肝脏。5G 技术的其他好处还包括大幅减少下载时间,下载速度从每秒约 20 MB 上升到每秒 50 GB——相当于在 1 s 内下载超过 10 部高清影片。5G 技术最直接的应用很可能是改善视频通话和游戏体验,但机器人手术很有可能给专业外科医生为世界各地有需要的人实施手术带来很大希望。5G 技术将开辟许多新的应用领域,以前的移动数据传输标准对这些领域来说还不够快。5G 网络的速度和较低的延时性首次满足了远程呈现,甚至远程手术的要求。

（3）智能电网

因电网高安全性要求与全覆盖的广度特性,智能电网必须在海量连接以及广覆盖的测量处理体系中,做到 99.999% 的高可靠度;超大数量末端设备的同时接入、小于 20 ms 的超低时延,以及终端深度覆盖、信号平稳等是其可安全工作的基本要求。

7.1.4 计算机网络的拓扑结构

1. 拓扑结构的概念

计算机网络设计的第一步,就是要解决在给定计算机位置及保证一定的网络响应时间、吞吐量和可靠性的条件下,通过选择适当的线路、线路容量与连接方式,使整个网络的结构合理与成本低廉。为应付复杂的网络结构设计,人们引入了网络拓扑的概念。

拓扑学是几何学的一个分支,它是从图论演变过来的。拓扑学首先把实体抽象成与其大小、形状无关的点,将连接实体的线路抽象成线,进而研究点、线、面之间的关系。计算机网络的拓扑结构就是网络中节点（通信设备、终端等）与链路（通信线路）之间的几何关系,反映出网络中各实体间的结构关系。

2. 典型的网络拓扑结构

拓扑设计是建设网络的第一步,也是实现各种网络协议的基础,它对网络性能、系统可靠性与通信费用都有重大影响。了解典型的拓扑结构,对网络的设计和使用有重要作用。常见的网络拓扑结构有以下几种,如图 7-1 所示。

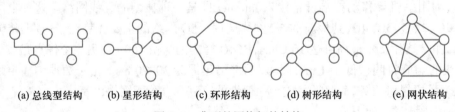

(a) 总线型结构   (b) 星形结构   (c) 环形结构   (d) 树形结构   (e) 网状结构

图 7-1   典型的网络拓扑结构

（1）总线型结构

在总线型结构中,各节点通过一个或多个通信线路与公共总线相连。总线型结构简单、扩展容易,可靠性高,但节点的故障隔离比较困难。一般用于主干网。

（2）星形结构

在星形拓扑结构中,节点通过点到点通信线路与中心节点连接。中心节点控制全网的通信,任何两节点之间的通信都要通过中心节点。星形拓扑结构简单,易于实现,便于管理,任何一个节点故障不会影响其他节点,故障的隔离容易,但是网络的中心节点是全网可靠性的瓶颈,中心节点故障可能造成全网瘫痪。

（3）环形结构

在环形拓扑结构中,节点通过点到点通信线路连接成闭合环路。环中数据沿一个方向逐站传送。环形拓扑结构简单,数据传输无路径选择问题,使网络中复杂的路径选择问题简单化,但环中任何一个节点的故障都可能造成网络瘫痪。

（4）树形结构

在树形拓扑结构中,节点按层次进行连接,信息交换主要在上下节点之间进行,相邻及同层节点之间一般不进行数据交换或数据交换量小。树形结构比较复杂,但适用分级管理,网络安全性高。

（5）网状结构

网状拓扑结构又称为无规则型。在网状拓扑结构中,节点之间的连接是任意的,没有规律。网状拓扑结构的主要优点是系统的可靠性高,传输效率高,适应特殊场合(如军事领域),但结构复杂,成本高。

上述几种结构中,星形和树形均采用集中控制方式,它们的主要缺点是可靠性差,主节点的故障会导致全网络瘫痪;环形和总线型主要采取分布式控制方式;网状结构一般用在远程网络或一些特殊用途场合。如何确定网络的拓扑结构,是网络设计中首先要考虑的问题,需根据应用场合、任务要求和经济承受能力等诸多因素综合分析确定。

7.2　计算机网络的组成

同计算机系统一样,计算机网络系统也是由硬件系统和软件系统组成的。

7.2.1　计算机网络的硬件系统

1. 服务器

服务器是可被网络用户访问的计算机,它可为网络用户提供各种资源,并负责管理这些资源,协调网络用户对这些资源的访问。服务器是网络的核心,是为网络上的所有用户服务的,在同一时刻可能有多个用户同时访问服务器,因此充当网络服务器的计算机应具有较高的性能,包括较快的速度、较大的内存、较大容量的硬盘等。

在网络中,按照提供的服务不同,可把服务器分为文件服务器、打印服务器、电子邮件服务器、数据库服务器、通信服务器、视频服务器等。

2. 工作站

工作站是指能使用户在网络环境下进行工作的计算机。现在一般都采用微机作为网络工作站,当然终端也可以作为网络工作站。

网络工作站和一般所说的工程工作站在概念和功能上具有较大的区别。平常说的工作站,如 SUN 工作站、SGI 工作站等,是指专门用于某一项工作的工作站,如用于 CAD 设计、图形设计与创作等,这些工作站一般称为工程工作站。在网络概念中,工作站是指网络工作站。

3. 网络适配器

网络适配器俗称网卡,是计算机和网络传输介质之间的物理接口。网卡一方面将发送给另一台计算机的数据转变成在网络传输介质上传输的信号,并发送到传输介质上;另一方面又从网络介质接收信号并把信号转换成在计算机内传输的数据。网卡的种类很多,在网卡的选择上应注意接口要与传输介质匹配,一般来讲,服务器的网卡要比工作站的网卡性能要高(如服务器目前一般选 1 000 Mbps 网卡,工作站为 100 Mbps 网卡)。

4. 通信介质

通信介质即传输介质,是把网络节点连接起来的数据传输通道,包括有线传输介质和无线传输介质。同轴电缆、双绞线、光缆属于有线传输介质;微波、卫星通信、红外线通信使用的是无线传输介质。传输介质是网络数据传输的通路,所有的网络数据都要经过传输介质进行传输。因此一个网络所选用的传输介质的种类和质量对网络性能的好坏有很大的影响。

5. 网络互联设备

网络互联是为了实现更大范围的资源共享。常见的网络互联设备有以下几种。

(1)调制解调器(modem)

调制解调器俗称"猫",其基本原理是通过模拟线路来传送信号。发送数据的一方将数字数据加载到模拟信号(这一过程称为调制)中,接收的一方从接收到的模拟信号中分离出数字信号(这一过程称为解调)。调制解调器有电话调制解调器、非对称数字用户线路(ADSL)调制解调器、有线电视调制解调器、光调制解调器等。

(2)中继器(repeater)

中继器对传送后变弱的信号进行放大和转发,所以只工作在同一个网络内部,起到延长介质的作用。

(3)集线器(hub)

集线器可以说是一种多端口的中继器,作为网络传输介质的中央节点,它克服了介质单一通道的缺陷。和中继器一样,集线器只是对信号起放大和重生作用。

(4)交换机(switch)

交换机是按照通信两端传输信息的需要,把要传输的信息送到符合要求的相应路由上的技术设备的统称。广义的交换机就是一种在通信系统中完成信息交换功能的设备。

(5)路由器(router)

路由器是使用最广泛,能将异形网络连接成一体的互联设备。在互联网中,网络与网络的连接都是通过路由器完成的,路由器为通过它的数据包选择合适的路径以到达目的地。

(6)网关(gateway)

网关是位于互联网和计算机之间的一个信息转换系统。网关比路由器有更大的灵活性,它能互联各种体系结构不同的网络。

7.2.2　计算机网络的软件系统

根据网络软件的功能和作用,可把网络软件分为网络系统软件和网络应用软件。网络系统软件又可分为网络操作系统和网络通信软件。

1. 网络操作系统

在网络系统软件中最重要的是网络操作系统。它是控制和管理网络工作的计算机软件,网络操作系统往往决定了网络的性能、功能、类型等。同计算机系统一样,网络系统运行也需要网络操作系统。如局域网上的网络操作系统主要用于控制文件服务器的运行,并且使用户能够而且容易使用网络资源。它管理服务器的安全性,并为网络管理员提供管理网络的工具,以便控制和管理用户对网络的访问,管理磁盘上的文件等。

常见的网络操作系统有 Windows NT/2000、Linux、NetWare 和各种 UNIX。其中 Windows 系列的操作系统比较适合个人用户的计算机和中小型网络的服务器,UNIX 比较适合作为大型的服务器,Linux 是一种很经济的企业服务器操作系统。

2. 网络通信软件

网络软件与单机软件相比较要复杂得多,它在单机功能的基础上至少要加上通信的功能。网络通信软件主要目的是要实现通信协议,互相通信的计算机必须遵守共同的协议,并在协议的基础上提供网络通信功能。

3. 网络应用软件

网络应用软件是直接为用户提供网络服务的软件。用户需要网络提供一些专门服务时,需要使用相应的网络应用软件。例如,要在 Internet 上漫游,需要使用 IE 等浏览器;要收发电子邮件,要使用 Outlook Express 等;要参加网络会议,使用 Netmeeting 等。随着网络应用的普及,将会有越来越多的网络应用软件为用户带来方便,这些软件也必将推动网络的普及。

7.3　计算机网络协议

为实现不同主机间的信息交换和资源共享,在基本物理连接的基础上,必须有一整套的准则来规定通信双方信息交换的格式、信息传输的顺序、传送过程的差错控制等问题,通信双方都必须遵守协议规则才能进行数据交换。目前,世界上存在两个协议标准,一个是国际标准化组织(ISO)制定的 OSI 参考模型;另一个是事实上的工业标准 TCP/IP。

7.3.1　ISO/OSI 网络协议的参考模型

1. 问题的提出

随着计算机应用的发展,将不同主机连接起来实现资源共享的应用越来越多。但是,事实上在计算机的发展过程中,随着技术的进步,存在着产品生产厂家不同,同一厂家不同时期产品的性能不同等问题。由于硬件和软件的差异,计算机之间的通信实际上是比较复杂的事情,即使同一厂家的不同型号产品之间的通信都是很困难的事情。在计算机网络发展的过程中,为了解决这一问题,像 IBM 这样的大公司率先制定标准,在自己的系列产品中实现通信,但是与其他公司产品的通信,由于标准的不同就难以实现了。

正是由于这些要求,1977 年,国际标准化组织提出了开放系统互联参考模型(open system interconnection, OSI),它是一种不基于特定机型、操作系统或公司的网络体系结构。

2. OSI 参考模型

OSI 定义了异种机联网的标准框架,为连接分散的开放系统提供了基础。OSI 参考模型采用分层结构化技术,将整个网络的通信功能分为 7 层,分别为物理层、数据链路层、网络层、传输层、会话层、表示层和应用层,如图 7-2 所示。

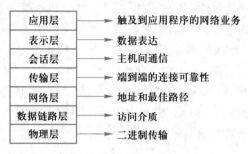

图 7-2   OSI 参考模型的分层结构及各层功能

通过建立 OSI 模型,国际标准化组织向厂商提供了一系列标准,以保证世界上许多公司提供的不同类型的网络技术之间具有兼容性和互操作性。OSI 定义了连接计算机的标准框架,它超越了具体的物理实体或软件,从理论上解决了不同计算机及外设、不同计算机网络之间相互通信的问题,成为计算机网络通信的标准。但由于该协议和模型比较复杂,实现起来比较困难,因此并未真正流行起来。

3. 计算机网络协议与作用

协议就是通信双方都必须遵守的通信规则。如果没有网络通信协议,计算机的数据将无法发送到网络上,更没有办法到达对方计算机,即使能够到达,对方也未必能读懂。网络协议主要由以下 3 个要素组成:

(1)语法。解决通信双方"怎么讲",即用户数据与控制信息的结构与格式。

(2)语义。"讲什么",即需要发出何种控制信息,以及完成的动作和做出的响应。

(3)时序。"何时讲",即对事件实现顺序的详细说明。

现行的邮政系统发送、接收信件是人人都比较熟悉的,通过邮政系统来理解计算机网络协议及其作用通俗易懂。图 7-3 是实际邮政系统信件发送、接收过程示意图。

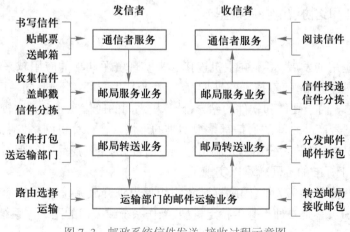

图 7-3   邮政系统信件发送、接收过程示意图

在邮政系统中,存在着很多的通信规则,也就是协议。例如,写信人在写信之前要确定是中文还是英文,或是其他文字。如果对方只懂英文,那么发信者如果用中文写信,对方一定需请人翻译成英文后才能阅读。不论选择的是中文还是英文,发信者在内容书写中一定要严格遵照中文或英文的写作规范(包括语义、语法等)。其实,语言本身就是一种协议。另一个协议的例子是信封的书写方法。如果写的信是在中国国内邮寄,那么信封的书写规则应符合国内要求。如果要给美国的朋友写信,那么信封要用英文的格式书写。显然,国内中文信件和国际英文信件的书写格式是不一样的。这本身也是一种通信规则,即关于信封书写格式的一种协议。对于普通的邮递员,也许他不懂英文,那么他可以不管信是寄到哪儿去的,他只需要按普通信件的收集、传送方法送到邮政枢纽局,由那里懂得英文的分拣人员来寄到国外用英文书写信封的目的地址,确定传送的路由。

从邮政系统可以看出,凡有通信的地方都存在协议,也必须具有协议,同时,不同的层次有不同的协议。同邮政系统一样,为了保证计算机网络中大量计算机之间有条不紊地交换数据,就必须制定一系列的通信协议,协议是计算机网络中的重要与基本概念。

协议的实现是很复杂的。为了减少协议设计和调试过程的复杂性,通常网络协议都按结构化的层次方式来组织,这符合人们对复杂问题的处理方法。每一层完成一定的功能,每一层又都建立在它的下层之上,每一层都是通过层间接口向上一层提供服务的,故协议总是指某一层协议。例如,物理层协议、传输层协议、应用层协议等。

7.3.2 TCP/IP

ARPANET 是世界上最早出现的计算机网络,现代计算机网络的很多概念与方法都是从它的基础上发展起来的。TCP/IP(transmission control protocol/Internet protocol)是 ARPANET 对计算机网络的重要贡献之一,它能从 ARPANET 上的应用发展到 Internet 上的广泛应用,成为目前最流行的商业化协议,并成为事实上的工业标准,说明了其重要性。因此,在讨论了 OSI 参考模型之后,将对 TCP/IP 进行必要介绍。

TCP/IP 之所以能得到迅速发展和应用,是因为它恰恰适应了世界范围内数据通信的需要。TCP/IP 有以下几个特点:

(1)开放的协议标准,可以免费使用,并且独立于特定的计算机硬件与操作系统。

(2)独立于特定的网络硬件,可以运行在局域网、广域网中,更适合互联网。

(3)统一的网络地址分配方案,使得设备在网中都有唯一的地址。

(4)标准化的高层协议,可以提供多种可靠的用户服务。

1. TCP/IP 框架

TCP/IP 同样采用分层的策略使网络实现结构化。与 OSI 参考模型不同,一般认为,TCP/IP 采用了 4 层的体系结构。图 7-4 给出了 TCP/IP 参考模型及与 OSI 参考模型的层次对应关系。

2. TCP/IP 简介

(1)应用层

应用层定义了 TCP/IP 应用协议以及主机程序要使用网络传输层服务之间的接口,用来支持文件传输、电子邮件、远程登录和网络管理等其他应用程序的协议。包括 Telnet(远程登录)、FTP(文件传输协议)、HTTP(超文本传输协议)、SMTP(简单邮件传输协议)、SNMP(简单网络管理协议)等。

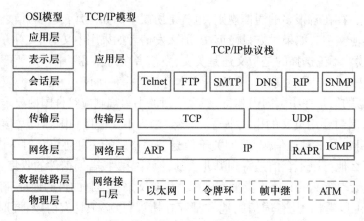

图 7-4　OSI 参考模型与 TCP/IP 各层对应关系

（2）传输层

传输层提供主机之间的通信会话管理,定义了传输数据时的服务级别和连接状态,提供可靠的和不可靠的传输。

（3）网络层

网络层将数据装入 IP 数据报,包括主机间以及经过网络转发数据报时所使用的源和目标的地址信息;实现 IP 数据报的路由。网络层协议包括 IP（网际协议）、ICMP（Internet 控制报文协议）、ARP（地址解析协议）、RARP（反向地址解析协议）。

（4）网络接口层

网络接口层指定如何通过网络物理地址发送数据,包括直接与网络媒体（如同轴电缆、双绞线或光纤等）接触的硬件设备如何将比特流转换成电信号。这一层没有 TCP/IP 的通信协议,而要使用介质访问协议,如以太网、令牌环、FDDI、X.25、帧中继等,为网络层提供服务。

3. IP 地址

在 TCP/IP 体系中,IP 地址是一个很重要的概念。在 IPv4 规则中,IP 地址是给每一个使用 TCP/IP 的计算机分配的一个唯一的地址,用一个 32 位二进制数表示,保证能够实现在计算机网络中很方便地进行寻址。通常将一个 IP 地址按 8 位（一个字节）分为 4 段,段与段之间用点"."隔开,为便于应用,每个段用十进制数表示,即 IP 地址用"点分十进制"表示。IP 地址成为计算机网络中每台计算机的唯一标识,例如,雅虎的服务器地址 66.218.71.80,就是雅虎搜索引擎服务器在因特网上的身份标识。

为便于对 IP 地址进行管理,同时考虑到各个网络上的主机数目的差异,一般将 Internet 的 IP 地址分为 5 类,即 A 类到 E 类。A 类用于大型网络,B 类用于中型网络,C 类用于局域网等小型网络,D 类地址是一种组播地址,E 类为保留地址。在网络中广泛使用的是 A、B 和 C 类地址,这些地址均由网络号和主机号两部分组成,规定每一组都不能用全 0 和全 1,通常全 0 表示本身网络的地址,全 1 表示网络广播的地址。A、B、C 类地址的最高位分别为 0、10、110,如图 7-5 所示。

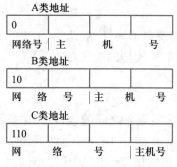

图 7-5　A、B、C 类 IP 地址编码

A 类地址用第一个字节表示网络号,后 3 个字节表示主机号。网络号最小数为 00000001,最大数为 01111111,即网络号为 1~127,所以全世界共有 127 个 A 类网络,每个网络可以有 2^{24}-2=16 777 214 台主机(去掉全 0 和全 1)。

B 类地址用两字节表示网络号和主机号。最小网络号的第一个字节为(10000000)$_2$=128,最大网络号的第一个字节为(10111111)$_2$=191,第二个字节除去全 0 和全 1,网络号从 1~254。故全世界共有($191-128+1$)× 254=16 256 个 B 类网络,每个 B 类网络可以有 2^{16}-2=65 534 台主机。

C 类地址用前 3 个字节表示网络号,最后一个字节表示主机号。最小网络号的第一个字节为(11000000)$_2$=192,最大网络号的第一个字节为(11011111)$_2$=223。故全世界共有(223-192+1)× 254 × 254=2 064 512 个 C 类网络,每个 C 类网络可以有 254 台主机。综上所述,从 IP 地址的第一个字节的十进制数字即可区分出 IP 地址的网络类别,参见表 7-1。

表 7-1　IP 地址的类别

网络类型	第一字节数字范围	每个网络可以包含主机台数
A	1~127	16 777 214
B	128~191	65 534
C	192~223	254

有了 IP 地址,还不能准确地表示节点和网络信息,还需要借助子网掩码。对 IP 地址的解释称之为子网掩码,也是由 32 位二进制数组成的。和 IP 地址一样,子网掩码通常也分为 4 段并用十进制数表示。子网掩码用于表示一个 IP 地址中哪些位表示网络号,哪些位表示主机号。根据这一道理,可以利用子网掩码将一个大的网络分割成几个小的网络。

子网掩码的基本思想是,如果某一位为 “1”,它就认为 IP 地址中相应的位为网络号(ID)的一部分,如果是 “0”,则认为是节点 ID 的部分。在实际操作中,子网掩码与 IP 地址进行逻辑 “与” 运算,若结果相同,说明两个 IP 地址的节点在一个子网内,运算的结果为网络 ID,这时信息的发送在网络内转发;否则转发到其他网络。如果一个单位的局域网是分级管理的,或者是若干个局域网互联而成的,是否给每个网段都申请分配一个网络 ID 呢?这显然是不合理,也是不现实的。使用子网掩码的功能,将其中一个或几个节点的 IP 地址充当网络 ID 来使用,可以解决 IP 地址不足的困难。

Internet 的飞速发展使得 IP 地址的分配频频告急,系统和网络管理都要占用大量的 IP 地址,而且每个设备都要有一个 IP 地址,包括服务器、路由器、交换机、个人计算机网卡,甚至一台电视机也可以通过一个 IP 地址变成 Internet 的设备。解决 IP 地址资源紧缺的问题,目前最广泛应用的技术当属网络地址转换(network address translation,NAT),其功能是在一个网络的内部定义本地 IP 地址,在网络内部各计算机之间的通信通过使用内部的 IP 地址进行,而当内部计算机要与 Internet 进行通信时,具有 NAT 功能的设备(如路由器)负责将内部的 IP 地址转换为合法的 IP 地址(即经过申请的 IP 地址)进行通信。它的最大好处是用户在加入互联网时不需要更改内部地址结构,而只需在内外交界处实施地址转换,并且能够实现多个用户复用同一合法地址,从而大大节省地址资源。但 NAT 转换的同时也增加了网络的复杂性,何况它并不能阻止可用地址越来越减少的趋势。

对 IPv4 问题的解决，一种新的 IP 地址的规则应运而生，它便是 IPv6。如同电话号码升级一样，IPv6 提供了 128 位的 IP 地址，使地址的数量大幅增加，从而解决了 IP 地址资源危机。IPv6 采用了可聚集全球统一计算地址的构造，这使得 IP 地址构造同网络的拓扑结构（连接形态）相一致，从而缩小了路由表，使路由器能够高效率地决定路由。IPv6 具有自动把 IP 地址分配给用户的功能，大大减少了网络管理的费用。尽管 IPv6 比 IPv4 具有明显的优越性，但在全球范围内实现地址的升级有许多实际困难。

4. 域名系统

IP 地址的表达方式比较抽象，不容易记忆，也没有什么直接意义，所以引入了域名的概念来管理 IP 地址。凡是加入了互联网的各级网络依照统一的域名系统（domain name system，DNS）命名规则对本网的计算机进行命名（即域名），并负责完成通信时域名与 IP 地址的转换。如中央电视台的域名为 WWW.CCTV.COM，对应的 IP 地址为 202.108.249.206；IBM 的域名是 WWW.IBM.COM，IP 地址为 129.42.16.99 等。一般用户在拨号上网时，由互联网服务提供商（ISP）自动随机分配一个 IP 地址，而且每次拨号时的 IP 地址都不固定，这就称为动态 IP 地址。一般大型网站都向域名服务商申请固定的 IP 地址。

在 DNS 中，通过域名服务器完成 IP 地址与域名的双向映射。域名服务器是分层设置的，域名服务器接受一个域名，将它翻译成 IP 地址，再将这个 IP 地址返回提出域名请求的计算机（在浏览器中输入某个域名，那么域名解析服务器就将该域名的 IP 地址告诉用户计算机，计算机就会自动根据 IP 地址访问域名的主机，从而打开网站）；或者接收一个 IP 地址，将 IP 地址翻译成域名后返回给提出 IP 地址请求的计算机，这个过程称为域名解析。

域名和 IP 地址之间是一对一或多对多的关系，一个企业网站只有一个 IP 地址，但可以有多个域名。对于大多数人而言，只要有了域名，无需知道 IP 地址就可以访问网站。域名由若干部分组成，各部分由至少两个字母或数字组成，各部分之间用实点（.）分隔，最右边的是一级域名，往左分别是二级域名、三级域名等，如图 7-6 所示。

一级域名分为两类：一类表示国家或地区（参见表 7-2），另一类表示机构类别（参见表 7-3）。

图 7-6　域名的组成

表 7-2　一级域名按国家或地区分类（部分）

域名	国家或地区	域名	国家或地区	域名	国家或地区
uk	英国	au	澳大利亚	us	美国
ca	加拿大	ch	瑞士	in	印度
cn	中国	hk	中国香港	fr	法国
de	德国	sg	新加坡	jp	日本
it	意大利	tw	中国台湾	ru	俄罗斯
mx	墨西哥	mo	中国澳门	ws	西萨摩亚
tv	图瓦卢	cc	Cocs 群岛	bz	伯里兹

表 7-3 一级域名按机构类别分类

域名	类别	域名	类别
com	公司	biz	商业企业
edu	教育机构	int	国际组织
gov	政府组织	org	非营利机构
mil	军事部门	info	信息相关机构
net	网络服务机构	name	个人网站
coop	合作组织	aero	航空
pro	医生、律师、会计专用	museum	博物馆

5. 设置 TCP/IP

如果计算机没有安装 TCP/IP，可以在操作系统中添加，这里不叙述。下面主要介绍 TCP/IP 的相关设置。

微视频：
IP 地址与域名解析

（1）IP 地址的设置

以 Windows 10 为例，介绍 IP 地址的设置办法。

单击"开始"→"设置"→"网络和 Internet"→"网络共享中心"→"以太网"→"属性"命令，打开如图 7-7 所示对话框。

图 7-7 "以太网 属性"对话框

选择"Internet 协议版本 4（TCP/IPv4）"选项，单击"属性"按钮，打开"Internet 协议版本
4（TCP/IPv4）属性"对话框，可以选择"使用下面的 IP 地址"选项设置 IP 地址和子网掩码，如
图 7-8 所示。

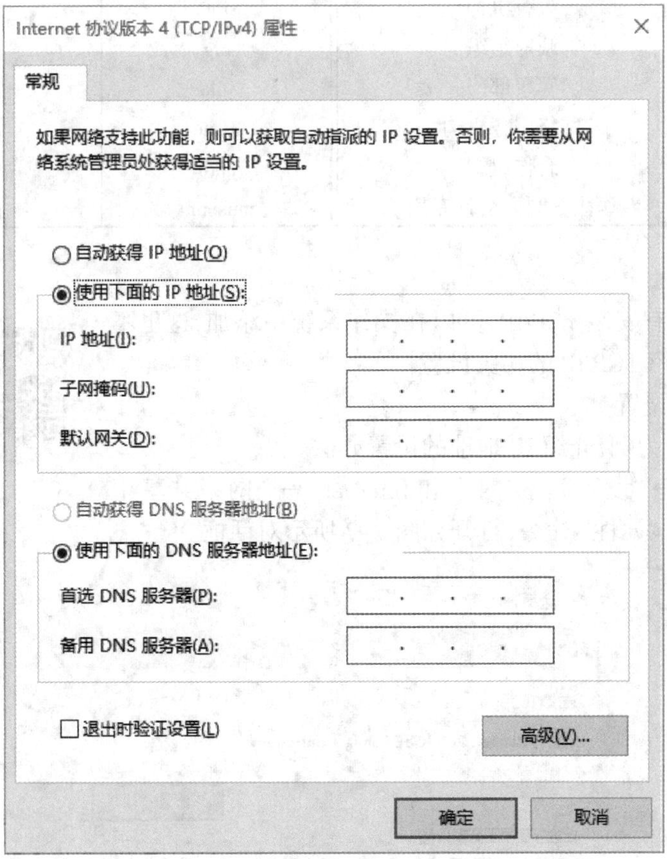

图 7-8   IP 地址、网关、DNS 的设置

（2）设置网关

在图 7-8 中设置网关地址。

（3）设置 DNS

在图 7-8 中设置 DNS 选项，有首选和备用之分。

完成上述设置后，单击"确定"按钮，设置生效。

说明：Internet 协议版本 6（TCP/IPv6）的设置方法类似。

7.4   Internet 基础

Internet 又称为国际互联网，是全球性的、最具影响力、分布在世界各地、基于全球统一规则
（协议）的计算机互联网络，它既是世界上规模最大的互联网络，也是世界范围内的信息资源库。
通过它把一个五彩缤纷的世界展现在世人面前，已深入到政治、经济、科学、技术、文化、卫生以及

人们的现实生活中。利用互联网进行市场调研、产品介绍、信息咨询、洽谈业务、网上购物、电子支付、售后服务、网络金融等活动已成为人们崇尚的理念。

7.4.1 Internet 概述

1. Internet 的形成

互联网不属于哪个国家、单位或个人所独有,它更像是一个世界性的公益事业的资源共享库,许多组织和个人都是以奉献的精神参与其发展。互联网自产生到目前经历了形成、实用及商业化 3 个阶段。

（1）形成阶段

1969 年,由美国国防部投资,通过高级计划署（ARPA）具体实施研究网间互联技术,产生 ARPANET,到 20 世纪 70 年代末期,ARPA 已经建立了好几个互联网络,成为 Internet 的雏形。1974 年,TCP/IP 问世,为网间交换信息制定了各种通信协议,其中传输控制协议（TCP）和网际协议（IP）已经发展成当今互联网的基本协议。TCP/IP 为实现不同硬件构架、不同操作平台网络间的互联奠定了基础。

（2）实用阶段

互联网的迅速发展始于 1986 年,由美国国家科学基金会（national science foundation, NSF）赞助,把 5 个美国国内超级计算机网络连成广域网——NSFnet。以后,相继又有一些大公司加盟,把 NSFnet 建成了一个强大的骨干网,旨在共享它所拥有的资源,推动科学研究的发展。1986 年至 1991 年间,接入 NSFnet 的计算机网络由 100 多个发展到 3 000 多个,有力地推动了互联网的发展。

（3）商业化阶段

互联网的初衷是用来支持教育与研究,而非商业活动。但随着互联网规模的迅速扩大,其中蕴藏的无限商机也逐渐显露出来。1991 年年底,美国 IBM、ERIT 和 MCI 公司联合组成一个非营利公司 ANS（advanced networks and services）,建成了取代 NSFnet 的 ANSnet 骨干网,形成了当今的互联网的基础。1993 年,美国宣布了国家信息基础设施建设计划,被形象地称为信息高速公路。互联网从此走向商业化和大发展阶段。

20 世纪 80 年代中后期,在世界其他地区也先后建成了互联网骨干网。如北欧网（NORDUNet）、加拿大网（Canet）、欧洲网（EARN）、苏联及东欧国家网（E-EUROPEnet）等。这些骨干网又通过各种途径与美国的 Internet 骨干网相连,形成了规模庞大的互联网。

2. Internet 的发展

随着网络应用的迅速发展,多媒体、高带宽、超容量的数据信息库的广泛使用（如远程教育、远程会诊、网络金融、远程虚拟实验等）,使得原有的网络已不能满足用户的需求。因此,美国于 1994 年提出并于 1996 年开始实施 Internet Ⅱ 计划和新一代 Internet（next generation Internet, NGI）网络发展规划。

Internet Ⅱ 与 NGI 首要任务是为科研机构建立一个领先的前沿网络,实现宽带网的媒体集成和实时通信,目的是在向全球范围内的教育、科研机构等提供新一代的网络和服务,促进学术界、产业界和政府的合作。

中国的互联网发展也非常迅速,自 1987 年加入 Internet 以来,已经建成 4 个遍及全国的骨干网：中国公用计算机网（ChinaNET）、中国科学技术网（CSTNET）、中国教育与科研计算机网（CERNET）和中国金桥信息网（GBNET）。它们都有独立的网间接口，可与其他国家或地区的网络相连，形成了当今既可与中国内部的网络互联，同时又与世界相通的几大骨干网。近年来，又相继建立了中国联通公用互联网、中国网通公用互联网、中国移动互联网、中国国际贸易互联网等。同时，中国也成立了第二代互联网协会，以促进网络环境、网络结构、协议标准及网络应用，这一工作与国际同步。

7.4.2　Internet 服务

1. WWW

WWW 即 World Wide Web，通常又称为 Web、W3、万维网或全球信息网。它是一种以图形界面和超文本链接方式来组织信息页面的技术，在该网中允许用户从某台计算机中访问网上资源。这个服务基于超文本传输协议（HTTP），采用了超文本（hypertext）和超媒体（hypermedia）及链接技术，可用多种媒体技术直观地向用户展现信息。客户端只需要使用浏览器软件即可。

WWW 上的每个信息资源都有统一的地址，由统一资源定位器（uniform resource locator，URL）来标识，以确定资源在网络上的位置。

URL 由三部分组成：资源类型、存放资源的主机域名及资源的路径、文件名。例如，http：// www.xaufe.edu.cn/General/xinxi.html 的分析如下：

① http：// 指明要访问的资源类型是超文本信息，使用 HTTP 协议。

② www.xaufe.edu.cn 指明要连接的主机域名。

③ /General/ 指明文档所在的目录路径。

④ xinxi.html 指明要找的文件名。

互联网上的所有资源都可由 URL 来表示，URL 常用的协议类型见表 7-4 所示，URL 地址是唯一的。

表 7-4　URL 常用的协议类型

协议类型	功能
HTTP	超文本传输协议
HTTPS	用安全套接字层传送的超文本传输协议
FTP	文件传输协议，用于传输文件
FILE	本地计算机或网上分享的文件

2. FTP

无论两台加入互联网的计算机在地理位置上相距多远，无论两者的软硬件如何不同，只要两台计算机都支持 FTP 协议，其中一台是 FTP 服务器，其上的文件就能传送到另一台计算机中。

在进行文件传输时，用户首先要登录到对方计算机上，方法是启动 FTP 客户端软件并提供远程计算机登录的用户名和密码，建立连接（命令链路），进行文件的双向传输。常见的 FTP 客户程序有 3 种类型:FTP 命令行、浏览器和 FTP 下载软件,其中前两种方式在 Windows 操作系统中已经自带,最后一种方式需要安装如 CuteFTP、FlashFXP、MiniFTP 等软件,但第三种方式往往界面更友好,传输速度更快。

使用浏览器登录 FTP 服务器的方法是,在浏览器的地址栏输入 URL 地址,其格式为 FTP://[用户名:口令@]ftp. 服务器域名:[端口号],单击 Enter 键后即可登录 FTP 服务器。为方便用户使用,许多信息服务机构提供了一种称为匿名 FTP 的服务。这里的匿名(anonymous)是不署名的意思。用户登录匿名 FTP 服务器不需要事先注册和取得用户名、口令,可以直接访问服务器资源。匿名 FTP 服务是 Internet 最基本和最重要的功能之一,用户通过它可以获取大量免费资源。在 IE 6 的环境下,直接使用窗口界面,在地址栏输入要连接的 FTP 服务器的 URL 地址,按 Enter 键,系统便开始建立连接,若连接成功,则窗口出现 FTP 界面,如图 7-9 所示,显示服务器上的文件目录,进而可进行其他操作。

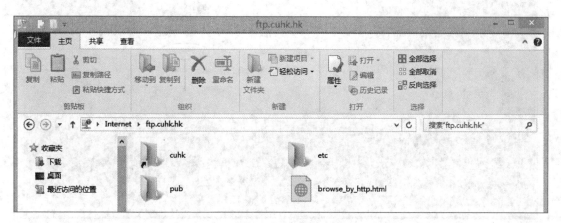

图 7-9 FTP 界面

3. 电子邮件

电子邮件(E-mail)服务是互联网最基本的服务,也是最重要的服务。电子邮件是利用网络收发信函。电子邮件和普通信件有许多相似之处,但又有不受距离和自然条件限制、信息传输快、效率高、通信资费便宜、可以同时给多个收信人发送等优点。

使用电子邮件的前提是拥有自己的电子信箱,又称为电子邮件地址,它是事先由网络服务提供者为用户专门建立的电子邮箱。

在互联网中,电子邮件的地址格式为:User-name@Domain-name,其中, User-name 表示用户名;@表示位于(读作 at);Domain-name 表示接收邮件的主机域名(指向该主机的电子邮件服务器)。

用户要收发电子邮件,必须有一台收发邮件的主机,也就是说,用户在该主机上拥有自己的账号——电子邮箱。随着互联网技术的发展,互联网上既有收费的电子邮箱站点,也有很多免费的电子邮件站点。用户可以根据自己的需求选择,为保证邮件的畅通,建议用户至少要有两个邮箱。免费邮箱的申请可以登录相应网站,按照提示,输入相应内容即可。如图 7-10 所示,是网易 163 免费邮箱的登录页面,如果用户还没有账户,可以单击图中的“注册网易免费邮”来进行注册。

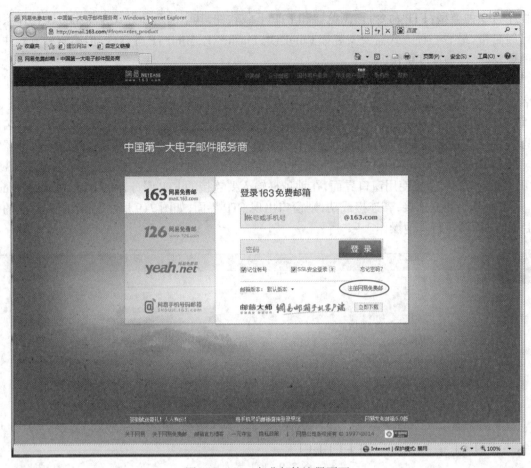

图 7-10   163 免费邮箱注册页面

目前,使用电子邮件的主要形式有基于专用电子邮件软件与基于 WWW 站点附带的电子邮件两种。电子邮件软件是用户用来发送和接收邮件的程序(或称为用户代理),如 Outlook Express、Foxmail 等。而基于 WWW 站点附带的电子邮件则通过 WWW 浏览器的电子邮件功能收发电子邮件。

4. BBS

BBS 是 bulletin board system 的缩写,翻译为电子公告栏系统。它与人们日常生活中的公告栏的作用相同,但实际上,BBS 已不仅仅是电子公告栏,它包括了很多服务,例如,讨论区、信件区、聊天区、文件共享区等。

微视频:
文件服务器与邮件服务器

7.4.3 Internet 的接入

用户接入互联网主要是通过互联网服务提供商(Internet service provider, ISP)接入的。目前我国最大的 ISP 是中国电信,此外还有联通、网通、铁通等。从用户使用的角度看,大致有以下几种接入方式。

1. 普通电话拨号接入

这是早期最普遍的上网方式,用户通过电话线与计算机连接的调制解调器(modem)上网。其基本原理是将计算机上的数字信号通过调制解调器转换为可以在电话线上传输的模拟信号,以实现远程传输,接收方通过调制解调器将模拟信号转换为数字信号,从而完成数据通信的过程。

这种方式上网理论上上传的速度为 36.6 kbps,下载速度为 56 kbps。但由于 ISP 采用共享方式上网,实际上达不到这个速度。该上网方式具有设备简单、覆盖面广、成本低廉的特点。最主要的缺点是速度慢,而且易受电话线路通信质量的影响。

2. xDSL 接入

xDSL 是各种类型 DSL(digital subscriber line,数字用户线路)的总称,包括 ADSL、RADSL、VDSL、SDSL、IDSL 和 HDSL 等。

ADSL 是非对称数字用户线路的简称,是目前电信系统普遍采用的一种宽带接入服务。它是利用现有的市话线路进行数字信号传输的一种技术,其基本原理是将传统的电话线没有利用的带宽利用起来,可以同时实现网络连接与语音通信,即上网和语音通信互不影响。目前,ADSL 的下行速率在 2~9 Mbps,上行速率在 640 kbps~1 Mbps,终端设备主要是一个 ADSL 调制解调器,同时其主机上要有一块网卡。目前我国的电信系统基本都开通了这个业务。

3. DDN 接入

DDN(digital data network,数字数据网)是利用数字信道来传输数据信号的专用网络,目前全国的电信系统都有这个业务。DDN 利用数字信道提供半永久性连接线路以接入互联网,它提供独享式上网方式,信道为使用单位专用,费用比较贵。

4. 有线电视接入

有线电视接入,就是利用有线电视线缆并通过一个电缆调制解调器接入互联网。它也是充分利用有线电视线缆的剩余带宽传输数字信号的一种上网方式。有线电视电缆传输速率下行速度可达 36 Mbps,上行速度可达 10 Mbps。我国部分地区已经开通了这项业务,因为我国有线电视比较普及,而且有利于实行三网合一,应用前景比较广阔。

5. 光纤接入

光纤通信数据传输的速度快,可以实现真正意义上的宽带网,其传输速度可以达到 100 Mbps~10 Gbps。为提高上网的效率,许多单位通过光纤连接互联网,性能稳定,但价格较高。

6. 无线接入

无线接入分为固定方式和移动方式两种。固定方式如微波、卫星和短波接入等。目前普通用户使用较多的是移动方式接入,即通过手机上网或通过手提计算机的无线网卡上网。随着移动通信技术的发展,无线接入方式的应用越来越广。

7. 局域网共享接入

局域网接入互联网的方式比较普遍,其基本原理是通过局域网上的代理服务器共享上网。即局域网上的任何一台计算机经过授权以后都可以经由代理服务器共享上网,当然服务器需要安装相应的代理服务器软件并进行设置。常见的校园网通过光纤接入互联网就是这种接入方式。

共享上网的速度取决于服务器的带宽和局域网内同时上网计算机的数据流量大小等诸多因素。共享上网的最大优越性是充分利用了服务器的网络带宽,并且容易管理,还可以节省宝贵的 IP 地址资源,特别适合企事业单位、政府部门和高校使用。

7.4.4　浏览器

上网用户的客户端可使用浏览器访问网站,浏览器会根据 URL 自动到全球各地的 WWW 服务器上查找信息。由于它提供的友好操作界面隐含着计算机 IP 地址、域名、网络协议、输入密码等数据,因此即使是对计算机网络技术不甚了解的用户也能方便地使用浏览器阅读和查询信息。

1. 常见浏览器

目前常用的浏览器有以下几种。

（1）微软的 IE 浏览器

大多数用户都在使用 Internet Explorer（IE）,这要感谢它对 Web 站点强大的兼容性。最新的 IE 包括 Metro 界面、HTML5、CSS3 以及大量的安全更新。

（2）谷歌的 Chrome 浏览器

Chrome 是由 Google 公司开发的网页浏览器,浏览速度在众多浏览器中走在前列,属于高端浏览器。它采用 BSD 许可证授权并开放源代码,开源计划名为 Chromium。

（3）遨游的火狐（Firefox）浏览器

最新的 Firefox 9 新增了类型推断,再次大幅提高了 JavaScript 引擎的渲染速度,使得很多富含图片、视频、游戏以及 3D 图片的富网站和网络应用能够更快地加载和运行。

（4）搜狗浏览器

搜狗浏览器是首款给网络加速的浏览器,通过业界首创的防假死技术,使浏览器运行快捷流畅,具有自动网络收藏夹、独立播放网页视频、Flash 游戏提取操作等多项特色功能,并且兼容大部分用户使用习惯,支持多标签浏览、鼠标手势、隐私保护、广告过滤等主流功能。

（5）百度浏览器

百度浏览器通过开放整合和精准识别,可以一键触达海量优质的服务和资源,如音乐、阅读、视频、游戏等个性所求。依靠百度强大的平台资源、简洁的设计、安全的防护、快速的速度、丰富的内容,逐渐成为国内成长最快的创新浏览器。

其他常见的浏览器还有猎豹浏览器、Opera 浏览器等。下面以 IE 为例进行简单介绍。

2. IE 界面

IE 启动后如图 7-11 所示。和其他窗口一样,具有标题栏、菜单栏、工具栏等,值得注意的是,地址栏处输入需要访问的 URL 地址。

3. IE 的使用

（1）浏览主页

主页一般是启动浏览器软件或到达某一网站所见到的第一个页面。从主页可以到达该网站的所有页面。单击工具栏上的"后退"或"前进"按钮,可返回已访问过的前一页或进入访问过的下一页。

图 7-11 IE 界面

（2）链接到指定的网页

在浏览器的地址栏输入框中输入需要访问的 URL 地址，然后单击 Enter 键，即可访问指定的网页。

（3）返回到近期浏览过的网页

通过"打开历史记录"可选择"转到"已访问过的网页。最近的网页通常被自动保存在浏览器的 Cache 缓冲区中。

（4）收藏自己喜爱的网页

将自己喜爱的网页网址放入收藏夹或建立书签文件，则可大大简化以后的再搜索操作。

（5）将当前的网页内容存储起来

通过"文件"菜单可将当前网页页面按照超文本或文本格式保存，同时还可以将图形文件保存下来。

（6）停止当前页面的下载

单击工具栏上的"停止"按钮，可控制关闭图片、声音或视频文件的下载，以加快浏览的速度。

4. IE 的设置

不同的用户对浏览器有特殊的要求，如设置常使用的网站的网址为打开的默认首页，设置历史记录的天数，设置安全级别，建立连接等。

设置的方法是右击 IE 图标，在弹出的快捷菜单中单击"属性"命令，打开 IE 属性窗口，再单击"工具"菜单中的"Internet 选项"命令，打开"Internet 选项"对话框，如图 7-12 所示。

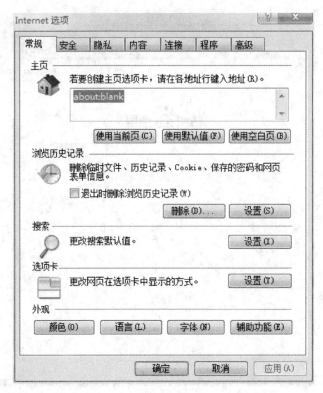

图 7-12 "Internet 选项"对话框

7.5 网页制作

网页制作是网站开发的基础性工作。网页一般来说分为静态网页和动态网页两大类型。所谓静态网页是指网页的内容已预先设计好,存放在 Web 服务器上,当用户使用浏览器通过互联网的 HTTP 向 Web 服务器提出请求时,服务器仅仅是将原来已经设计好的静态 HTML 文档传送给用户浏览器。所谓动态网页,是指能够根据用户的需求和选择进行不同的处理,并根据处理的结果自动生成新的页面,不再需要设计者手动更新 HTML 文档。注意,在网页上加上一些动画和视频并不是动态网页。

7.5.1 HTML 简介

HTML 是超文本标记语言(hyper text markup language)的缩写,HTML 文件(即网页的源文件)是一个放置了标记的纯文本(ASCII 码)文件,通常的扩展名为 html 或 htm。

1. HTML 的产生

HTML 与一般的文字处理器不同的地方在于,它具有超文本、超链接、超媒体的特性,利用 HTTP 在世界各地通过 WWW 的架构做跨平台的交流。WWW 与 HTML 是在 CERN(欧洲粒子物理实验室)开始发展的,主要的目的是让分布在不同国家的各实验室之间可以在网络上方便地交换研究成果,由于 HTML 的简单易学,马上就席卷了全世界,造成了另一次工业革命。使用者只需要简单的文字编辑软件配上对基本 HTML 标签的认识，就可以轻轻松松地开发出漂漂亮亮的个人网页。

2. HTML 的作用

HTML 通过标记式的指令将影像、声音、图片、文字等连接显示出来，并通过超文本技术实现单击鼠标从一个主题跳转到另一个主题、从一个页面跳转到另一个页面，与世界各地主机的文件连接，获取相关主题的功能。通常人们通过浏览器所看到的静态网页，就是用 HTML 语言写成的，在浏览器中选择查看源文件，就可以看到该网页用 HTML 语言所写的源代码。下面是用 HTML 语言编写的最简单的网页代码：

```
<HTML>
    <Head>
        <Title> 最简单的网页 </Title>
    </Head>
  <Body>
  最简单的网页
  </Body>
  </HTML>
```

运行后的效果如图 7-13 所示。

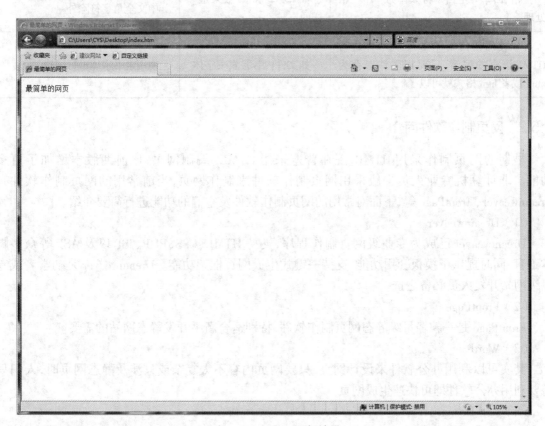

图 7-13 HTML 运行效果

当前最常用的所见即所得的网页编辑器是 Dreamwaver,可以很容易创建一个页面,而不需要在纯文本中编写代码。HTML 在语法的使用上的特点如表 7-5 所示。

表 7-5　HTML 语法特点

语法特点	示例	说明
英文字母不区分大小写,但是为了阅读与修改方便建议区分大小写	如 html 与 Html 以及 htML 效果是一样的	如何使用取决于用户个人的习惯
一般都是双标记标签,放在 <> 中,它需要成对出现。结束标记要比开始标记多一个 "/" 斜杠	如 <HTML> 表示标记开始,</HTML> 表示标记结束	如果缺少结束标记,默认还没有结束该标记
少量标记是单标记的	如 <hr>	水平线标记
特殊标签是以 & 开始,以;结束	如	表示为一个空格
标签与 <> 前后尽量不要有空格	如 < html >	是错误的
标签的属性之间要用空格隔开	如 <Font size=4>	表示字体的大小属性等于 4
空格、回车等空白字符只作为一个空格处理	如 ⊔ ⊔ 和 ⊔ 效果是一样的	中文全角字符除外
可以使用任何编译器、任何字体进行 HTML 语言的编辑,只要把文件保存为 html 或者 htm 格式就可以了	如文件内容是隶书字体	使用隶书字体进行编辑

7.5.2　网页制作软件简介

早期的网页制作采用 HTML,现在普遍采用 HTML5 编制网页,比前期版本增加了更多功能。非计算机专业人员一般采用网页制作软件来制作网页,当前常用的网页制作软件有 Dreamweaver、FrontPage 等,下面对常用的网页制作软件及它们的功能进行简要介绍。

（1）Dreamweaver

Dreamweaver 已成为专业级网页制作程序,支持 HTML、CSS、PHP、JSP 以及 ASP 等众多脚本语言,同时提供了模板套用功能,支持一键式生成网页框架功能。Dreamweaver 是初学者或专业级网站开发人员必备之选。

（2）FrontPage

FrontPage 是一款轻量级静态网页制作软件,特别适合新手开发静态网站的需要。

（3）Word

其实可以利用办公软件来设计网页,只要网页内容不太复杂或只涉及静态网页时,人们只需要利用办公软件即可快速生成网页。

（4）CSS Design

Design 是一款适合对 CSS 进行调试的专业级软件,能够对 CSS 语法进行着色,同时支持即时查看样式功能,特别方便程序的调试以及效果的比对。

（5）Flash

动画或动态图片是网页的重要组成部分,充分合理地使用 Flash 程序来设计网页元素,往往可达到意想不到的效果。

（6）Photoshop（PS）

Photoshop 用于对网页图片进行润色或特殊效果处理,是一款网页制作必备的软件。

7.5.3 网页制作与发布

1. 基本概念

在介绍网页制作流程前,先介绍几个基本概念。

（1）网页

网页实际是一个文件,存放在某台计算机中,而这台计算机必须是与互联网相连的。网页经由网址（URL）来识别与存取,当人们在浏览器中输入网址后,经过一段复杂而又快速的程序（域名解析系统）,网页文件会被传送到计算机,然后再通过浏览器解释网页的内容,展示到人们眼前。

（2）主页

主页就是网页的主要页面。打开一个网站首先出现的就是这个网站的首页,也就是主页。

（3）超链接

超链接是指从一个网页指向一个目标的连接关系,这个目标可以是另一个网页,也可以是相同网页上的不同位置,还可以是一张图片、一个电子邮件地址、一个文件,甚至是一个应用程序。而在一个网页中用来超链接的对象,可以是一段文本或者是一张图片。当浏览者单击已经链接的文字或图片后,链接目标将显示在浏览器上,并且根据目标的类型打开或运行。

（4）网站

各个网页链接在一起后才能真正构成一个网站。网站（web site）是指在 Internet 上,根据一定的规则,使用 HTML 等工具制作的用于展示特定内容的相关网页的集合。简单地说,网站是一种通信工具,就像布告栏一样,人们可以通过网站发布自己想要公开的资信,或者利用网站提供相关的网络服务。人们可以通过网页浏览器来访问网站,获取自己需要的资信或者享受网络服务。

许多公司都拥有自己的网站,他们利用网站进行宣传、产品发布、招聘等。随着网页制作技术的流行,很多个人也开始制作个人主页,这些通常是制作者用来自我介绍、展现个性的地方。也有以提供网络资信为盈利手段的网络公司,通常这些公司的网站上提供人们生活各个方面的资信,如时事新闻、旅游、娱乐、经济等。

因特网的早期,网站还只能保存单纯的文本。经过几年的发展,当万维网出现之后,图像、声音、动画、视频,甚至 3D 技术开始在因特网上流行起来,网站也慢慢地发展成人们现在看到的图文并茂的样式。通过动态网页技术,用户还可以与其他用户或者网站管理者进行交流。

2. 将 Word 文档转换为网页的流程

下面以 Word 为例简要介绍制作网页的流程。

（1）启动 Word，新建空白文档。

（2）在 Word 文档中输入网页的内容，并对内容做各种格式设置，如字体设置、段落设置等，也可以使用艺术字、文本框、图片进行美化，如图 7-14 所示。

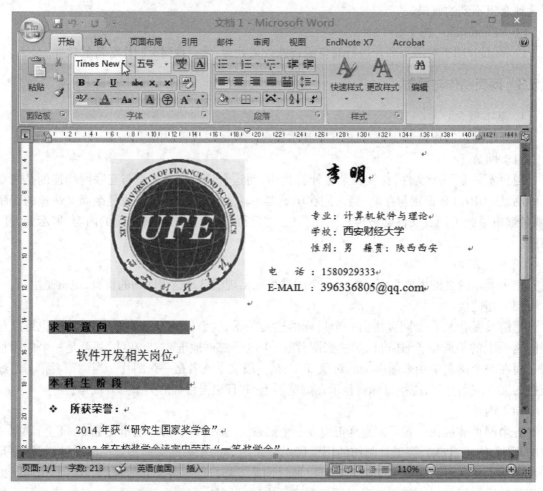

图 7-14　在 Word 中输入内容并进行格式设置

（3）切换到 Web 版式视图，如图 7-15 所示，在这个视图中看到的样式就是生成的 Web 页面，如果不满意可以进行修改直到满意为止。

（4）单击 Office 按钮，在弹出的菜单中单击"另存为"→"其他格式"命令，如图 7-16 所示。

（5）选择保存的格式为网页，如图 7-17 所示，一个简单的静态页面就制作完成了。

（6）做好的网页必须发布到 Internet 上，才能被大家看到。所谓发布到 Internet 上，实际上就是将网页文件放到始终与 Internet 联机的计算机上，这种计算机被称为服务器。实际上，个人计算机安装相应的服务器软件且有固定的 IP 地址也可以作为服务器，但一般都借用单位网站的服务器或租用一些空间提供商的服务器空间。

微视频：
利用 Word 制作网页

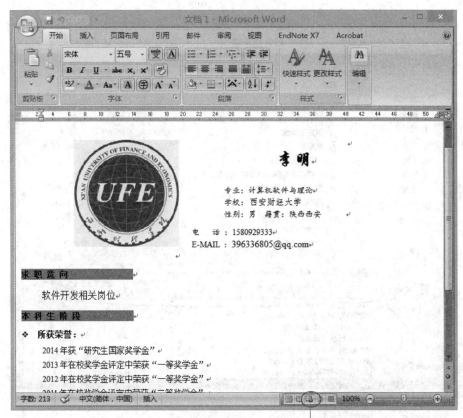

图 7-15 切换到 Web 版式视图

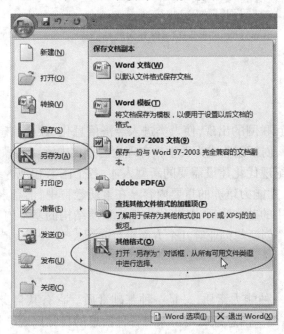

图 7-16 另存为选项

图 7-17　保存为网页格式

7.6　网络与社会

　　计算机网络特别是互联网的出现,使人类进入经济信息化、社会信息化的时代。终身教育、开放教育、能力导向学习、创新创业成为大学教育理念的重要内涵。为满足知识创新和终身学习的需求,培养适应 21 世纪现代化建设需要的新型人才,各个国家和地区纷纷将信息素养或信息能力教育作为 21 世纪人才能力培养的重要内容。在素质教育中,信息素质是一种综合的、在未来社会具有重要独特作用的基本素质,是当代大学生素质结构的基本内容之一。本节从信息检索、搜索引擎、"互联网 +" 创新与创业等几个方面进行介绍。

7.6.1　信息检索

　　信息获取素质既是一种能力素质,又是一种基础素质。它有其自身的内容结构,包括信息意识、信息能力和信息道德。信息意识是指人对各种信息的自觉反应。信息能力包括信息技术应用能力,信息查询、获取能力,信息组织加工和分析能力。信息道德是指整个信息活动中的道德,是调节信息生产者、信息加工者、信息传递者及信息使用者之间相互关系的行为规范的总和。通过信息检索知识的系统学习,学习者对自身的信息需求将具有良好的自我意识素质,能意识自身潜在的信息需求,并将其转化为显在的信息需求,进而能充分、正确地表达出来,对特定信息具有敏感的心理反应。另外,学习者还可以具有对信息的查询、获取、分析和应用能力,对信息进行去伪存真、去粗取精、提炼、吸取符合自身需要的信息。可见,信息检索是当代大学生必须具备的能力,是大学生信息素质教育的重要内容。

1. 信息检索的作用与意义

信息检索的作用与意义主要体现在以下 3 个方面。

(1)避免重复研究或走弯路

科学技术的发展具有连续性和继承性,闭门造车只会重复别人的劳动或者走弯路。比如,我国某研究所用了约十年时间研制成功"以镁代银"新工艺,满怀信心地去申请专利,可是美国某公司早在 20 世纪 20 年代末就已经获得了这项工艺的专利,而该专利的说明书就收藏在当地的科技信息所。科学研究最忌讳重复,因为这是不必要的浪费。在研究工作中,任何一个课题从选题、试验直到出成果,每一个环节都离不开信息。研究人员在选题开始就必须进行信息检索,了解别人在该项目上已经做了哪些工作,哪些工作目前正在做,谁在做,进展情况如何等。这样,用户就可以在他人研究的基础上进行再创造,从而避免重复研究,少走或不走弯路。

(2)节省研究人员的时间

科学技术的迅猛发展加速了信息的增长,加重了信息用户搜集信息的负担。许多研究人员在承接某个课题之后,也意识到应该查找资料,但是他们以为整天待在图书馆普查一次信息就是信息检索,结果浪费了许多时间,而有价值的信息没有查到几篇,查全率非常低。信息检索是研究工作的基础和必要环节,成功的信息检索无疑会节省研究人员的大量时间,使其能用更多的时间和精力进行科学研究。

(3)获取新知识的捷径

在改革开放的今天,传统教育培养的知识型人才已满足不了改革环境下市场经济的需求,新形势要求培养的是能力型和创造型人才,具备这些能力的人才首先需要具备自学能力和独立的研究能力。大学生在校期间,已经掌握了一定的基础知识和专业知识。但是,"授之以鱼"只能让其享用一时。如果掌握了信息检索的方法便可以无师自通,找到一条吸收和利用大量新知识的捷径,把大家引导到更广阔的知识领域中,对未知世界进行探索。可谓"教人以渔",才能终身受用无穷。

2. 搜索引擎的概念

搜索引擎(search engine)是指根据一定的策略、运用特定的计算机程序搜集互联网上的信息,在对信息进行组织和处理后,为用户提供检索服务的系统。

从使用者的角度看,搜索引擎提供一个包含搜索框的页面,在搜索框输入词语,通过浏览器提交给搜索引擎后,搜索引擎就会返回与用户输入的内容相关的信息列表。

3. 搜索引擎的分类

(1)全文索引

全文搜索引擎是名副其实的搜索引擎,国外代表有 Google,国内则有著名的百度搜索。它们从互联网提取各个网站的信息(以网页文字为主),建立数据库,并能检索与用户查询条件匹配的记录,按一定的排列顺序返回结果。

根据搜索结果来源的不同,全文搜索引擎可分为两类,一类拥有自己的检索程序(indexer),俗称蜘蛛(spider)程序或机器人(robot)程序,能自建网页数据库,搜索结果直接从自身的数据库中调用,上面提到的 Google 和百度就属于此类;另一类则是租用其他搜索引擎的数据库,并按自定的格式排列搜索结果,如 Lycos 搜索引擎。

(2)目录索引

目录索引虽然有搜索功能,但严格意义上不能称为真正的搜索引擎,只是按目录分类的网站链接列表而已。用户完全可以按照分类目录找到所需要的信息,不依靠关键词(keyword)进行查询。目录索引中最具代表性的莫过于大名鼎鼎的 Yahoo、新浪分类目录搜索。

(3)元搜索引擎

元搜索引擎(meta search engine)接收用户查询请求后,同时在多个搜索引擎上搜索,并将结果返回给用户。著名的元搜索引擎有 InfoSpace、Dogpile、Vivisimo 等,中文元搜索引擎中具有代表性的是搜星搜索引擎。在搜索结果排列方面,有的直接按来源排列搜索结果,如 Dogpile;有的则按自定的规则将结果重新排列组合,如 Vivisimo。

(4)其他非主流搜索引擎

① 集合式搜索引擎。该搜索引擎类似元搜索引擎,区别在于它并非同时调用多个搜索引擎进行搜索,而是由用户从提供的若干搜索引擎中选择,如 HotBot 在 2002 年底推出的搜索引擎。

② 门户搜索引擎。AOL Search、MSN Search 等虽然提供搜索服务,但自身既没有分类目录,也没有网页数据库,其搜索结果完全来自其他搜索引擎。

③ 免费链接列表(free for all links,FFA)。一般只简单地滚动链接条目,少部分有简单的分类目录,不过规模要比 Yahoo 等目录索引小很多。

7.6.2　搜索引擎的使用

搜索引擎为用户查找信息提供了极大方便,只需输入几个关键词,任何想要的资料都会汇集到用户面前。然而如果操作不当,搜索效率也是会大打折扣的。例如想查询某方面的资料,可搜索引擎返回的却是大量无关的信息。这种情况责任通常不在搜索引擎,而是因为用户没有掌握提高搜索精度的技巧。

1. 提高搜索效率的方法

(1)提炼搜索关键词

要在搜索引擎上搜索信息首先必须输入关键词,所以说关键词是一切事情的开始。大部分情况下找不到所需的信息,是因为在关键词选择方向上发生了偏移,学会从复杂搜索意图中提炼出最具代表性和指示性的关键词,是对提高搜索效率至关重要的。

选择搜索关键词的原则是,首先确定所要达到的目标,形成一个比较清晰的概念,如是资料性的文档,还是某种产品或服务。然后再分析这些信息的共性,以及区别于其他同类信息的特性,最后从这些方向性的概念中提炼出此类信息最具代表性的关键词。如果这一步做好了,往往就能迅速定位到要找的内容。

(2)细化搜索条件

用户给出的搜索条件越具体,搜索引擎返回的结果也会越精确。例如,想查找计算机冒险游戏方面的资料,输入 "game" 是无济于事的。"computer game" 范围就小一些,当然最好是输入

"computer adventure game"，返回的结果会精确得多。

有时用户甚至可以问搜索引擎一个问题，返回结果的准确度会让用户不得不佩服搜索引擎功能的强大。

由于中英文在词语排列上的差异（英文词与词之间有空格隔开，而中文则没有），使得中文切词成为搜索引擎的一大挑战。虽然目前支持中文搜索的引擎在切词方面已做得相当出色，但求其完美无缺也不太现实。因此在搜索关键词较多的情况下，建议主动将中文字词之间用空格隔开，以避免过多的无效搜索。

比如查中文计算机冒险游戏的资料，输入"计算机游戏　冒险"，而不是"计算机冒险游戏"。此外，一些功能词汇和太常用的名词，如对英文中的"and""how""what""web""homepage"和中文中的"的""地""和"等搜索引擎是不支持的。这些词被称为停用词（stop word）或过滤词（filter word），在搜索时这些词都将被搜索引擎忽略。

（3）用好搜索逻辑命令

搜索引擎基本上都支持附加逻辑命令查询，常用的是"+"号和"−"号，或与之对应的布尔（boolean）逻辑命令 AND、OR 和 NOT。用好这些命令符号可以大幅提高搜索精度。比较下面各搜索条件的含义：

computer adventure game

最基本的搜索方式。查找与该关键词有关的记录，相当于布尔逻辑命令中"OR"的关系，翻译如下：

computer（OR）adventure（OR）game

因此，搜索结果中不仅有同时包含 3 个关键字的记录，也有仅含部分关键字串（如 computer game）和个别关键字（如 computer）的记录。目前搜索引擎的趋势是默认匹配全部关键词搜索，即仅返回包含所有关键词的记录，相当于下面将介绍的"+"号和 AND 的关系，当然有时也有例外。

+computer +adventure +game

相当于布尔逻辑命令中的"AND"关系，翻译如下：

computer（AND）adventure（AND）game

因此，搜索结果中只列出同时包含 3 个关键字的记录。在搜索条件中使用"+"号，还可强制搜索引擎将一些停用词当作关键词进行搜索。例如搜索"who am i"时，其中"who"和"i"是停用词，可以在两个单词前加上"+"号强制对其进行搜索，此时的搜索条件即可为"+who +am +i"。

+computer +game － adventure

翻译如下：

computer（AND）game（NOT）adventure

则是列出所有包含 computer game 的记录，但在其中排除有关 adventure 的记录。

综上所述，"+"号（AND）用于在搜索中指定涵盖某项内容，而"−"号（NOT）则用来从结果中排除某项内容。

下面以百度搜索引擎为例介绍使用方法。

2. 利用百度搜索引擎进行信息查询

图 7-18 是百度的主页面，在搜索框中输入"计算机网络"，然后单击"百度一下"按钮。如图 7-19 所示是搜索结果的页面，可以看出百度找出了许多和计算机网络相关的信息，有视频、图片，以及论坛中的帖子、百度百科中的词条等，信息量非常丰富。

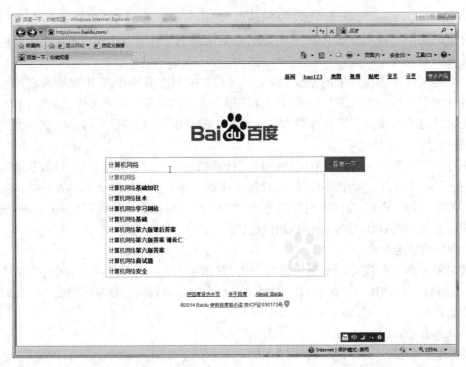

图 7-18   百度搜索引擎界面

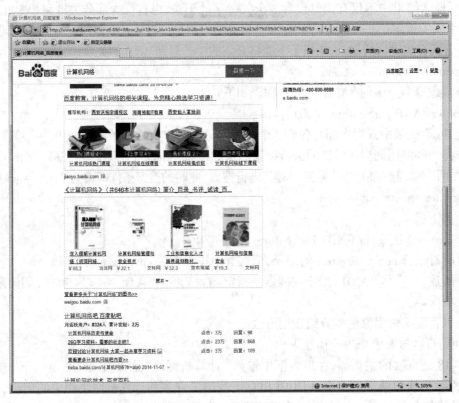

图 7-19   搜索结果

3. 常用搜索引擎

国内著名搜索引擎有百度、好搜、雅虎、必应、网易有道、搜狗搜索等。

国外著名英文搜索引擎有 Google、ASK、Search、HotBot、AltaVista Gigablast、LookSmart、Lycos 等。

7.6.3 CNKI 中国知网

1. CNKI 简介

国家知识基础设施（national knowledge infrastructure，CNKI）的概念，由世界银行提出于 1998 年。CNKI 工程是以实现全社会知识资源传播共享与增值利用为目标的信息化建设项目，由清华大学、清华同方发起，始建于 1999 年 6 月。在党和国家以及教育部、中宣部、科技部、新闻出版总署、国家版权局、国家计委的大力支持下，在全国学术界、教育界、出版界、图书情报界等社会各界的密切配合和清华大学的直接领导下，CNKI 工程集团经过多年努力，采用自主开发并具有国际领先水平的数字图书馆技术，建成了世界上全文信息量规模最大的 CNKI 数字图书馆，并正式启动建设《中国知识资源总库》及 CNKI 网格资源共享平台，通过产业化运作，为全社会知识资源高效共享提供最丰富的知识信息资源和最有效的知识传播与数字化学习平台。图 7-20 是中国知网的首页。

图 7-20　中国知网首页

CNKI 工程的具体目标,一是大规模集成整合知识信息资源,整体提高资源的综合和增值利用价值;二是建设知识资源互联网传播扩散与增值服务平台,为全社会提供资源共享、数字化学习、知识创新信息化条件;三是建设知识资源的深度开发利用平台,为社会各方面提供知识管理与知识服务的信息化手段;四是为知识资源生产出版部门创造互联网出版发行的市场环境与商业机制,大力促进文化出版事业、产业的现代化建设与跨越式发展。新版的 CNKI 加入了 KDN 知识发现网络平台,增加了许多以下新的特性。

(1)一框式检索。在检索前只需切换数据库,然后在文本框中输入要检索的关键词,单击检索按钮即可,如图 7-21 所示。

图 7-21　一框式检索

(2)智能输入提示。在用户输入关键词时根据系统推测给出输入的选项和提示,如图 7-22所示,让用户轻松输入所要检索关键词。

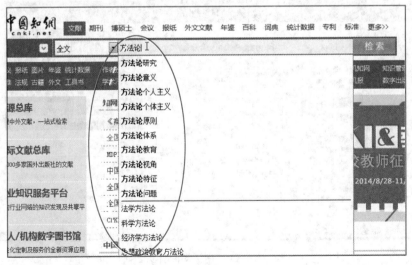

图 7-22　智能输入提示

（3）CNKI 指数分析。图形化展现关键词最新信息，如图 7-23 所示。

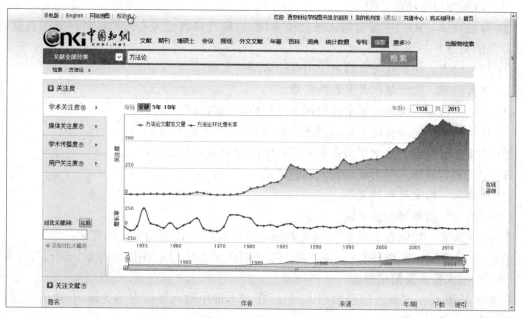

图 7-23　CNKI 指数分析

（4）文献分析。主动分类推送和深层直观分析文献，如图 7-24 所示。

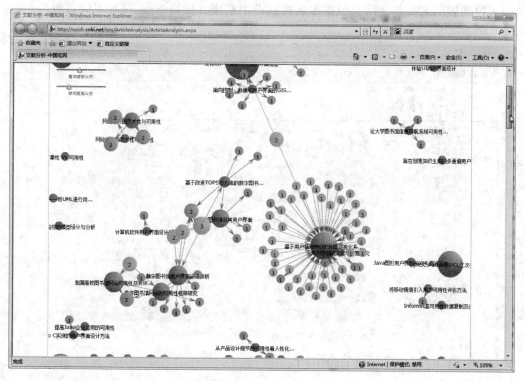

图 7-24　文献分析

2. CNKI 的使用

（1）数据库检索功能介绍

① 导航检索。用户不需要输入任何检索词，只要选择自己关心的栏目名称就能直接查到所需专题的文章。

② 篇名检索。检索在文章篇名中出现检索词的文章。

③ 作者检索。检索某作者发表的文章。

④ 关键词检索。检索在文章关键词中出现检索词的文章。

⑤ 机构检索。输入机构名称，检索该单位的作者发表的文章。

⑥ 中文摘要检索。检索在文章中文摘要中出现检索词的文章。

⑦ 中文刊名检索。检索某期刊发表的文章。

⑧ 年检索。检索某年的文章。

⑨ 期检索。检索某期的文章。

⑩ 全文检索。检索在文章全文（包括文章全部内容）中出现检索词的文章。

⑪ 二次检索。对上述任何方式的检索结果，可以在此结果范围内用新的检索词进行再次检索。

（2）一框式检索及简单检索

一框式检索只在主页上切换数据库，然后在文本框中输入要检索的关键词，单击检索按钮即可，如图 7-21 所示。

（3）高级检索

使用高级检索，如图 7-25 所示，可以设置较多的检索项，检索项名称在下拉列表中显示，检索项中下拉列表的名称是从所选数据库的检索点中汇集共性检索点，选择不同数量的数据库，

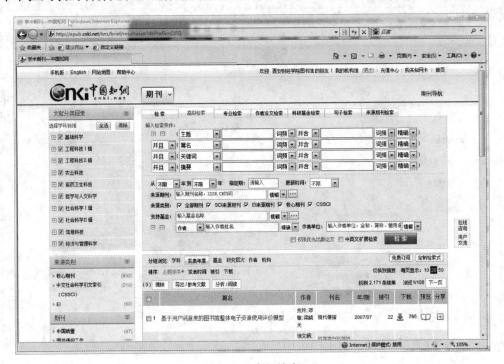

图 7-25　高级检索

检索项数量和名称有可能不同。同一检索项中两个检索词间的关系,可选择"或者""不包含""并且"逻辑运算以及同句、同段等关系;所有检索项可按"并且""或者""不包含"3种逻辑关系进行组合检索;还可以选择精确匹配还是模糊匹配。

检索完成后,可以单击排序选项"排序: 主题排序⬇ 发表时间 被引 下载",按照主题、发表时间和被引次数进行排序。

例如,检索项选"篇名",第一个检索词输入"超导",词频选"2",词间关系选"并且",第二个检索词输入"器件",词频选"3",表示要检索在"篇名"中,"超导"至少出现两次,同时"器件"至少出现3次的文献。

（4）专业检索

图7-26显示了专业检索的界面,专业检索需要构造检索式,构造的过程分为选择检索项、构造表达式、构造检索式3个步骤,下边分别进行介绍。

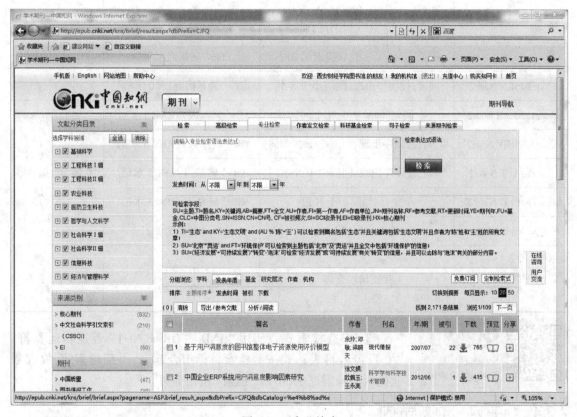

图 7-26 专业检索

① 选择检索项。跨库专业检索支持对以下检索项的检索:主题、题名、关键词、摘要、全文、作者、第一责任人、机构、中文刊名、英文刊名、引文、年、基金、中图分类号、ISSN、统一刊号、ISBN、被引频次。

② 构造表达式。使用运算符构造表达式,可使用的运算符及说明如表7-6所示。

表 7-6   运算符及说明

运算符	检索功能	检索含义	示例	适用检索项
=' str1 ' * ' str2 '	并且包含	包含 str1 和 str2	TI=' 转基因 ' * ' 水稻 '	所有检索项
=' str1 ' + ' str2 '	或者包含	包含 str1 或者 str2	TI=' 转基因 ' + ' 水稻 '	
=' str1 ' - ' str2 '	不包含	包含 str1 不包含 str2	TI=' 转基因 ' - ' 水稻 '	
=' str '	精确	精确匹配词串 str	AU=' 袁隆平 '	作者、第一责任人、机构、中文刊名 & 英文刊名
=' str /SUB N '	序位包含	第 n 位包含检索词 str	AU=' 刘强 /SUB 1 '	
%' str '	包含	包含词 str 或 str 切分的词	TI%' 转基因水稻 '	全文、主题、题名、关键词、摘要、中图分类号
=' str '	包含	包含检索词 str	TI=' 转基因水稻 '	
=' str1 /SEN N str2 '	同段,按次序出现,间隔小于 N 句		FT=' 转基因 /SEN 0 水稻 '	
=' str1 /NEAR N str2 '	同句,间隔小于 N 个词		AB=' 转基因 /NEAR 5 水稻 '	主题、题名、关键词、摘要、中图分类号
=' str1 /PREV N str2 '	同句,按词序出现,间隔小于 N 个词		AB=' 转基因 /PREV 5 水稻 '	
=' str1 /AFT N str2 '	同句,按词序出现,间隔大于 N 个词		AB=' 转基因 /AFT 5 水稻 '	
=' str1 /PEG N str2 '	全文,词间隔小于 N 段		AB=' 转基因 /PEG 5 水稻 '	
=' str $ N '	检索词出现 N 次		TI=' 转基因 $ 2 '	
BETWEEN	年度阶段查询		YE BETWEEN (' 2000 ',' 2013 ')	年、发表时间、学位年度、更新日期

微视频:
中国知网中参考文献检索及应用

③ 构造检索式。使用"AND""OR""NOT"等逻辑运算符,"( )"符号将表达式按照检索目标组合起来,得到检索式,放入专业检索的检索框中,单击"检索"按钮即可。

7.6.4   "互联网 +"创新与创业

1. 互联网创新思维

互联网的发展改变了人们的生活方式和工作方式,互联网催生了很多颠覆性的创新,不仅有互联网的思维创新,更具有基于互联网思维创新的新行业不断出现。互联网平台使得用户既是信息的消费者,也是信息的生产者,而平台则转变为用户生产信息和消费信息提供服务。互联网的创新思维具体体现在以下几个方面。

(1)大众产生内容,大众创造价值。例如,维基百科全书就是一种基于超文本系统的在线的百科全书,其特点是自由内容、自由编辑,即一个词条可以被任何互联网用户所添加,也可以被其他人所编辑。

（2）大众开发软件,大众消费软件,价值大众分享。使用苹果产品的用户,在购买了终端产品时,实际上拿到的只是它的硬件,而相关的软件需要通过互联网连接到聚集了各种各样应用软件的苹果商店进行下载或购买。那么苹果商店提供的软件都是苹果公司自己开发的吗? 显然不是。可以这样思考:一般传统终端设备制造商是自己既提供硬件又提供软件,仅靠自己的团队开发软件来满足客户需求,但能满足多少呢? 传统的软件开发商,自己开发产品或者接到委托定制开发软件,自己团队销售,能够销售多少呢? 因此,仅仅依靠自己的力量绝对是有限的。那能否依赖大众的力量呢? 互联网的出现,给出了明确的答案。例如,苹果公司其实在苹果商店的背后就建立着一个强大的软件生态系统。一方面,苹果硬件类优质产品的开发,吸引更多的客户;另一方面,苹果商店汇聚的众多软件开发商提供的软件。当用户充分大时,软件的价格就会下降,一款软件几元、几十元都是可能的。这里蕴含的思维就是"大众开发软件,大众消费软件,为大众创造价值即为自己创造价值"。

（3）云计算、云服务的出现,改变了以设备为中心的理念,为大众创业提供环境。例如,几个人创业需要建立一个网站,而建网站传统而言,要购买高性能的服务器,以便 24 小时开机运行,这台服务器可能很贵,创业初期可能没有钱去投资,怎么办? 有了云服务,此时就可以考虑由购买转为租用,租一台虚拟计算机,云公司提供配套的联网 IP 地址和域名,自己只需要将开发网站的资料通过互联网传到这台虚拟计算机,则可很快建立起网站。从计算机及相关资源开发者角度而言,由销售转为出租是一种互联网思维;从计算机和相关资源使用者角度而言,由购买转为租用也是一种互联网思维。

2. "互联网 +"的概念

2015 年 7 月,国务院印发《国务院关于积极推进"互联网 +"行动的指导意见》,指出:"互联网 +"是把互联网的创新成果与经济社会各个领域深度融合,推动技术进步、效率提升和组织变革,提升实体经济创新力和生产力,形成更广泛的以互联网为基础设施和创新要素的经济社会发展新形态。提出了 11 项重点行动:第一,"互联网 +"创业创新;第二,"互联网 +"协同制造;第三,"互联网 +"现代农业;第四,"互联网 +"智慧能源;第五,"互联网 +"普惠金融;第六,"互联网 +"益民服务;第七,"互联网 +"高效物流;第八,"互联网 +"电子商务;第九,"互联网 +"便捷交通;第十,"互联网 +"绿色生态;第十一,"互联网 +"人工智能。

由此,可以看出,"互联网 +"就是互联网 + 各个行业,但不应该是两者简单的相加,而是利用互联网创新思维、互联网技术以及互联网平台,让传统行业与互联网深度融合,即充分发挥互联网在社会资源配置中的优化和集成作用,改造传统产业,提升各行业的竞争力。

3. "互联网 +"创新与创业典型案例

（1）携程旅行网

这是一家成功整合了 IT 产业与传统旅游业的互联网企业,提供集酒店预订、机票预订、旅游行程及旅游资信等在内的全方位旅行服务。其基本思维是,将服务过程分割成多个环节,以细化的指标控制不同的环节,并建立起一套测评体系,将世界各地的旅行社、航空公司、酒店、银行、保险公司、电信运营商等分散的资源聚集于携程网平台,为用户提供一条龙式的、整合的服务。该案例利用互联网对传统的出行订票、住宿等产生了变革性的影响。

（2）淘宝网与天猫网

阿里巴巴是以实体商品网上交易市场运营为主要业务发展起来的一家电子商务与互联网服务公司,专注于为个人或中小企业的买家和卖家提供贸易服务平台,包括天猫网(企业对企业的电子商务平台)、淘宝网(个人对个人的电子商务平台)、支付宝(在线支付服务)等。其基本思维是,利用互联网服务平台建立实体商品的网上店铺,聚集大量的中小企业或个人卖家及其待销售商品,再通过搜索引擎为大量的买家推荐商品,进而为双方的采购、销售、支付、配送等提供互联网服务。该案例利用互联网对传统的实体商店、书店等产生了变革性的影响。

（3）Uber 和滴滴出行

Uber(优步)和滴滴出行等是以涵盖出租车、专车、快车、顺风车、代驾及大巴等多项业务在内的互联网约车服务平台,以手机 APP 为载体建立了众多车主、广大普通乘客和服务平台之间的联系,聚集了不同类型的分散化的车辆和司机,普通乘客通过手机 APP 约车,手机 APP 将约车信息发送至服务平台,服务平台再通过互联网相关技术(如车辆定位、约车广播、竞标)等发现可以提供服务的车辆,建立车辆、司机与乘客之间的车辆服务关系。该案例改变了传统的租车或打车方式,颠覆了"招手停""电话约车"等传统的服务理念,建立了移动互联网时代下的现代化出行方式。

（4）"饿了么"互联网外卖订餐服务

"饿了么"是一家在线外卖订餐服务平台,以互联网服务平台为依托,聚集了数百万家餐厅,以及众多分散化的配送者,为人们提供选餐、订餐、取餐、送餐一条龙式的服务,使人们足不出户便可享用不同餐厅的优质餐饮。该案例利用互联网对传统的餐饮店、饭店等产生了变革性的影响。

（5）智慧城市示例

互联网的出现,使得智慧城市建设变得更容易。例如,在城市电网、水网、气网、路网、油网、水暖等基础设施中嵌入监控传感器(射频识别、摄像头、GPS、红外应器、激光扫描器等),将城市内物体的位置、状态等信息捕捉后再经互联网的传输以实现互联互通,这样可以建立起人与人、人与物、物与物的全面交互,实现基础设施动态监测、检测检修、维护维修等的智能化,以尽可能减少基础设施维修期间给区域居民带来的影响。 巴西一座城市利用这种方法,为公交车与交通指示灯安装传感器,通过公交车传感器改变交通指示灯提升公交系统效率。

（6）人工智能应用示例（无人驾驶）

《新一代人工智能发展规划》提出从无人驾驶汽车与智慧交通两个层面,大力发展智能运载工具。加强车载感知、无人驾驶、车联网、物联网等技术集成和配套,开发交通智能感知系统,形成我国自主的无人驾驶平台技术体系和产品总成能力,探索无人驾驶汽车共享模式。为了落实,工业和信息化部印发了《促进新一代人工智能产业发展三年行动计划（2018—2020 年）》,提出到 2020 年,建立可靠、安全、实时性强的智能网联汽车智能化平台,形成平台相关标准,支撑高度自动驾驶（HA 级）。到 2020 年,重点区域车联网网络设施初步建成。目前,上汽、一汽、长安、广汽、北汽、吉利、长城、宝马、奔驰、标致雪铁龙等传统车企,滴滴、蔚来、威马、拜腾、爱驰、华人运通等新势力造车企业,博世、四维图新、禾赛科技、地平线、科大讯飞等核心系统企业,以及华为、大唐、移动、联通等信息通信企业共同探讨汽车技术与交通技术融合。

实 践

实践 1: 网络协议设置

1. 任务要求

（1）参照图 7-27 所示,将自己计算机的 IP 地址、子网掩码、DNS、默认网关等进行设置。

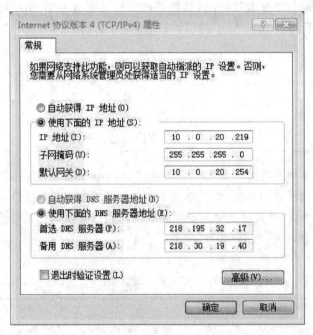

图 7-27　设置示例

（2）查看自己计算机的物理（MAC）地址。

（3）测试自己计算机与相邻局域网的连同性;与网关的连同性。

2. 解决方法

（1）单击"桌面"→"网上邻居"→"属性"→"本地连接"→"属性"→"TCP/IP 协议"→"属性"命令,打开协议版本属性对话框。

（2）在"开始"菜单运行框中输入 cmd,在打开的对话框中输入 ipconfig/all,按 Enter 键查看结果。

（3）在"开始"菜单运行框中输入 ping 命令,查看所要测试机器的 IP 地址或网关地址。

实践 2: 网络的基本应用

1. 任务要求

（1）访问西安财经大学主页。

（2）申请一个免费邮箱。

2. 解决方法

（1）打开浏览器,在地址栏输入西安财经大学网址,按 Enter 键。

（2）可以申请网易、搜狐、新浪等邮箱。

实践 3:信息搜索

1. 任务要求

（1）利用百度搜索引擎搜索"大学计算机基础教材",查看主编、出版社等信息。

（2）利用 CNKI 下载 2014 年第 1 期《计算机应用》期刊上的任意一篇论文,并将其发送到自己的邮箱中。

2. 解决方法

自主完成。

本 章 小 结

本章对计算机网络的基础知识进行了简要介绍,本着培养应用能力的目的,学习完本章后,学习者能够了解计算机网络的初步知识,熟悉 Internet 的基本功能与操作,能够结合文字处理的相关知识生成简单的网页,着重培养学生应用互联网络获取领域知识的能力,同时注重学生以互联网的思维,开启"互联网 +"创新创业的意识。

习 题

一、填空题

1. 按照网络覆盖的范围,计算机网络可分为_____、_____和_____。

2. 计算机网络中,协议的三要素是_____、_____和_____。

3. 计算机网络系统是由_____和_____组成的。

4. 邮件地址 liming@163.com 中的 163.com 是_____。

5. HTML 称为_____语言。

二、判断题

1. 计算机联网的主要目的是实现更大范围的资源共享。　　　　　　　　（　　　）

2. 只要在网页中加入动画、视频等,就是动态网页。　　　　　　　　　（　　　）

3. 在 IPv4 规则中,一个 IP 地址用一个 32 位二进制数表示。　　　　　（　　　）

4. 编写好的网页不需要发布,别人就能在不同地方看到。　　　　　　　（　　　）

5. 221.222.38.256 是一个合法的 IP 地址。　　　　　　　　　　　　　（　　　）

三、简答题

1. 什么计算机网络? 它有哪些功能?

2. 何谓计算机网络的拓扑结构?

3. 什么是协议? 协议分层有什么好处?

4. 什么是主页？

5. 什么是搜索引擎？它有什么作用？

四、思考题

什么是"互联网+"，收集和搜索"互联网+创业"的相关案例，规划自己的创业计划。

第8章 信息安全

本章要点:

1. 了解信息安全的基本概念。
2. 了解信息安全的常用技术。
3. 了解信息安全对策。
4. 了解网络道德及国家信息安全法规。

20 世纪 90 年代互联网的普及和应用,信息革命席卷全球。今天,互联网已融入人们的学习、工作、生活中,但随之而来带给人们的挑战就是安全问题。本章从培养学生信息安全素养的角度出发,介绍信息安全的概念、信息安全技术、安全防范等相关问题。

8.1 信息安全概述

2010 年以来,国际信息安全领域的事件频繁发生,如从震网病毒到维基泄密,再到棱镜门事件等。近几年来,信息安全问题已经引起各国的高度重视,中国已经将网络安全提高到国家层面,成立了以总书记为组长的网络安全与信息化领导小组,面对日益复杂的信息安全形势。

8.1.1 信息安全的概念

1. 信息安全

信息安全是指为数据处理系统采取的安全保护技术和管理,保护计算机硬件、软件、数据不因偶然的或恶意的原因而遭到破坏、更改、泄露。其中既包含了层面的概念,如计算机硬件可以看作是物理层面,软件可以看作是运行层面,再就是数据层面;又包含了属性的概念,如破坏涉及的是可用性,更改涉及的是完整性,泄露涉及的是机密性。

信息安全本身包括的范围很广。如国家军事政治等机密安全、防范商业企业的机密泄露、防范青少年对不良信息的浏览、个人信息的泄露等。网络环境下的信息安全体系是保证信息安全的关键,包括计算机安全操作系统、各种安全协议、安全机制(数字签名、信息认证、数据加密等),直至安全系统,其中任何一个安全漏洞都可以威胁全局安全。

2. 信息安全的内容

(1)硬件安全,即网络硬件和存储媒体的安全。要保护这些硬件设施不受损害,能够正常工作。

(2)软件安全,即计算机及其网络的各种软件不被篡改或破坏,不被非法操作或误操作,功能不会失效,不被非法复制。

(3)运行服务安全,即网络中的各个信息系统能够正常运行并能正常地通过网络交流信息。通过对网络系统中的各种设备运行状况的监测,发现不安全因素,及时报警并采取措施改变不安全状态,保障网络系统正常运行。

（4）数据安全，即网络中存在流通数据的安全。要保护网络中的数据不被篡改、非法增删、复制、解密、显示、使用等。它是保障网络安全最根本的要求。

8.1.2 信息安全现状

现在，无论是在国防建设，还是在能源、交通，企业的生产经营，政府管理，特别是在个人的学习和生活中，都离不开信息社会。比如人们现在都有网上银行，手机都有个人微信，人们进入了移动支付的年代，这些都说明信息社会已经渗透到人们生活的方方面面。

信息社会的最大特点是离不开网络的支撑，人们对网络的依赖程度越来越高。网络的特点是可以把身处异地的人、物、事情连在一起，大大缩短物理上、时空上的距离。但是，互联网是一个开放分布式的协同计算网络环境，从根本上说，互联网没有一个严格的统一集中管理，虽然在域名上有一些管理，但是结构是比较松散的，便于互联，用户之间也比较透明，在这种状况下，便于实现大家对资源的共享。

网络化带来了一个不可分割的问题就是网络安全，全球的网络化不仅把计算机连接起来，把网页连接起来，而且把所有的信息资源连接起来，例如现在的下一代互联网、物联网，以及万联网，就是把人和物连在一起，而这样面临的安全问题却越来越复杂，所以安全也成为网络服务的根本保障。

现在新技术的应用，如云计算、物联网、下一代互联网、下一代移动通信等，一系列新技术的快速创新，以及快速应用和产业化的普及，正成为全球后金融时代社会和经济发展共同关注的重点。这些技术的快速普及和应用的同时，给人们的工作和生活带来便利的同时，也带来信息安全问题。如可穿戴设备、无人驾驶等给人们带来诸多便利，这些技术的普及，使得信息安全同人们的生命安全和财产安全息息相关。

8.1.3 信息安全需求

一般提到信息安全，不外乎保证系统或者信息资源的可靠性、可用性、机密性、完整性和不可抵赖性。

1. 可靠性
可靠性一般是指信息系统能够在规定的条件下和规定的时间内完成规定功能的特性。可靠性，即一般信息系统能够正常实现它的功能，这是可靠性的一个最基本要求。可靠性包括抗毁性，这是系统在人为破坏下的一个可靠性；生存性，随机破坏系统的可靠性；有效性，基于业务性能的一个可靠性，即让这个系统能够可靠运转的一个基本要求。

2. 可用性
可用性是指信息可被授权实体访问并按需求使用的一个特性，是系统面向用户的一个安全性能，一般用系统正常使用的时间和整个工作时间之比来度量。如现在对一些系统的一个重要程度即宕机的一种情况来说，如金融系统，可能一年要求可用性大概是百分之4个9或5个9。对有些系统来讲，比如内部的办公系统它可能停几天都是没问题的。

3. 机密性
机密性是指信息不被泄露给非授权用户、实体或过程，供其利用的特性。机密性就是在可靠性和可用性的基础上保障信息安全的一个重要手段。机密性指的就是信息或一些数据只能给授权用户访问的一种情况,没有授权的用户是访问不到的。

4. 完整性

完整性是指网络信息未经授权不能进行改变的一个特性,即信息在存储或传递的过程中保持不被偶然或者蓄意的删除、修改、伪造、乱序、重放、插入等破坏和丢失的一个特性。简单的理解就是,一个电子文件不被任何人修改,保证里面真实的内容是完整存在的。

5. 不可抵赖性

不可抵赖性是指网上的一个行为,在信息的交换过程中,确信参与者的真实同一性,即所有的参与者都不可能否认或抵赖曾经完成的操作和承诺。例如人们在互联网登录时,或者在给其他人信息交换传输文件时,做过的事情事后都能被追踪,行为能够被审计,使得事后对曾经做过的一些操作不可抵赖。

当满足以上 5 个方面的特性时,就说这个系统、网络或信息是安全的。

8.1.4 信息安全风险

1. 信息安全威胁来源

面对复杂、严峻的信息安全形势,分析安全风险是安全管理的重要环节。信息安全面临的威胁主要来自以下 3 个方面。

（1）技术安全风险因素

① 基础信息网络和重要信息系统安全防护能力不强。国家重要的信息系统和信息基础网络是信息安全防护的重点,是社会发展的基础。我国的基础网络主要包括互联网、电信网、广播电视网等,重要的信息系统包括铁路、政府、银行、证券、电力、民航等关系国计民生的国家关键基础设施所依赖的信息系统。虽然在这些领域的信息安全防护工作取得了一定成绩,但是安全防护能力仍然不强。主要表现在:

a. 重视不够,投入不足。对信息安全基础设施投入不够,信息安全基础设施缺乏有效的维护和保养制度,设计与建设不同步。

b. 安全体系不完善,整体安全十分脆弱。

c. 关键领域缺乏自主产品,高端产品严重依赖国外,无形埋下了安全隐患。如果被人预先植入后门,很难发现,届时造成的损失将无法估量。

② 泄密隐患严重。随着企业及个人数据累计量的增加,数据丢失所造成的损失已经无法计量,机密性、完整性和可用性均可能随意受到威胁。在当今全球一体化的大背景下,窃密与反窃密的斗争愈演愈烈,特别在信息安全领域,保密工作面临新的问题越来越多,越来越复杂。信息时代泄密途径日益增多,比如互联网泄密、手机泄密、电磁波泄密、移动存储介质泄密等新的技术发展也给信息安全带来新的挑战。

（2）人为恶意攻击

相对物理实体和硬件系统及自然灾害而言,精心设计的人为攻击威胁最大。人的因素最为复杂,思想最为活跃,不能用静止的方法和法律法规加以防护,这是信息安全所面临的最大威胁。人为恶意攻击可以分为主动攻击和被动攻击。主动攻击的目的在于篡改系统中信息的内容,以各种方式破坏信息的有效性和完整性。被动攻击的目的是在不影响网络正常使用的情况下,进行信息的截获和窃取。总之,不论是主动攻击还是被动攻击,都给信息安全带来巨大损失。攻击者常用的攻击手段有木马、黑客后门、网页脚本、垃圾邮件等。

（3）信息安全管理薄弱

与反恐、环保、粮食等安全问题一样，信息安全也呈现出全球性、突发性、扩散性等特点。信息及网络技术的全球性、互联性、信息资源和数据共享性等，又使其本身极易受到攻击，攻击的不可预测性、危害的连锁扩散性大大增强了信息安全问题造成的危害。信息安全管理已经被越来越多的国家重视。面对复杂、严峻的信息安全管理形势，根据信息安全风险的来源和层次，有针对性地采取技术、管理和法律等措施，谋求构建立体的、全面的信息安全管理体系，已逐渐成为共识。

2. 信息安全威胁类型

信息安全威胁类型根据其性质，基本上可以归结为以下几个方面。

（1）信息泄露：保护的信息被泄露或透露给某个非授权的实体。

（2）破坏信息的完整性：数据被非授权地进行增删、修改或破坏而受到损失。

（3）拒绝服务：信息使用者对信息或其他资源的合法访问被无条件地阻止。

（4）非法使用（非授权访问）：某一资源被某个非授权的人或以非授权的方式使用。

（5）窃听：用各种可能的合法或非法的手段窃取系统中的信息资源和敏感信息。例如对通信线路中传输的信号搭线监听，或者利用通信设备在工作过程中产生的电磁泄露截取有用信息等。

（6）业务流分析：通过对系统进行长期监听，利用统计分析方法对诸如通信频度、通信的信息流向、通信总量的变化等参数进行研究，从中发现有价值的信息和规律。

（7）假冒：通过欺骗通信系统或用户，达到非法用户冒充成为合法用户，或者特权小的用户冒充成为特权大的用户的目的。通常所说的黑客大多采用的就是假冒攻击。

（8）旁路控制：攻击者利用系统的安全缺陷或安全性上的脆弱之处获得非授权的权利或特权。例如，攻击者通过各种攻击手段发现原本应保密，但是却又暴露出来的一些系统特性，利用这些特性，攻击者可以绕过防线守卫者侵入系统的内部。

（9）授权侵犯：被授权以某一目的使用某一系统或资源的某个人，却将此权限用于其他非授权的目的，也称作内部攻击。

（10）抵赖：这是一种来自用户的攻击，涵盖范围比较广泛，比如，否认自己曾经发布过的某条消息，伪造一份对方来信等。

（11）计算机病毒：这是一种在计算机系统运行过程中能够实现传染和侵害功能的程序，行为类似病毒，故称作计算机病毒。

（12）信息安全法律法规不完善：由于当前约束操作信息行为的法律法规还很不完善，存在很多漏洞，很多人打法律的"擦边球"，这就给信息窃取、信息破坏者以可乘之机。

8.2 信息安全技术

随着人们对信息安全问题的重视，应对信息安全防范安全风险的措施也在不断强化。根据信息安全的风险，一般从两个层面提出安全对策，一是从管理层面，加强风险管理制度等的落实；另一层面是加强信息安全技术的研究。本节就比较典型的几种信息安全技术进行介绍，需要说明的是,这些安全技术与信息风险不是一对一的关系,即有时一种风险需要好几种技术应对,有时一种安全技术可以应对多种风险。

8.2.1 数据加密技术

数据加密是信息安全的核心技术之一,它对保证信息安全起着特别重要的作用,是其他安全技术无法替代的。通常,直接用于对数据的传输和存储过程中,而且任何级别的安全防护技术都可以引入加密概念。它能起到数据保密、身份验证、保持数据的完整性和抗否认性等作用。数据加密技术的基本思想是通过变换信息的表示形式伪装需要保护的敏感信息,使非授权用户不能看到被保护的信息内容。

1. 加密技术中涉及的常规术语

(1)明文:需要保密传输的信息,即信息原文。

(2)加密:将明文进行伪装的操作过程称为加密。

(3)密文:对明文加密后产生的结果称为密文。

(4)密码算法:加密时使用的信息变换规则称为密码算法。密码算法分为加密算法和解密算法,前者将明文变为密文,后者是将密文变为明文。

(5)密钥:密码算法中的可变参数。

(6)密码体制:一个加密系统采用的基本工作方式,基本要素是密码算法和密钥。

2. 数据加密解密过程

使用密码进行通信的一般模型如图 8-1 所示。

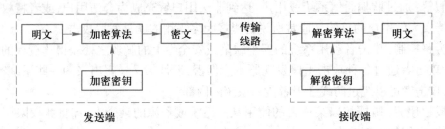

图 8-1 加密通信的一般模型

现代密码学的一个基本原则就是一切秘密应该包含于密钥之中,即在设计加密系统时,总是假设密码算法是公开的,真正需要保密的是密钥。密码算法的基本特点是,已知密钥条件下的计算应该是简洁有效的,而在不知道密钥条件下的解密计算是不可行的。

3. 密码体制

根据密码算法所使用的加密密钥和解密密钥是否相同,可以将密码体制分为对称密码体制和非对称密码体制。

对称密码体制在对信息进行明文/密文变换时,加密与解密使用相同的密钥。它的特点是,通信双方必须事先共同约定一个密钥。对称密码体制中的加密算法主要有换位密码和替换密码两类。

换位密码是一种不改变明文中字符本身,仅按照某种模式将其重新排列构成密文的加密方法。它是目前已知的最古老的密码。典型的换位密码法有列换位、按样本换位和分组换位几种。

下面以列换位为例来说明换位密码的基本思想。

列换位密码法把明文按行顺序写入二维矩阵,再按列顺序读出来构成密文。为增加破解的难度,用一个不包含重复字母的词或词组,以其中各字母在字母表中的顺序来标志列的顺序,该词或词组起着密码的作用。

例 8-1　对明文 they will arrive tomorrow,以 monday 为密钥,采用列换位密码法进行加密。

(1)首先将明文 they will arrive tomorrow 按行写入二维矩阵。矩阵中最后一行末位写入的 ab 是无意义的虚码,可作为迷惑破译者的符号。

$$
\begin{array}{llllll}
m & o & n & d & a & y \\
\hline
t & h & e & y & w & i \\
l & l & a & r & r & i \\
v & e & t & o & m & o \\
r & r & o & w & a & b
\end{array}
$$

(2)根据密码 monday 中每个字母的顺序,按列取出字母,得到密文。首先应该是 a 字母所在的列,然后是 d 字母所在列,接着是 m 字母、n 字母、o 字母,最后是 y 字母所在的列。

这样,最后的密文是 wrma yrow tlvr eato hler iiob。

替换密码可分为简单替换、多名替换、多表替换和区位替换 4 种。简单替换是把明文中的每个字符都用相应的字符替换,因此加密过程就是明文与密文字符集之间进行一对一的映射;多名替换与简单替换相似,其差别仅在于明文的同一字符可由密文中多个不同字符替换,即明文与密文的字符之间的映射是一对多的关系;多表替换中明文与密文的字符集之间存在多个映射关系,但每个映射关系却是一对一的;区位替换一次加密一个明文区位,而生成相应的密文区位。下面以简单替换为例来说明替换密码的基本原理。

最简单的替换是循环移位密码。其加密方法是把明文中的所有字母均用它右边第 k 个字母替代,并规定 z 后面是 A。例如取 $k=5$,此时的映射关系为

明文	a	B	c	d	e	f	g	h	i	j	k	L	m	n	o	p	q	r	s	t	u	v	w	x	y	z
密文	f	G	h	i	j	k	l	m	n	o	p	Q	r	s	t	u	v	w	x	y	z	a	b	c	d	e

用上述对应关系对 they will arrive tomorrow 加密,结果如下。

明文: they will arrive tomorrow

密文: ymjd bnqq fwwnaj ytrtwwtb

对称加密算法的典型代表是数据加密标准(data encryption standard, DES)。它是由 IBM 公司开发的一种分组对称式加密算法,1997 年被美国政府正式采纳。它的应用非常广泛,尤其是在金融领域。通常,自动取款机(ATM)都使用 DES。DES 的优点是在制造 DES 芯片时,易于实现标准化和通用化;随机特性好;线性复杂度高;易于实现等。

非对称密码体制又称公开密码体制。在非对称密码体制中,每个用户都有一对密钥:一个用于加密,一个用于解密。其中加密密钥一般为公开密钥,而解密密钥则属于用户私有。这种体

制下的加密和解密是分开的。非对称密码体制适用于开放的使用环境,密钥管理相对简单,但工作效率一般低于对称密码体制。

非对称密码体制理论具体实现方案中最著名的是 RSA 算法。RSA 算法作为被广泛接收并实现的通用公开密钥加密方式受到推崇。

8.2.2 数字签名技术

信息的完整性一方面是指信息在利用、传输、存储过程中不被删除、修改、伪造、乱序、重放和插入等,另一方面是指信息处理方法的正确性。不恰当的操作(例如误删除文件等)有可能造成重要文件的丢失。认证(authentication)又称为鉴别或确认,它是证实某事物是否名副其实或者是否有效的一个过程。认证和加密的区别在于,加密用于确保数据的保密性,阻止对手的被动攻击,而认证用于确保数据发送者和接收者的真实性和报文的完整性,阻止对手的主动攻击。

数字签名技术即进行身份认证的技术。在数字化文档上的数字签名类似于纸张上的手写签名,是不可伪造的。接收者能够验证文档确实来自签名者,并且签名后文档没有被修改过,从而保证信息的真实性和完整性。目前主要是基于公钥密码体制的数字签名。完善的签名应满足以下 3 个条件:

(1)签名者事后不能抵赖自己的签名。

(2)其他人不能伪造签名。

(3)如果当事人双方关于签名的真伪发生争执,能够在公正的仲裁者面前通过验证签名来确认其真伪。

数字签名技术主要用于信息、文件以及其他存储在网上的传输对象的认证。这种方法使任何拥有发送方公开密钥的人都可以验证数字签名的正确性。

8.2.3 防火墙技术

防火墙是指设置在不同网络或网络安全域之间的一系列软件和硬件设备的组合。它是不同网络或网络安全域之间信息的唯一出入口,能根据安全政策控制出入网络的信息流,且本身具有较强的抗攻击能力。防火墙提供信息安全服务,是实现网络和信息安全的基础设施。通常,防火墙既可以作为一个独立的主机设备来设置,也可以是运行于网关、代理服务器等设备上的软件。它能够防止外部网络的不安全因素的涌入,同现实生活中的防火墙类似,这道墙可以阻挡不安全的"火势"蔓延到受其保护的内部网络。

防火墙是网络安全保护最有效、使用最广泛的一种技术,防火墙的基本功能主要有以下几个方面。

(1)过滤进出网络的数据包。

(2)管理进出网络的访问行为。

(3)封堵某些禁止的访问行为。

(4)记录通过防火墙的信息内容和活动。

(5)对网络攻击进行检测和警告。

(6)隔离网段,限制安全问题扩散。

（7）自身具有一定的抗攻击能力。

（8）可以实现地址转换，缓解企业公网地址短缺的问题。

按照防火墙对内外来往数据的处理方法与技术，大致可以将防火墙分为两个体系：包过滤技术和代理服务器技术。

（1）包过滤技术

包过滤技术是在网络层对数据包进行选样，选择的依据是系统内已设置好的过滤规则，被称为访问控制表。通过检查数据流中每个数据包的源地址、目的地址、所用的端口号、协议状态等因素，或它们的组合来确定是否允许该数据包通过。

包过滤技术的优点是，逻辑简单、灵活，数据包过滤对用户透明，过滤速度快、效率高。缺点是，不能彻底防止地址欺骗；不能防止来自内部网络的威胁；外部用户能够获得内部网络的结构和运行情况，为网络安全留下隐患。

（2）代理服务器技术

代理服务器技术也称链路级网关或 TCP 通道。它是针对包过滤技术存在的缺点而引入的技术，其核心是运行于防火墙主机上的代理服务器进程，代理用户完成 TCP/IP 网络的访问请求，例如，对电子邮件、FTP、Telnet、WWW 等各种不同的应用提供一个相应的代理。这种技术使得外部网络与内部网络之间需要建立的连接必须通过代理服务器的中间转换，实现了安全的网络访问，实现用户认证、详细日志、审计跟踪和数据加密等功能，实现协议及应用的过滤、会话过程的控制，具有很好的灵活性。

在实际应用中，通常把包过滤技术和代理服务器技术结合起来。包过滤只需要来自或去往代理服务器的数据包通过，同时简单地丢弃其他数据包，其他进一步的过滤则由代理服务器完成。

8.2.4 计算机病毒与防护

计算机病毒是借用生物学领域的术语来表达的，是指某些人利用计算机软硬件所固有的脆弱性，编制的具有特殊功能的程序。由于它与生物医学上的病毒同样有传染和破坏的特性，因此便将其称为计算机病毒。1994 年 2 月 18 日，我国正式颁布实施了《中华人民共和国计算机信息系统安全保护条例》，该条例第二十八条中明确指出："计算机病毒，是指编制或者在计算机程序中插入的破坏计算机功能或者毁坏数据，影响计算机使用，并能自我复制的一组计算机指令或者程序代码。"这个定义具有法律性和权威性。

1. 计算机病毒的分类

对计算机病毒的分类方法很多，常见的有以下几种。

（1）根据计算机病毒对计算机系统的破坏程度，可分为良性病毒和恶性病毒。良性病毒是指只表现自己而不恶意破坏系统数据的一种病毒，例如只占用系统资源、降低系统或程序运行速度、干扰屏幕画面等；恶性病毒是有目的有预谋的人为破坏。例如，破坏系统数据、删除文件，甚至摧毁系统等，这类病毒危害性大，后果严重。

（2）根据计算机病毒入侵系统的途径，可分为操作系统病毒、入侵型病毒、源码型病毒及外壳病毒。

（3）根据病毒所采用的技术方式，可分为引导型病毒、文件型病毒、宏病毒、网络病毒、邮件病毒、变体病毒、复合型病毒等。

2. 计算机病毒的传播途径

计算机病毒具有自我复制能力和传染能力,因此只要是能够进行数据交换的介质都可能成为计算机病毒的传播途径。其主要渠道通常有以下几种方式。

(1)不可移动的计算机硬件设备。

(2)移动存储设备,例如光盘、可移动硬盘等。

(3)计算机网络。通过网络共享、FTP 下载、电子邮件、WWW 浏览等传播。通过网络,病毒传播的国际化发展趋势更加明显,反病毒工作也由本地走向国际化。

(4)点对点通信系统和无线通道。目前,这种传播途径还不是十分广泛,预计在未来的信息时代,很可能成为病毒扩散最主要的渠道之一。

3. 计算机病毒的危害

计算机病毒的危害有以下几个方面。

(1)直接破坏计算机数据信息;

(2)占用磁盘空间;

(3)抢占系统资源;

(4)影响计算机运行速度;

(5)计算机病毒错误与不可预见的危害;

(6)计算机病毒的兼容性对系统运行的影响;

(7)计算机病毒给用户造成严重的心理压力;

(8)计算机病毒作为一种新的犯罪手段,在政治和军事上产生巨大影响。

4. 计算机病毒的主要特征

计算机病毒的特征很多,概括起来,可大致归纳为以下几种。

(1)非授权可执行性;

(2)隐蔽性;

(3)传染性;

(4)潜伏性;

(5)表现性或破坏性;

(6)可触发性;

(7)攻击的主动性。

5. 计算机病毒的检测方法

为最大限度减少计算机病毒的发生和危害,必须采取有效的预防措施。实践证明,合理有效的预防是防治计算机病毒最有效、最经济省力的方法。根据计算机病毒具有潜伏期的特点,如果能在病毒潜伏期发现病毒,就可以尽早对计算机系统进行处理,从而减少甚至避免损失。因此,计算机病毒的检测在计算机病毒防治系统中有着非常重要的地位。常用的检测方法有软件查毒和手动查毒两种方法。

(1)通过杀毒软件进行查毒

安装最新的杀毒软件是检查计算机病毒的必备手段。杀毒软件一般采用特征代码法、实时监控法等对计算机进行病毒检查。由于杀毒软件的技术和功能不断更新,用户在使用过程中应及时更新升级杀毒软件。

（2）手动方式进行查毒

杀毒软件并不会解决所有的病毒问题，因此掌握一些有效的检查病毒的方法，无疑会对保护自己的计算机系统起到帮助作用。尤其是目前常见的病毒类型，如宏病毒、脚本病毒、邮件病毒等采用手动检查方式更为有效。当运行中的计算机系统出现以下不正常现象时，应当怀疑是否感染了病毒。

① 系统运行异常；

② 磁盘文件异常；

③ 屏幕画面异常；

④ 内存或磁盘可用空间异常；

⑤ 外围设备异常；

⑥ 邮箱中发现大量不明来路的邮件，网络服务器拒绝服务，网速度明显变慢，甚至整个网络瘫痪。

其他不再一一列举，但要说明的是，异常现象并不说明系统确有病毒，还需要进一步检查。

6. 计算机病毒的预防措施

计算机病毒防治应采取"主动预防为主，被动处理结合"的策略，计算机病毒预防是计算机病毒防治工作的关键。预防工作应该从思想认识上、管理意识上以及技术手段方面综合地、整体性进行。树立以预防为主的思想，制定切实可行的防治措施，加强对病毒防治工作的管理，是降低病毒影响行之有效的办法。对采取的管理措施要严格执行并坚持下去，同时根据实际情况不断进行调整。

常见的预防措施主要包括以下几个方面。

（1）使用经过公安部认证的防病毒软件，定期对硬盘进行病毒检测和清除工作。

（2）在计算机和互联网之间安装使用防火墙，提高系统的安全性。

（3）及时从软件供应商下载、安装安全补丁程序和升级杀毒软件。随着计算机病毒编制技术和黑客技术的逐步融合，下载、安装补丁程序和杀毒软件升级并举将成为防治病毒的有效手段。

（4）新购置的计算机和新安装的系统，一定要进行系统升级，保证修补所有已知的安全漏洞。

（5）使用较为复杂的口令，不同账号选用不同的口令。

（6）经常备份重要数据。尽量做到每天坚持备份。较大的单位要做到每周完全备份，每天进行增量备份，并且每个月要对备份进行校验。

（7）重要的计算机系统和网络一定要严格与互联网进行物理隔离。这种隔离包括离线隔离，即在互联网中使用过的系统不能再用于内部网络。

（8）正确配置、使用病毒防治产品。一定要了解所选用产品的技术特点。正确配置使用，才能发挥产品的特点，保护自身系统的安全。

（9）正确配置系统，减少病毒侵害事件。充分利用系统提供的安全机制，提高系统防范病毒的能力。

计算机病毒的防治工作从宏观上讲是一个系统工程，需要全社会的共同努力。从国家的角度来说,应当通过对计算机病毒的系统研究,以科学、严谨的立法和严格的执法来打击病毒的制造者和蓄意传播者,同时建立专门的计算机病毒防治机构,从政策上和技术上组织、协调和指导全国的计算机病毒防治工作。从各级单位的角度来说,要牢固树立以预防为主的思想,应当制定出一套具体的、切实可行的管理措施,防止病毒的相互传播。从个人的角度来说,每个人都要遵守病毒防治的有关措施,应当不断学习、积累防治病毒的知识和经验,养成良好的防治病毒习惯,

微视频:
手机管家

不要成为病毒的传播者,更不能成为病毒的制造者。

目前市场上的查杀毒软件有许多种,国产里面最常见的有 360 杀毒、瑞星、金山毒霸、百度杀毒等,国外的杀毒软件在国内常用的有卡巴斯基、诺顿、east nod32、小红伞等。

8.3　大数据时代网络道德与信息安全法规

大数据时代,数据成为推动经济社会创新发展的关键生产要素,基于数据的开放与开发,推动了跨组织、跨行业、跨地域的协助与创新,催生出各类全新的产业形态和商业模式,全面激活了人类的创造力和生产力。

然而,大数据在为组织创造价值的同时,面临的安全风险更加严峻。一方面,数据经济发展特性使得数据在不同主体间的流通和加工成为不可避免的趋势,由此也打破了数据安全管理边界,弱化了管理主体风险控制能力;另一方面,随着数据资源商业价值的凸显,针对数据的攻击、窃取、滥用、劫持等活动持续泛滥,并呈现出产业化、高科技化和跨国化等特性,对国家的数据生态治理水平和组织的数据安全管理能力提出全新挑战。在内外双重压力下,大数据安全重大事件频发,已经成为全社会关注的重大安全议题。

8.3.1　大数据时代信息安全的特点

综合近年来国内外重大数据安全事件的发现,大数据安全事件正在呈现以下特点。

(1)风险成因复杂交织,既有外部攻击,也有内部泄露;既有技术漏洞,也有管理缺陷;既有新技术、新模式触发的新风险,也有传统安全问题的持续触发。

(2)威胁范围全域覆盖,大数据安全威胁渗透在数据生产、流通和消费等大数据产业链的各个环节,包括数据源的提供者、大数据加工平台提供者、大数据分析服务提供者等各类主体都是威胁源。

(3)事件影响重大深远。数据云端化存储导致数据风险呈现集聚和极化效应,一旦发生数据泄露等,其影响都将超越技术范畴和组织边界,对经济、政治和社会等领域产生影响,包括产生重大财产损失、威胁生命安全和改变政治进程。

随着数据经济时代的来临,全面提升网络空间数据资源的安全是国家经济社会发展的核心任务,如同环境生态的治理,数据生态治理面临一场艰巨的战役,这场战役的成败将决定新时期公民的权利、企业的利益、社会的信任,也将决定数据经济的发展乃至国家的命运和前途。持续提升数据保护立法水平,构筑网络空间信任基石;加强网络安全执法能力,开展网络黑产长效治理;加强重点领域安全治理,维护国家数据经济生态;规范发展数据流通市场,引导合法数据交易需求;科学开展跨境数据监管,切实保障国家数据主权。

8.3.2　大数据时代信息安全案例

1. 全球范围遭受勒索软件攻击

关键词：网络武器泄露，勒索软件，数据加密，比特币。

2017 年 5 月 12 日，全球范围爆发针对 Windows 操作系统的勒索软件（WannaCry）感染事件。该勒索软件利用此前美国国家安全局网络武器库泄露的 Windows SMB 服务漏洞进行攻击，受攻击文件被加密，用户需支付比特币才能取回文件；否则赎金翻倍或是文件被彻底删除。全球 100 多个国家数十万用户中招，企业、学校、医疗、电力、能源、银行、交通等多个行业均遭受不同程度的影响。

安全漏洞的发掘和利用已经形成了大规模的全球性黑色产业链。美国政府网络武器库的泄露更是加剧了黑客利用众多未知零日漏洞发起攻击的威胁。2017 年 3 月，微软就已经发布此次黑客攻击所利用的漏洞的修复补丁，但全球有太多用户没有及时修复更新，再加上众多教育系统、医院等还在使用微软早已停止安全更新的 Windows XP 系统，网络安全意识的缺乏击溃了网络安全的第一道防线。

类似事件：2016 年 11 月旧金山市政地铁系统感染勒索软件，自动售票机被迫关闭，旅客被允许在周六免费乘坐轻轨。

2. 京东内部员工涉嫌窃取 50 亿条用户数据

关键词：企业员工，数据贩卖，数据内部权限。

2017 年 3 月，京东与腾讯的安全团队联手协助公安部破获的一起特大窃取贩卖公民个人信息案，其主要犯罪嫌疑人乃京东内部员工。该员工 2016 年 6 月底入职，尚处于试用期，即盗取涉及交通、物流、医疗、社交、银行等个人信息 50 亿条，通过各种方式在网络黑市贩卖。

为防止数据盗窃，企业每年花费巨额资金保护信息系统不受黑客攻击，然而因内部人员盗窃数据而导致损失的风险也不容小觑。地下数据交易的暴利以及企业内部管理的失序诱使企业内部人员铤而走险、监守自盗，盗取贩卖用户数据的案例屡见不鲜。管理咨询公司埃森哲等研究机构 2016 年发布的一项调查研究结果显示，其调查的 208 家企业中，69% 的企业曾在过去一年内 “遭公司内部人员窃取数据或试图盗取”。未采取有效的数据访问权限管理、身份认证管理、数据利用控制等措施是大多数企业数据内部人员数据盗窃的主要原因。

类似事件：2016 年 4 月，美国儿童抚养执行办公室 500 万个人信息遭盗窃。

3. 雅虎遭黑客攻击 10 亿级用户账户信息泄露

关键词：漏洞攻击，用户密码，俄罗斯黑客。

2016 年 9 月 22 日，全球互联网巨头雅虎证实至少 5 亿用户账户信息在 2014 年遭人窃取，内容涉及用户姓名、电子邮箱、电话号码、出生日期和部分登录密码。2016 年 12 月 14 日，雅虎再次发布声明，宣布在 2013 年 8 月，未经授权的第三方盗取了超过 10 亿用户的账户信息。2013 年和 2014 年这两起黑客袭击事件有着相似之处，即黑客攻破了雅虎用户账户保密算法，窃得用户密码。2017 年 3 月，美国检方以参与雅虎用户受到影响的网络攻击活动为由，对俄罗斯情报官员提起刑事诉讼。

雅虎信息泄露事件是有史以来规模最大的单一网站数据泄露事件，当前，重要商业网站的海量用户数据是企业的核心资产，也是民间黑客甚至国家级攻击的重要对象，重点企业数据安全管理面临更高的要求,必须建立严格的安全能力体系,不仅需要确保对用户数据进行加密处理,对数据的访问权限进行精准控制,并为网络破坏事件、应急响应建立弹性设计方案,与监管部门建立应急沟通机制。

类似事件:2015 年 2 月,美国第二大健康医疗保险公司 Anthem 信息系统被攻破,将近 8 000 万客户和员工的记录遭遇泄露。

4. 顺丰内部人员泄露用户数据

关键词:转卖内部数据权限,恶意程序。

2016 年 8 月 26 日,顺丰速递湖南分公司宋某被控“侵犯公民个人信息罪”在深圳南山区人民法院受审。此前,顺丰作为快递行业领头羊,出现过多次内部人员泄露客户信息事件,作案手法包括将个人掌握的公司网站账号及密码出售他人;编写恶意程序批量下载客户信息;利用多个账号大批量查询客户信息;通过购买内部办公系统地址、账号及密码,侵入系统盗取信息;研发人员从数据库直接导出客户信息等。

顺丰发生的系列数据泄露事件暴露出针对内部人员数据安全管理的缺陷,由于数据黑产的发展,内外勾结盗窃用户数据牟取暴利的行为正在迅速蔓延。虽然顺丰的 IT 系统具备事件发生后的追查能力,但是无法对员工批量下载数据的异常行为发出警告和风险预防,针对内部人员数据访问需要设置严格的数据管控,并对数据进行脱敏处理,才能有效确保企业数据的安全。

类似事件:2012 年 1 号店内部员工与离职、外部人员内外勾结,泄露 90 万用户数据。

5. 徐玉玉遭电信诈骗致死

关键词:安全漏洞,个人数据,精准诈骗。

2016 年 8 月,高考生徐玉玉被电信诈骗者骗取学费 9 900 元,发现被骗后突然心脏骤停,不幸离世。据警方调查,骗取徐玉玉学费的电信诈骗者的信息来自网上非法出售的高考个人信息,而其源头则是黑客利用安全漏洞侵入了“山东省 2016 高考网上报名信息系统”网站,下载了 60 多万条山东省高考考生数据,高考结束后开始在网上非法出售给电信诈骗者。

近年来,针对我国公民个人信息的窃取和交易已经形成了庞大黑色产业链,遭遇泄露的个人数据推动电信诈骗、金融盗窃等一系列犯罪活动日益精准化、智能化,对社会公众的财产和人身安全构成严重威胁。造成这一现状的直接原因在于我国企事业单位全方位收集用户数据,但企业网络安全防护水平低下和数据安全管理能力不足,使黑客和内部人员有机可乘,而个人信息泄露后缺乏用户告知机制,加大了犯罪活动的危害性和持续性。

类似事件:2016 年 8 月 23 日,山东省临沭县的大二学生宋振宁遭遇电信诈骗心脏骤停,不幸离世。

6. 希拉里遭遇“邮件门”导致竞选失败

关键词:私人邮箱,公务邮件,维基解密,黑客。

希拉里“邮件门”是指民主党总统竞选人希拉里·克林顿任职美国国务卿期间,在没有事先通知国务院相关部门的情况下,使用私人邮箱和服务器处理公务,并且希拉里处理的未加密邮件中有上千封包含国家机密。同时,希拉里没有在离任前上交所有涉及公务的邮件记录,违反了联邦信息记录保存的相关规定。2016 年 7 月 22 日,在美国司法部宣布不指控希拉里之后,维基解密开始对外公布黑客攻破希拉里及其亲信的邮箱系统后获得的邮件,最终导致美国联邦调查局重启调查,希拉里总统竞选支持率暴跌。

作为政府要员,希拉里缺乏必要的数据安全意识,在担任美国国务卿期间私自架设服务器处理公务邮件,违反联邦信息安全管理要求,触犯了美国国务院有关"使用私人邮箱收发或者存储机密信息为违法行为"的规定。私自架设的邮件服务器缺乏必要的安全保护,无法应对高水平黑客的攻击,造成重要数据遭遇泄露并被国内外政治对手充分利用,最终导致大选落败。

类似事件:2016 年 3 月,五角大楼公布美国国防部长阿什顿·卡特数百份邮件是经由私人电子邮箱发送,卡特再次承认自己存在过失,但相关邮件均不涉密。

7. 法国数据保护机构警告微软 Windows 10 过度搜集用户数据

关键词:过度收集数据,知情同意,合规,隐私保护。

2016 年 7 月,法国数据保护监管机构 CNIL 向微软发出警告函,指责微软利用 Windows 10 系统搜集了过多的用户数据,并且在未获得用户同意的情况下跟踪用户的浏览行为。同时,微软并没有采取令人满意的措施来保证用户数据的安全性和保密性,没有遵守欧盟"安全港"法规,因为它未经用户允许的情况下,将用户数据保存到了用户所在国家之外的服务器上,并且在未经用户允许的情况下默认开启了很多数据追踪功能。CNIL 限定微软必须在 3 个月内解决这些问题,否则将面临委员会的制裁。

大数据时代,各类企业都在充分挖掘用户数据价值,不可避免地导致用户数据被过度采集和开发。随着全球个人数据保护日趋严苛,企业在收集数据中必须加强法律遵从和合规管理,尤其要注重用户隐私保护,获取用户个人数据需满足知情同意、数据安全性等原则,以保证组织业务的发展不会面临数据安全合规的风险。例如,欧盟 2018 年实施新的《一般数据保护条例》,就规定企业违反的最高处罚额将达全球营收的 4%,全面提升了企业数据保护的合规风险。

类似事件:2017 年 2 月,乐视旗下 Vizio 因违规收集用户数据被罚 220 万美元。

8. 黑客攻击 SWIFT 系统盗窃孟加拉国央行 8 100 万美元

关键词:网络攻击,系统控制权限,虚假指令数据,网络金融盗窃。

2016 年 2 月 5 日,孟加拉国央行被黑客攻击导致 8 100 万美元被窃取,攻击者通过网络攻击或者其他方式获得了孟加拉国央行 SWIFT 系统的操作权限,攻击者进一步向纽约联邦储备银行发送虚假的 SWIFT 转账指令。纽约联邦储备银行总共收到 35 笔,总价值 9.51 亿美元的转账要求,其中 8 100 万美元被成功转走盗取,成为迄今为止规模最大的网络金融盗窃案。

SWIFT 是全球重要的金融支付结算系统,并以安全、可靠、高效著称。黑客成功攻击该系统,表明网络犯罪技术水平正在不断提高,客观上要求金融机构等关键性基础设施的网络安全和数据保护能力持续提升,金融系统网络安全防护必须加强政府和企业的协同联动,并开展必要的国际合作。2017 年 3 月 1 日生效的美国纽约州新金融条例,要求所有金融服务机构部署网络安全计划,任命首席信息安全官,并监控商业伙伴的网络安全政策。美国纽约州的金融监管要求为全球金融业网络安全监管树立了标杆。

类似事件:2016 年 12 月 2 日,俄罗斯央行代理账户遭黑客袭击,被盗取了 20 亿卢布。

9. 海康威视安防监控设备存在漏洞被境外 IP 控制

关键词:物联网安全,弱口令,漏洞,远程挟持。

2015 年 2 月 27 日,江苏省公安厅特急通知,江苏省各级公安机关使用的海康威视监控设备存在安全隐患,其中部分设备被境外 IP 地址控制。海康威视于 2 月 27 日连夜发表声明称,江苏省互联网应急中心通过网络流量监控,发现部分海康威视设备因弱口令问题(包括使用产品初始密码和其他简单密码)被黑客攻击,导致视频数据泄露等。

以视频监控等为代表的物联网设备正成为新的网络攻击目标。物联网设备广泛存在弱口令、未修复已知漏洞、产品安全加固不足等风险,设备接入互联网后应对网络攻击能力十分薄弱,为黑客远程获取控制权限、监控实时数据并实施各类攻击提供了便利。

类似事件:2016 年 10 月,黑客通过控制物联网设备对域名服务区发动僵尸攻击,导致美国西海岸大面积断网。

10. 国内酒店 2 000 万入住信息遭泄露

关键词:个人隐私泄露,第三方存储,外包服务数据权限,供应链安全。

2013 年 10 月,国内安全漏洞监测平台披露,为全国 4 500 多家酒店提供数字客房服务商的浙江慧达驿站公司,因为安全漏洞问题,使与其有合作关系的酒店的入住数据在网上泄露。数天后,一个名为 "2 000 w 开房数据" 的文件出现在网上,其中包含 2 000 万条在酒店开房的个人信息,开房数据中,开房时间介于 2010 年下半年至 2013 年上半年,包含姓名、身份证号、地址、手机等 14 个字段,其中涉及大量用户隐私,引起全社会广泛关注。

酒店内的 WiFi 覆盖是随着酒店业发展而兴起的一项常规服务,很多酒店选择和第三方网络服务商合作,但在实际数据交互中存在严重的数据泄露风险。从慧达驿站事件中,一方面,涉事酒店缺乏个人信息保护的管理措施,未能制定严格的数据管理权限,使得第三方服务商可以掌握大量客户数据。另一方面,第三方服务商慧达驿站公司网络安全加密等级低,在密码验证过程中未对传输数据加密,存在严重的系统设计缺陷。

类似事件:2015 年 7 月,加拿大婚外恋网站 Ashley Madison 遭遇数据泄露。

8.3.3　网络道德

所谓网络道德,是指以善恶为标准,通过社会舆论、内心信念和传统习惯来评价人们的上网行为,调节网络时空中人与人之间以及个人与社会之间关系的行为规范。

网络道德是时代的产物,与信息网络相适应,人类面临新的道德要求和选择,于是网络道德应运而生。网络道德是人与人、人与人群关系的行为法则,它是一定社会背景下人们的行为规范,赋予人们在动机或行为上的是非善恶判断标准。

1. 网络道德原则

(1)全民原则

网络道德的全民原则内容包含一切网络行为必须服从于网络社会的整体利益。个体利益服从整体利益;不得损害网络社会的整体利益,它还要求网络社会决策和网络运行方式必须以服务于社会一切成员为最终目的,不得以经济、文化、政治和意识形态等方面的差异为借口,把网络仅仅建设成只满足社会一部分人需要的工具,并使这部分人成为网络社会新的统治者和社会资源占有者。网络应该为一切愿意参与网络社会交往的成员提供平等交往的机会,它应该排除现有社会成员间存在的政治、经济和文化差异,为所有成员拥有并服务于社会全体成员。全民原则包含以下两个基本道德原则。

① 平等原则。每个网络用户和网络社会成员享有平等的社会权利和义务,从网络社会结构上讲,他们都被给予某个特定的网络身份,即用户名、网址和口令,网络所提供的一切服务和便

利他都应该得到,而网络共同体的所有规范都应该遵守并履行一个网络行为主体所应该履行的义务。

② 公正原则。网络对每一个用户都应该做到一视同仁,它不应该为某些人制定特别的规则,并给予某些用户特殊的权利。作为网络用户,与其他人具有同样的权利和义务,不能强求网络给予不一样的待遇。

（2）兼容原则

网络道德的兼容原则认为,网络主体间的行为方式应符合某种一致的、相互认同的规范和标准,个人的网络行为应该被他人及整个网络社会所接受,最终实现人们网际交往的行为规范化、语言可理解化和信息交流的无障碍化。其中最核心的内容就是要求消除网络社会由于各种原因造成的网络行为主体间的交往障碍。

当今面临网络社会,需要建立一个高速信息网时,兼容问题依然有其重要意义。当世界正在研究环境与停车场的时候,新的竞争种子正在不断播下。例如,Internet 变得如此重要,以至于只有 Windows 在被清楚地证明为是连接人们与 Internet 之间的最佳途径后,才可能兴旺发达起来。所有的操作系统公司都在十万火急地寻找种种能令自己在支持 Internet 方面略占上风、具有竞争力的方法。如之前 360、QQ 大战就是不兼容与网络无道德的体现。

兼容原则要求网络共同规范适用于一切网络功能和一切网络主体。网络的道德原则只有适用于全体网络用户并得到全体用户的认可,才能被确立为一种标准和准则。

兼容原则总的要求和目的是,达到网络社会人们交往的无障碍化和信息交流的畅通性。如果在一个网络社会中,有些人因为计算机硬件和操作系统的原因而无法与别人交流,有些人因为不具备某种语言和文化素养而不能与别人正常进行网络交往,有些人被排斥在网络系统的某个功能之外,这样的网络是不健全的。从道德原则上讲,这种系统和网络社会也是不道德的,因为它排斥了一些参与社会正常交往的基本需要。因此,兼容不仅仅是技术的,也是道德的社会问题。

（3）互惠原则

网络道德的互惠原则表明,任何一个网络用户必须认识到,他（她）既是网络信息和网络服务的使用者和享受者,也是网络信息的生产者和提供者,网民们有网络社会交往的一切权利时,也应承担网络社会对其成员所要求的责任。信息交流和网络服务是双向的,网络主体间的关系是交互式的,用户如果从网络和其他用户处得到利益和便利,那么也应同时给予网络和对方利益和便利。

互惠原则集中体现了网络行为主体道德权利和义务的统一。从伦理学上讲,道德义务是指"人们应当履行的对社会、集体和他人的道德责任。凡是有人群活动的地方,人和人之间总要发生一定的关系,处理这种关系就产生义务问题"。作为网络社会的成员,他必须承担社会赋予他的责任,他有义务为网络提供有价值的信息,有义务通过网络帮助别人,也有义务遵守网络的各种规范以推动网络社会稳定有序地运行。这里,可以是人们对网络义务自觉意识且自觉执行,也可以是意识不到而规范要求这么做,但无论怎样,义务总是存在的。当然,履行网络道德义务并不排斥行为主体享有各种网络权利,美国学者指出,"权利是对某种可达到的条件的要求,这种条件是个人及其社会为更好地生活所必需的。如果某种东西是可得到且必不可少的因素,那么得到它就是一个人的权利。无论什么东西,只要它是必须的、有价值的,都可以被看作一种权利。

如果它不太容易得到,那么,社会就应该使其成为可得到的。"

2. 网络道德规范

在信息技术日新月异发展的今天,人们无时无刻不在享受着信息技术给人们带来的便利与好处。然而,随着信息技术的深入发展和广泛应用,网络中已出现许多不容回避的道德与法律的问题。因此,在充分利用网络提供的历史机遇的同时,抵御其负面效应,大力进行网络道德建设刻不容缓。以下是有关网络道德规范的具体要求。

（1）基本规范

① 不应该用计算机去伤害他人;

② 不应干扰别人的计算机工作;

③ 不应窥探别人的文件;

④ 不应用计算机进行偷窃;

⑤ 不应用计算机做伪证;

⑥ 不应使用或复制没有付钱的软件;

⑦ 不应未经许可而使用别人的计算机资源;

⑧ 不应盗用别人的智力成果;

⑨ 应该考虑自己编写的程序的社会后果;

⑩ 应该以深思熟虑和慎重的方式来使用计算机;

⑪ 为社会和人类做出贡献;

⑫ 避免伤害他人;

⑬ 要诚实可靠;

⑭ 要公正并且不采取歧视性行为;

⑮ 尊重包括版权和专利在内的财产权;

⑯ 尊重知识产权;

⑰ 尊重他人的隐私;

⑱ 保守秘密。

（2）六种网络不道德行为

① 有意地造成网络交通混乱或擅自闯入网络及其相联的系统;

② 商业性或欺骗性地利用计算机资源;

③ 偷窃资料、设备或智力成果;

④ 未经许可而接近他人的文件;

⑤ 在公共场合做出引起混乱或造成破坏的行动;

⑥ 伪造电子邮件信息。

8.3.4　信息安全法规

近年来,随着信息化步伐的加快,国家越来越重视网络信息安全问题,网络立法取得了发展。

2017 年 6 月 1 日,《中华人民共和国网络安全法》正式实施,作为我国第一部全面规范网络空间安全管理方面问题的基础性法律,本法是我国网络空间法治建设的重要里程碑,是依法治网、化解网络风险的法律重器,是让互联网在法治轨道上健康运行的重要保障。本法明确了网络空间主权的原则,网络产品和服务提供者的安全义务和网络运营者的安全义务,完善了个人信息保护规则,建立了关键信息基础设施安全保护制度。

《互联网新闻信息服务管理规定》最初于 2005 年 9 月 25 日实施,由于个别组织和个人在通过新媒体方式提供新闻信息服务时,存在肆意篡改、嫁接、虚构新闻信息等情况,2017 年 5 月 2 日国家互联网信息办公室对外公布新版本,正式实施时间是 2017 年 6 月 1 日。新版本对网民、个人网站、自媒体的影响较大,网民如果不实名登记,就会被禁评,个人网站和自媒体避开新闻信息的内容,不发布和转载政治、经济、社会等社会公共事务或社会突发事件的新闻等。

2017 年 8 月 25 日,国家互联网信息办公室发布《互联网论坛社区服务管理规定》和《互联网跟帖评论服务管理规定》,旨在深入贯彻《中华人民共和国网络安全法》精神,提高互联网跟帖评论服务管理的规范化、科学化水平,促进互联网跟帖评论服务健康有序发展。以上两项规定均自 2017 年 10 月 1 日起施行,并且对网站的管理责任、网信部门的监管责任、网民的用网责任等提出明确要求,从制度层面为行业的规范发展确立了准则。自此以后,跟帖、评论、发弹幕等都将有规可循。

2017 年 11 月 23 日,工业和信息化部印发《公共互联网网络安全突发事件应急预案》,要求部应急办和各省(自治区、直辖市)通信管理局应当及时汇总分析突发事件隐患和预警信息,发布预警信息时,应当包括预警级别、起始时间、可能的影响范围和造成的危害、应采取的防范措施、时限要求和发布机关等,并公布咨询电话。《公共互联网网络安全突发事件应急预案》的出台细化了《中华人民共和国网络安全法》关于监测预警与应急处置的已有规定,为基础电信企业、域名注册管理和服务机构,以及互联网企业提供了具体的实施标准与指引。网络运营者应当尽快根据预案要求完善合规政策,根据具体规定整改。

2018 年 11 月 1 日,公安部发布《公安机关互联网安全监督检查规定》。根据规定,公安机关应当根据网络安全防范需要和网络安全风险隐患的具体情况,对互联网服务提供者和联网使用单位开展监督检查。明确了公安机关执法的职责权限,以及企业配合公安机关执法的权力和义务。

2019 年 5 月,《信息安全技术网络安全等级保护基本要求》正式发布,2019 年 12 月 1 日起正式实施,原来的等级保护对象主要包括各类重要信息系统和政府网站,保护方法主要是对系统进行定级备案、等级测评、建设整改、监督检查等,在此基础上,扩大了保护对象的范围,丰富了保护方法,增加了技术标准。将网络基础设施、重要信息系统、大型互联网站、大数据中心、云计算平台、物联网系统、工业控制系统、公众服务平台等全部纳入等级保护对象,并将风险评估、安全监测、通报预警、事件调查、数据防护、灾难备份、应急处置、自主可控、供应链安全、效果评价、综治考核、安全员培训等工作措施全部纳入等级保护制度。

大数据背景下,网络信息安全的应用和法律法规的完善是对不法行为的重要打击手段,人们应充分利用其功能维护自身的利益和权益。

本 章 小 结

　　本章介绍信息安全的一些基本概念及信息安全风险和信息安全技术,介绍了当前主流的信息安全技术,包括数据加密、数字签名、数字证书和防火墙技术;介绍了计算机病毒与防护的基本知识,预防病毒的主要措施;介绍了网络道德及信息安全法规。通过本章的学习,了解计算机信息安全的重要性及信息安全技术的基本知识。

习　　题

一、填空题

1. 将_____进行伪装的过程称为加密,产生的结果称为_____。

2. 信息安全主要包括以下 5 个方面的内容:完整性、_____、_____、_____、可控性。

3. 在保证计算机网络系统的安全中,安全协议起到主要的核心作用,其中主要包括_____、PGP、安全套接字层上的超文本传输协议、IPSec 等。

4. 按照防火墙对数据的处理技术,大致可以将防火墙分为_____和_____两个体系。

5. RSA 算法属于_____密钥体制,DES 算法属于_____密钥体制。

6. 计算机病毒的特性包括_____、_____、_____和_____等。

二、选择题

1. 防火墙是一种_____。

A. 软件　　　　　　　　　　　　　B. 硬件

C. 软件和硬件的结合　　　　　　　D. 软件或者硬件之一

2. Windows Defender 软件是_____。

A. 防火墙　　　　B. 认证标准　　　　C. 网络协议　　　　D. 反间谍软件

3. 下列途径或操作中,不会传播病毒的是_____。

A. 非法复制　　　B. 有线连接　　　　C. 玩游戏　　　　　D. 硬件维修

4. 以下具有传染性和破坏性的计算机程序是_____。

A. 杀毒软件　　　B. 压缩软件　　　　C. 清理程序　　　　D. 计算机病毒

5. 宏病毒可以感染的文件为_____。

A. *.exe　　　　　B. *.html　　　　　C. *.doc　　　　　　D. *.vbs

6. 计算机病毒的_____特征,使得它可以有效传播。

A. 潜伏性　　　　B. 隐蔽性　　　　　C. 传播性　　　　　D. A 和 B

三、简答题

1. 什么是防火墙?防火墙的基本功能有哪些?

2. 什么是数字签名?完整的数字签名需要满足哪些条件?

3. 计算机病毒的预防方法有哪些(描述 5 条或 5 条以上)?

4. 简述自己知道的杀毒软件和它们的主要特点。

5. 作为大学生应当具备哪些信息安全素养?

参考文献

［1］郭晔,等.大学计算机基础［M］.2 版.北京:高等教育出版社,2015.

［2］王移芝,等.大学计算机［M］.6 版.北京:高等教育出版社,2019.

［3］顾刚.大学计算机基础［M］.4 版.北京:高等教育出版社,2019.

［4］占德臣,等.大学计算机——计算思维与信息素养［M］.3 版.北京:高等教育出版社,2019.

［5］万征,等.面向计算思维的大学计算机基础［M］.北京:高等教育出版社,2015.

［6］张莉.大学计算机［M］.7 版.北京:清华大学出版社,2019.

［7］李敏.大学计算机［M］.北京:清华大学出版社,2019.

［8］李暾,等.大学计算机［M］.3 版.北京:清华大学出版社,2018.

［9］吴宁.大学计算机——计算、构造与设计［M］.2 版.北京:清华大学出版社,2016.

［10］卢江,等.大学计算机——基于翻转课堂［M］.北京:电子工业出版社,2018.

［11］李凤霞,等.大学计算机［M］.北京:高等教育出版社,2014.

［12］谭浩强.C 程序设计［M］.5 版.北京:清华大学出版社,2017.

［13］王珊,萨师煊.数据库系统概论［M］.5 版.北京:高等教育出版社,2014.

［14］郭晔,等.数据库技术及应用(Access 2013)［M］.北京:科学出版社,2017.

［15］杜艳绥.基于 MapReduce 的大数据时代数据处理技术研究［J］.电脑知识与技术,2015(10):1~2,4.

［16］蒋春亮.在线股票交易系统的分析设计与实现［D］.吉林:吉林大学,2014.